oekom

Diese Arbeit wurde vom Bundesministerium für Bildung und Forschung im Rahmen der Fördermaßnahme „Exportfähigkeit und Internationalisierung von Dienstleistungen“ gefördert.

Bundesministerium
für Bildung
und Forschung

Bibliographische Information der Deutschen Nationalbibliothek

Die Deutsche Nationalbibliothek verzeichnet diese Publikation in der Deutschen Nationalbibliographie; detaillierte bibliographische Daten sind im Internet über http://dnb.d-nb.de abrufbar.

Gesellschaft für ökologische Kommunikation mbH
Waltherstraße 29, 80337 München

Umschlaggestaltung: Sarah Müller, oekom verlag
Titelbild: Fotolia, XJ6652
Druck: DIP – Digital-Print Witten

Dieses Buch wurde auf FSC-zertifiziertem Papier gedruckt. FSC (Forest Stewardship Council) ist eine nichtstaatliche, gemeinnützige Organisation, die sich für eine ökologische und sozialverantwortliche Nutzung der Wälder unserer Erde einsetzt.

ISBN 978-3-86581-168-4

Bernd Hirschl, Julika Weiß, Wilfried Konrad (Hrsg.)

Umwelt-Dienstleistungen

Internationalisierungsstrategien für dynamische Märkte

Dieses Buch wurde klimaneutral hergestellt.
CO_2-Emissionen vermeiden, reduzieren, kompensieren –
nach diesem Grundsatz handelt der oekom verlag.
Unvermeidbare Emissionen kompensiert der Verlag
durch Investitionen in ein Gold-Standard-Projekt.
Mehr Informationen finden Sie unter www.oekom.de/
ueber-uns/nachhaltigkeit-bei-oekom/klimaneutraler-verlag.html

climate neutral by firstclimate.com

Inhaltsübersicht

VORWORT 7

GELEITWORT 9

1 DIENSTLEISTUNGEN IN UMWELTMÄRKTEN – EINE EINFÜHRUNG 17

2 UMWELT-DIENSTLEISTUNGEN UND NACHHALTIGKEIT AUF GLOBALEN MÄRKTEN – ZWISCHEN WIN-WIN-CHANCEN UND SOZIAL-ÖKOLOGISCHEN RISIKEN 45

3 DYNAMISCHE ZUKUNFTSMÄRKTE 67

4 ERFOLGREICHE INTERNATIONALISIERUNGSSTRATEGIEN 133

5 UNTERSTÜTZUNGSANGEBOTE UND FÖRDERMÖGLICHKEITEN FÜR DIE INTERNATIONALISIERUNG 199

6 FAZIT, AUSBLICK UND EMPFEHLUNGEN 223

7 LITERATUR 233

8 ANHANG 249

Bernd Hirschl [1]

Vorwort

Deutsche Umwelttechnologien sind weltweit gefragt und haben hohe Exportpotenziale. Gleiches gilt auch für die vielen Dienstleistungen, die in den einzelnen umweltrelevanten Branchen vorrangig von kleinen und mittleren Unternehmen (KMU) angeboten werden. Die Potenziale werden jedoch bislang nur zu einem geringen Anteil erschlossen – und darüber hinaus auch nur am Rande thematisiert. Es mangelt an Wissen über die Rolle und Bedeutung von Dienstleistungen im Umweltbereich, über ihre Exportpotenziale und geeignete Internationalisierungsstrategien von Unternehmen. Aber auch Politik und Administration haben die Potenziale der vielen Dienstleister und Dienstleistungen in den diversen Umweltmärkten im Allgemeinen sowie speziell in Bezug auf den Export bisher übersehen und nicht spezifisch adressiert. Anders als in vielen anderen Dienstleistungsbereichen, so lautet eine Ausgangsthese, haben in den Zukunftsmärkten, die sich mit umweltrelevanten Technologien und Dienstleistungen befassen, die Dienstleister sehr wohl eine Chance im internationalen Geschäft.

Das Buch „Umwelt-Dienstleistungen" greift diese Zusammenhänge erstmalig unter dem Blickwinkel der Internationalisierungspotenziale auf. Es beleuchtet die weithin übersehenen Dienstleistungen in den Umweltmärkten und ihre Potenziale im Export. Dabei werden insbesondere die beiden zentralen Zukunftsmärkte „erneuerbare Energien" und „Wasserwirtschaft" eingehender behandelt. Die Energie- und die Wasserversorgung werden in den Milleniumszielen der Vereinten Nationen als zwei zentrale Herausforderungen für die stark wachsende Erdbevölkerung gesehen. Hieraus entsteht eine besondere Verantwortung, aber auch Exportchance für Industrieländer wie Deutschland, die eine Vorreiterrolle im Umweltbereich aufgebaut haben. Der Export bzw. die Internationalisierung von Dienstleistungen ist jedoch generell von besonderen Herausforderungen und spezifischen Hemmnissen gegenüber dem reinen Technologieexport geprägt.

Die hier dargestellten Inhalte und Ergebnisse stammen aus drei mehrjährigen Verbundforschungsprojekten, die vom Bundesministerium für Bildung und Forschung (BMBF) im Rahmen des Programms „Exportfähigkeit und Internationalisierung von Dienstleistungen" gefördert wurden. Die Projekte, die sich mit den Themen erneuerbare Energien und Wasserwirtschaft sowie unterschiedlichen Zielmarktschwerpunkten beschäftigten, haben unter der Leitung des Instituts für ökologische Wirtschaftsforschung während ihrer Laufzeit als so genannte „Fokusgruppe Umwelt-Dienstleistungen" miteinander kooperiert. Das vorliegende Buch ist das Ergebnis dieser Kooperation und präsentiert

---

[1] Dr. Bernd Hirschl ist Leiter des Bereichs Nachhaltige Energiewirtschaft und Klimaschutz am Institut für ökologische Wirtschaftsforschung (IÖW) in Berlin.

gemeinsame sowie spezifische Ergebnisse der Projekte. Es richtet sich mit seinen praktischen Beiträgen und Beispielen sowohl an Unternehmensakteure und Entscheider aus der Umweltwirtschaft (KMU), leistet darüber hinaus mit der erstmaligen Befassung der Exportpotenziale von Umwelt-Dienstleistungen einen wissenschaftlichen Beitrag in den Themenfeldern Umweltwirtschaft, Dienstleistungen sowie Internationalisierung und wendet sich zudem an Verbände und Multiplikatoren, NGOs, Politik und Verwaltung, in der Hoffnung, dass sich die Aufmerksamkeit für die Potenziale und Chancen – unter Beachtung der möglichen Gefahren – einer Internationalisierung von Umwelt-Dienstleistungen erhöht.

Die Herausgeber danken allen Autoren für die gute Zusammenarbeit über die gesamte Laufzeit der Vorhaben und bei der Erstellung dieses Buches.[2] Wir danken darüber hinaus dem Zuwendungsgeber, dem Bundesministerium für Bildung und Forschung, für die Möglichkeit, zu diesen innovativen Themen forschen zu können, sowie dem Projektträger im Deutschen Zentrum für Luft- und Raumfahrt (PT-DLR), insbesondere Herrn Zühlke-Robinet, für die reibungslose Begleitung der Vorhaben. Im Einzelnen setzte sich die Fokusgruppe Umwelt-Dienstleistungen aus den folgenden drei Projekten zusammen:

EXPEED – Exportorientierte Dienstleistungen im Bereich erneuerbare Energien (FKZ: 01HQ0525)
Projektleitung EXPEED und *Koordination der Fokusgruppe* »Umwelt-Dienstleistungen«: Dr. Bernd Hirschl, Institut für ökologische Wirtschaftsforschung IÖW
Projektpartner: Universität Rostock, dena, RE-NEXT
www.expeed.de

ProWaDi – Umweltwirtschaft und Dienstleistungsexport
Projektleitung: Joachim Liesenfeld, Rhein-Ruhr-Institut für Sozialforschung und Politikberatung e.V. RISP an der Universität Duisburg-Essen
Projektpartner: BEW, Dr. Krätzig, SVT Bous, Fernuniversität Hagen
www.prowadi.de

Chancen kleiner und mittlerer Dienstleister im Umweltsektor in China
Projektleitung: Dr. Gerd Paul, Soziologisches Forschungsinstitut e.V. SOFI an der Georg-August-Universität Göttingen
Projektpartner: IÖW, InterTraining
www.sofi-goettingen.de

---

2 Weitere Ergebnisse der Projekte dieser Fokusgruppe sowie zusätzliche Beiträge von anderen Akteuren aus Forschung und Praxis können auf der Internetseite der im November 2007 gemeinsam durchgeführten Tagung „Umwelt-Dienstleistungen – Win-Win-Potenziale und Exportchancen für deutsche Unternehmen“ eingesehen werden (www.umwelt-dienstleistungen.de).

Klaus Zühlke-Robinet [3]

Geleitwort

Exporte werden landläufig nahezu immer mit Maschinen, Anlagen, Autos oder vielleicht noch mit Tourismus verbunden. Dieses Bild des Warenverkehrs bestätigt sich auch in der Statistik, denn 85 % des Exports wird von Gütern und Sachgütern getragen. Um diese im Vergleich der Wertschöpfungsstruktur vorhandene Schieflage aufzufangen bzw. um überhaupt die Dienstleistungsforschung und Unternehmen für das Thema Export von Dienstleistungen zu sensibilisieren, startete das Bundesministerium für Bildung und Forschung (BMBF) innerhalb des Forschungsförderungsprogramm „Innovationen mit Dienstleistungen" 2005 den Förderschwerpunkt „Exportfähigkeit und Internationalisierung von Dienstleistungen". Die Ziele waren die forschungsbasierte Entwicklung von Geschäftsmodellen, Instrumenten und Vorgehensweisen, so dass auch Dienstleistungen in den Fokus des Exportes rücken können. Da es ein sektorübergreifendes Forschungsprogramm ist, bewarben sich neben Universitäten und Forschungsinstituten auch Unternehmen aus sehr vielen Branchen.

Mit insgesamt 67 Vorhaben konnte bis heute das Thema der Exportfähigkeit von Dienstleistungen und Internationalisierung von Dienstleistungen in verschiedenen Facetten in der Fachöffentlichkeit gut platziert werden. Bislang sind im gesamten Förderschwerpunkt mehr als 200 Publikationen entstanden und es konnte belegt werden, dass jede achte (2007) englischsprachige Publikation zu diesem Thema aus unseren Fördervorhaben kommt. Die Vorhaben haben in der Regel eine dreijährige Laufzeit, so dass der Förderschwerpunkt 2009 planmäßig beendet sein dürfte.

Mit diesem Förderschwerpunkt wurden erstmals zusätzliche Steuerungsinstrumente für die Lenkung von Förderschwerpunkten eingeführt. Dazu zählen die Fokusgruppen und Metavorhaben, die nun in jedem Förderschwerpunkt anzutreffen sind. Das Metavorhaben begleitet den Förderschwerpunkt aus fachlicher Sicht und hat außerdem die Aufgabe, aus übergreifender Perspektive Aussagen zur Wirkung des gesamten Förderschwerpunktes zu treffen. Die Fokusgruppen fassen thematisch verwandte Vorhaben zusammen, mit dem Ziel, Ergebnisse auszutauschen, eine abgestimmte Öffentlichkeitsarbeit zu betreiben und nicht zuletzt das verbindende Thema publizistisch zu bedienen.

Das IÖW, namentlich Dr. Bernd Hirschl, koordinierte die Fokusgruppe „Umwelt-Dienstleistungen" mit inhaltlicher Kompetenz und organisatorischem Engagement. Das Thema ist nicht zuletzt wegen der Diskussion um die mit dem Klimawandel verbundenen Herausforderungen ganz oben auf der Tagesordnung in Politik, Wirtschaft und Gesell-

---

[3] Klaus Zühlke-Robinet ist Koordinator für Dienstleistungsforschung am Projektträger im Deutschen Zentrum für Luft- und Raumfahrt e.V., „Arbeitsgestaltung und Dienstleistungen", Bonn.

schaft. Die Herausforderungen werden wir nicht meistern können, wenn nur in technischen Dimensionen und Lösungen gedacht wird. Dienstleistungen können auch als „Schmiermittel" gesehen werden, um technische Systeme überhaupt in den Markt zu bringen oder dass sie Nutzen stiften können. Sie können außerdem als eigene Lösungssysteme und Handlungsräume im Kontext ökologischer Politik betrachtet werden. Sicherlich konnten mit den in der Fokusgruppe vertretenen Vorhaben nicht alle Facetten des Exports von Umwelt-Dienstleistungen abgebildet werden. Doch mit den in der Fokusgruppe vertretenen Themen – erneuerbare Energien und Wasser – konnten bemerkenswerte Ergebnisse erzielt werden. Durch intensive Untersuchung von ausgewählten Zielländern, Marktbedingungen und -zugängen, Akteurskonstellationen in Verbindung mit dienstleistungsspezifischer wissenschaftlicher Expertise wurden Treiber und Hemmnisse für Umwelt-Dienstleistungen identifiziert, Handlungsmöglichkeiten eruiert und Gestaltungsaufgaben benannt: Wie lassen sich in auswärtigen Märkten etwa rund ums Wasser Dienstleistungen aufbauen und vermarkten? Wie lassen sich diese Dienstleistungen systematisch ermitteln, durchplanen, durchspielen und im Markt einführen? Wie können Geschäftsmodelle und Finanzierungsmodelle für Dienstleistungen erarbeitet und implementiert werden? Das waren nur einige Fragen, von denen sich die Vorhaben leiten ließen. Eingebettet war die Bearbeitung dieser Fragen in konzeptionelle und theoriegeleitete Kontexte der Dienstleistungsforschung.

Diese nun vorliegende Publikation – ein Gemeinschaftswerk der Fokusgruppe – zeigt in aller Deutlichkeit die direkten und indirekten Potenziale umweltbezogener Dienstleistungen in ökonomischer und unternehmerischer Sicht. Sie zeigt ebenso auf, wie gut die Dienstleistungsforschung mit ihrer interdisziplinären Ausrichtung in der Lage ist, einen Beitrag zur wissenschaftlichen Durchdringung eines Politikfeldes zu leisten. Vor diesem Hintergrund möchte sich der Projektträger im Deutschen Zentrum für Luft- und Raumfahrt für die geleistete Arbeit herzlich bedanken und wünscht dieser Publikation eine weite Verbreitung.

Inhaltsverzeichnis

Bernd Hirschl, Anna Neumann

1 DIENSTLEISTUNGEN IN UMWELTMÄRKTEN – EINE EINFÜHRUNG ... 17

1.1 Ausgangsthesen, zentrale Fragen und Aufbau des Buches ... 17
1.2 Definitionen und Spektrum von Umwelt-Dienstleistungen ... 19
1.3 Wirtschaftliche Bedeutung von Umwelt-Dienstleistungen ... 25
1.4 Bedeutung des Exports von Dienstleistungen – Blinde Flecken im Außenhandel ... 29
1.5 Rahmenbedingungen der Umweltwirtschaft und von Umwelt-Dienstleistungen ... 31
1.5.1 Internationale und EU-Ebene ... 32
1.5.1.1 WTO / GATS ... 32
1.5.1.2 Dienstleistungsrichtlinie ... 33
1.5.1.3 Die Regulierung der Umweltmärkte – ein Beispiel aus dem Energiemarkt ... 35
1.5.1.4 EU-Aktionsplan für Umwelttechnologie: ETAP ... 36
1.5.2 Nationale Ebene ... 36
1.5.2.1 Politische Strategien und Instrumente im Überblick ... 37
1.5.2.2 Ausgewählte, zentrale Politikinstrumente ... 40

Bernd Hirschl, Sarah Rieseberg, Jesko Hirschfeld

2 UMWELT-DIENSTLEISTUNGEN UND NACHHALTIGKEIT AUF GLOBALEN MÄRKTEN – ZWISCHEN WIN-WIN-CHANCEN UND SOZIAL-ÖKOLOGISCHEN RISIKEN ... 45

2.1 GATT, WTO und GATS – Grundsätze und aktuelle Entwicklungen ... 46
2.2 GATS und Umwelt-Dienstleistungen ... 50
2.3 Kontroversen um die Liberalisierung von Umwelt-Dienstleistungen ... 56
2.3.1 Liberalisierung contra Umweltschutz ... 57
2.3.2 Privatisierung öffentlicher Dienstleister und die soziale Frage am Beispiel Trinkwasserversorgung ... 58
2.4 Nachhaltigkeitskriterien im WTO-Kontext – Teil der Lösung oder des Problems? ... 62

3 DYNAMISCHE ZUKUNFTSMÄRKTE ... 67

Julika Weiß, Bernd Hirschl

3.1 Erneuerbare Energien ... 67
3.1.1 Märkte und Export ... 68
3.1.2 EE-Dienstleistungen und deren wirtschaftliche Bedeutung ... 69
3.1.2.1 Dienstleistungsspektrum und Eigenschaften ... 69
3.1.2.2 Wirtschaftliche Bedeutung der EE-Dienstleistungen ... 74

3.1.3 Exportaktivitäten und Exportpotenziale ... 77
3.1.3.1 Exporteignung und Exportpotenziale ... 77
3.1.3.2 Exportaktivitäten und wirtschaftliche Bedeutung der Internationalisierung ... 79
3.1.3.3 Zur ökonomischen Multiplikationswirkung der Internationalisierung von EE-Dienstleistungen ... 82
3.1.4 Internationalisierungsstrategien ... 83
3.1.4.1 Auftragsakquise ... 83
3.1.4.2 Markteintrittsstrategien ... 84
3.1.4.3 Kunden ... 85
3.1.5 Erfolgsfaktoren und Hemmnisse ... 85
3.1.5.1 Erfolgsfaktoren und Chancen ... 85
3.1.5.2 Hemmnisse und Risiken ... 86
3.1.6 Zielmärkte der EE-Dienstleister ... 89
3.1.7 Fazit ... 91
3.2 Wasserwirtschaft ... 93

Joachim Liesenfeld, Gerd Paul, Wilfried Konrad

3.2.1 Auf zu fernen Ufern oder bleib im Lande und nähre Dich redlich? Eine empirische Bestandsaufnahme ... 93
3.2.1.1 Einführung: Zur deutschen Wasserwirtschaft und Exportbedeutung von Dienstleistungen ... 93
3.2.1.2 Empirische Ergebnisse einer Befragung von Unternehmen der Wasserwirtschaft ... 94
3.2.1.3 Zusammenfassung, Schlussfolgerungen und Fazit ... 112

Joachim Liesenfeld

3.2.2 Der Wasserwirtschaftsektor, zentrale Dienstleistungen und deren Internationalisierung ... 115
3.2.2.1 Weltweiter Wasserbedarf und Wasserstress ... 117
3.2.2.2 Position der deutschen in der internationalen Wasserwirtschaft ... 119
3.2.2.3 Die Wasserwirtschaft als Dienstleistungsbranche ... 121

4 ERFOLGREICHE INTERNATIONALISIERUNGSSTRATEGIEN ... 133

Martin Benkenstein, Madlen Thom

4.1 Internationalisierungsstrategien von EE-Dienstleistern – eine Fallstudienuntersuchung ... 133
4.1.1 Grundlagen der Strategieforschung ... 133
4.1.2 Methodik der empirischen Untersuchung ... 136
4.1.3 Auswertung der Unternehmensfallstudien ... 137
4.1.3.1 Methodik der fallstudienübergreifenden Auswertung ... 137
4.1.3.2 Erkenntnisse zu Internationalisierungsstrategien von EE-Dienstleistern ... 139
4.1.4 Ausgewählte Empfehlungen zur strategischen Internationalisierung ... 147

Joachim Liesenfeld

4.2 Internationalisierungsperspektiven der deutschen Wasserwirtschaft unter besonderer Berücksichtigung von Südosteuropa ... 152
4.2.1 Internationale Perspektiven und Erfahrungen ... 153
4.2.1.1 Die Umsetzung der WRRL in Osteuropa und speziell in Bulgarien ... 154
4.2.1.2 Praktische Projekt- und Geschäftsinitiativen in Bulgarien ... 157
4.2.2 Ansatzpunkte zur Stärkung der Exportorientierung der deutschen Wasserwirtschaft ... 161
4.2.2.1 Verbesserte Water Governance ... 161
4.2.2.2 Ein neues Geschäftsmodell für die deutsche Wasserwirtschaft? ... 163

Gerd Paul, Wilfried Konrad

4.3 Großer Sprung vorwärts? Erfahrungen deutscher Umwelt- und Wasserdienstleister in China ... 168
4.3.1 Zur Entwicklung der allgemeinen und ökologischen Rahmenbedingungen in China ... 168
4.3.2 Spezifische Rahmenbedingungen des Exports umweltorientierter Dienstleistungen nach China ... 171
4.3.3 Empirische Untersuchungen zur Verbreitung der Umwelttechnologien und -Dienstleistungen in China ... 178
4.3.3.1 Export von Umweltgütern und -Dienstleistungen im Wasserbereich ... 178
4.3.3.2 Interviews mit Wasser- und Entsorgungsdienstleistern ... 180
4.3.3.3 Analyse der tatsächlich in China erbrachten Dienstleistungen ... 183
4.3.3.4 Befragung deutscher Firmen in China ... 186
4.3.4 Übergreifende Ergebnisse zu den Hemmnissen und Erfolgsfaktoren für das China-Geschäft ... 188
4.3.4.1 Gemeinsame China-Attraktionsmomente von Dienstleistern und Firmen der Wasserwirtschaft ... 188
4.3.4.2 Hemmnisse und Beeinträchtigungen des Geschäfts ... 190
4.3.4.3 Erfolgsbedingungen für das China-Engagement ... 190
4.3.4.4 Chancen und Potenziale für deutsche Unternehmen auf dem chinesischen Wassermarkt ... 191
4.3.5 Schlussfolgerungen ... 196

Julika Weiß, Bernd Hirschl

5 UNTERSTÜTZUNGSANGEBOTE UND FÖRDERMÖGLICHKEITEN FÜR DIE INTERNATIONALISIERUNG ... 199

5.1 Zentrale Anbieter der Außenwirtschaftsförderung ... 200

5.2 Angebote im Bereich Information und Beratung ... 201
5.2.1 Angebote für die Situationsanalyse: Erstberatung und -information ... 201
5.2.2 Angebote im Rahmen der Strategieplanung: Informationen zu Zielländern ... 203
5.2.3 Angebote für die Phase der Strategieimplementierung ... 205

5.2.3.1 Kooperationsförderung ... 205
5.2.3.2 Recht und Zoll ... 207
5.2.3.3 Unterstützung beim Markteintritt ... 208
5.3 Finanzierungsinstrumente in der Außenwirtschaftsförderung ... 208
5.3.1 Finanzierung des Auslandsgeschäfts ... 209
5.3.2 Zentrale Institutionen der Exportfinanzierung ... 210
5.3.3 Risikoabsicherung ... 211
5.3.4 Projektfinanzierung im Rahmen der Entwicklungszusammenarbeit ... 212
5.4 Branchenförderung: Die Exportinitiative erneuerbare Energien ... 213
5.5 Nutzung und Bewertung der bestehenden Unterstützungsangebote durch die Unternehmen ... 218
5.6 Fazit und Empfehlungen ... 219

Bernd Hirschl, Julika Weiß

6 FAZIT, AUSBLICK UND EMPFEHLUNGEN ... 223
6.1 Datenlage, „Blinde Flecken“ und Rahmenbedingungen ... 223
6.2 Ergebnisse aus den Empiriefeldern ... 225
6.2.1 Erneuerbare Energien ... 225
6.2.2 Wasserwirtschaft ... 227
6.3 Gesamtfazit, Ausblick und Empfehlungen ... 229

7 LITERATUR ... 233

8 ANHANG ... 249

8.1 Abkürzungsverzeichnis ... 249
8.2 Autorinnen- und Autorenverzeichnis ... 252

Abbildungsverzeichnis

Abbildung 1: Schematische Darstellung der 4 GATS Modi ... 47
Abbildung 2: Verhandlungsverlauf der Doha Runde ... 50
Abbildung 3: GATS Klassifizierungsliste der Umwelt-Dienstleistungen W / 120 ... 51
Abbildung 4: Entwicklung von Verpflichtungen in verschiedenen Dienstleistungsbereichen 2005 im Vergleich ... 53
Abbildung 5: Entwicklungen im globalen, privatisierten Wassermarkt 2001 und 2007 ... 61
Abbildung 6: Derzeitiges und zukünftiges Exportvolumen nach EE-Branchen ... 69
Abbildung 7: Zentrale Dienstleistungsbereiche entlang der Wertschöpfungskette der EE-Anlagen ... 70
Abbildung 8: Geschäftsfelder der befragten Unternehmen ... 72
Abbildung 9: Anzahl der Mitarbeiter und Mitarbeiterinnen ... 73

Abbildung 10: Bedeutung des Exports für die Unternehmen ... 79
Abbildung 11: Art der Auftragsakquise im Ausland ... 83
Abbildung 12: Markteintrittsstrategien der auslandsaktiven Unternehmen ... 84
Abbildung 13: Exporthemmnisse im Ausland ... 88
Abbildung 14: Exporthemmnisse im Inland ... 89
Abbildung 15: Zielregionen der Unternehmen ... 90
Abbildung 16: Aktivität der Unternehmen in Europa (Auswahl) ... 91
Abbildung 17: Selbstzuordnung der Unternehmen zu den Kategorien Industrie, Dienstleistung etc. ... 97
Abbildung 18: Gesamtumsatz klassifiziert ... 97
Abbildung 19: Mitarbeiter Feinklassifikation ... 98
Abbildung 20: Akademikeranteil bei Betrieben mit 10 und mehr Beschäftigten ... 99
Abbildung 21: Verhältnis der Auslandsumsätze zum Gesamtumsatz ... 100
Abbildung 22: Aktuelle Geschäftsaktivitäten und geplante Aktivitäten ... 101
Abbildung 23: Engagement in speziellen Ländern ... 103
Abbildung 24: Mitarbeiterzahl der in Ost- / Südosteuropa tätigen Firmen ... 104
Abbildung 25: Umsätze der in Ost- / Südosteuropa tätigen Firmen ... 105
Abbildung 26: Aktuelles und zukünftiges Engagement der in Ost- / Südosteuropa tätigen Firmen ... 105
Abbildung 27: Ziel Erweiterung des Auslandsgeschäfts ... 106
Abbildung 28: Beurteilung der aktuellen Geschäftslage ... 107
Abbildung 29: Wettbewerbsdruck im Marktsektor ... 108
Abbildung 30: Ziel neue Geschäftsbereiche ... 108
Abbildung 31: Ziel Intensivierung von Serviceleistungen ... 109
Abbildung 32: Welthandelsanteile Wasser- und Abwassertechnik 2003 ... 119
Abbildung 33: Phasen des Planungsprozesses des Internationalen Marketing i.w.S ... 135
Abbildung 34: Verteilung Dienstleistungen in China ... 184
Abbildung 35: Regionales Engagement von in China tätigen Dienstleistern und Umweltfirmen ... 186
Abbildung 36: Nutzung von Produkten der Exportinitiative ... 216
Abbildung 37: Wunsch nach zusätzlichen Angeboten der Exportinitiative ... 217

Tabellenverzeichnis

Tabelle 1: Klassifizierung der vom Statistischen Bundesamt nach Umweltstatistikgesetz (UStatG) 2005 erfassten Dienstleistungen, die ausschließlich dem Umweltschutz dienen ... 20
Tabelle 2: Klassifizierung umweltorientierter Dienstleistungen nach Wirtschaftszweigen zur Abschätzung der Beschäftigten ... 21

Tabelle 3: Beispiele für Dienstleistungen in einzelnen Umwelttechnologie-Leitmärkten laut Umwelttechnologie-Atlas für Deutschland....................22
Tabelle 4: Beispiele für Dienstleistungen in Zielfeldern laut Masterplan Umwelttechnologien und Vergleich mit Leitmärkten des Umwelttechnologie-Atlas 23
Tabelle 5: Klassifizierung von Umwelt-Dienstleistungen nach OECD / eurostat 24
Tabelle 6: Umsatz, Anzahl der Unternehmen und Beschäftigte mit Dienstleistungen für den Umweltschutz 2004 – 2006....................27
Tabelle 7: Erwerbstätige im Bereich „Personalaufwendungen und umweltorientierte Dienstleistungen“ 2004 und 2006 nach Wirtschaftszweigen....................28
Tabelle 8: Themen der Doha Verhandlungen 49
Tabelle 9: Klassifikationsvorschlag der EU für Umwelt-Dienstleistungen im Vergleich zur W / 120 Liste....................54
Tabelle 10: Andere W / 120 Bereiche mit Umweltkomponenten....................55
Tabelle 11: Win-Win Potentiale und Herausforderungen im Wassersektor laut OECD....................59
Tabelle 12: Optionen privatwirtschaftlicher Beteiligung im Wassersektor 59
Tabelle 13: SIA Kernindikatoren....................63
Tabelle 14: Bisher durchgeführte nationale bzw. regionale SIAs und Bezug zu Umwelt-Dienstleistungen....................64
Tabelle 15: Wertschöpfung der EE-DL (Deutschland 2006)....................75
Tabelle 16: Beschäftigte in EE-DL (Deutschland 2006)....................76
Tabelle 17: Einschätzungen der befragten Unternehmen und ExpertInnen zur Exporteignung der EE-Dienstleistungen....................78
Tabelle 18: Auslandsumsatz der international aktiven Unternehmen in den Befragungen von EXPEED und der DIHK (2006a) 80
Tabelle 19: Vergleich der Ergebnisse der EXPEED-Erhebung zum Dienstleistungsexport mit Daten aus der Literatur zum EE-Export...........81
Tabelle 20: Kunden im In- und Ausland (Mehrfachnennungen möglich) 85
Tabelle 21: Struktur des Samples für die Unternehmensfallstudie 138
Tabelle 22: Unternehmenstypen der Internationalisierung bei Dienstleistern im Bereich der EE....................145
Tabelle 23: Angebote der Exportinitiative und deren Adressierung von Exporthemmnissen in Deutschland....................214
Tabelle 24: Angebote der Exportinitiative und deren Adressierung von Exporthemmnissen im Ausland 215

Bernd Hirschl, Anna Neumann

1 Dienstleistungen in Umweltmärkten – Eine Einführung

Konzepte zur effizienteren Nutzung von Rohstoffen, zum geringeren Energieverbrauch, zur Kreislaufwirtschaft oder zur Nutzung erneuerbarer Energien werden für moderne Volkswirtschaften angesichts zunehmender Ressourcenverknappung und Umweltprobleme immer überlebenswichtiger. Dies gilt für die etablierten Industriestaaten ebenso wie für die starken Wachstumsländer und auch die Entwicklungsländer. Sie alle eint das gemeinsame Problem der Verknappung fossiler und anderer Rohstoffe, steigende Energie- und Materialkosten sowie volkswirtschaftliche Belastungen durch Umwelt- und Klimaschäden. Die erforderliche Transformation in eine ökologisch und ökonomisch vernünftige Richtung erfolgt jedoch nicht von allein, und sie fällt in vielen Anwendungsbereichen und Ländern je nach Stand der Entwicklung, der Technologien und Infrastrukturen unterschiedlich aus.

Hieraus leiten sich ein umfangreiches Anwendungsspektrum und eine große Vielfalt von Dienstleistungen ab, die in den hier skizzierten, verschiedenen Märkten zur Umwelt- und Ressourcenschonung beitragen. Solche „Dienstleistungen in Umweltmärkten" wollen wir vereinfachend im Rahmen dieses Buches auch als „Umwelt-Dienstleistungen" bezeichnen. Dazu zählen zum Beispiel Ingenieurs- und Beratungsdienstleistungen, die ökologisch relevante Aspekte messen und analysieren oder Konzepte rund um die Themen Wasser, Energie, Abfall und Kreislaufwirtschaft sowie Rohstoff- und Materialeffizienz entwerfen, implementieren und verbessern. Derartige Dienstleistungen können produkt- bzw. technologiebegleitend oder unabhängig davon erfolgen.

1.1 Ausgangsthesen, zentrale Fragen und Aufbau des Buches

Die skizzierten Umweltmärkte haben mittlerweile eine beeindruckende Bedeutung erlangt – und sie sind stark von Dienstleistungen geprägt: Im Jahr 2006 waren laut Umweltwirtschaftsbericht vom Bundesministerium für Umwelt, Naturschutz und Reaktorsicherheit und dem Umweltbundesamt in Deutschland bereits 1,8 Mio. Menschen in der Umweltwirtschaft beschäftigt – der Großteil davon entfiel mit 64 % auf den Dienstleistungssektor (BMU/UBA 2009). Dennoch dominieren in der öffentlichen und politischen Debatte – so *eine zentrale Ausgangsthese* dieses Buches – die Technologien. Dies gilt als allgemeine Beobachtung, insbesondere jedoch für den Bereich des Exports, da hierbei der generelle Vorbehalt gegenüber Dienstleistungen hinzutritt, diese seien per se kaum für die Internationalisierung geeignet.

In den Umweltmärkten haben jedoch viele Dienstleistungen – so eine *zweite zentrale Ausgangsthese* – besondere und im Vergleich zu anderen Märkten überdurchschnittliche Potenziale. Effizienzkonzepte sind beispielsweise zunächst einmal Dienstleistungen, sie können in der Folge mit der Implementation von Technologien verbunden sein, um die identifizierten Effizienzpotenziale zu heben. Oftmals herrscht die Meinung vor, Dienstleistungen würden – insbesondere beim Export – im Wesentlichen den Produkten folgen. In Umweltmärkten ist dies, wie das Beispiel der Effizienzkonzepte zeigt, jedoch oftmals unabhängig von Produkten bzw. es sind umgekehrt zunächst Dienstleistungen erforderlich, denen dann möglicherweise Technologien folgen.

Der Blick auf die Exportpotenziale von Dienstleistungen führte uns daher auf eine *dritte These*: Dienstleistungen haben nicht nur ein eigenständiges, signifikantes Exportpotenzial, sie können darüber hinaus auch den Boden bereiten für weitere und ggf. kapitalintensivere Exporte, insbesondere von Umwelttechnologien. Einen besonders anschaulichen Bereich bieten hierfür die Erneuerbaren Energien: Bevor die in der Regel dezentralen Anlagen (in vergleichsweise großer Anzahl) in den Bereichen Solarenergie, Windkraft, Wasserkraft, Geothermie oder Biomasse gebaut werden können, müssen eine Reihe von Dienstleistungen erfolgen. Dabei handelt es sich unter anderem um Standorterkundungen, Planung, Projektierung,und Finanzierung. Auch hier haben viele deutsche Dienstleister – und nicht nur die Anlagenhersteller – einen Erfahrungsvorsprung, der sich auch in internationalen Märkten erfolgreich einsetzen lässt. Haben diese Dienstleister Erfolg, kann das deutsche Technologieexporte nach sich ziehen und somit die heimische Wirtschaft und ihre internationale Technologieführerschaft weiter stabilisieren oder gar ausbauen helfen.

Dies führte zusammen mit der Beobachtung, dass in der gesamten Exportförderung im Regelfall auf Technologien fokussiert wird und *Dienstleistungen tendenziell ausgeblendet oder unterbewertet* werden, zu der Motivation der Herausgeber und Autoren, die dem Buch zugrunde liegenden Arbeiten in den beteiligten Projekten durchzuführen.[4] Das Buch stellt die Umwelt-Dienstleistungen angesichts ihrer vermuteten hohen ökonomischen Potenziale und ihrer Exportchancen in den Mittelpunkt und präsentiert hierzu breitere Analysen aus ausgewählten, zentralen Handlungsfeldern und Zielmärkten.

Zum *Aufbau des Buches*: In der nachfolgenden Einführung in das Thema (Kapitel 1) werden zentrale Begrifflichkeiten und Definitionen eingeführt und auf die wirtschaftliche Bedeutung der Umweltmärkte und -Dienstleistungen sowie auf die wesentlichen politischen Rahmenbedingungen eingegangen. Es folgt eine kritische Auseinandersetzung mit den nicht immer positiven Wirkungen der Internationalisierung von Umwelt-Dienstleistungen im Kontext der Debatten der Welthandelsorganisation (World Trade Organisation, WTO) bzw. dem Allgemeinen Abkommen über den Handel mit Dienstleistungen (General Agreement on Trade in Services, GATS) sowie eine Auseinandersetzung über Nachhaltigkeitskriterien und -anforderungen. Im ersten empirisch basierten Hauptteil des Buches folgen stark praxis- und handlungsfeldorientierte Analysen. Aufgrund der in den beteiligten Vorhaben verfolgten Schwerpunktsetzung erfolgt hier eine Fokussierung

---

4 Zu den beteiligten Vorhaben, die an der Erstellung dieses Buches mitgewirkt haben, sowie zu deren thematischer Schwerpunktsetzung siehe auch das Vorwort.

auf die zentralen Versorgungsbereiche Energie (erneuerbare Energien, Kapitel 3.1) und Wasser (Kapitel 3.2). Im Kapitel 4 wird schließlich das Thema Internationalisierungsstrategien näher beleuchtet. Auch hier gibt es neben einigen grundsätzlichen Anmerkungen zur Internationalisierung von Dienstleistungen und Dienstleistern eine Darstellung empirisch angereicherter Ergebnisse für die Handlungsfelder erneuerbare Energien und Wasser, bei denen auch Hemmnisse und Erfolgsfaktoren benannt werden. Im Kapitel 5 werden existierende, fehlende und möglicherweise sinnvolle Unterstützungsstrukturen für die Internationalisierung von Dienstleistern vorgestellt und diskutiert. Im abschließenden Kapitel 6 erfolgt schließlich ein Fazit inklusive eines kurzen Ausblicks.

1.2 Definitionen und Spektrum von Umwelt-Dienstleistungen

Trotz der rasanten Zunahme der Bedeutung der Umweltmärkte gibt es nach wie vor *keine einheitlichen Begriffsbestimmungen* oder *international einheitliche statische Erfassungsmethoden*, nach denen sie analysiert und dargestellt werden. Dies gilt analog für die Dienstleistungen in den Umweltmärkten. Wir sprechen in der Folge im Rahmen des Buches in der Regel von Umweltmärkten im Plural, da es nach unserer Auffassung keinen einheitlichen Umweltmarkt gibt, sondern sehr spezifische und heterogene Umweltmärkte mit verschiedenen Akteuren, Regulierungen und Marktdynamiken, wie sich in den Märkten für Energie, Wasser und Abfall beispielhaft zeigen lässt. Der von uns verwendete *Begriff der Umwelt-Dienstleistungen* entspricht am ehesten der in der Literatur zum Thema der Organisation für wirtschaftliche Zusammenarbeit und Entwicklung (OECD) und eurostat verbreiteten Bezeichnung „environmental services" (OECD/eurostat 1999, siehe a.a.O.). Das United Nations Environment Programme (UNEP) differenziert demgegenüber die Dienstleistungen nicht separat und verwendet in einer aktuelleren Veröffentlichung lediglich die Bezeichnung „green jobs" (UNEP 2008). Im Umweltwirtschaftsbericht von BMU und UBA (2009) wird der Begriff „umweltorientierte Dienstleistungen" verwendet, der aus den dort zitierten Abschätzungen der Beschäftigtenzahlen von Edler et al. stammt (z. B. Edler/ Blazejczak 2006).

Zur *Definition der Umweltwirtschaft*: Im (aktuellen und ersten) Umweltwirtschaftsbericht 2009 von BMU und UBA wird Umweltwirtschaft als „all jene Unternehmen, die Güter und Dienstleistungen zur Vermeidung, Verminderung und Beseitigung von Umweltbelastungen anbieten" definiert (BMU/UBA 2009: 33ff). In diesem Zusammenhang wird auch auf den Querschnittcharakter des Umweltschutzes hingewiesen, der Ursache für den schwierigen Zugang zu Informationen und Daten über die gesamte Branche ist. Zudem wurde der Begriff aufgrund des Bedeutungszuwachses des integrierten Umweltschutzes im Laufe der letzten Jahre immer weiter gefasst (BMU/UBA 2009: 23).

Innerhalb dieser Metastudie von BMU und UBA werden Umwelt-Dienstleistungen teilweise bereits als eigener Wirtschaftsbereich – neben Waren und Bauleistungen – ausgewiesen, und wiederholt deren große Bedeutung innerhalb der Umweltwirtschaft herausgestellt. Die nach diesen Kategorien aufgeteilten Daten zu Umsatz, Anzahl von Betrieben etc. mit „Waren, Bau- und Dienstleistungen, die ausschließlich dem

Umweltschutz dienen" beruhen auf Erhebungen des Statistischen Bundesamtes (Destatis 2008a). Die dazu verwendete Methodik ist jedoch kritisch zu bewerten, da sie lediglich *unternehmensbezogene Dienstleistungen* mit einbezieht.[5] Diese umfassen Tätigkeiten des Wirtschaftszweiges 74 – „sonstige freiberufliche, wissenschaftliche und technische Tätigkeiten" (Destatis 2008b: 476ff) – wie Planung, Überwachung, Gutachten etc., die sieben klassischen Umweltbereichen von Abfallwirtschaft bis Bodensanierung zugeordnet werden (Becker et al. 2006: 559).[6] Produktbegleitende Umwelt-Dienstleistungen werden dagegen dem Warenumsatz zugeschrieben. Auch „Dienstleistungen von Software-, Datenverarbeitungs- und Forschungsunternehmen, des Handels, der Banken und Versicherungen sowie von Verwaltung und Entsorgung" wurden bisher in den Erhebungen des Statistischen Bundesamtes nicht berücksichtigt (BMU/UBA 2009:25).

Tabelle 1: Klassifizierung der vom Statistischen Bundesamt nach Umweltstatistikgesetz (UStatG) 2005 erfassten Dienstleistungen, die ausschließlich dem Umweltschutz dienen

Umweltbereich	Erfasste Dienstleistungen / berücksichtigte Bereiche nach UStatG
Abfallwirtschaft	Abfallanalysen, Gutachten für UVP etc., Konzeptentwicklung, Planung von Deponien etc., Betreuung von Bauvorhaben etc.
Gewässerschutz	Analysen (z. B. Abwasser), Gutachten, Planung von Leitungsnetzen etc., Projektbetreuung und Überwachungen
Lärmbekämpfung	Analysen (z. B. Schalldruckmessungen), Gutachten, Umweltinformationssysteme, Planung und Projektbetreuung von Lärmschutzanlagen etc.
Luftreinhaltung	Analysen, Gutachten, Beratung (z. B. zur Abgasableitung), Planung und Betreuung von Schornsteinen, Entstaubungsanlagen etc.
Klimaschutz (seit 2006)	Bereiche: Verminderung von „Klimagasen" gemäß Kyoto-Protokoll, Energiesparen / -effizienz, erneuerbare Energien
Naturschutz und Landschaftspflege	Analysen, Gutachten, Beratung, Planung und Betreuung z. B. in den Bereichen Landschaftsplanung und Rekultivierung
Bodensanierung	Analysen, Gutachten, Beratung, Planung und Betreuung z. B. im Bereich Altlastenbehandlung

Quellen: Becker et al. (2006: 559), Destatis (2007a: 50ff)

---

5 Diese Problematik wird von BMU / UBA im Umweltwirtschaftsbericht 2009 mehrfach angesprochen (z. B. (BMU/UBA 2009:25)).

6 Die Erhebungspflichten beruhen auf UStatG §12 (Erhebung der Waren und Dienstleistungen für den Umweltschutz):„Die Erhebung erfasst bei höchstens 15.000 Unternehmen [...] b) Architektur- und Ingenieurbüros, Institute und Einrichtungen, die technische, physikalische und chemische Untersuchungen, Beratungen und andere Dienstleistungen für den Umweltschutz erbringen jährlich, beginnend mit dem Berichtsjahr 2006, für Waren und Dienstleistungen, die dem Umweltschutz dienen, die Erhebungsmerkmale 1. Umsatz nach der Art der Waren, der Bauleistung und der Dienstleistung, jeweils getrennt nach inländischen und ausländischen Abnehmern, 2. Anzahl der in den Erhebungseinheiten mit der Herstellung von Waren und der Erbringung von Bau- und Dienstleistungen für den Umweltschutz Beschäftigten." (§12 UStatG 2008)

In anderen Studien, wie den bezüglich der Beschäftigtenzahlen häufig zitierten Analysen von Edler et al. (z. B. Edler/ Blazejczak 2006) wird dagegen ein *potenzialorientierter Ansatz* verwendet. Dieser bezieht nicht nur Güter mit ein, die ausschließlich, sondern auch solche, die potenziell dem Umweltschutz dienen können (BMU/UBA 2009: 23). Jedoch konnten bisher auch hier einige Branchen wie Ökotourismus, umweltorientierte Versicherungswirtschaft, integrierter Umweltschutz etc. mangels geeigneter Daten noch nicht der Umweltwirtschaft zugeordnet werden (BMU/UBA 2009:14).

Tabelle 2: Klassifizierung umweltorientierter Dienstleistungen nach Wirtschaftszweigen zur Abschätzung der Beschäftigten

	Wirtschaftszweig	**Beispiele für umweltorientierte Dienstleistungen**
1	Land- und Forstwirtschaft	Direktvermarktung im ökologischen Landbau, Garten- und Landschaftsbau, forstwirtschaftliche Dienstleistungen etc.
2	Verarbeitendes Gewerbe und Bergbau	Interne Umweltschutzdienstleistungen, produktbezogene Dienstleistungen z. B. von Recyclingbetrieben
3	Energie- und Wasserversorgung	Ökostromvertrieb, Contracting, Energieberatung, Wartung und Reparatur von Wasserleitungsnetzen, Planung wassersparender Anlagen etc.
4	Baugewerbe	Interne Umweltschutz- und umweltorientierte Dienstleistungen der Bauwirtschaft
5	Handel, Instandhaltung und Reparatur von Kfz und Gebrauchsgütern	Groß- und Einzelhandel mit umweltfreundlichen Produkten (Naturkosthandel etc.) sowie Altmaterialien und Reststoffen, Handel von Kfz, Reparatur von Kfz und Gebrauchsgütern
6	Gastgewerbe	Interne Umweltschutzdienstleistungen, öko-touristische Beherbergungsleistungen (jedoch noch keine Beschäftigtenzahlen verfügbar)
7	Verkehr und Nachrichtenübermittlung	Deutsche Bahn, ÖSPV (Öffentl. Straßenpersonennahverkehr), Binnenschifffahrt, neue Mobilitätsdienstleistungen (Car-Sharing, Fahrradkuriere etc.), Planung von Verkehrsleitsystemen etc.
8	Kredit- und Versicherungsgewerbe	Umweltorientierte Finanz- und Versicherungsdienstleistungen, interne Umweltschutzdienstleistungen
9	Dienstleistungen für Unternehmen, Grundstücks- und Wohnungswesen, Vermietung beweglicher Sachen	Umweltbezogene Forschung und Entwicklung (F&E), Rechts- und Wirtschaftsberatung, Architektur- und Ingenieursbüros, Laboratorien, Gebäudereinigung, Schornsteinreinigung etc.; Grundstücks- und Wohnungswesen, Vermietung beweglicher Sachen, Datenbanken etc. (noch nicht erfasst)
10	Öffentliche Verwaltung	In den Bereichen Umwelt- sowie Natur- und Landschaftsschutz, Park- und Gartenanlagen
11	Erziehung und Unterricht	Hochschulen, außerschulische Umweltbildungseinrichtungen
12	Sonstige öffentliche und persönliche Dienstleistungen	Entsorgung (Abfall, Abwasser, Straßenreinigung), Interessenvertretungen; Botan. / zoolog. Gärten, Naturparks, Grünanlagen, Wäscherei und Reinigung (z. B. Windeldienste) (noch nicht erfasst)
13	Sonstige (Beschäftigte nicht dem Dienstleistungssektor zugeordnet)	Arbeitsförderung im Umweltschutz (ABM etc.), Zivildienst, Freiwilliges ökologisches Jahr (FÖJ)

Quelle: Edler/ Blazejczak (2006: 46ff)

Die von Edler / Blazejczak (2006) verwendete, wirtschaftszweigbezogene Klassifizierung umweltorientierter Dienstleistungen zur Erhebung der Beschäftigtenzahlen wird häufig in offiziellen Publikationen wie z. B. dem Umweltwirtschaftsbericht 2009 (BMU/UBA 2009) verwendet. Sie greift die in früheren Studien von Sprenger et al. entwickelte Abgrenzungsmethodik (z. B. Sprenger et al. 2003: 117ff; Sprenger et al. 2002) auf und ist in Tabelle 2 dargestellt.

In jüngeren, eher strategieorientierten Studien im Auftrag des BMU wurde schließlich nicht mehr die große Bandbreite analysiert, sondern auf so genannte *zentrale „Leitmärkte"* fokussiert. Diese wurden in der Studie „Green Tech made in Germany – Umwelttechnologieatlas für Deutschland" auf der Basis von Interviews mit 1.500 in der Umwelttechnologiebranche tätigen Unternehmen sowie 250 Forschungseinrichtungen im Jahr 2007 identifiziert (BMU/ Roland Berger 2007).[7]

Tabelle 3: Beispiele für Dienstleistungen in einzelnen Umwelttechnologie-Leitmärkten laut Umwelttechnologie-Atlas für Deutschland

Leitmarkt	**Beispiele für Dienstleistungen deutscher Unternehmen**
Umweltfreundliche Energieerzeugung und -speicherung	Projektierung und Planung z. B. von Biogas- und Solaranlagen
Energieeffizienz	Contracting, Beratungsleistungen zur Optimierung / Überwachung und Steuerung von Systemen, Anlagen und IT-Bereich; keine Nennung von Dienstleistungen bei Effizienzsteigerungen von Gebäuden
Rohstoff- und Materialeffizienz	Ökodesign, Planung und Optimierung von Produktionsverfahren und Prozessen
Kreislaufwirtschaft	Sammlung und Transport von Abfällen, Altlastensanierung, Beratung und Projektierung (z. B. Deponien), auch Ökodesign und Optimierung ressourceneffizienter Verfahren (s. o.)
Nachhaltige Wasserwirtschaft	Planung, Instandsetzung etc. von Verteilungssystemen, Erstellung von Wasserwirtschafts- und Betreiberkonzepten, Optimierung des Prozesswasserverbrauchs in Industriebetrieben, Beratung und Sanierung in der Hochwasservorsorge
Nachhaltige Mobilität	Erstellung von Logistik-, Infrastruktur- und Verkehrsmanagementkonzepten, Bündelung von Reiseaktivitäten, Car-Sharing, Mitfahrkonzepte, Öffentlicher Personennahverkehr (ÖPNV)

Quelle: BMU/ Roland Berger (2007)

Wie der Titel der Studie bereits verdeutlicht, spielten die Dienstleistungen jedoch keine zentrale Rolle bzw. wurden nicht explizit und gesondert betrachtet. Und dies, obwohl aus dem Sample der befragten Unternehmen die überproportional hohe Bedeutung der Dienst-

[7] In einer Aktualisierung dieser Studie vom April 2009 wurden die sechs Leitmärkte sowie der Untersuchungsansatz beibehalten (BMU 2009b). Auf Ergebnisse dieser neueren Befragung wird später eingegangen.

leistungsunternehmen klar hervorging, wie eine nachträgliche Datenaufbereitung der Studienautoren gezeigt hat.[8] Die nachfolgende Tabelle zeigt die 6 Leitmärkte sowie einige Beispiele von Dienstleistungen, die in der Studie genannt werden.

Eine ähnliche, aber in Bezug auf die zentralen Marktabgrenzungen veränderte Systematisierung lieferten BMU und BMBF in ihrem Ende 2008 vom Kabinett verabschiedeten „*Masterplan Umwelttechnologien*". Der geänderte Zuschnitt kann mit höherer Anschlussfähigkeit an Forschungs- und Politikthemen begründet werden. Daher wurde im Masterplan z. B. der Bereich „Klimaschutztechnologien" gebildet, während dieser Bereich in der akademischen und statistischen Behandlung aufgrund seiner großen Heterogenität in der Regel differenziert und nicht aggregiert behandelt wird. Im Masterplan wird zudem angeführt, „wo die Politik die Entwicklung unterstützen wird" (BMU/UBA 2009: 78).

Tabelle 4: Beispiele für Dienstleistungen in Zielfeldern laut Masterplan Umwelttechnologien und Vergleich mit Leitmärkten des Umwelttechnologie-Atlas

Leitmarkt	**Bezug zu Umwelttechnologieatlas**	**Beispiele für Dienstleistungen**
Wassertechnologie	Nachhaltige Wasserwirtschaft	Planung, Bau, Instandhaltung und Sanierung von Wasserverteilungsnetzen, Prozessoptimierungen in der Abwasserbehandlung, Erstellung von Wasserwirtschafts- und Betreiberkonzepten, Consultingwirtschaft
Technologien für Rohstoffproduktivität	Rohstoff- und Materialeffizienz Kreislaufwirtschaft	Optimierung von Produktionsverfahren (z. B. Ressourcenkostenrechnungen und Ökoeffizienzanalysen), Ökodesign, Dienstleistungen in Kreislaufwirtschaft / Recycling
Klimaschutztechnologien	Umweltfreundliche Energieerzeugung und -speicherung, Energieeffizienz Nachhaltige Mobilität (in zweiter Phase des Masterplans)	Dienstleistungen zur Optimierung der Energieeffizienz in Unternehmen, v. a. Contracting; im Bereich erneuerbarer Energien keine Beispiele für (z. B. produktbegleitende) Dienstleistungen, Fokus liegt auf Technologien an sich

Quelle: BMU/ Roland Berger (2007), BMU/BMBF (2008)

Auch hier wurde der Dienstleistungsbereich nicht separat ausgewiesen, sondern drei Zielfeldern zugeordnet und in den jeweiligen Kapiteln beispielhaft behandelt. Diese Zielfelder orientieren sich an dem Themenspektrum des Umwelttechnologie-Atlas: so können etwa dem Bereich „Technologien für Rohstoffproduktivität" die Umwelttechnolo-

---

8 Siehe hierzu die Präsentation von Torsten Henzelmann auf der Tagung Umwelt-Dienstleistungen vom 22.11.2007 in Berlin, an deren Organisation die Fokusgruppe Umwelt-Dienstleistungen maßgeblich beteiligt war. Im Rahmen dieser Präsentation werden die Daten zu den Dienstleistern zudem in die beiden Bereiche anlagenbezogene (d.h. entlang der gesamten Wertschöpfungskette von Umwelt-Anlagen) und nicht-anlagenbezogene (d.h. Transfer von Umwelt-Know-how) Umwelt-Dienstleistungen unterschieden (Henzelmann 2007: 12ff).

gie-Atlas-Leitmärkte „Rohstoff- und Materialeffizienz", wie auch „Kreislaufwirtschaft" zugeordnet werden. Der Masterplan Umwelttechnologien fasst außerdem die Bereiche „Umweltfreundliche Energieerzeugung und -speicherung", „Energieeffizienz" und „Nachhaltige Mobilität" (wobei letzterer erst in der zweiten Phase des Masterplans näher behandelt werden soll) zu einem Zielfeld „Klimaschutztechnologien" zusammen.

Tabelle 5: Klassifizierung von Umwelt-Dienstleistungen nach OECD / eurostat

Klassifizierung	**Beispiele für Dienstleistungen**
1. Pollution Management Group	
→ Produktion von Anlagen, Technologien und spezifischen Materialien; Bereitstellung von Bau- und Dienstleistungen für:	
Luftreinhaltung	Emissions-Monitoring
Abwasserbehandlung / Gewässerschutz	Dienstleistungen i. d. Wasserwirtschaft
Abfallwirtschaft	Transport, Sammlung, Sortierung von Abfällen, Management von gefährlichen Abfällen
Sanierung u. Aufbereitung von Boden u. Wasser	Betrieb von Wasseraufbereitungsanlagen
Lärmbekämpfung	Monitoring
Umweltforschung und -entwicklung	„saubere" Prozesse, end-of-pipe-Lösungen
Umweltplanung, -beurteilung und -beratung	Umweltmanagement, Ökobilanzierung, Risikobewertung etc.
Sammlung, Analyse, Bewertung v. Umweltdaten	Probenahmen, Analysen, Überwachung etc.
Erziehung, Ausbildung und Information	Informationsmanagement, Ausbildung
Sonstige	
2. Cleaner Technology and Product Group	
→ Produktion von Ausrüstung, Technologien, spezifischen Materialien und DL für:	
Saubere / ressourceneff. Technol. u. Prozesse	Dienstleistungen für Biotechnologien
Saubere / ressourceneffiziente Produkte	Dienstleistungen für Komponenten saubererer Produkte
3. Resource Management Group	
→ Produktion von Anlagen, Technologien und spezifischen Materialien; Bereitstellung von DL und Bauleistungen für:	
Luftreinhaltung in Innenräumen	Dienstleistungen in der Luftreinhaltung
Wasserversorgung	Trinkwasserversorgung und -verteilung
Recycelte Materialien	z. B. Recyclingpapier
erneuerbare Energien	Dienstleistungen in allen EE-Bereichen
Energieeinsparung und -management	Dienstleistungen zur Energieeinsparung
Nachhaltige Landwirtschaft und Fischerei	Dienstleistungen in nachhaltiger Landwirtschaft und Fischerei
Nachhaltige Forstwirtschaft	Forstmanagement, Dienstleistungen zur Wiederaufforstung
Risikomanagement für Naturgefahren	Risikomanagement für Naturgefahren
Ökotourismus	Dienstleistungen im Ökotourismus
Sonstige	Erhaltungs- und Ressourcenmanagement

Quelle: OECD / eurostat (1999: 55ff), teilweise übersetzt durch Sprenger et al. (2002: 20ff)

Auf internationaler Ebene war und ist für die Abgrenzung und Erfassung von Umweltgütern und -dienstleistungen bis heute eine von OECD und eurostat vorgenommene Definition und Klassifizierung („environmental goods and services“) aus dem Jahr 1999 (OECD/eurostat 1999) von essentieller Bedeutung. Sie wird beispielsweise auch von Edler / Blazejczak (2006) sowie Sprenger et al. (2002) als konzeptionelle Grundlage für die Erfassung der Umweltschutzbeschäftigten genannt. Die Klassifikation unterscheidet drei Hauptkategorien, deren Unterkategorien wiederum Güter, Bau- und Dienstleistungen zugeordnet werden. Diese sind in Tabelle 5 dargestellt.

Innerhalb des 68. Treffens des Ausschusses für das Statistische Programm (ASP) wurde unter anderem der Eurostat „Environmental accounting action plan 2009 – 2010“ vorgelegt. Darin wird u. a. als Maßnahme 2.2 die Vervollständigung eines „Compilation Guide on Environmental Goods and Services Industry“ vorgeschlagen, um ein Datenerfassungssystem für den Umweltsektor auf nationaler Ebene zu entwickeln (eurostat 2008, Annex II: 22)

Trotz all der Bemühungen um eine Verbesserung der Datenlage und einen zunehmende Anzahl von „Sektorstudien“ des Umweltbereichs sind also nach wie vor viele Defizite zu konstatieren. Auf internationaler Ebene ist die gültige Definition des Umweltbereichs immer noch durch einige wenige, traditionelle Sektoren geprägt. Neue Wirtschaftsbereiche und weite Teile von Umweltschutzdienstleistungen und -Gütern spielen bisher noch keine Rolle. So konstatierte auch der langjährige Experte von Analysen des Umweltmarkts, Prof. Rolf Sprenger, auf der Tagung „Umwelt-Dienstleistungen“, dass „der Umweltmarkt und Dienstleistungen für den Umweltmarkt gegenwärtig nur sehr partiell statistisch erfasst“ würden (Sprenger 2007b, siehe auch Sprenger 2007a). In den jüngeren Sektorstudien wird der Umweltmarkt insgesamt deutlich umfänglicher erfasst, allerdings ist auch hier festzustellen, dass erstens immer noch eine Reihe von Teilmärkten fehlen, und zweitens insbesondere die Rolle und das Spektrum der Dienstleistungen deutlich unterbelichtet bleibt. Diese werden zwar durchaus (exemplarisch) erwähnt, es gibt jedoch nur wenige systematische Daten zum Umwelt-Dienstleistungsbereich.

1.3 Wirtschaftliche Bedeutung von Umwelt-Dienstleistungen

Laut Statistischem Bundesamt konnte 2005 die *Hälfte der Betriebe der Umweltwirtschaft dem Dienstleistungssektor zugeordnet* werden (BMU / UBA (2009: 25), siehe auch Tabelle 6). Neben dieser amtlichen Globalzahl, deren Datengrundlage hinsichtlich ihrer Unzulänglichkeiten im Folgenden kritisch diskutiert wird, gibt es nur wenig differenziertere Aufschlüsselungen der gesamten Umweltwirtschaft. Vereinzelte Daten zu den verschiedenen Dienstleistungsanteilen in den verschiedenen Märkten der Umweltwirtschaft liefert der „Umwelttechnologie-Atlas für Deutschland“ mit seiner Konzentration auf die oben eingeführten 6 Leitmärkte im Umweltbereich (BMU 2009b). Im Regelfall werden in dieser Studie die Dienstleistungen jedoch integriert betrachtet und nur selten spezifische Aufschlüsselungen gegeben. Mehr als die Hälfte der in der Studie befragten Unternehmen ordneten sich als Dienstleister ein (BMU 2009b: 18).

Allein 33 % gaben als Tätigkeitsbereich Planung und Beratung an, 11 % den Betrieb von Anlagen, 10 % den Bereich Handel, 2 % Contracting, und auch im Anteil von 14 % „Sonstiges" dürften noch einige Dienstleister enthalten sein. Demgegenüber entfielen 18 % auf die Produktion und 12 % auf Anlagenbau. Die *Unternehmensstruktur* lässt sich jeweils *für die betrachteten Leitmärkte* aufschlüsseln:

- Im Leitmarkt „umweltfreundliche Energieerzeugung und -speicherung" ordnete sich insgesamt knapp ein Drittel der befragten Unternehmen der Kategorie Beratung und Dienstleistung zu, bei denen es sich vorrangig um Projektierungs- und Planungsbüros, beispielsweise für Biogas- und Solaranlagen handelte (ebd.: 64).
- Für den Leitmarkt Energieeffizienz wurde in der Studie ermittelt, dass die kleineren Unternehmen mit einem Jahresumsatz von weniger als 10 Mio. Euro v. a. Dienstleistungen anbieten, dagegen kommen fast 80 % der mittleren und großen Unternehmen aus dem produzierenden Gewerbe (ebd.: 88).
- Der Leitmarkt Rohstoff- und Materialeffizienz ist überwiegend durch kleine Dienstleistungsunternehmen geprägt, die technische und organisatorische Lösungen zur Erhöhung der Ressourceneffizienz anbieten (ebd.: 117).
- Im Bereich der Kreislaufwirtschaft gehörte über die Hälfte der befragten Unternehmen zur Kategorie Dienstleister, die vor allem in den Bereichen Sammlung und Transport von Abfall aktiv sind (ebd.: 142).
- Im Leitmarkt „Nachhaltige Wasserwirtschaft" zählten sich fast die Hälfte der Befragten zu Dienstleistungs- und Handelsunternehmen, wobei hier die Kategorie Betreiber noch nicht enthalten ist. Insgesamt dominieren in diesem Markt die kleinen Unternehmen mit unter 10 Mio. Euro Jahresumsatz mit einem Anteil von über 80 %. Hier erzielten die Ingenieurs- und Beratungsbüros, die sich mit Effizienzstrategien befassen, ein überdurchschnittliches Wachstum von mehr als 15 % in den letzten Jahren (ebd.: 161).
- Im heterogenen Leitmarkt nachhaltige Mobilität ordneten sich fast 80 % der Befragten als kleine und mittelständische Unternehmen ein, rund die Hälfte waren Dienstleister in den Bereichen Planung und Beratung, 6 % zählten zum Handel (ebd.: 183).

Im Rahmen der amtlichen Statistik wird auch der *Umsatzanteil der Umwelt-Dienstleistungen* ermittelt. Dieser lag im Jahr 2005 jedoch nur bei ca. 10 %, Bauleistungen lagen bei ca. 20 %, und der mit Abstand größte Anteil entfiel mit ca. 70 % auf Waren (BMU/UBA 2009: 25). 2006 lag dieser Anteil sogar lediglich bei ca. 7 % (siehe Tabelle 6).

Diese im Vergleich zu den Waren weitaus geringere Relevanz lässt jedoch nicht nur auf eine geringere reale Wirtschaftsleistung, sondern auch auf vielfältige Probleme bei der Datenerfassung zurückführen. Hier sei beispielsweise auf die Zuordnung produktbezogener Dienstleistungen zum Sektor „Waren" hingewiesen (siehe auch Ausführungen oben). Entsprechend dürfte der Umsatzanteil von Dienstleistungen in der Umweltwirtschaft real um ein Vielfaches höher liegen. Wie hoch dieser Anteil tatsächlich liegen könnte, wird im Rahmen dieses Buches erstmalig exemplarisch für den Bereich der Erneuerbaren Energien substantieller ermittelt (siehe Kapitel 3.1).

Tabelle 6: Umsatz, Anzahl der Unternehmen und Beschäftigte mit Dienstleistungen für den Umweltschutz 2004–2006

	Umsatz Umwelt-schutz-markt (Mio. €)	**Umsatz mit Dienst-leistungen (Mio. €)**	**Davon im Ausland (Mio. €)**	**Anzahl Betriebe mit Dienst-leistun-gen / Anzahl Betriebe Um-weltsektor**	**Beschäftigte im dienstleisten-den Gewer-be / Beschäftig-te Umweltsektor**
2004*	11.709	1.255	122	2.327 / 4.400 (in allen Wirt-schaftszweigen)	*Noch nicht erhoben*
2005*	12.250	1.250	108	2.131 / 4.098 (in allen Wirt-schaftszweigen)	*Noch nicht erhoben*
2006** einschl. Klimaschutz	22.398	1.614	k. A.	2.533 / 5.610 (nur dienst-leistendes Gewerbe)	17.386 / 92.395 (nur dienst-leistendes Gewerbe)

Quelle: eigene Zusammenstellung nach Daten von * Destatis (2007a: 15ff), ** Destatis (2007b)

Eine Besonderheit der Dienstleister in der Umweltwirtschaft ist, dass es sich bei ihnen *überwiegend um Klein- und Kleinstunternehmen* mit weniger als 50 Mitarbeitern handelt: diese stellten mit 60,8 % des Umsatzes mit Dienstleistungen im Jahr 2005 den überwiegenden Teil dar. Im Gegensatz dazu lag ihr Umsatzanteil an der gesamten Umweltwirtschaft nur bei 17,9 % (BMU/UBA 2009: 27).

Ihre besondere volkswirtschaftliche Bedeutung erhalten die Märkte im Umweltschutz nicht nur wegen ihrer stetig wachsenden Umsätze, sondern gleichzeitig auch wegen der *dynamischen Beschäftigungsentwicklung*. Auch hier unterscheiden sich jedoch die „offiziellen" statistischen Daten von den deutlich umfassenderen spezifischen Umweltmarkt-Studien aufgrund der eingangs geschilderten Problematik der Datenerfassung und Abgrenzung der Umweltwirtschaft. Dies stellte und stellt die amtliche Statistik vor so große Herausforderungen, dass diese erst 2006 erstmalig dazu Beschäftigungswerte ermittelt hat. Das Statistische Bundesamt ermittelte für das Jahr 2006 insgesamt 92.395 Beschäftigte im Umweltschutz, von denen etwa 17.400 dem dienstleistenden Gewerbe zugerechnet wurden, wobei hier Umwelt-Dienstleister im produzierenden und Baugewerbe sind nicht inbegriffen sind (Destatis 2007b).

Demgegenüber werden in den genannten spezifischen Studien zur Beschäftigungswirkung im Umweltmarkt deutlich höhere Beschäftigungszahlen ermittelt. Nach den Analysen von Edler / Blazejczak bzw. Edler et al. (2008) (zitiert in: BMU/UBA 2009) waren im Jahre 2004 ca. 1,5 Mio. und 2006 bereits knapp 1,8 Mio. Menschen in der Umweltschutzwirtschaft beschäftigt. Der überwiegende Anteil davon – ca. 948.000 (2004) bzw. 1.13 Mio. (2006) Arbeitsplätze – wurde jeweils der Kategorie „Personalaufwendungen und umweltorientierten Dienstleistungen" zugeordnet. Ihr Anteil an den Beschäftigten der gesamten Umweltwirtschaft betrug also jeweils ca. 64 %. Dabei fehlen bei diesen

Betrachtungen noch weitere, vermutlich sehr dienstleistungsintensive Märkte wie Ökotourismus, umweltorientierte Versicherungswirtschaft, integrierter Umweltschutz etc., aber auch Dienstleistungen in den Bereichen „erneuerbare Energien“ und „Export von Umweltschutzgütern“ in Ermangelung an belastbaren Daten (BMU/UBA 2009: 14, 32ff).

Die Tabelle 7 zeigt die Beschäftigten in umweltorientierten Dienstleistungen, zugeordnet nach einzelnen Wirtschaftszweigen. Das teilweise große Wachstum der Beschäftigtenzahlen kam dabei auch von fehlender Vergleichbarkeit der Datengrundlagen in den betrachteten Jahren zustande (BMU/UBA 2009: 35f).

Besonders *hohe Wachstumspotenziale* sehen BMU und UBA in ihrem Umweltwirtschaftsbericht in der Energieberatung für Unternehmen und Hausbesitzer, in exportbegleitenden produktbezogenen Dienstleistungen sowie solchen im Bereich nachhaltiger Mobilität (BMU/UBA 2009: 36). Der Masterplan Umwelttechnologien schreibt allein dem (Energie-)Contracting ein Marktvolumen von 20 Mrd. Euro und eine Wachstumsrate von 15 bis 20 % in Deutschland zu (BMU/BMBF 2008: 50f). Auch in der Altlastensanierung werden insbesondere aufgrund verschärfter EU-Gesetzgebung hohe Wachstumspotenziale gesehen (BMU/ Roland Berger 2007: 102f).

Tabelle 7: Erwerbstätige im Bereich „Personalaufwendungen und umweltorientierte Dienstleistungen“ 2004 und 2006 nach Wirtschaftszweigen

	Wirtschaftszweig	**2004**	**2006**
1	Land- und Forstwirtschaft	57.500	103.900
2	Verarbeitendes Gewerbe und Bergbau	130.500	115.900
3	Energie- und Wasserversorgung	58.700	86.700
	Davon Energiedienstleistungen		*49.000*
	Davon Wasserdienstleistungen		*33.000*
4	Baugewerbe	49.100	46.100
5	Handel, Instandhaltung u. Reparatur	173.700	195.100
	Davon Groß- und Einzelhandel		*ca. 160.000*
6	Gastgewerbe	5.800	5.900
7	Verkehr und Nachrichtenübermittlung	68.900	72.100
8	Kredit- und Versicherungsgewerbe	1.000	1.100
9	Dienstleistungen für Unternehmen	226.000	257.300
10	Öffentliche Verwaltung	44.900	62.600
11	Erziehung und Unterricht	22.400	20.000
12	Sonstige öffentl. u. persönl. Dienstleistungen	109.200	165.700
	Gesamt	**947.700**	**1.136.600**[9]

Quelle: BMU / UBA (2009)

[9] Die dargestellte Gesamtzahl aus BMU / UBA 2009: 35f entspricht nicht der Summe der Erwerbstätigenzahlen in den einzelnen Sektoren (aus gleicher Veröffentlichung). Der Grund für diese Abweichung (Summe der Einzelpositionen ergibt 1.132.400 Beschäftigte) konnte nicht ermittelt werden.

Damit kann als *Zwischenfazit* festgehalten werden, dass die – überwiegend (sehr) kleinen – Dienstleister mindestens die Hälfte aller Unternehmen in den Umweltmärkten ausmachen. Überwiegend angebotene Dienstleistungen sind Planung und Beratung, gefolgt von Anlagenbetrieb und Handel. Der Umsatzanteil liegt unterhalb des Umweltgütermarktes – allerdings dürften die von der amtlichen Statistik ausgewiesenen 10 % aufgrund vielfältigen Datenmangels deutlich zu niedrig sein. Ein Beleg dafür ist, dass die amtlich ausgewiesene Beschäftigung bei 17.400 liegt, während Sektorstudien bereits über eine Million Beschäftigte ermittelt haben. In vielen der stark wachsenden Leitmärkte werden zudem nicht nur hohe Wachstumspotenziale für die Technologien, sondern auch für eine Vielzahl von Dienstleistungen gesehen – auch im Export.

1.4 Bedeutung des Exports von Dienstleistungen – Blinde Flecken im Außenhandel

Seit Jahrzehnten wächst der Welthandel schneller als die weltweite Wirtschaftsleistung, demnach nimmt die Internationalisierung der Wirtschaft zu (Eickelpasch 2008). Deutsche Unternehmen exportierten im Jahr 2007 laut Zahlungsbilanzstatistik der Deutschen Bundesbank Waren im Wert von 969 Mrd. Euro, und damit 62 % mehr als 2000 (zitiert in: Eickelpasch 2008: 339). Jedoch gewann auch der – statisch erfasste – Export von Dienstleistungen in den letzten Jahren an Bedeutung: er lag gemäß dieser Statistik 2007 mit 135 Mrd. Euro um 86 % höher als noch im Jahr 2000 (ebd.). Damit liegen die Exporte im Bereich der Dienstleistungen zwar absolut gesehen deutlich unter dem Warenwert, sie weisen jedoch die höhere durchschnittliche Wachstumsrate auf.

Aufbauend auf der seit 2000 im Rahmen der Dienstleistungsstatistik durchgeführten Strukturerhebung hat das Deutsche Institut für Wirtschaftsforschung (DIW) die *Exportorientierung von Dienstleistungsunternehmen* genauer untersucht. Bei dieser statistischen Erhebung wurden stichprobenartig Unternehmen der Wirtschaftsabschnitte I (Verkehr und Nachrichtenübermittlung, Grundstücks- und Wohnungswesen, Vermietung beweglicher Sachen) und K (Erbringung von sonstigen wirtschaftlichen Dienstleistungen) u. a. zu Umsatz, Export und Beschäftigung befragt. Im Jahr 2005 wurden von ca. 680.000 Unternehmen in „unternehmensnahen Dienstleistungszweigen“ mit ca. 6 Mio. Erwerbstätigen knapp 700 Mrd. Euro erwirtschaftet. Angaben zum Export wurden nur für Unternehmen mit einem Jahresumsatz von mindestens 250.000 Euro zusätzlich erfragt. Demnach waren 5,1 Mio. Beschäftigte in knapp 184.000 Unternehmen 2005 für einen Exportumsatz von 37,6 Mrd. Euro und damit 6 % aller Umsätze dieser Unternehmen verantwortlich (Eickelpasch 2008: 342ff).

Der Anteil exportorientierter Unternehmen in unternehmensnahen Dienstleistungszweigen betrug 2005 durchschnittlich 12,1 % und lag somit um 2 % höher als in den vorhergehenden Erhebungen aus den Jahren 2000 und 2002 (ebd.: 341). Ebenso stieg die Exportquote (Anteil am Umsatz) der betrachteten Unternehmen von 4,8 % im Jahr 2000 auf 6,0 % im Jahr 2005, wobei die Quote der Unternehmen mit 100 bis 249 Beschäftigten mit 9,3 % am höchsten, bei Kleinstunternehmen mit maximal vier Mitarbeitern mit 3,3 %

am niedrigsten lag (ebd.: 344f). Beim Vergleich des Exports unternehmensnaher Dienstleistungen ausgewählter EU-Länder lag Deutschland 2004 mit einer Exportquote von ca. 10 % jedoch noch deutlich unter dem EU-Durchschnitt von ca. 13 %. „Exportweltmeister" im unternehmensnahen Dienstleistungsgewerbe war Dänemark mit 31 % (Alajääskö 2007). Für die Zukunft zitiert die Studie Erhebungen der Deutschen Bundesbank und des Statistischen Bundesamtes, nach denen die Exportorientierung der erfassten Unternehmen seit 2005 eher zu- als abgenommen haben dürfte (Eickelpasch 2008: 346).[10]

Die Daten und Aussagen der DIW-Untersuchung zeigen somit Tendenzen für Dienstleistungen auf. Diese sind jedoch aufgrund der verwendeten Erhebungsmethodik nur eingeschränkt verallgemeinerbar, da sie nur Unternehmen in unternehmensnahen Dienstleistungszweigen der Wirtschaftsabschnitte I und K berücksichtigen und darüber hinaus produktbezogene Dienstleistungen vernachlässigen. In Bezug auf den Export wurden zudem nur Unternehmen mit Jahresumsätzen von mindestens 250.000 Euro betrachtet. Aufgrund der gewählten Datengrundlage können auf dieser Basis kaum Aussagen für die Märkte der Umwelt-Dienstleistungen getroffen werden.

Spezielle Exportdaten oder Potenzialermittlungen für den *Bereich der Umwelt-Dienstleistungen* gibt es in keiner der oben genannten zentralen Studien. Im *Umweltwirtschaftsbericht 2009* wird die Bedeutung des Exports für die deutsche Umweltwirtschaft angesprochen. Hier ist jedoch stets nur von „Umweltschutzgütern" die Rede, Dienstleistungen werden nicht separat berücksichtigt (BMU/UBA 2009: 28ff). Im *Masterplan Umwelttechnologien* (BMU/BMBF 2008) werden nur beispielhaft Exportpotenziale für einzelne, konkrete Dienstleistungsbereiche genannt. So werden Deutschland etwa im Bereich Kreislaufwirtschaft / Recycling besonders hohe Exportchancen zugeschrieben – der Weltmarktanteil dieses Sektors liegt gegenwärtig bei 25 %, allein der weltweite Dienstleistungsmarkt in diesem Bereich wird auf ca. 55 Mrd. Euro geschätzt. Der *Umwelttechnologie-Atlas* für Deutschland (BMU/ Roland Berger 2007) nennt einzelne Beispiele für Exportaktivitäten von Umwelt-Dienstleistungsunternehmen. So waren etwa 80 % der kleinen Beratungsfirmen im Bereich der Energieeffizienz nur im Inland aktiv (ebd.: 64f). Im insgesamt sehr stark exportorientierten Leitmarkt „nachhaltige Mobilität" beschränken sich 20 % der befragten Firmen auf regionale und lokale Absatzmärkte. Darunter fallen vor allem Kleinstunternehmer und Dienstleister (ebd.: 142).

Wenngleich es also nur sehr wenige Informationen und noch weniger Daten über die Exportwirkung von Dienstleistungen im Umweltbereich gibt, wird auch im Umwelt-

---

[10] Laut einer Erhebung des Statistischen Bundesamtes waren die bevorzugten Länder beim Dienstleistungsexport im Jahr 2004 zu etwa der Hälfte EU-Staaten (zitiert nach Eickelpasch 2008: 344). Auch die Studie von Alajääskö rechnet die Hälfte der Exportquote des deutschen unternehmensnahen Dienstleistungsgewerbes dem Intra-EU-Bereich zu (Alajääskö 2007). Der ehemals von einer hohen Bedeutung räumlicher Nähe geprägte Dienstleistungssektor profitiert bezüglich des Exports besonders stark von Entwicklungen der Informations- und Kommunikationstechnologien, die Kontakte zu Stakeholdern auch über weite Distanzen ermöglichen (Eickelpasch 2008: 340).

Atlas die These der Autoren dieses Buches vertreten: Dass Dienstleistungen – insbesondere Dienstleistungen in den Umweltmärkten – eine hohe und bisher unterschätzte Bedeutung für den Export haben, und dies vor allem deshalb, weil sie Multiplikationseffekte durch nachfolgende Warenexporte nach sich ziehen können. Im Umwelttechnologie-Atlas von 2009 heißt es dazu:

„Obwohl lediglich 22 % der zu dieser Gruppe gehörenden Unternehmen einen internationalen Tätigkeitsschwerpunkt angeben, werden sie doch mehr und mehr zum „Türöffner" für deutsche Unternehmen auf ausländischen Märkten: Planer und Berater sind im Ausland die besten Botschafter für die deutsche Expertise auf dem Feld der Umwelttechnologien. [...] Können sich Dienstleister folglich im Ausland etablieren, steigt die Wahrscheinlichkeit exponentiell, dass weitere deutsche Unternehmen in ausländische Projekte einbezogen werden." (BMU 2009b: 26)

Wenn gleich es für die Aussage keine empirisch basierte Begründung gibt (insbesondere nicht für den „exponentiellen" Zusammenhang) und es keinen Grund gibt, erst jetzt von einer zunehmenden Türöffnerwirkung auszugehen, sondern diese vermutlich auch schon früher (unerkannt) vorhanden war, so unterstreicht das Zitat dennoch treffend die wichtige indirekte ökonomische Bedeutung von Dienstleistungen, auch wenn diese nicht die gleichen direkten Exportquoten und -Umsätze erzielen wie die Umwelttechnologien. Mit Blick auf die zuvor in diesem Kapitel beschriebene Datenlage ist zu konstatieren, dass zum unternehmensbezogenen Dienstleistungssektor und der gesamten Umweltwirtschaft in den letzten Jahren vermehrt Daten erhoben wurden (wenn gleich immer noch in ungenügender Qualität und Menge), dass jedoch spezifische Informationen zu Umwelt-Dienstleistungen im Allgemeinen sowie speziell bezüglich ihrer Exportwirkungen nach wie vor Mangelware sind. Hier möchte das vorliegende Buch einen Beitrag leisten.

So kann als *Zwischenfazit* festgehalten werden, dass im Vergleich zu den bisher vorgestellten Datensituationen der Mangel an konsistenten und aussagekräftigen Daten für den Export von Umwelt-Dienstleistungen am größten ist (ebenso: Sprenger 2007b). Dies gilt nicht nur für die offiziellen Statistiken, sondern auch für die bisherigen Sektorstudien zum Umweltmarkt. Die Exportpotenziale von Umwelt-Dienstleistungen werden allenfalls exemplarisch benannt. Hier kann also tatsächlich von einem „Blinden Fleck" gesprochen werden. Die verfügbaren Zahlen zum Wachstum der Exportquote von Dienstleistungen – das höher liegt als das des Güterexports – zeigen allerdings, dass das Thema nicht weiter vernachlässigt werden sollte. Und auch der hier als These vertretene Multiplikationseffekt von Umwelt-Dienstleistungen, wonach diese weitere Exporte von Dienstleistern und Gütern nach sich ziehen, wird mittlerweile in der Literatur aufgegriffen.

1.5 Rahmenbedingungen der Umweltwirtschaft und von Umwelt-Dienstleistungen

Das nationale und internationale Angebot von Umwelt-Dienstleistungen wird durch verschiedene Regelungen auf unterschiedlichen Ebenen beeinflusst. Hierzu zählen eine Reihe von allgemeinen Regulierungen für Dienstleistungen, spezifische Regulierungen für den Einsatz von Umwelttechnologien, die in der Folge auch Auswirkungen auf die Dienstleistungen in diesem Bereich haben, sowie Regulierungen für den Handel mit Dienstleistungen. Eine gesonderte Regulierung für Umwelt-Dienstleistungen gibt es nicht, ebenso wenig spezifische Mechanismen oder Instrumente im Bereich der Exportförderung. Nachfolgend werden für die internationale und die nationale Ebene (Deutschland) zunächst die existierenden „harten" Regulierungen, d.h. solche mit gesetzlichem Charakter, aufgeführt, jeweils gefolgt von „weicheren" Maßnahmen wie z. B. politischen Strategie- bzw. Aktionsplänen. Eine genauere Analyse der Unterstützungsstrukturen und -Mechanismen liefern wir im Kapitel 5. Hieraus leitet sich eine Forderung nach stärkerer Fokussierung der Dienstleistungen ab, um deren Potenziale und ihre positiven Folgewirkungen besser und gezielter zu erschließen.

1.5.1 Internationale und EU-Ebene

1.5.1.1 WTO / GATS

Eine spezifische Befassung mit dem Thema „Umwelt-Dienstleistungen" gibt es auf der internationalen Ebene im Rahmen der Verhandlungen der Welthandelsorganisation (World Trade Organisation, WTO) bzw. konkreter im Rahmen der Verhandlungen über das „allgemeine Abkommen über den Handel mit Dienstleistungen" (General Agreement on Trade in Services, GATS). Die bislang gültige Klassifikation von Dienstleistungen im Umweltbereich (environmental services) beinhaltet die Sektoren Abwasser (sewage services), Abfallbeseitigung (refuse disposal services), Hygiene / sanitäre Einrichtungen o. Ä. (sanitation and similar services) sowie andere Dienstleistungen (z. B. Lärmschutz, Verringerung von Fahrzeugemissionen, Landschafts- und Naturschutz) (WTO 2009b). Seit 1999 wird aufgrund der dynamischen und deutlich breiter angelegten Entwicklung der Umweltwirtschaft im „Committee on Specific Commitments" (CSC) der World Trade Organisation über die Klassifikation von Umwelt-Dienstleistungen diskutiert. Seit dem Jahr 2000 sind sie in die „new services negotiations" einbezogen – bislang ohne Ergebnis.

Ein von der europäischen Union eingebrachter Verhandlungsvorschlag sieht für eine erweiterte Fassung der Umwelt-Dienstleistungen (Sektor 6) zusätzlich die Bereiche Wasserversorgung, Luftreinhaltung und Klimaschutz, Lärmschutz sowie Schutz von Biodiversität und Landschaft vor (WTO 2000a). Ausgeklammert werden sollen Dienstleistungen in Verbindung mit Energieversorgung, die in einem eigenständigen Subsektor (1Fj) behandelt werden. Zusätzlich befinden sich viele Umwelt-Dienstleistungen auch in zahlreichen anderen Bereichen, wie z. B. den „integrierten Ingenieursdienstleistungen" oder „F&E-Dienstleistungen" (WTO 2009a).

Aufgrund des Querschnittscharakters der Umwelt-Dienstleistungen wird es voraussichtlich schwierig sein, hier zu umfassenden Klassifikationen und weitergehenden

Vereinbarungen über die bisherigen Bereiche hinaus zu kommen.[11] Dies nicht zuletzt deshalb, weil z. B. die Versorgung mit Wasser und Energie sowie der Naturschutz elementare nationale und internationale Entwicklungs- und Gerechtigkeitsfragen berühren, so dass ihre Behandlung im Rahmen internationaler Handelvereinbarungen für viele Kontroversen sorgt.[12] Auf diesen Problemkomplex und diesbezügliche Kontroversen und Diskussionen wird im nachfolgenden Kapitel 2 näher eingegangen.

1.5.1.2 Dienstleistungsrichtlinie

Die EU-Dienstleistungsrichtlinie (RL 2006 / 123 / EG) trat am 28.12.2006 in Kraft und ist von den Mitgliedsstaaten bis zum 28.12.2009 in nationales Recht umzusetzen (vgl. BMWi 2007c). Sie regelt für viele Dienstleistungen – auch im Umweltbereich – die Internationalisierung im europäischen Raum. Leitgedanke war die Dynamisierung des an ökonomischer und arbeitspolitischer Bedeutung stark zunehmenden Dienstleistungssektors in der EU (Becker 2006). Die Richtlinie, die nach langen Kontroversen in reduzierter und stark modifizierter Form verabschiedet wurde, gliedert sich im Wesentlichen in die beiden großen Kapitel zur Niederlassungsfreiheit und zum freien Dienstleistungsverkehr. Durch sie sind ausdrücklich keine Harmonisierung der differenzierten mitgliedstaatlichen Regulierungsvorschriften und keine detaillierte Festlegung gemeinschaftlicher Regelungen vorgesehen. Sie regelt im Rahmen des sektorübergreifenden horizontalen Ansatzes die Niederlassungsfreiheit von Dienstleistungserbringern in anderen Mitgliedsstaaten, den Anwendungsbereich für den freien Dienstleistungsverkehr, die Sicherung der Qualität der Dienstleistungen und die Verwaltungszusammenarbeit zwischen den nationalen Administrationen (Becker 2006).

Konkret soll durch die Umsetzung der Richtlinie das *Verfahren zur Gründung einer Niederlassung in einem anderen Mitgliedsstaat* entbürokratisiert, verkürzt und verbilligt werden, indem zentrale Anlaufstellen (one-point-stop) für Unternehmen in jedem Mitgliedstaat eingerichtet werden sollen. Es muss allen Dienstleistern ermöglicht werden, alle Formalitäten über ein IT-System online abzuwickeln.[13] Grundsätzlich dürfen alle EU-Dienstleistungsunternehmen ihre Dienstleistungen im EU-Ausland ungehindert anbieten, ohne dort eine Niederlassung zu gründen. Allerdings müssen sie Vorschriften des Gastlan-

---

[11] Nach dem bisherigen, reduzierten Katalog der Umwelt-Dienstleistungen haben mehr als 40 WTO-Mitglieder spezifische Vereinbarungen zu „environmental services“ getroffen. Die meisten davon haben „commitments in several sub-sectors“, nur einige haben „commitments in all sub-sectors“. (WTO 2009b)

[12] „Compared with other sectors, such as tourism, financial services or telecommunications, the level of environmental services commitments bound under the GATS is modest. This can be explained, in part, by the prevailing role played by public entities in providing these services. On the other hand, those members that have undertaken specific commitments in this sector account for more than 80 per cent of GDP of all WTO members. Also, members' policies may be more liberal in practice than what is indicated in their schedules of commitments.“ (WTO 2009b)

[13] Siehe hierzu auch www.dienstleistungsrichtlinie.de / .

des befolgen, wenn dies der öffentlichen Sicherheit und Ordnung, dem Gesundheits- und dem Umweltschutz dient. An Stelle des in einem vorherigen Entwurf vorgesehenen Herkunftslandprinzips, nach dem Unternehmen ihre Dienstleistungen EU-weit hätten anbieten dürfen, ohne die Anforderungen des jeweiligen Mitgliedstaates erfüllen zu müssen, wurde ein Diskriminierungs- und Behinderungsverbot nach dem Modell der Rechtssprechung des Europäischen Gerichtshofs (EuGH) festgelegt (Nerb 2006).

Der *Anwendungsbereich der Richtlinie* wurde mit Hilfe zahlreicher Ausnahmen eingeschränkt.[14] Aufgrund der Ausnahmen wurde die Kritik geäußert, dass es der Richtlinie aus Unternehmenssicht an Klarheit, Übersichtlichkeit und Rechtssicherheit mangele, da sie durch die Vielzahl von Ausnahmen unübersichtlich und schwer verständlich werde. Unternehmen könnten damit keine Gewissheit über die Regelungen des Ziellandes erlangen (Wansleben 2006).

Die möglichen *Auswirkungen der EU-Dienstleistungsrichtlinie* werden branchenmäßig recht unterschiedlich ausfallen und abhängig davon sein, wie wissensbasiert und damit humankapitalintensiv und wie handelbar (mobil) die Dienstleistungen in den einzelnen Branchen sind. Deutschen Unternehmen in humankapitalintensiven Branchen mit handelbaren (bzw. mobilen) Leistungen, z. B. Dienstleister im F&E-Bereich, Dienstleister für technisch-physikalische oder chemische Analysen, EDV-Dienstleister, Dienstleister in der Werbung oder Unternehmensberatung eröffnet sich durch die hohe Qualität ihres Angebots eine Chance zur Internationalisierung (Nerb 2006). Dienstleistungsbranchen, die einen hohen Arbeitskostenanteil und einen geringen Anteil an hoch qualifizierter und differenzierter Arbeit aufweisen, sind allerdings durch zunehmenden internationalen Wettbewerb gefährdet. Ein Teil dieser Branche ist jedoch durch die geringe Handelbarkeit (Ortsgebundenheit) vieler Dienstleistungen geschützt. Nach Frank konnte in Deutschland keine Branche identifiziert werden, die zur höchstmöglichen Risikokategorie gehört, d.h. deren Angebot humankapitalarm, arbeitsintensiv und über große Entfernungen handelbar ist. Dennoch kann in Grenzregionen neue ausländische Konkurrenz bedeutsam werden, wie z. B. in der Gebäudereinigung, der KFZ-Reparatur und Teilen des Baugewerbes (Frank 2007; Nerb 2006). Als Folge sehen sich deutsche inländische Betriebe mit strengeren Auflagen als ausländische Anbieter konfrontiert, was als Inländerdiskriminierung bezeichnet wird (in Anlehnung an Skarpelis-Sperk 2006). Insbesondere kleinere Unternehmen, die oft nicht die Option der Standortverlagerung haben, werden stark auf

---

[14] Ausgenommen sind nun z. B. Dienstleistungen, die bereits in anderen EU-Richtlinien geregelt sind, wie Postdienste, die Gas- und Wasserversorgung, die Tätigkeit von Rechtsanwälten, Bank- und Versicherungsdienste sowie der Telekommunikations- und Verkehrssektor (Nerb 2006). Die Richtlinie ist auch ausdrücklich nicht anwendbar auf Dienstleistungen, die mit der Ausübung der öffentlichen Gewalt verbunden sind, wie Notariatsdienstleistungen und private Sicherheitsdienste, und ebenso wenig auf Dienstleistungen von allgemeinem Interesse (z. B. Gesundheitsdienstleistungen) (Becker 2006). Ausgeschlossen sind außerdem Zeitarbeitsagenturen, Hafendienste, Dienstleistungen im audiovisuellen Bereich und Gewinnspiele (Gebhardt 2006).

eine Senkung von höheren inländischen Belastungen drängen, um konkurrenzfähig zu bleiben (in Anlehnung an Skarpelis-Sperk 2006).

Am meisten scheint das Verarbeitende Gewerbe von einem breiteren und preisgünstigeren Dienstleistungsangebot, aber auch von der leichteren Erbringung produktbegleitender Dienstleistungen, wie Montage, Wartung, Schulung und Finanzierung, im europäischen Ausland zu profitieren. Die Mehrheit der befragten Industrieunternehmen in einer Untersuchung des ifo Institutes 2005 (die noch auf dem ursprünglichen Entwurf beruhte) gab an, dass es aufgrund der EU-Dienstleistungsrichtlinie zu einem größeren Angebot an vorgelagerten und begleitenden Dienstleistungen kommen wird und dies mehr als Chance für sie zu verstehen ist. Folglich wird auch sehr stark beabsichtigt, mehr Dienstleistungsfunktionen nach außen zu vergeben (Nerb 2006). Im Gegensatz zu den positiv gestimmten Industrieunternehmen zeigte eine andere Umfrage des ifo Instituts aus 2005, dass der Durchschnitt aller befragten Dienstleistungsunternehmen mehr Risiken als Chancen durch die EU-Dienstleistungsrichtlinie wahrnimmt. Dienstleistungsunternehmen, die jedoch bereits im Ausland tätig sind, sehen eher Chancen für sich durch die EU-Dienstleistungsrichtlinie (Nerb 2006).

Da es sich bei Umwelt-Dienstleistungen oftmals um wissensintensive und damit humankapitalintensive Dienstleistungen handelt, ist auch hier davon auszugehen, dass die deutschen Dienstleister eher zu den Profiteuren der Richtlinienumsetzung gehören werden. Eine Liberalisierung des Dienstleistungshandels in einem noch stärkeren Ausmaß wäre für sie daher vielleicht sogar wünschenswert gewesen. Nationale Auflagen zur Gewährleistung der öffentlichen Sicherheit und Ordnung, der öffentlichen Gesundheit und des Umweltschutzes können auch zukünftig Hemmnisse beim ausländischen Markteintritt darstellen. Allerdings bringen die deutschen Dienstleister in insbesondere im Umweltbereich aufgrund der in Deutschland vergleichsweise hohen Standards einige Erfahrungen und ggf. für den internationalen Erfolg entscheidende Vorkenntnisse und Erfahrungen mit.

1.5.1.3 Die Regulierung der Umweltmärkte – ein Beispiel aus dem Energiemarkt

Die Richtlinie 2006 / 32 / EG über Endenergieeffizienz und Energiedienstleistungen (EG-Richtlinie 2006) ist ein praktisches Beispiel für eine breit angelegte Dienstleistungsrichtlinie, die viele Anreize für (zum Teil neue) Umwelt-Dienstleistungen bzw. Energiedienstleistungen setzt. Die Richtlinie sieht eine Senkung des Endenergieverbrauchs in den Jahren 2008 – 2017 um insgesamt 9 % im Vergleich zum Durchschnitt der Jahre 2001 bis 2005 in jedem Mitgliedsstaat vor (1 % pro Jahr). Diese Einsparungen sollen durch Energiedienstleistungen und andere Effizienzmaßnahmen erzielt werden. Sie müssen in jeweils drei nationalen Aktionsplänen (den so genannten EEAPs) in den Jahren 2007, 2011, 2014 (für Deutschland s.u.) festgelegt und nachweislich erreicht werden. Sie setzen an der Nachfrageseite, d.h. bei privaten Verbrauchern, Unternehmen und Teilen des öffentlichen Sektors (Vorbildfunktion) an. Eine hohe Bedeutung schreibt die Richtlinie außerdem Energieverteilern, Verteilernetzbetreibern und Energieeinzelhandelsunternehmen zu, die z. B. mit Hilfe von Energiedienstleistungen zur Steigerung der Endenergieeffizienz beitragen müssen (Art. 6 EG-Richtlinie 2006).

1.5.1.4 EU-Aktionsplan für Umwelttechnologie: ETAP

Der EU-Aktionsplan für Umwelttechnologie (Environmental Technologies Action Plan, ETAP) der europäischen Kommission aus dem Jahr 2004 (KOM 2004) umfasst als Rahmenplan alle Technologien, die (z. B. bezüglich der nachhaltigeren Nutzung von Rohstoffen) umweltfreundlicher sind als ihre Alternativen. Dabei „handelt es sich nicht um einzelne Verfahren oder technische Hilfsmittel, sondern um Gesamtsysteme, die sowohl Know-how, Verfahren, Güter und Dienstleistungen sowie technische Einrichtungen als auch Organisation und Management umfassen“ (KOM 2004: 2). Umwelt-Dienstleistungen werden also ausdrücklich in den Technologiebegriff einbezogen. Die EU will mit dem ETAP Hindernisse für die Markterschließung abbauen, eine Führungsrolle in Entwicklung und Nutzung von Umwelttechnologien einnehmen und Stakeholder zur Unterstützung mobilisieren.

Die dazu notwendigen Maßnahmen sind jedoch selten speziell auf Dienstleistungen bezogen. Ausnahme bilden hier „Energiedienstleistungen“ („Kombination von Energie und Technologien zu ihrer Nutzung sowie möglichst Betrieb und Wartung dieser Technologien in Form einer integrierten Dienstleistung für Energienutzer“ (KOM 2004: 18)), die als Beispiel für „vielversprechende unternehmerische Dienstleistung“ genannt und gefördert werden sollen. Als mögliche Maßnahmen zur Umsetzung des ETAP werden auf EU-Ebene die Entwicklung einer Richtlinie über Endenergieeffizienz und Energiedienstleistungen (wie sie mit der Richtlinie 2006 / 32 / EG verabschiedet wurde, s.u.), sowie die Errichtung einer Rahmenfazilität zur Förderung von Energiedienstleistungsprojekten in Beitrittsländern genannt (KOM 2004: 21, 45). Von den Mitgliedsstaaten entwickelte Roadmaps sollen dabei helfen, auf „beispielhafte Innovationspfade (Best-Practice) zu fokussieren“ (BMU: 2).

In der nationalen ETAP-Roadmap für Deutschland werden einzelne Umwelt-Dienstleistungen zwar in der Beschreibung von Projekten benannt, jedoch nur vereinzelt und nicht separat ausgewiesen. Das BMU nennt u. a. folgende Aktivitätsbereiche mit unterschiedlicher Reichweite und Verbindlichkeit (BMU: 10ff): Forschungsprogramme, Netzwerke, Initiativen und Kampagnen, Fördermaßnahmen und -programme, Gesetze und andere Regelwerke.

1.5.2 Nationale Ebene

Wie bereits die Zusammenstellung des ETAP zeigt, gibt es keine übergreifende Regulierung und Förderung des Umweltmarktes oder von Umwelt-Dienstleistungen als Ganzes, sondern es erfolgt ein in Bezug auf die verschiedenen Teilmärkte differenzierter Ansatz mit direkt und indirekt wirkenden Instrumenten. Dennoch gibt es mit Blick auf die Umweltmärkte insgesamt eine Reihe von übergreifenden politischen Strategieplänen und andere „weichen“ Maßnahmen, die auch im Kontext der entsprechenden EU-Politik zu sehen sind (s.o.). Nachfolgend wird kurz auf wesentliche strategisch bedeutsame Studien und Verlautbarungen der Bundesregierung eingegangen, in denen der instrumentelle

Kanon zur Förderung der Umweltmärkte beschrieben ist, bevor auf ausgewählte Instrumente eingegangen wird.

1.5.2.1 Politische Strategien und Instrumente im Überblick

Der *Umweltwirtschaftsbericht 2009* beleuchtet (wie der ETAP-Bericht, s.o.) die Möglichkeiten des Staates zur Förderung der Umweltwirtschaft und insbesondere von Innovationen in Produkt- und Technologieentwicklung. Genannt werden Steuererhebungen, Normsetzungen, Forschungsförderung, die Erhöhung der Nachfrage nach Produkten / Technologien, sowie ökonomische Anreize (BMU/UBA 2009: 78). Gesetzliche Regelungen im Bereich Umweltschutz führten in der Vergangenheit zu technologischen Innovationen zuerst im nachsorgenden, dann im vorsorgenden Bereich. So konnten aufgrund stringenter Vorschriften Wettbewerbsvorteile für den Standorte Deutschland erzielt werden (BMU/UBA 2009: 78ff).[15] Die vorhandenen gesetzlichen Regelungen und Fördermaßnahmen in den verschiedenen Teilbereichen des Umweltschutzes (z. B. Luftreinhaltung, erneuerbare Energien, Wasserwirtschaft etc.) haben auch Auswirkungen auf die Innovations- und Beschäftigungsentwicklung von Dienstleistern, die in diesen Bereichen tätig sind. Der Umweltwirtschaftsbericht 2009 benennt diesbezüglich insbesondere die folgenden Instrumente und Wirkungen (BMU/UBA 2009: 78ff):

- ökologische Steuerreform: Anhebung der Energiepreise bei gleichzeitiger Verringerung der Arbeitskosten
- Umschichtung der Steinkohlesubventionen in energetische Gebäudesanierung: bewirkte ein Plus von ca. 30.000 Arbeitsplätzen bei einer CO_2-Einsparung von ca. sechs Mio. t
- Integriertes Energie- und Klimaprogramm (IEKP): notwendig zum Erreichen der Klimaschutzziele, regt Investitionen i.H.v. ca. 30 Mrd. Euro pro Jahr bis 2020 an.

In der Broschüre des Bundesumweltministeriums „*Ökologische Industriepolitik – Nachhaltige Politik für Wachstum und Beschäftigung*" aus dem Jahr 2008 (BMU 2008b) werden neben den oben genannten Instrumenten noch weitere angeführt, die ebenfalls Anreizwirkungen für die stärkere Nutzung von Umwelt-Dienstleistungen entfalten können.

- So könnte etwa eine Spreizung der Mehrwertsteuer nach Nachhaltigkeitskriterien den Kauf umweltfreundlicher Konsumprodukte und Dienstleistungen unterstützen (BMU 2008b: 17).

---

[15] In einer Umfrage des Zentrums für Europäische Wirtschaftsforschung (ZEW) wurde 2003 die Triebkraft gesetzlicher Regelungen für Innovationen in der Umweltwirtschaft untersucht. So führten beispielsweise von 2000-2002 mehr als 11 % der technischen / F&E-Dienstleistungsunternehmen (der gesamten Wirtschaft) Innovationen aufgrund von Umweltregulierungen ein (BMU/UBA 2009: 28).

- Außerdem wird dem Einsatz von Labels (hier Beispiel Blauer Engel) für umweltfreundliche Produkte und auch Dienstleistungen ein positiver Effekt zugeschrieben (BMU 2008b: 26f).
- Darüber hinaus wird ein „Beschaffungspakt" von Bund, Ländern und Kommunen angeregt, dessen Ziel es sein soll „bei mindestens 25 Prozent ihrer Beschaffung nur noch Dienstleistungen und Produkte zu beschaffen, die strengen und gemeinsam vereinbarten Umwelt- und Sozialkriterien genügen" (BMU 2008b: 32).
- Zusätzlich werden Politikexport (Z. B. Erneuerbare-Energien-Gesetz, EEG) und Umweltdialoge als wichtige Mittel zur Förderung der Umweltwirtschaft genannt (BMU 2008b: 37).
- Auch die BMU-Initiative „Recycling- und Effizienztechnik", die „German Water Partnership" (s.u.) sowie der Aufbau einer BMU-Servicestelle „Umwelttechnologieexport- und CDM-Vorhaben" sollen den Export von Umwelttechnologien und -Dienstleistungen fördern (BMU 2008b: 38).

Neben dem ETAP-Bericht der Bundesregierung ist als zweites übergreifendes Politikinstrument auf untergesetzlicher Ebene, welches sich auf die Umweltmärkte als Ganzes bezieht, der so genannte *Masterplan Umwelttechnologien* zu nennen (BMU/BMBF 2008), der im Dezember 2008 vom Kabinett verabschiedet wurde. In diesem Masterplan wurde unter Bezugnahme auf die in vorherigen Studien identifizierten Leitmärkte eine Reihe von bereits umgesetzten oder geplanten politischen Einzelmaßnahmen aufgelistet. Seine Aufgabe ist es, prioritäre Technologiebereiche zu identifizieren und konkret darzustellen, „wo die Politik die Entwicklung unterstützen wird", von F&E-Förderung bis hin zu Gesetzesvorhaben (BMU/UBA 2009: 78). Dienstleistungen werden in diesem Plan zwar berücksichtigt, im Vordergrund stehen jedoch ganz klar die verschiedenen Umwelt-technologien und die Frage, wie Deutschland hier in den jeweiligen Leitmärkten eine Führungsposition erreichen oder die Marktführerschaft ausbauen kann.

- Für den Bereich Wassertechnologie werden als Kernziele im Wesentlichen die Förderung des Exports und darauf abzielende Innovationen benannt. Als zentrale Organisation wird hier die „deutsche Innovationsplattform Wasser, German Water Partnership (GWP)" gesehen, die im Jahr 2008 als Netzwerk von Wissenschaft, Wirtschaft und Verbänden u. a. als Dachmarke für Technologietransfer und -export gegründet wurde. Angesichts weiterhin guter Absatzpotenziale im internationalen Raum kann die GWP hier tatsächlich einen wichtigen Beitrag leisten. Die Wassertechnikwirtschaft kann in den nächsten Jahren voraussichtlich auch in Zeiten der Finanzkrise weiter wachsen, da viele der weltweiten Konjunkturprogramme in hohem Maße auch Infrastrukturen zu Gute kommen (BMU 2009d). Im Bereich der Forschung hat das BMBF einen Förderschwerpunkt mit dem Titel „Integriertes Wasserressourcen-Management" aufgelegt, der auch für Dienstleister und die Entwicklung neuer Dienstleistungen Impulse bringen kann (BMU/BMBF 2008: 13ff).
- Im Bereich der „Technologien für Rohstoffproduktivität" werden zunächst eine Reihe verschiedener Forschungsschwerpunkte genannt. Hier leisten beispielsweise die

BMBF-Förderschwerpunkte „Ressourceneffizienz in der Produktion“ und „KMU-innovativ - Ressourcen- und Energieeffizienz“, aber auch der Schwerpunkt „Energieeffizienz in der Industrie und im Gewerbe, Handel und Dienstleistungen“ innerhalb des Energieforschungsprogramms des BMWi Beiträge (BMU/BMBF 2008: 27ff). Auf gesetzlicher Ebene kann die neue Ökodesign-Richtlinie16 einige Innovationen in Bezug auf Gefahrstoffvermeidung, neue Materialien, ökologische Produktgestaltung und Recyclingstrategien bewirken (BMU/BMBF 2008: 42f), die sich auch auf den Dienstleistungsbereich erstrecken können. In institutioneller Hinsicht sind in diesem Bereich zwei Gründungen hervorzuheben: Zum einen das „Netzwerk Ressourceneffizienz“ durch das BMU, welches „Transfer und Diffusion von Umwelttechnologien“ unterstützen soll (BMU/BMBF 2008: 39ff). Zum zweiten können durch die vom BMWi ins Leben gerufene Deutsche Materialeffizienzagentur (DEMEA) vor allem KMU zu diesem Thema beraten werden (BMU/ Roland Berger 2007: 90). Das BMU sieht außerdem vor, Arbeitnehmer durch Schulungen in die Lage zu versetzen, Potenziale zur Steigerung der Ressourceneffizienz im Betrieb zu erkennen und durchzusetzen (BMU/BMBF 2008: 39ff).

– Für den großen und heterogenen Bereich der Klimaschutztechnologien wird in erster Linie das Integrierte Energie- und Klimaprogramm der Bundesregierung genannt, welches 2007 in Meseberg beschlossen wurde. Darin sind eine Vielzahl von Maßnahmen aufgeführt, die in den Folgemonaten zu einer Reihe von Gesetzesinitiativen und Novellen umgesetzt worden sind (u.a. Novelle von KWKG, EnEV, EEG, Entwicklung eines Erneuerbare Energien-Wärmegesetzes, Maßnahmen zur Gebäudesanierung etc., siehe Bundesregierung 2007). Eine weitere Maßnahme aus dem Dezember 2007 bezieht sich auf die „öffentliche Beschaffung energieeffizienter Produkte und Dienstleistungen“, durch welche die Rolle der Verwaltung als Innovationstreiber gestärkt werden soll (BMU/BMBF 2008: 7). Forschungsseitig wird die Gründung bzw. Förderung von Innovationsallianzen zu verschiedenen Technologien innerhalb der „Hightech-Strategie für den Klimaschutz“ sowie Forschungsförderung durch mehrere Ministerien (BMU, BMBF, aber auch BMWi, BMVBS (Bundesministerium für Verkehr, Bau und Stadtentwicklung), BMELV (Bundesministerium für Ernährung, Landwirtschaft und Verbraucherschutz) sowie durch das 7. EU-Forschungsrahmenprogramm hervorgehoben (BMU/BMBF 2008: 64ff).

In allen genannten Bereichen dürften auch Dienstleistungen von den Maßnahmen profitieren – sie stehen jedoch, wie bereits die „technologieorientierte“ Bezeichnung der Leitmärkte offenbart, keinen primären Ansatz und Fördergegenstand dar. Damit ist der Masterplan stark von dem Bild geprägt, dass die Dienstleistungen den Produkten folgen – ein Ansatz, welcher die Potenziale der Dienstleistungen und ihre umgekehrte Bedeutung für

---

[16] EU-Richtlinie 2005 / 32 / EG zur „Schaffung eines Rahmens für die Festlegung von Anforderungen an die umweltgerechte Gestaltung energiebetriebener Produkte“.

den Technologieexport aus unserer Sicht zu gering bewertet. Am Beispiel der Erneuerbaren Energien werden wir empirisch gestützte Hinweise für eine Gegenthese liefern.

1.5.2.2 Ausgewählte, zentrale Politikinstrumente

An dieser Stelle soll kurz und exemplarisch auf einige besonders relevante Instrumente in den verschiedenen Teilmärkten eingegangen werden, um zu illustrieren, in welcher Form die Förderung und Regulierung im Umweltbereich erfolgt und welche direkten und indirekten Wirkungen sich daraus für Dienstleistungen und Dienstleister ergeben. An dieser Stelle wird dabei noch kein Blick auf die exportrelevanten Fördermechanismen geworfen, da dies ausführlicher in Kapitel 5 behandelt wird.

Übergreifende, indirekt wirkende Instrumente – Ökosteuer

Durch die Umsetzung einer ökologischen Steuerreform 1999 verfolgte die rot-grüne Bundesregierung das Ziel, den (umweltschädlichen) Energieverbrauch zu verteuern und „Arbeit" billiger zu machen, d. h. Lohn(neben)kosten zu senken. Dazu wurden Stromsteuern eingeführt, von denen beispielsweise erneuerbare Energien (unter bestimmten Bedingungen) ausgenommen sind und die Mineralölsteuer ökologisch gestaffelt. Parallel dazu wurden die Beitragssätze zur Rentenversicherung gesenkt. Die Energiebesteuerung wurde in 5 Stufen bis 2003 erhöht.

Die Ökosteuer stellt für Dienstleistungen, die im Vergleich zum produzierenden Gewerbe deutlich energieextensiver sind, tendenziell einen Wettbewerbsvorteil dar, da sie weniger von steigenden Energiekosten betroffen sind. Dies trifft insbesondere auf solche Bereiche und Branchen zu, in denen Dienstleistungsangebote im Wettbewerb mit dem Produkterwerb stehen. Konkret kann der Ökosteuer beispielsweise ein anteiliger Beitrag zur Stärkung der Nachfrage nach Energiedienstleistungen wie Contracting und Energiesparberatung, sowie Dienstleistungen im Mobilitätsbereich (Mitfahrkonzepte, Car-Sharing etc.) zugeschrieben werden (UBA 2004).

Auf Basis der Energiesteuer-Richtlinie der EU wurde das Mineralöl- und Stromsteuergesetz, in denen die „Ökosteuern" geregelt waren, 2006 in das Energiesteuergesetz für Kraft- und Heizstoffe" und ein geändertes Stromsteuergesetz überführt (BMF 2009). Da die Verwendung der erhöhten Energiesteuern zur Arbeitsentlastung nicht gesetzlich regelbar, sondern nur politisch vereinbar ist, ist der intendierte Umschichtungseffekt der Ökosteuer nicht von der Gesetzesänderung, sondern von dem jeweiligen politischen Willen abhängig.

Spezifische Instrumente im Bereich Energie und Klimaschutz

Hier ist an erster Stelle gegenwärtig das übergreifende *Integrierte Energie- und Klimaprogramm* (IEKP) der Bundesregierung aus dem Jahr 2007 zu nennen (siehe oben). Aus diesem Programm gingen eine Vielzahl von Klimaschutzmaßnahmen in den Bereichen Energieeffizienz, erneuerbare Energien, Biokraftstoffe, Verkehr und Nicht-CO_2-Treibhausgasemissionen hervor (BMU 2007d). Im Rahmen des IEKP wurde auf einige bewährte Instrumente zurückgegriffen, die angesichts der höheren Klimaschutzziele weiter ausgebaut werden sollten, wie z. B. das Erneuerbare-Energien-Gesetz (EEG)[17] im Strombereich oder das Marktanreizprogramm (MAP) zur Förderung von Anlagen zur Nutzung erneuerbarer Energien im Wärmebereich, ebenso das Kraft-Wärme-Kopplungsgesetz (KWKG). Zusätzlich wurden neue Gesetze und Maßnahmen in den Bereichen angestoßen, die damals noch wenig entwickelt waren, jedoch hohe Potenziale besitzen. Hierzu gehörte die Nutzung erneuerbarer Energien im Wärmebereich.[18] Mit der Förderung der Errichtung der Anlagen durch Gesetze wie das EEG, das Erneuerbare-Energien-Wärmegesetz (EE-WärmeG) oder KWKG werden auch die für die Errichtung und Produktion der Anlagen erforderlichen Dienstleistungen mit gefördert. In Bezug auf die Förderung erneuerbarer Energien spielen auch Biokraftstoffe eine wichtige Rolle. Nach der vorwiegenden Reinkraftstoffförderung der rot-grünen Bundesregierung hat die große Koalition nun auf eine Beimischungspflicht umgestellt und Anfang 2007 ein Biokraftstoffquotengesetz (BioKraftQuG 2006) eingeführt. Durch diese Umstellung der Förderung sind die deutschen Hersteller von Reinkraftstoffen massiv unter Druck geraten, was sich auch auf die Anbieter von Dienstleistungen in diesem Bereich ausgewirkt haben dürfte.

Auch für den großen Bereich der *Energieeffizienz*, einer weiteren wichtigen Säule zur Erreichung der Klimaschutzziele, sind einige Maßnahmen und Rahmenbedingungen geschaffen worden. Zur Umsetzung der Energiedienstleistungsrichtlinie wurde 2007 ein nationaler Energieeffizienz-Aktionsplan (EEAP) entwickelt. Der EEAP für Deutschland beschreibt eine Vielzahl von bereits implementierten und zusätzlich vorgesehenen Maßnahmen zur Erreichung des festgelegten nationalen Energieeinsparrichtwertes (BMWI 2007a). Dazu zählen auch zahlreiche Projekte zur Förderung von Energiedienstleistungen, z. B. (vgl. BMWI 2007a: 22ff)

---

[17] Das Gesetz für den Vorrang erneuerbarer Energien (EEG 2000, 2004) will den Ausbau der Nutzung regenerativer Energien durch eine Abnahme- und Einspeiseverpflichtung der Netzbetreiber sowie festgelegte Mindestvergütungen für Strom aus Wasserkraft, Deponiegas, Klär- und Grubengas, Biomasse, Geothermie, Wind- und Solarenergie vorantreiben. Die nach Energieträgern gestaffelten Tarife variieren nach Anlagengröße, bei Windenergie auch nach Standort (On- / Offshore und Windbedingungen). Mit der Novelle im Jahr 2008 (EEG 2008, in Kraft seit 1.1.2009) soll das Repowering alter Anlagen sowie die Nutzung von Offshore-Windkraft attraktiver gemacht, Netzkapazitäten erweitert sowie das Einspeisemanagement und die Netzintegration verbessert werden.

[18] Das Erneuerbare-Energien-Wärmegesetz (EEWärmeG), welches seit dem 1.1.2009 in Kraft ist, beruht auf zwei Säulen, die auch als „fordern und fördern" bezeichnet werden (BMU 2009a): Einerseits werden die Eigentümer neuer Gebäude dazu verpflichtet, einen Teil ihres Wärmebedarfs durch erneuerbare Energien zu decken. Wie hoch dieser Anteil ist, hängt von der gewählten Energiequelle ab (z. B. 50 % bei der Nutzung von Geothermie, 30 % beim Einsatz gasförmiger Biomasse), allerdings können auch Ersatzmaßnahmen (wie Kraft-Wärme-Kopplung, Dämmmaßnahmen, Nutzung von Wärme aus Nah- oder Fernwärmenetzen und Abwärme) durchgeführt werden. Andererseits sollen der freiwillige Einsatz erneuerbarer Wärme (z. B. im Zuge der Altbausanierung) sowie über Verpflichtungen hinausgehende Maßnahmen und innovative Technologien durch die Einbettung des Marktanreizprogramms (MAP) in das Wärmegesetz gefördert werden (BMU).

- im Rahmen der „Initiative Energieeffizienz“, die von der dena zusammen mit den vier größten in Deutschland aktiven Energieversorgern durchgeführt wird,
- die Energiesparberatung der Bundesverbraucherzentrale, eine Energiehotline und Internet-Informationsplattform die an „qualifizierte Fachleute“ vermittelt,
- die Kampagne „neues Fahren“ für eine Kraftstoff sparende Fahrweise,
- der Einsatz von Contracting in Bundesliegenschaften sowie eine Kampagne zur allgemeinen Förderung solcher Modelle,
- die Einführung von Energieausweisen im Gebäudebestand oder die Einstellung von Energiemanagern in Kommunen.

Grundlegende Instrumente im Bereich der energetischen Gebäudesanierung sind die Energieeinsparverordnung (EnEV) und eine Reihe von kredit- und zuschussbasierten Förderprogrammen (z. B. der Kreditanstalt für Wiederaufbau, KfW).

Die Energieeffizienz von technischen Geräten soll durch das Energiebetriebene-Produkte-Gesetz (EBPG) verbessert werden. Durch die Umsetzung der EU-Richtlinie 2005 / 32 / EG zur „Schaffung eines Rahmens für die Festlegung von Anforderungen an die umweltgerechte Gestaltung energiebetriebener Produkte“ (EbP-Richtlinie, geringfügig geändert durch die Richtlinie 2008 / 28 / EG) in deutsches Recht mit Hilfe des EBPG könnte die Nachfrage nach Dienstleistungen im Bereich des Ökodesigns gefördert werden (UBA 2008).

Spezifische Instrumente im Bereich Wasser

Für die europäischen Wassertechnologiemärkte sind die entscheidenden Rahmenbedingungen die *Wasserrahmenrichtlinie (WRRL)* und das damit verbundene *Wasserhaushaltsgesetz (WHG)*. Die im Jahr 2000 in Kraft getretene Wasserrahmenrichtlinie (2000 / 60 / EG) ersetzte sieben alte EU-Richtlinien im Bereich Wasser und soll so einen umfassenden Schutz von Gewässern gewährleisten. Grundlegende in der WRRL verankerte Ziele sind die Herstellung eines guten ökologischen bzw. quantitativen und chemischen Zustandes von oberirdischen Gewässern bzw. Grundwasser in den nächsten 15 Jahren, ein allgemeines Verschlechterungsverbot für alle Gewässertypen, sowie die Verhinderung oder Begrenzung des Schadstoffeintrages ins Grundwasser. Grundlegende Neuerungen stellten die räumliche Ausrichtung an Flusseinzugsgebieten und damit die Berücksichtigung der Wechselwirkungen zwischen zusammenhängenden Gewässern (unabhängig von politischen Grenzen), die integrierte Betrachtung von Immissionen aus Punkt- und diffusen Quellen, sowie die Einführung eines Kostendeckungsprinzips in der Wasserwirtschaft dar. Die WRRL wurde durch Änderungen des Wasserhaushaltsgesetzes (WHG) sowie der Wassergesetze der Länder in deutsches Recht umgesetzt (BMU 2007a). Besonders die so implementierte Pflicht zur Erstellung von Bewirtschaftungsplänen für Flusseinzugsgebiete führte laut Umwelttechnologie-Atlas für Deutschland zu positiven Beschäftigungseffekten auch bei dem im Wassermarkt tätigen Dienstleistungsunternehmen (BMU/ Roland Berger 2007: 128).

Spezifische Instrumente im Bereich Kreislaufwirtschaft

Die Abfallwirtschaft hat sich seit Mitte der 80er Jahre durch die Einführung des Grundsatzes „Vermeidung vor Verminderung vor Verwertung vor Beseitigung" im deutschen Recht von einer Beseitigungs- zu einer Stoffstromwirtschaft gewandelt (BMU 2007e). Das *Kreislaufwirtschafts- und Abfallgesetz (KrW- / AbfG)* beschreibt dazu Grundpflichten der Erzeuger, Besitzer und Entsorgungsträger von Abfällen bezüglich der Vermeidung, Verminderung der Menge und Schädlichkeit sowie einer möglichst umweltschonenden (energetischen oder stofflichen) Verwertung oder Beseitigung von Abfällen. Eine große Bedeutung kommt innerhalb des KrW- / AbfG der Produktverantwortung von Entwicklern, Herstellern und Vertreibern zu. Demnach „sind Erzeugnisse möglichst so zu gestalten, dass bei deren Herstellung und Gebrauch das Entstehen von Abfällen vermindert wird und die umweltverträgliche Verwertung und Beseitigung der nach deren Gebrauch entstandenen Abfälle sichergestellt ist" (§22 KrW-/AbfG 2008). Dazu sieht das Gesetz die Entwicklung langlebiger Produkte, den vorrangigen Einsatz von Sekundärrohstoffen und den Erlass von Verboten, Beschränkungen des Schadstoffgehaltes, sowie Kennzeichnungs- und Rückgabepflichten vor. Konkretisiert werden die Bestimmungen des Rahmengesetzes durch zahlreiche Rechtsverordnungen zu einzelnen Materien, wie z. B die Verpackungsverordnung, die Altfahrzeugverordnung oder die Abfallablagerungsverordnung.

„Weiche" Informationsinstrumente wie Labels und Kampagnen

Neben ordnungsrechtlichen Vorgaben oder ökonomischen Anreizmechanismen bieten Informationsinstrumente wie Labels, Zertifikate oder Produktvergleiche (z. B. durch Stiftung Warentest) eine gute Möglichkeit, umweltfreundliche Produkte und Dienstleistungen auf freiwilliger Basis in den Markt zu bringen. Ein traditionelles und in vielen Bereichen nachweislich erfolgreiches Instrument ist hier der Blaue Engel, der vom Güteinstitut RAL in Zusammenarbeit mit dem Umweltbundesamt vergeben wird.[19] Der Blaue Engel wird mittlerweile auch für umweltfreundliche Dienstleistungen vergeben, ein Beispiel sind Car-Sharing-Angebote. Eine deutliche Aufwertung in der Gesamtbewertung der Umweltfreundlichkeit hat in letzter Zeit die „Klimaverträglichkeit" eines Produktes bekommen, weshalb die Energieeffizienz bei vielen Vergabekriterien zum Leitkriterium geworden ist.

Neben diesen Informationstools dienen auch Kampagnen der Verbreitung von Umwelttechnologien und -Dienstleistungen. Von den vielen Kampagnen die es allein zum Thema Klimaschutz mittlerweile gibt seien hier nur zwei bundesweite, größere Beispiele erwähnt: die Kampagne „Klima-sucht-Schutz" [20], die unter anderem interaktive Ratgeber zum Energiesparen anbietet, sowie die (mittlerweile abgelaufene) Kampagne „Solar – na

---

[19] Siehe auch unter www.blauer-engel.de.

[20] Siehe auch unter www.klima-sucht-schutz.de.

klar!", die als eine der größten und erfolgreichsten Informations- und Motivationskampagnen zur Verbreitung erneuerbarer Energien (speziell ausgerichtet auf Solarthermie) gilt.

Bernd Hirschl, Sarah Rieseberg, Jesko Hirschfeld

2 Umwelt-Dienstleistungen und Nachhaltigkeit auf globalen Märkten – zwischen Win-Win-Chancen und sozial-ökologischen Risiken

Umwelt-Dienstleistungen können, wie eingangs skizziert, sowohl für die Umwelt als auch für die Wirtschaft einen wertvollen Beitrag leisten. An die Stelle des vermeintlichen Gegensatzes von Ökologie und Ökonomie können durch Umwelt-Dienstleistungen Win-Win-Situationen treten, bei welchen beide Bereiche gleichermaßen profitieren. Dies gilt jedoch nicht immer und schon gar nicht „per se“. Ein wesentlicher Grund hierfür ist erstens, dass sich das Spektrum für Umwelt-Güter und -Dienstleistungen definitorisch eben nicht an einem idealtypischen Beitrag zum Umweltschutz anlehnt, sondern in den meisten, insbesondere den internationalen Zusammenhängen, eine pauschale, branchenbezogene Zugehörigkeit zum Umweltsektor festgelegt wurde (vgl. hierzu ausführlicher im vorherigen Kapitel). Damit ist also nicht für jedes Produkt oder jede Tätigkeit ein tatsächlicher Beitrag zum Umweltschutz (bzw. zu mehr Umweltschutz) gegeben. Und auch beim zweiten „Win“ ist zu fragen, wessen Gewinn hier fokussiert wird. Was sich betriebswirtschaftlich für einen Anbieter oder für ein exportierendes Land als Vorteil erweist, mag für andere Akteure (z. B. konkurrierende Unternehmen im Inland) oder aus volkswirtschaftlichen Gründen nachteilig sein.

Gerade in den lebhaften Debatten rund um die Vor- und Nachteile der WTO, internationalen Handel und Liberalisierung wird deutlich, dass hier sehr sorgfältig zwischen unterschiedlichen Interessen abzuwägen ist. Häufig stehen sich dabei die Interessen von Industrie- und Entwicklungsländern gegenüber oder widersprechen die Ziele transnational agierender Konzerne den Bedürfnissen der Bevölkerung innerhalb nationaler Märkte. Dies gilt insbesondere für die Versorgung von Grundbedürfnissen ärmerer Bevölkerungsschichten – also für weite Teile der Bevölkerung in Entwicklungsländern. Da es sich bei den internationalen Umweltmärkten überwiegend um derartige Versorgungsmärkte handelt, ist dieser Bereich auch in besonderem Maße von den genannten Kontroversen und Sensibilitäten berührt. Hier spielen wiederum die Versorgungssektoren Energie und Wasser, die in diesem Buch im Vordergrund stehen, eine besonders wichtige Rolle, wie es auch die Millenniumsziele der Vereinten Nationen unterstreichen (United Nations 2000). Gerade hier sind die Auseinandersetzungen um das Für und Wider iner Liberalisierung dieser Märkte in Entwicklungsländern am heftigsten (beispielhaft Dieckhaus 2005; Fuchs/ Tuerk 2003).

Unzweifelhaft bieten aber viele Umwelt-Dienstleistungen eine Reihe von Potenzialen, um Nachhaltigkeitsanforderungen auch in diesem Punkt zu erfüllen. So können international gehandelte Umwelt-Dienstleistungen und Güter, welche zum Beispiel die

Ressourcen- oder Energieeffizienz erhöhen, einen wirtschaftlichen Vorteil für den exportierenden Anbieter, für den Nutzer im Importland und für die Umwelt mit sich bringen. Eine solche Konstellation wird seitens der WTO als „WinWinWin-Situation“ bezeichnet und soll im Rahmen der Verhandlungen zu Umwelt-Gütern und -Dienstleistungen erzielt werden: „The aim is to create “win win win” situations for trade, the environment and development. These negotiations deal with the reduction or elimination of tariff and non-tariff barriers to environmental goods and services — for example catalytic converters, air filters or consultancy services on wastewater management.“[21]

Gleichwohl müssen die sozial-ökologischen Risiken, die unter dem „Label“ der Umwelttechnologien und -Dienstleistungen gerade im Exportgeschäft existieren, benannt und bei der Politikgestaltung beachtet werden. Aus diesem Grund werden die hier eingangs skizzierten grundlegenden Probleme und Gefahren, die insbesondere zwischen Industrie- und Entwicklungsländern auftreten können, aber auch die Chancen des internationalen Handels mit Umwelt-Dienstleistungen näher analysiert, und Möglichkeiten und Grenzen zur Formulierung von entsprechenden Rahmenbedingungen und Nachhaltigkeitsanforderungen diskutiert.

2.1 GATT, WTO und GATS – Grundsätze und aktuelle Entwicklungen

Die Gründung der Welthandelsorganisation WTO 1995 im Marrakesh Abkommen war die späte Vollendung eines Prozesses, der 1947 mit dem Beschluss des Allgemeinen Zoll- und Handelsabkommen (General Agreement on Tariffs and Trade, GATT) begonnen hatte. Die WTO gab dem GATT einen organisatorischen Rahmen und erweiterte die Freihandelsvereinbarungen u.a. um das GATS und das Übereinkommen über handelsbezogene Aspekte der Rechte am geistigen Eigentum (Agreement on Trade-Related Aspects of Intellectual

---

[21] Zitiert nach: www.wto.org / english / tratop_e / envir_e / envir_neg_serv_e.htm, Zugriffsdatum: 15.5.2009. Die WTO beschreibt die Win-win-win-Vorteile dort wie folgt: „1) First, the negotiations can facilitate trade through the reduction or elimination of tariff and non tariff barriers (NTBs). Domestic purchasers, including business and governments at all levels, will be able to acquire environmental technologies at lower costs. In addition, liberalizing trade in environmental goods will encourage the use of environmental technologies, which can in turn stimulate innovation and technology transfer. 2) The negotiations can also benefit the environment by improving countries' ability to obtain high quality environmental goods. This can directly improve the quality of life for citizens in all countries by providing a cleaner environment and better access to safe water, sanitation or clean energy. In addition, the use of environmental goods can reduce harmful side-effects of various activities (what economists call “negative externalities”) that damage the environment and are hazardous to human health and can help make the use of energy significantly more efficient. 3) Finally, the liberalization of trade in environmental goods and services can be beneficial for development by assisting developing countries in obtaining the tools needed to address key environmental priorities as part of their on going development strategies.“

Abbildung 1: Schematische Darstellung der 4 GATS Modi

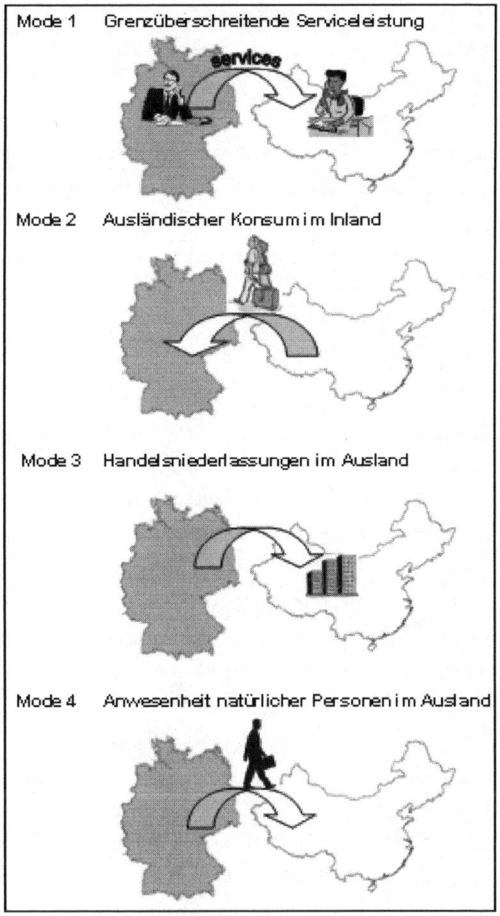

Quelle: eigene Darstellung in Anlehnung an Evans (2002): 30

Property Rights, TRIPS). Die WTO verfügt mit 153 Staaten über fast universelle Mitgliedschaft.

Das GATS ist das Resultat der 1986 begonnen Uruguay Verhandlungsrunde und soll die globale Liberalisierung im Dienstleistungssektor vorantreiben (WTO 1999). Grundsätzlich sind alle Dienstleistungen Teil des Abkommens. Um die Verhandlungen des GATS zu strukturieren und eine einheitliche Kategorisierung zu erreichen, nutzt man die so genannte W / 120 Liste, die 12 verschiedene Klassen mit 155 Subklassen von Dienstleistungen aufführt.[22] Grundprinzipien, wie z. B. Transparenz, gelten auch wenn eine Dienstleistung (noch) nicht auf der W / 120 Liste eingetragen ist.

Die Erbringung von Dienstleistungen wird in vier Modi differenziert (vgl. Abbildung 1):

1. Grenzüberschreitende Servicelieferungen
2. ausländischer Konsum im Inland
3. Handelsniederlassungen im Ausland
4. zeitlich begrenzte Anwesenheit natürlicher Personen im Ausland.

Für das GATS gelten die gleichen Grundsätze wie für andere WTO Vereinbarungen: die Nichtdiskriminierungsgrundsätze – hierunter fallen das Meistbegünstigungsprinzip (most-favored-nation, MFN) und die Inländerbehandlung (national treatment, NT) – die Verpflichtung zum Abbau von Handelsbarrieren, Regeln zu Transparenz und verfahrensrechtlichen Standards.

Das MFN-Prinzip (Art. II GATS) bedeutet im Welthandelsrecht, dass die Vorteile, die einem Verhandlungspartner gestattet werden, nach dem Grundsatz der Gleichberechtigung allen WTO Mitgliedsländern zugestanden werden müssen. Das NT-Prinzip (Art

[22] Die W / 120 Liste findet sich auch unter www.wto.org / english / tratop_e / serv_e / mtn_gns_w_120_e.doc, Zugriffsdatum: 15.5.2009.

XVII GATS) sieht vor, dass ausländische und inländische Anbieter gleich behandelt werden.

In den Verhandlungen zur Liberalisierung von Dienstleistungen werden nun gemäß der oben genannten Begrifflichkeiten in den so genannten „Länderlisten" zwei grundsätzliche Möglichkeiten der Marktliberalisierung unterschieden: zum einen die horizontalen und zum anderen die sektorspezifischen Zusagen.[23] *Horizontale Zusagen* gelten für einen bestimmten Dienstleistungsmodus (vgl. Abbildung 1), gleichzeitig aber für alle Dienstleistungskategorien. Hierzu zählen besonders Aufenthaltsbestimmungen oder der Erwerb von Grundbesitz. Als horizontale Bestimmung gilt beispielsweise, dass für den Erwerb von Immobilien durch Ausländer in den Ländern Berlin, Schleswig-Holstein und Saarland eine Genehmigung eingeholt werden muss (EU Länderliste).

Bei *sektorspezifischen Zusagen* entscheiden Staaten individuell für jede der 12 Kategorien der W / 120 Liste welchen Modus (1 – 4) sie liberalisieren möchten („limitations on market access"), und ob sie Inländerbehandlung gewähren (limitations on NT). Eine Kennzeichnung mit „none" steht für eine vollständige Liberalisierung, „unbound" für keinerlei Bindung an das GATS.

Die Verhandlungen über weitere Liberalisierungen finden zurzeit in der so genannten *Doha Verhandlungsrunde* statt. Die Verhandlungen teilen sich in einen bilateralen bzw. plurilateralen Verhandlungsstrang, in dem konkrete Liberalisierungswünsche zwischen Staaten diskutiert werden, und in einen multilateralen Verhandlungsstrang zu allgemeinen Grundsätzen wie Klassifizierungsfragen oder WTO Prinzipien. Im erstgenannten Verhandlungsstrang sollen im Unterschied zu „freien" Verhandlungen außerhalb des WTO Rahmens die *bi- bzw. plurilateralen Gespräche* durch standardisierte und strukturierte Vorgehensweisen erfolgreicher werden. Die Methode im ersten Verhandlungsstrang folgt dem „request-offer" Prinzip. Ein Mitgliedsland bittet ein anderes um die Marktöffnung bzw. Senkungen von Handelshemmnissen (request), das angefragte Mitgliedsland reagiert darauf bis zu einem bestimmten Datum mit einem Angebot (offer). Die „requests" sind zumeist geheim, während die „offers" veröffentlicht werden.[24] Die *multilateralen Verhandlungen* werden regelmäßig im Allgemeinen Rat, den speziellen Vertragsgremien, Arbeitsgruppen und informellen Treffen geführt. Auf den ca. alle zwei Jahre stattfindenden Ministerkonferenzen sollen dann Änderungen von allen Mitgliedern im Konsens angenommen werden. In der Zwischenzeit stellt der Allgemeine Rat das höchste Gremium dar, in dem Botschafter der Mitglieder vertreten sind.

In den seit 2001 laufenden Doha-Verhandlungen wurde eine Vielzahl von Themen behandelt (vgl. Tabelle 8), darunter auch die Dienstleistungen im Rahmen von GATS

---

[23] Die Länderlisten sind einsehbar auf der WTO Service Database unter http: / / tsdb.wto.org / default.aspx (Zugriffsdatum: 15.5.2009).

[24] Verhandlungsangebote (offers) werden auf der Internetseite der WTO veröffentlicht unter www.wto.org / english / tratop_e / serv_e / s_negs_e.htm (Zugriffsdatum: 15.5.09).

sowie das Thema Umwelt im Komitee für Handel und Umwelt (Commitee on Trade and Evironment, CTE).

In den Verhandlungen konnten in den letzten Jahren keine entscheidenden Fortschritte gemacht werden, weshalb sie bis auf weiteres für alle Handelsabkommen gestoppt wurden (BMWi 2009). Streitpunkt ist insbesondere die fortwährende Abschottung der Agrarmärkte der Industrieländer. Im Rahmen der Verhandlungen werden die 27 europäischen Mitgliedsländer durch die Europäische Kommission unter Federführung des Handelskommissars vertreten.[25]

Tabelle 8: Themen der Doha Verhandlungen

–	Umsetzung der WTO Vereinbarungen
–	Landwirtschaft
–	**Dienstleistungen (GATS)**
–	Marktzugang für Nicht-Agrargüter
–	Geistige Eigentumsrechte
–	Investitionen
–	Wettbewerb
–	Transparenz in der staatlichen Auftragsvergabe
–	Handelsvereinfachung
–	Anti-Dumping
–	Subventionen
–	Regionale Abkommen
–	Streitschlichtung
–	**Umwelt**
–	E-commerce
–	Small Economies
–	Handel, Schulden und Finanzen
–	Handel und Technologietransfer
–	Technische Kooperation
–	Least-Developed Countries
–	Special and differential treatment

Quelle: Doha Erklärung, WTO (2001a)

Die *Liberalisierung von Dienstleistungen im Rahmen des GATS* verwendet im Unterschied zum GATT einen entgegengesetzten Liberalisierungsansatz. Während die nationalen GATT Verpflichtungen Güter nennen, die von der Liberalisierungen ausgeschlossen sind, beinhaltet das GATS Positivlisten, auf denen sich Länder zu einer Liberalisierung bekennen. Wie oben bereits beschrieben, entscheiden sich Mitgliedsstaaten, welche Dienstleistungen sie in welchem Modus freigeben und ob sie das Prinzip der Inländerbehandlung zulassen. Das GATS verfolgt damit einen bottom-up Ansatz, der Staaten größere Flexibilität bei der schrittweisen Liberalisierung einräumt. Kritiker argumentieren allerdings, dass bei diesem Verfahren insbesondere Entwicklungsländer sich dem allgemeinen Trend zur Liberalisierung nicht entgegenstellen können (Hirschfeld et al. 2007, siehe auch oben).

Im Unterschied zum GATT sind Handelsbarrieren im GATS in erster Linie nichttarifärer Art (Mayrand/ Paquin 2007). Übliche *Einschränkungen bei der Inländerbehandlung* sind Einwanderungsbestimmungen, Mindestinvestitionen in der nationalen Währung, Einschränkungen beim Erwerb von Grundbesitz durch Ausländer, Steuervorteile für Inländer und Anforderungen an das Eigenkapital (Bossche 2005). Die Inländerbehandlung hat zwar nicht die Wirkung wie beim GATT, GATS sieht hier aber keine Ausnahmen bei Subventionen vor, d.h. wenn ein Land die Inländerbehandlung für einen Sektor freigegeben hat, kann er ausländische Anbieter nicht von Subventionen ausschließen. Ein weiteres wichtiges Thema, die öffentliche Auftragsvergabe, wurde im GATS noch nicht festgelegt

[25] Jedes EU Mitgliedsland verfügt über einen eigenen Sitz, überlässt die Verhandlungen aber nach Art. 133 des EG Vertrages der EU Kommission.

und ist Teil des multilateralen Verhandlungsstrangs im Rahmen der Doha Verhandlungen (Krajewski 2004). Da öffentliche Aufträge elementar für die Förderung des Umweltmarktes sind, ist dieser Verhandlungsaspekt gerade im Bezug auf Umwelt-Dienstleistungen von entscheidender Bedeutung (Döhrn et al. 2005).

Abbildung 2: Verhandlungsverlauf der Doha Runde

Verhandlungsstrang 1: Bilaterale und plurilaterale Verhandlungen ➤

2001	2002	2003	2004	2005	2006	2007	2008	2009...
	Erste Requests	Erste Offers		Überarbeitete Offfers	*Stocken des Verhandlungsprozesses*			

Verhandlungsstrang 2: Multilaterale Verhandlungen ➤

2001	2002	2003	2004	2005	2006	2007	2008	2009...
4. Ministerkonferenz Doha		5. Ministerkonferenz Cancun	Allgemeiner Rat Genf	6. Ministerkonferenz Hong Kong	Allgemeiner Rat Genf	G4 Treffen Potsdam	Allgemeiner Rat Genf	
					Verhandlungen scheitern	*Verhandlungswiederaufnahme*	*Verhandlungen scheitern*	

Quelle: eigene Zusammenstellung

Das Thema Umwelt wird im Rahmen der WTO allgemein im *Komitee für Handel und Umwelt* behandelt, welches die Nachfolge der 1971 gegründeten „GATT Group on Environmental Measures and International Trade (EMIT)“ angetreten hat. Die EMIT Gruppe sollte in erster Linie zur Transparenz beitragen und verhindern, dass Umweltrichtlinien den internationalen Handel insbesondere für Entwicklungsländer erschweren. Das CTE führt eine zentrale Liste der Mitteilungen zu Umweltverordnungen von Mitgliedsländern, diskutiert das Zusammenspiel von multilateralen Umweltabkommen (multilateral environmental agreements, MEA) und WTO Recht und soll Vorschläge zur Modifizierung des bestehenden WTO Rechtsrahmens machen, z. B. zur Aufnahme von natürlichen Ressourcen in Art. XIV GATS.[26] Das CTE wurde in der Doha Erklärung damit beauftragt, sich mit den Themen (i) nachhaltige Entwicklung, (ii) Umweltauflagen und Marktzugang, (iii) Kennzeichnungspflicht und (iv) Umwelt-Auswirkungsanalysen (Environmental reviews) zu befassen. Die Doha Verhandlungspunkte 31(i-iii) zur Neustrukturierung der W / 120 Liste (Sektion Umwelt-Dienstleistungen) und das Verhältnis von MEAs und WTO-Recht werden im Komitee für Handel und Umwelt in Sondersitzungen verhandelt (Committee on trade and environment meeting in special session, CTESS).

2.2 GATS und Umwelt-Dienstleistungen

Das Thema Umwelt-Dienstleistungen ist im Rahmen von GATS aus mindestens zwei wesentlichen Gründen ein besonders komplizierter und kontroverser Verhandlungsgegenstand. Zum einen ist, wie ausführlicher im einleitenden Kapitel dargestellt, der Begriff

---

[26] Der Arbeitsauftrag des CTE findet sich in der Ministerial Decision on Trade and Environment, angenommen in Marrakesh 1994: www.wto.org / english / tratop_e / envir_e / issu5_e.htm. (Zugriffsdatum: 15.5.2009).

vergleichsweise unscharf und daher verlaufen viele Debatten entlang der Frage der Ein- und Ausgrenzung von Dienstleistungen in diesem Bereich. Eng damit verknüpft ist das zweite Problem – denn bisher zählten zu Umwelt-Dienstleistungen primär klassische Versorgungssektoren wie die Wasserversorgung und Abfallentsorgung, die seit einigen Jahren in mehreren Industrieländern liberalisiert sind und über die daher auch in der WTO um Liberalisierung verhandelt wird. Damit sind diese Verhandlungen mit den Auseinandersetzungen um das Für und Wider der Privatisierung (inkl. Public Private Partnerships, PPP) von ehemals rein staatlichen Versorgungsleistungen in Industrie- aber auch Entwicklungs- und Schwellenländern verbunden und damit mit der Frage, mit welchem Modell (staatlich oder privat) diese Versorgungsleistungen am effizientesten, sichersten, nachhaltigsten und sozial gerechtesten erfolgen können.

In Bezug auf den erstgenannten Aspekt wird bis heute im internationalen Raum nach wie vor überwiegend auf die allgemeine Definition von OECD / Eurostat zurückgegriffen: „Die Umweltschutzwirtschaft umfasst diejenigen Unternehmen, die Güter und Dienstleistungen zur Vermeidung, Verminderung und Beseitigung von Umweltbelastungen anbieten (OECD/ Eurostat 1999; übersetzt in Legler et al. 2006). Im GATS-Kontext spielt konkret die so genannte W / 120 Liste eine zentrale Rolle, nach der unter die Kategorie der Umwelt-Dienstleistungen Abwasserentsorgung, Abfallentsorgung, Sanitäre Einrichtungen / ähnliche Dienste und andere Dienstleistungen fallen (siehe Abbildung 3). Obwohl „andere Dienstleistungen" nicht weiter definiert sind, werden darunter allgemein Reinigung von Abgasen, Lärmreduzierung und Natur- / Landschaftsschutzmaßnahmen verstanden (Steenblik et al. 2005). Beratungsangebote oder Dienstleistungen z. B. im Bereich erneuerbarer Energiequellen oder Materialeffizienz fallen nach dieser Klassifizierung nicht unter den Bereich Umwelt-Dienstleistungen, sondern werden in anderen Sektionen behandelt. Gemäß diesem Zuschnitt ist der so definierte Umwelt-Dienstleistungsbereich stärker als andere Bereiche mit dem Handel von Gütern verknüpft. Handelt es sich im Falle von Beratungsleistungen oder Rechtsberatung um reine Dienst-

Abbildung 3: GATS Klassifizierungsliste der Umwelt-Dienstleistungen W / 120

1. Sewage services *Excludes*: collection, purification and distribution services of water (CPC 18000) and construction repair and alteration of sewers (CPC 51330)
2. Refuse disposal services *Excludes*: dealing and wholesale in waste and scrap (CPC 62118 & 62278); R&D services on the environmental issues (CPC 85)
3. Sanitation and similar services *Excludes*: disinfecting / exterminating services for buildings (CPC 87401), pest control for agriculture (CPC 88110)
4. Other services • Cleaning of exhaust gases • Noise abatement services • Nature and landscape protection services • Excludes forest and damage assessment and abatement services (CPC 881, GATS 1F(f) • Others not included elsewhere

leistungen, sind die meisten Dienstleistungen im Umweltbereich verbunden mit der Lieferungen von spezieller Technologie, wie z. B. Laborausrüstung (Steenblik et al. 2005; Sawhney/ Chanda 2003).

Auf Grund der besonderen Spezifika von Umwelt-Dienstleistungen – z. B. nahräumlicher Bezug, Versorgungsleistungen etc. – herrschen die meisten Handelsbarrieren in Modus 3 und 4, d.h. beispielsweise bezüglich der Niederlassung ausländischer Unternehmen oder der Einschränkung der Tätigkeit ausländischer Arbeitskräfte (Döhrn et al. 2007; PricewaterhouseCoopers 2004; Bisset et al. 2003; Andrew 2000). Typische Handelshemmnisse sind tatsächliche oder faktische Monopol- oder Oligopolsituationen im Versorgungsbereich, rechtliche Einschränkungen für ausländische Investitionen, Anforderungen für Lizenzen oder auch Patentrechte bei Technologien (EC 2000).

Bis 2004 waren weniger als ein Drittel der WTO Mitglieder auf ihren Listen eine Verpflichtung im Umwelt-Dienstleistungsbereich eingegangen, darunter in erster Linie Industrieländer wie die USA, die EU, Kanada, Japan und osteuropäische Länder (Krajewski 2004). Zahlen aus 2009 zeigen, dass in den bilateralen bzw. plurilateralen request-offer Verhandlungen in der Periode 2003 – 2008 nur 36 Angebote zum Abbau von Handelshemmnissen eingereicht wurden (WTO Internetseite). In den bisherigen Angeboten sind die Mitglieder allerdings kaum bereit neue Umweltmärkte zu liberalisieren noch existierende Verpflichtungen weiter zu öffnen (Adlung/ Roy 2005). Wie die Abbildung 4 zeigt, gehört der Umweltbereich zu denjenigen, in denen am wenigsten Mitglieder Verpflichtungen eingegangen sind. Zudem erfolgen dort auch vergleichsweise wenige neue Angebote oder Verbesserungen der bestehenden Verpflichtungen.

Der eingangs erwähnte zentrale *Streitpunkt der Definition bzw. Klassifizierung von Umwelt-Dienstleistungen* ist seit dem Jahr 2001 im Rahmen der Sondersitzungen des Komitees für Handel und Umwelt (CTESS) – neben der Frage der Verhandlungsweise – der zentrale Gegenstand von bisher acht Vorschlägen zum Vorgehen der multilateralen Verhandlungen. Dabei geht es zunächst darum, die aus den frühen 1990er Jahren stammende W / 120 Liste, die auf dem UN Central Product Classification System (UNCPC) basiert, zu modifizieren bzw. zu aktualisieren, da sich die Umweltmärkte seit dieser Zeit stark verändert haben und die Liste nicht mehr der Wirtschaftsrealität entspricht (Krajewski 2004). Ein zentraler Kritikpunkt ist dabei insbesondere seitens NGOs und Wirtschaftsvertretern, dass sich die W / 120 Liste auf „end-of-pipe"-Technologien beschränkt und Vorsorgetechnologien nicht bzw. kaum berücksichtigt (ebda.). Eine Neustrukturierung soll den Veränderungen auf dem Umwelt-Dienstleistungsmarkt angemessen sein, ruft aber gleichermaßen Kritiker auf den Plan, die die Ausweitung der Umwelt-Dienstleistungen als einen weiteren Liberalisierungsversuch ohne positive Umweltauswirkungen sehen (FoEI 2004).

Abbildung 4: Entwicklung von Verpflichtungen in verschiedenen Dienstleistungsbereichen 2005 im Vergleich

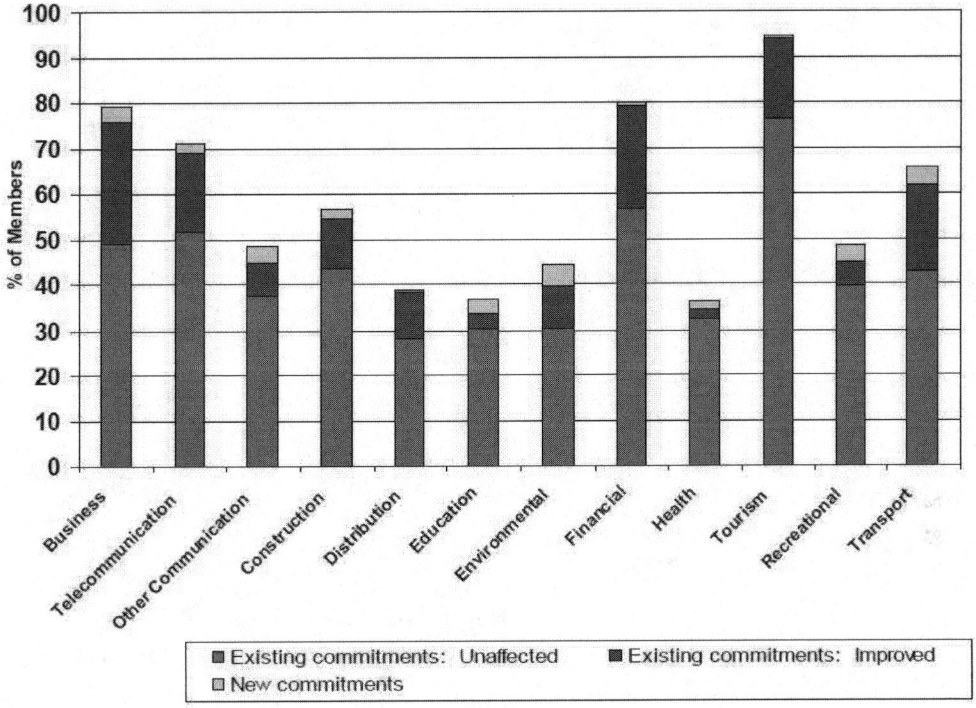

Quelle: Adlung/ Roy (2005: 23)

Die EU schlug bereits Ende der 1990er Jahre eine Neustrukturierung in sieben Kategorien vor (siehe Tabelle 9). Neu auf dieser Liste war die „Wasserversorgung für menschlichen Gebrauch". Die Versorgung mit Trinkwasser ist einer der kritischsten Punkte in der Debatte. Dabei handelt es sich einerseits angesichts der vielen Menschen weltweit, die ohne sauberes Trinkwasser auskommen müssen, um eines der wichtigsten Ziele der UN-Milleniumsziele für nachhaltige Entwicklung. Befürworter der GATS-Verhandlungen sehen durch internationale Dienstleistungsangebote in diesem Bereich die Möglichkeit, hier einen Beitrag zur Verbesserung der Situation zu leisten. Demgegenüber vermuten viele zivilgesellschaftliche Gruppen in der Aufnahme der Trinkwasserversorgung lediglich den Versuch einer Liberalisierung, der zur Ausweitung der Marktmacht der eigenen Konzerne bzw. international agierender Unternehmen dient; ein Zusammenhang, der durch entsprechende EU requests tendenziell bestätigt wurde (Krajewski 2004).

Tabelle 9: Klassifikationsvorschlag der EU für Umwelt-Dienstleistungen im Vergleich zur W / 120 Liste

GATS W / 120 Liste	Vorschlag der EU	Beispiele des EU Vorschlags
Abwasserentsorgung	Wasserversorgung für menschlichen Gebrauch und Abwasserentsorgung	- potable water treatment, purification and distribution including monitoring - removal, treatment and disposal of household, commercial and industrial sewage and other waste waters including tank emptying & cleaning, monitoring, removal and treatment of solid wastes
Abfallentsorgung	Entsorgung fester Abfälle und gefährlicher Stoffe	- hazardous & non-hazardous waste collection, treatment and disposal (incineration, composting, landfill) - sweeping & snow removal - other sanitation services
Sanitäre Einrichtungen und ähnliche Dienste	Luft- und Klimaschutz	- services at power stations or industrial complexes to remove air pollutants - monitoring of mobile emissions and implementation of control systems or reduction programmes
Andere	Sanierung und Säuberung von Böden und Wasser	- cleaning-up systems in situ or mobile, emergency response, clean-up and longer term abatement from spills and natural disasters - rehabilitation programmes (e.g. recovery of mining sites) including monitoring
	Lärm- und Vibrationsschutz	- monitoring programmes, installation of noise reduction systems and screens
	Arten- und Landschaftsschutz	- ecology and habitat protection - protection of forests and promoting sustainable forestry
	Sonstige Umwelt-Dienstleistungen	- other environmental protection services - services related to environmental impact assessment

Quelle: EC (2000)

In den konkreten Verhandlungen wird daher bisher mit den stark reduzierten Kategorien der W / 120 Liste operiert. Da sich Umwelt-Dienstleistungen jedoch prinzipiell in allen Wirtschaftszweigen ausüben lassen, wurde die Forderung erhoben, dass die Verhandlungen auch auf Anwendungsbereiche von Umwelt-Dienstleistungen ausdehnbar sein sollten, etwa auf Architektur, Maschinenbau oder Forschung (Sawhney/ Chanda 2003). Eine diesbezüglich gängige Verhandlungsstrategie sind die so genannten Core-Cluster-Verhandlungen, bei denen im Rahmen der Liberalisierungsgespräche neben dem „Kernbereich“ (hier Umwelt-Dienstleistungen nach Sektor 6) auch über ein weiter gestecktes „Cluster“ anderer Dienstleistungen verhandelt wird, die mit Umwelt-Dienstleistungen verbunden sind. Diese Strategie zollt dem wirtschaftszweigübergreifenden Charakter von Umwelt-Dienstleistungen Rechung. Die Tabelle 10 zeigt die von der EU vorgeschlagene Clusterliste aus dem Jahr 2000.

Tabelle 10: Andere W / 120 Bereiche mit Umweltkomponenten

Business Services with an Environmental Component	– Architectural services
	– Services related to recycling on a fee or contract basis
R&D with an Environmental Component	– Environmental R&D services
Consulting, Contracting & Engineering with an Environmental Component	– Design & Engineering
	– Education, Training and Technical Assistance
	– Consulting services
	– Integrated engineering services
	– Project management services
	– Composition & purity testing & analysis services
	– Modelling
	– Monitoring & testing
	– Subsurface & surface surveying services
Construction with an Environmental Component	– Septic system installation services
	– Construction services
	– Installation services of other goods
	– Insulation services
Distribution with an Environmental Component	– Wholesale & retail trade services of waste, scrap, and other material for recycling
	– Storage
Transport with an Environmental Component	– Land transportation under various modes
	– Water transportation under various modes
Others with an Environmental Component	– Repair services of machinery & equipment
	– Urban planning services
	– Others

Quelle: EC (2000)

Mit der engen definitorischen Kopplung an die Umweltmedien Wasser, Luft oder Boden fällt der Bereich Energie – und damit auch die Energieerzeugung auf Basis erneuerbarer Energien – nicht in die Umwelt-Dienstleistungen. Da das Thema der Energieversorgung als ein aus nationalstaatlicher Sicht höchst sensibles für die jeweilige Sicherheit und Staatssouveränität angesehen wurde, war es kein Thema bei der Gründung des GATS in der Uruguay Runde. Es wurde erstmalig in der Doha Runde eigenständig adressiert (EC 2001; VanGrasstek 2003). Gemäß der aktuellen W / 120 Liste verteilen sich Energiedienstleistungen auf drei Subsektoren:

- services incidental to mining, rendered on a fee or contract basis at oil and gas fields
- services incidental to energy distribution
- transportation via pipeline of crude or refined petroleum and petroleum products and of natural gas

Neben diesem Kern zählen eine Reihe energiebezogener Tätigkeiten aus den Bereichen Consulting, Baumaßnahmen oder Ingenieurwesen dazu. Ebenso wie bei den Umwelt-Dienstleistungen strebt die Doha Verhandlungsrunde eine Neuklassifizierung und eine Liberalisierung des Energiehandels an. Die Verhandlungen finden im Rat für Handel und Dienstleistungen in Sondersitzungen statt. In den multilateralen Verhandlungen liegen zur Neustrukturierung der W / 120 Liste sieben Vorschläge vor. Es herrscht ein Konsens, dass die Debatte um Energiedienstleistungen explizit ressourcen- und technologieneutral bzw. diesbezüglich übergreifend geführt wird. Deher ist keine spezifische Kategorie für erneuerbare Energien vorgesehen.[27] erneuerbare Energien werden als Teil der Umweltgüterdiskussion im GATT behandelt, während sie in der Dienstleistungsdebatte keine explizite Rolle spielen, was im Wesentlichen auf die Logik der Klassifizierung der W / 120 Liste zurückzuführen ist. Die nebenstehende Box zeigt die Systematik der Energiedienstleistungen gemäß des EU-Vorschlags (Quelle: EC 2001: II Scope, No. 6).

- Services related to exploration and production
- Services related to the construction of energy facilities
  - Construction
  - Installation
  - Maintenance and repair
- Services related to networks
  - Operation of transportation / transmission and distribution
  - Connection services
  - Ancillary services
- Storage services
- Services for the supply of energy
  - Wholesale sales of energy products
  - Retail sales of energy products
  - Trading
  - Brokering
- Services for final use
  - Energy audit
  - Energy management
  - Metering
  - Billing
- Services related to decommissioning
- Other energy-related services
  - Installation, maintenance and repair of energy equipment

2.3 Kontroversen um die Liberalisierung von Umwelt-Dienstleistungen

Wie oben bereits geschildert, beruhen die wesentlichen Kontroversen um die Liberalisierung von Umwelt-Dienstleistungen darauf, dass der Aspekt des Umweltschutzes nicht per

[27] So wird der oben erwähnte EU-Vorschlag wie folgt kommentiert und ausgeführt: „This proposal focuses on a number of sectors and sub-sectors where the EC considers that WTO Members should take commitments. However, the number and the denomination of the energy activities identified in the list may be subject to modification, to reflect further progress in the exercise of classification of energy services and the possibility to take into account specific characteristics of energy sources. It must be underlined that the following list of energy activities currently applies irrespective of the energy source concerned and includes in particular coal, electricity, gas, heat, oil, renewable and, subject to the specific conditions related to this energy sector, nuclear.“ (EC 2001: II Scope, No. 6)

se bzw. per Definition gegeben ist, da es sich um eine pauschale Zuordnung von Märkten bzw. Sektoren und Subsektoren handelt. Daher gibt es durch die Förderung des internationalen Handels von Gütern und Dienstleistungen aus nationaler Sicht auch Gefährdungen der eigenen Umweltschutz-Standards. Zweitens handelt es sich – aufgrund der Definition nach W / 120 Liste – überwiegend um Versorgungssektoren und damit um sozial sensible Aufgaben. Nicht verwunderlich also, dass sich zu diesem Themenkomplex aufgrund der großen Brisanz und der heterogenen (und teils ideologisch zugespitzten) Interessenlagen der verschiedenen Stakeholder (neoliberal geprägte Regierungen, internationale Konzerne, Umweltorganisationen, Globalisierungsgegner, Gewerkschaften etc.) nur wenig Einigung erzielen lässt und es schwierig ist, die möglicherweise gegebenen „triple-win"-Potenziale zu heben.

2.3.1 Liberalisierung contra Umweltschutz

Die GATS-Debatte um Umwelt-Dienstleistungen ist geprägt durch einige WTO-Entscheidungen im Rahmen des GATT, nach denen Umweltschutz gegenüber einer Marktliberalisierung nachrangig behandelt wurde. Dies hat auf der Seite vieler Nichtregierungsorganisationen dazu geführt, diesbezüglich eine grundsätzlich WTO-kritische Haltung einzunehmen. Die angesprochenen Entscheidungen basieren auf dem GATT Prinzip, nach dem Prozess und Produktionsmethoden kein Kriterium für eine Marktdiskriminierung darstellen dürfen; d.h. wenn sich Endprodukte nicht unterscheiden, dürfen die Rahmenbedingungen bei der Produktion, seien es Arbeitsmindeststandards oder Umweltauswirkungen, bei der Einfuhr nicht berücksichtigt werden. Dieses Prinzip wurde bei der so genannten „Tuna / Dolphin"-Entscheidung (1993) ebenso wie beim „Shrimp / Turtle"-Urteil (1996) angewendet. Im letzteren Fall wurde zum Beispiel eine Handelsbeschränkung der USA zur Einfuhr von Schrimps, die mit Netzen ohne Schildkrötenschutz gefangen wurden, durch das Streitschlichtungsgremium der WTO für rechtswidrig erklärt. Hauptbegründung ist hierbei jeweils, einem befürchteten Marktprotektionismus entgegenzuwirken, was stärker gewichtet wurde als die Umweltbelange.

Aus diesem Grund fürchten Umwelt-NGOs, dass es in solchen Bereichen zu einem „race to the bottom" in Bezug auf Umweltstandards kommt und nationale Umweltschutzbemühungen und -erfolge damit zunichte gemacht werden. Ähnlich gelagerte Kontroversen gibt es um die Auslegung des Vorsorgegrundsatzes zum Schutz der Umwelt und des Menschen, der in den Urteilen um Hormone im Fleisch und genetisch veränderte Organismen (GMO) behandelt wurde. In beiden Fällen unterlag die EU, die hier Einfuhrbeschränkungen gegen GMO (1993) und hormonelles Rindfleisch (1996) durchsetzen wollte, gegen die exportwilligen USA. Auch wenn es bisher noch keine vergleichbaren Umweltentscheidungen im Rahmen des GATS gegeben hat und sich die Entscheidungen im Rahmen des GATT nicht direkt auf das GATS übertragen lassen, so befürchten dennoch viele zivilgesellschaftliche Akteure ähnliche Urteile. So beispielsweise der Deutsche Gewerkschaftsbund, der eine Neubelebung des Mülltourismus in Länder mit geringeren Umweltauflagen fürchtete (DGB 2003). Seit Etablierung des GATS gab es bislang erst zwei Urteile des Streitschlichtungsgremiums, die sich jedoch nicht mit Umweltaspekten befassten (Urteil „Mexico-Telecoms" 2004 und „US-Gambling" 2007).[28]

2.3.2 Privatisierung öffentlicher Dienstleister und die soziale Frage am Beispiel Trinkwasserversorgung

Umwelt-Dienstleistungen werden häufig öffentlich bereitgestellt und sind oftmals verbunden mit der Versorgung durch natürliche Monopole und kostenintensive Infrastruktur, beispielsweise im Bereich der Trinkwasser- oder Abwasserversorgung (Sawhney/ Chanda 2003). Durch diese charakteristischen Merkmale stellen sich soziale und ethische Fragen bezüglich des universellen Zugangs zu bestimmten Gütern zur Befriedigung von Grundbedürfnissen, der Kosten für Dienstleistungen und der Eigentumsverhältnisse der Infrastruktur (ebda.). Im Fall des Bestehens von (mehr oder weniger gegebenen) natürlichen Monopolen besteht daher die Notwendigkeit, derartige Aspekte im Falle einer Privatisierung und Liberalisierung gesetzlich zu regulieren (Krajewski 2004). Darüber hinaus spielt im Kontext von Finanzhilfen und WTO-Verhandlungen immer wieder der Vorwurf (bzw. die Sorge) eine Rolle, dass durch ökonomischen und politischen Druck der Industrieländer die nationale Souveränität und Kontrolle von Entwicklungsländern über derartige öffentliche Dienstleistungen bedeutend eingeschränkt wird. Eine in diesem Zusammenhang notwendige Regulierung unterbleibt häufig auch deshalb, weil gerade in Entwicklungsländern entsprechende Governance-Kapazitäten nicht ausreichend vorhanden sind (Hirschfeld et al. 2009).

Gerade für den Wasserbereich werden von den *Liberalisierungsbefürwortern* die eingangs angesprochenen Win-Win-Situationen gesehen. In einem entsprechenden Papier der OECD wird speziell für den Wassersektor davon ausgegangen, dass „liberalising trade [...] can be assumed prima facie to bring together the elements of a win-win situation" (OECD Secretariat 2000: 4). Der Bericht adressiert auch die Herausforderungen, u.a. die oben bereits erwähnte gesetzliche Regulierung des Umweltsektors, aber auch die „zwangsläufigen" Preissteigerungen. Mit Blick auf die voraussichtlich stattfindenden Preissteigerungen wird kommentiert, dass diese eine Anregung zum Wassersparen geben könnten. Dabei muss mit Blick auf die Situation in Entwicklungsländern jedoch die Tatsache berücksichtigt werden, dass ein wesentlicher Auftrag der Wasserversorgung darin besteht, weiten Teilen der Bevölkerung erstmals überhaupt die Versorgung mit sauberem Trinkwasser zu ermöglichen. Ärmere Bevölkerungsteile dürfen von der Trinkwassernutzung nicht über die Preise ausgeschlossen oder in einem Maße belastet werden, das die Befriedigung anderer Grundbedürfnisse einschränkt. Die Tabelle 11 beschreibt die von der OECD gesehenen „Win-Win-Potenziale" sowie eine Reihe von Herausforderungen. Zusammengefasst werden darin wesentliche Vorteile einer Marktöffnung für Entwick-

[28] Die genannten WTO Entscheidungen können in den so genannten „WTO reports" unter www .worldtradelaw.net / reports / wtopanels / eingesehen werden (Zugriffsdatum: 22.5.2009).

lungsländer benannt: Sie erhalten Zugang zu Know-how z.B. durch Technologie Transfer, spill over Effekte durch verbesserte Umweltbedingungen, und eine Entlastung öffentlicher Kassen durch Privatisierung bzw. Auslandsinvestitionen in Infrastruktur. Die tatsächlichen Auswirkungen in den liberalisierten Ländern hängen jedoch von der Reichweite und Eingriffstiefe der Maßnahmen ab, wie in Tabelle 12 für den Wasserbereich dargestellt.

Tabelle 11: Win-Win Potentiale und Herausforderungen im Wassersektor laut OECD

Win-Win Potentiale	Herausforderungen
– provision of services to a greater number of citizens, leading to healthier human environments – reductions in waste / inequitable access to scarce water resources – increased availability of water – waste recycling – presence of foreign firms opportunities for skill transfer – larger choice of environmental technologies – reinvestment of a share of pofits in R&D – relief of government budget – skilled and unskilled jobs for local workers – foreign and local investment bring more jobs, stable economic growth and increased local tax base – export opportunities to other countries	– Need for a credible environmental and commercial policy framework – Stable and transparent political framework meachanisms for public consultation – Sharp price increases (which is critical to introduce conservation principles in user mindsets) – Governments might need to fund the gap between existing and new prices through subsidies to successful operators – Establishment of water regulatory agencies

Quelle: OECD Secretariat (2000)

Tabelle 12: Optionen privatwirtschaftlicher Beteiligung im Wassersektor

Option	Asset Ownership	Operations & Maintenance	Capital Investment	Commercial Risk	Typical Duration
Service contract	Public	Public & private	Public	Public	1-2 years
Public management contract	Public	Private	Public	Public	3-5 years
Private lease	Public	Private	Public	Shared	8-15 years
Build-Operate-Transfer (BOT) contract	Private & public	Private	Private	Private	20-30 years
Concession	Public	Private	Private	Private	25-30 years
Privatisation / Divesture	Private or private & public	Private	Private	Private	Indefinite (may be limited by license)

Quelle: OECD Secretariat (2000)

Demgegenüber gibt es viele *fundamentale Kritiker* und *grundsätzliche Kritikpunkte* an der Liberalisierung und Privatisierung der Versorgung mit öffentlich bereitgestellten Gütern und Dienstleistungen zur Grundbedürfnisbefriedigung, insbesondere im Bereich der Wasserver- und -entsorgung. In einem umfänglichen „sustainable impact assessment" (SIA) zu ausgewählten Doha-Verhandlungsaspekten wurde – entgegen der oben benannten pauschalen Win-Win-Zuschreibung – festgestellt, dass „trade liberalisation per se is not expected to make a major contribution to achieving sustainable development“ (Kirkpatrick et al. 2006: v). Internationaler Handel könne zwar „a catalyst for sustainable development in most countries“ sein, „but may hamper development in those countries that appear to be particularly vulnerable to liberalisation and are the least prepared for deeper trade integration and globalisation.“ (ebd.). Kirkpatick et al. betonen darüber hinaus, dass Länder, die bereits Probleme haben, die Grundbedürfnisse ihrer Bevölkerung zu erfüllen, erst recht nicht in der Lage sein werden, privatisierte Märkte zu kontrollieren und den Liberalisierungsprozess effektiv in eine nachhaltige Richtung zu steuern.

Mit Blick auf den Umweltbereich ist zu konstatieren, dass in Entwicklungsländern in der Regel eine nachholende Situation, ein umweltpolitischer „catch-up Prozess“ stattfindet, d.h. Umweltregulierungen sind noch wenig ausgeprägt und konzentrieren sich auf end-of-pipe Technologien. Die Regulierungsfähigkeit vieler Entwicklungsländer ist noch zu schwach ausgeprägt, hinzu kommen mangelnde fachliche Kompetenz in den Verwaltungen, hohe Korruptionsraten und zu wenig Kontrollpersonal. Entwicklungsländer sind in der Regel Netto-Importeure von Umwelttechnologien, gleichzeitig finden für sie interessante Exportprodukte keine Erwähnung in den internationalen Verhandlungen (UNCTAD 2003).

Insbesondere bei den Versorgungsmärkten mit öffentlichen Dienstleistungen zur Befriedigung von Grundbedürfnissen kann die Liberalisierung und Privatisierung mit dem Verlust an nationaler Souveränität verbunden sein. Entwicklungsländer fürchten hier insbesondere eine Beherrschung von sozial und politisch sensiblen Märkten durch ausländische Unternehmen. Die Öffentlichkeit und vor allem umwelt- und entwicklungspolitische Organisationen sind diesbezüglich nicht zuletzt seit dem sogenannten Cochabamba-Fall alarmiert, welcher durch den Liberalisierungsdruck des Internationalen Währungsfonds (IWF) ausgelöst wurde und zu gravierenden sozialen Spannungen geführt hat (siehe nachfolgende Box).

Der Cochabamba-Konflikt

Einer der bedeutendsten internationalen Konflikte im Bereich der Privatisierung öffentlicher Güter und Versorgungsleistungen ist der so genannte Cochabamba-Fall, der „Guerra del Agua“ (Wasserkrieg) in der bolivianischen Stadt Cochabamba. In Folge eines IWF Strukturanpassungsprogramms privatisierte die 600.000 Einwohner zählende Stadt Cochabamba ihre öffentliche Wasserversorgung und gab den Zuschlag an die amerikanische Firma Bechtel auf Basis eines 40 Jahre dauernden Konzessionsvertrages. Die Privatisierung führte in der Folge zu so rasanten Preissteigerungen, dass Familien in der Folge bis zu 20% ihres Einkommens für die Trinkwasserversorgung aufwenden mussten. Insbesondere ärmere Bevölkerungsteile sahen sich nicht mehr in der Lage, diese Kosten zu tragen. Die Bevölkerung missbilligte darüber hinaus die Handhabung ihrer Wasserversorgung durch einen ausländischen Investor, insbesondere da zudem Verflechtungen der Firma Bechtel mit der CIA in Latein Amerika vermutet wurden. Es kam zu gewalttätigen Protesten der Bevölkerung bei denen sechs Menschen starben und 170 verletzt wurden. Die Bevölkerung zwang die Stadtverwaltung die Wasserversorgung wieder zu verstaatlichen, woraufhin diese von Bechtel auf Schadensersatz verklagt wurde (Dalton 2001).

Vor diesem Hintergrund sind die Verhandlungen im Bereich Wasser hochproblematisch und die beteiligten Verhandlungsparteien und Stakeholder sensibilisiert. Im Jahr 2002 reagierte die internationale Zivilgesellschaft daher bestürzt, als die diesbezüglichen „requests" der EU an die Öffentlichkeit kamen und – entgegen den vorherigen Aussagen der EU Kommission – die komplette Liberalisierung des Trinkwassersektors von Entwicklungsländern gefordert wurde[29]. In der Folge startete eine Allianz von NGOs eine großangelegte STOP THE GATS Kampagne, u.a. mit der Forderung, den Trinkwasserbereich vollständig aus dem GATS zu nehmen (FoEI 2004).

Aufgrund der aufgezeigten Kontroversen hat sich die Liberalisierung im Wasserbereich noch nicht sehr stark entwickelt. Mit Ausnahme von Frankreich und England haben selbst die meisten Industrienationen ihren eigenen Wassermarkt nicht liberalisiert. Die international privatisierte Wasserversorgung wird im Wesentlichen von einer Handvoll internationaler Konzerne beherrscht, darunter Thames / RWE, SAUR / Bouygues, International Water / Bechtel (USA), Ondeo / Suez (Frankreich) und Veolia / Vivendi (siehe auch Kapitel 3.2.). Allerdings haben diese Konzerne in den letzten Jahren zwar ihren Marktvolumenanteil absolut stabil gehalten, relativ jedoch aufgrund eines gewachsenen internationalen Marktes etwas an Bedeutung eingebüßt haben (siehe Abbildung 5).

Abbildung 5: Entwicklungen im globalen, privatisierten Wassermarkt 2001 und 2007

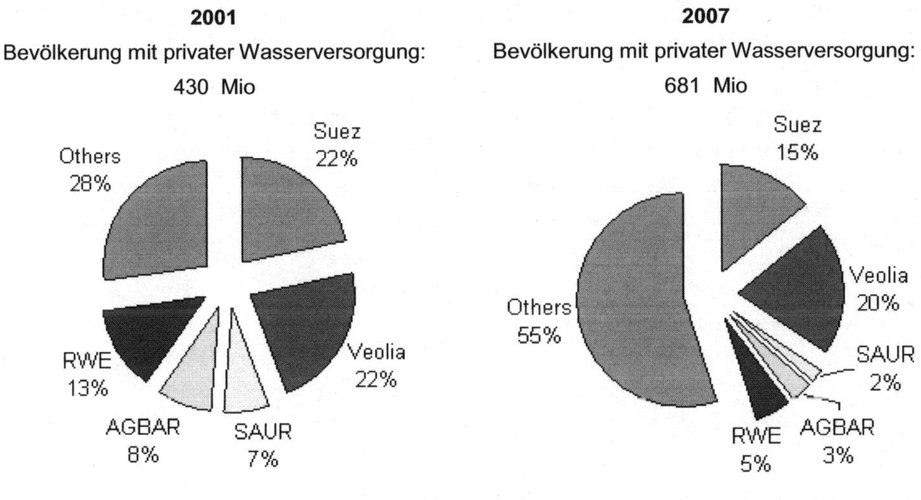

Quelle: Pinsent Masons (2007)

Über Suez und Vivendi ist bekannt geworden, dass sie Studien mit positiven Aussagen zur Wasserprivatisierung finanziert haben (Hall/ Hoedmann 2006). Nicht nur vor diesem

---

[29] Siehe unter www.gatswatch.org (Zugriffsdatum: 22.5.2009).

Hintergrund warfen NGOs nach Bekanntwerden der EU-requests der Kommission vor, lediglich die Interessen der europäischen Wasserkonzerne zu vertreten und die Probleme der Entwicklungsländer bei der Privatisierung damit in Kauf zu nehmen (Krajewski 2004; Zimmerle 2005). Neben den bereits benannten Problemen der Privatisierung wird den international agierenden Wasserkonzernen vorgeworfen, sich die attraktivsten Wassermärkte in wohlhabenden, urbanen Gebieten zu suchen, und unprofitable, ländliche Gebiete den öffentlichen Versorgern zu überlassen (Moberg 2004). Die Orientierung von Wirtschaftsunternehmen an ihren – internationalen – Shareholdern sowie an betriebswirtschaftlichen Kalkülen kann demzufolge diametral abweichen von den lokalen Interessen der Bevölkerung, volkswirtschaftlichen Optimierungen oder regionalen Wohlstandsmaximierungen (Public Citizen 2004).

2.4 Nachhaltigkeitskriterien im WTO-Kontext – Teil der Lösung oder des Problems?

Die oben skizzierten sozial-ökologischen Gefahren und Folgen der Liberalisierung und Privatisierung im Bereich der Umwelt-Dienstleistungen bzw. in Versorgungssektoren wurden und werden nicht nur von zivilgesellschaftlichen Gruppen wie Umwelt- und Entwicklungsorganisationen thematisiert, sondern sie sind auch Gegenstand von WTO-Debatten selbst. Das Thema Nachhaltigkeit wurde innerhalb der WTO seit Ende der 90er bzw. mit den Doha-Verhandlungen aufgegriffen und wird im Komitee für Handel und Umwelt (CTE, siehe auch oben) behandelt, dort im Rahmen des „Item 2 – Environmental Protection and the Trading System“. Hier werden zum einen Nachhaltigkeitsuntersuchungen zu Handelsabkommen behandelt, zum anderen gibt es einen Austausch über Kriterien, Methoden und Fallstudien (siehe beispielhaft WTO 2000b, 2002). Eine Reihe von Studien bzw. „Assessments“, die in diesem Rahmen behandelt werden, finden sich aufgelistet in WTO (2008).

Während die EU im Kontext ihrer Außenhandelspolitik so genannte „Sustainability Impact Assessments“ (SIA) zu ausgewählten Politikfeldern und für einzelne Länder oder Regionen durchführen lässt, liegt der (begriffliche) Schwerpunkt ähnlicher Untersuchungen in den USA auf „Environmental Reviews“. Zusätzlich wurde eine Reihe von Länderstudien durch UNEP durchgeführt (Argeninien, China, Ecuador, Nigeria, Senegal und Tanzania, ebd.). In vielen dieser Studien werden Nachhaltigkeitseffekte der Außenhandelspolitik in den Industrie- wie in den Entwicklungsländern analysiert. Über ihren tatsächlichen Politikberatungseffekt wird gestritten. Ergebnisse aus derartigen Studien waren Inhalt von Debatten am Rande der Ministerkonferenz 2003 in Cancun (WTO 2003). Einige Entwicklungsländer machten diesbezüglich den Einwand geltend, dass solche Assessments den Marktzugang für Entwicklungsländer in Industrieländern nicht weiter erschweren dürften: “In their view [a developing country member], SIAs did not take into account the diversity of countries and had the potential effect of constituting an additional means to prevent access of developing countries’ goods and services into developed countries’ markets.” (WTO 2003: 14).

Eine bedeutende Rolle im Rahmen dieser Debatten nehmen die *„Sustainable Impact Assessments“ (SIA) der EU* ein, welche die EU seit dem Ende der 1990er Jahre entwickeln ließ und für Außenhandelsvereinbarungen sowie für „Proposed WTO Multilateral Trade Negotiations“ durchführen lässt.[30] In der diesbezüglichen SIA-Leitstudie zu den Doha-Verhandlungen von Kirkpatrick et al. (2006) sind die zentralen Kernindikatoren für Nachhaltigkeit in den drei Dimensionen Wirtschaft, Umwelt und Soziales aufgelistet (Tabelle 13, zusammengefasst in einem Konsultationspapier der Europäischen Kommission). Neben mehreren SIA-Studien zur Methodenentwicklung wurden bisher 13 SIAs zu den Folgen von Handelsabkommen mit konkretem geografischem Bezug (Länder oder Regionen) durchgeführt (vgl. Tabelle 15), zusätzlich existieren 3 SIAs zu verschiedenen WTO-Verhandlungsthemen.[31]

Tabelle 13: SIA Kernindikatoren

SD Pillar	**Core indicators**
Economic	– Real income – Fixed capital formation – Employment
Social	– Poverty – Health and education – Equity
Environment	– Biodiversity – Environmental quality – Natural resource stocks
Process	– Consistency with principles of sustainable development – Institutional capacities to implement sustainable development strategies

Quelle: EC (2004)

In der oben erwähnten Studie von Kirkpatrick et al. (2006) wurde bereits eine Diskussion um die *Liberalisierung von Umwelt-Dienstleistungen* geführt. In den konkreten 13 Länder- bzw. Regionalstudien spielten Umwelt-Dienstleistungen jedoch nur in 3 Fällen eine explizite Rolle (siehe nebenstehenden Kasten: ACP, GCC und EMFTA). In anderen Studien wird auf den Handel mit Umweltgütern eingegangen (z. B. Korea). In der SIA-Studie zu den ACP-Ländern wird der Zusammenhang zwischen dem Umweltbereich – konkret Abwasserreinigung und Abfallverwertung – und Tourismus hervorgehoben (PricewaterhouseCoopers 2007). Eine zunehmende Bedeutung und Förderung des Tourismus würde auch derartige Umwelt-Dienstleistungen nach sich ziehen. Aufgrund dieses Zusammenhangs wird in der Studie empfohlen, diese „verwandten Wirtschaftsbereiche“

30 Eine besondere Rolle in der Entwicklung der SIAs nahm das „Institute for Development Policy and Management“ (IDPM) der Universität von Manchester ein. Nähere Informationen zur Methode sowie Studien finden sich unter dem so genannten „ Sustainability Impact Assessment Web“ (www.sia-trade.org) sowie speziell zu den WTO Verhandlungen („Sustainability Impact Assessment of Proposed WTO Multilateral Trade Negotiations“) unter www.sia-trade.org / wto. Informationen der Europäischen Kommission zu SIA finden sich unter http: / / ec.europa.eu / trade / issues / global / sia (Zugriffsdatum jeweils 22.5.2009).

31 Alle Studien zu finden auf den Internetseiten der Europäischen Kommission unter http: / / ec.europa.eu / trade / issues / global / sia / studies.htm (Zugriffsdatum: 22.5.2009).

im Rahmen eines „cluster approaches" gemeinsam zu liberalisieren. Auch in der zweiten Studie zur Kooperation zwischen der EU und den Golfstaaten (GCC), die ebenfalls von PricewaterhouseCoopers durchgeführt wurde, werden die Auswirkungen der Liberalisierung von Umwelt-Dienstleistungen auf die Golfregion positiv beurteilt. Die Autoren vertreten dabei im Ergebnis überwiegend die Win-Win-Argumente, wie sie auch seitens der OECD benannt wurden (siehe oben). Das dritte SIA, in dem Umwelt-Dienstleistungen eine wichtige Rolle einnehmen, behandelt die Euro-Mediterrane Freihandelszone (EMFTA) und wurde federführend vom Institute for Development Policy and Management (IDPM, University of Manchester) durchgeführt (Ahmad et al. 2007). Die Studie fokussiert insbesondere auf die Aspekte Gesundheit, Privatisierung und Regulierung und sieht hier positive Entwicklungspotenziale insbesondere in den Bereichen der Wasserver- und -entsorgung, auch für einkommensschwache Bevölkerungsgruppen. Allerdings müsse eine Liberalisierung mit entsprechender Regulierung einhergehen sowie ggf. durch Maßnahmen der Entwicklungszusammenarbeit unterstützt werden (ebd.).

Tabelle 14: Bisher durchgeführte nationale bzw. regionale SIAs und Bezug zu Umwelt-Dienstleistungen (**hervorgehoben**)

- **EU African Caribbean Pacific (ACP) trade relations (2002 – 05)**
- **EU and the Cooperation Council for the Arab States of the Gulf (GCC) Trade Negotiations (2002 – 04)**
- EU-Mercosur Trade Negotiations (2005 – 08)
- EU-Chile Free Trade Area (cancelled)
- **Euro-Mediterranean Free Trade Area (EMFTA)**
- Ukraine
- China
- Korea
- India
- ASEAN
- Libva
- Andean Countries
- Central America

Eine kritische Auseinandersetzung mit der Qualität der SIA-Studien und der anderen erwähnten Assessments, der Qualität der jeweiligen Methoden, der Frage ihres Policy Impacts und der Beachtung von Nachhaltigkeitsaspekten in der WTO kann an dieser Stelle nicht geleistet werden. In diesem Kapitel sollte jedoch auf die – real existierenden – Probleme, die auch bei der Internationalisierung von Umwelt-Dienstleistungen auftreten können, hingewiesen werden und gleichzeitig auf die Notwendigkeit, derartige sozial-ökologische Effekte in den Blick zu nehmen. Festgestellt werden konnte, dass – zumindest in einigen belegten Fällen – eine Liberalisierung des Handels mit Umwelt-Dienstleistungen ohne eine wirksame Rahmensetzung der Umwelt und den Menschen mehr schaden als nützen kann. Wenn jedoch der Schutz der Umwelt und die Versorgung aller Menschen mit Gütern und Dienstleistungen zur Daseinsvorsorge bzw. die Erfüllung von Grundbedürfnissen sichergestellt wird, dann kann der internationale Handel mit Umwelt-Dienstleistungen auch „Triple-Win"-Situationen für Umwelt, Wirtschaft und soziale Entwicklung leisten. Frühzeitige Untersuchungen zu Nachhaltigkeitswirkungen in neuen internationalen Märkten sind hier in jedem Fall ein Schritt in die richtige Richtung. Wichtige Aspekte sind dabei (unter anderem) der Zeitpunkt der Untersuchung, die Unabhängigkeit und Anerkennung der Gutachter, die Berücksichtigung aller wesentlichen Nachhaltigkeitseffekte sowie ein möglichst partizipativer Prozess (Hirschfeld et al. 2009).

3 Dynamische Zukunftsmärkte

In Deutschland existiert nicht ein Umweltmarkt, sondern es gibt verschiedene, mehr oder weniger klar voneinander abgrenzbare Umweltmärkte (vgl. hierzu ausführlicher Kapitel 1). Die vertiefende Darstellung der Dienstleistungen in einzelnen Märkten und deren Internationalisierungspotenzial konzentriert sich nachfolgend auf die beiden zentralen Zukunftsmärkte „erneuerbare Energien" und „Wasserwirtschaft". Die nachhaltige Gestaltung der Energie- und Wasserversorgung stellt weltweit eine große Herausforderung für die nächsten Jahrzehnte dar (vgl. hierzu vorheriges Kapitel), so dass das vorhandene Know-how deutscher Unternehmen in beiden Bereichen international zur Lösung anstehender Probleme gefragt ist. Außerdem haben diese beiden Märkte bereits heute eine große Bedeutung innerhalb der Umweltmärkte in Deutschland und weisen ein besonders dynamisches Wachstum auf.

Julika Weiß, Bernd Hirschl

3.1 Erneuerbare Energien

Erneuerbare Energien (nachfolgend auch EE abgekürzt) sind seit einigen Jahren ein Wachstumsmotor für die deutsche Wirtschaft. Gefördert durch staatliche Fördermaßnahmen und Bundesgesetze haben sie sich seit dem Jahr 2000 im Strom-, Wärme- und Kraftstoffmarkt dynamisch entwickelt. Sie liefern nennenswerte Beiträge zur heimischen Wertschöpfung, weisen mittlerweile deutlich mehr Beschäftigte als die konventionelle Energiewirtschaft auf und haben maßgeblichen Anteil an der positiven Entwicklung der deutschen Außenhandelsbilanz. Für diese Entwicklungen sind auch zu einem großen Anteil Dienstleistungen mit verantwortlich, die bei jedem Bau von EE-Anlagen im Vorfeld sowie begleitend in großer Zahl und Bandbreite erfolgen.

Dennoch stehen die EE-Dienstleistungen deutlich im Schatten der EE-Technologien. Dies betrifft unter anderem die wissenschaftliche Auseinandersetzung mit ihnen, weshalb es trotz einer unübersehbaren Vielzahl an Studien zur Markt- und Kostenentwicklung kaum Studien zu EE-Dienstleistungen gibt. Die Vernachlässigung der Dienstleistungen findet ihre Fortsetzung aber auch in den spezifischen Maßnahmen zur Exportförderung, obgleich diese insgesamt vergleichsweise gut ausgeprägt ist. Vor diesem Hintergrund werden nachfolgend die Rolle der Dienstleistungen auf den verschiedenen Märkten und (erstmalig) ihre ökonomische Bedeutung abgeschätzt. In der Folge werden die Exportrelevanz und -Potenziale betrachtet und eine Einschätzung zu den bisherigen Exportaktivitäten von Dienstleistungen in diesem Bereich gegeben. Schließlich werden Internationalisierungsstrategien, Exporthemmnisse und Zielmärkte vorgestellt. Die Ergebnisse basieren auf umfangreichen empirischen Untersuchungen (mehrere Befragungen von

Unternehmen und Experten sowie Unternehmensfallstudien zu Internationalisierungsstrategien), die im Rahmen des Projekts EXPEED – Exportpotenziale Erneuerbarer Energien-Dienstleistungen durchgeführt wurden.[32]

3.1.1 Märkte und Export

In den letzten Jahren wurde – unterstützt durch die Einführung des Erneuerbare-Energien-Gesetzes (EEG) sowie weiterer Fördermechanismen – der Anteil der Erneuerbaren Energien in den Bereichen Strom, Wärme und Kraftstoffe deutlich ausgebaut. Bereits im Jahr 2007 trugen die erneuerbaren Energien mit einem Anteil von 8,6 % zur Deckung des Endenergieverbrauchs in Deutschland bei (BMU 2008a). Im Strombereich erreicht der Anteil mittlerweile sogar einen Wert von fast 15 % (ebd.). Und auch in den nächsten Jahren wird ein weiterer, deutlicher Ausbau der erneuerbaren Energien angestrebt: gemäß der Ziele der Bundesregierung soll bis zum Jahr 2020 ein Anteil am Endenergieverbrauch von 18 % erreicht werden (BMU 2009c). Doch nicht nur in Deutschland, auch international haben sich viele Länder ehrgeizige Ausbauziele für die erneuerbaren Energien gesetzt. So hat die EU sich insgesamt bis zum Jahr 2020 sogar ein Ziel von 20 % am Endenergieverbrauch gesetzt.

Zur *wirtschaftlichen Bedeutung der EE-Branche* existieren mittlerweile viele Studien, die zeigen, dass in der Branche die direkte Beschäftigung und die Umsätze in den letzten Jahren stark angestiegen sind und auch unter unterschiedlichen Rahmenbedingungen ein weiterer Anstieg zu erwarten ist (vgl. BMU 2007b; Staiß 2007; BMU 2006; Hirschl et al. 2002). In umfangreichen, empirisch fundierten Studien zu den Beschäftigungseffekten wurden seit 2006 auch unter Berücksichtigung von indirekten sowie von gegenläufigen volkswirtschaftlichen Effekten positive Netto-Beschäftigungseffekte aus dem EE-Ausbau ermittelt (BMU 2006; sowie dessen follow up: Kratzat et al. 2007; O'Sullivan et al. 2009).

Ein wichtiger Grund für das Wirtschaftswachstum der EE-Branche ist deren hohe *Exportaktivität.* So konnten die deutschen EE-Unternehmen in den letzten Jahren wegen der stabilen Rahmenbedingungen auf dem nationalen Markt beständig wachsen und gehören aufgrund ihrer langjährigen Markterfahrung weltweit zu den führenden Anbietern von Technologien und Know-How. Damit haben sie auch in Zukunft gute Voraussetzungen für die erfolgreiche Bearbeitung der internationalen Märkte, auf denen sie inzwischen zunehmend vertreten sind.

Im Hinblick auf Exportquoten sind die Wasser- und Windenergie bisher starke Exportbranchen, während die Bioenergie und Solarenergie noch eher exportschwach sind (dena 2007). Wie die Prognose des BEE für das Jahr 2012 zeigt (vgl. Abbildung 6), ist davon auszugehen, dass sich diese Verhältnisse in den nächsten Jahren verändern. Die größten Umsatzsteigerungen durch Export von Erneuerbaren Energien-Anlagen werden in

---

[32] Nähere Angaben zum Projekt EXPEED finden sich im Vorwort. Die ausführlichen Projektergebnisse wurden publiziert in Hirschl und Weiß (Hrsg.) 2009.

den Bereichen Windkraft, Bio- und Solarenergie erwartet. Gründe für die steigenden Exportanteile sind die technologischen Innovationen und Kostenreduktionen aufgrund der hohen Inlandsnachfrage in Deutschland, durch die Vorteile gegenüber konkurrierenden Unternehmen in Auslandsmärkten erreicht wurden. Deutschland konnte sich dementsprechend im Bereich der Erneuerbaren-Energien teilweise den Status eines Leadmarktes sichern.

Abbildung 6: Derzeitiges und zukünftiges Exportvolumen nach EE-Branchen

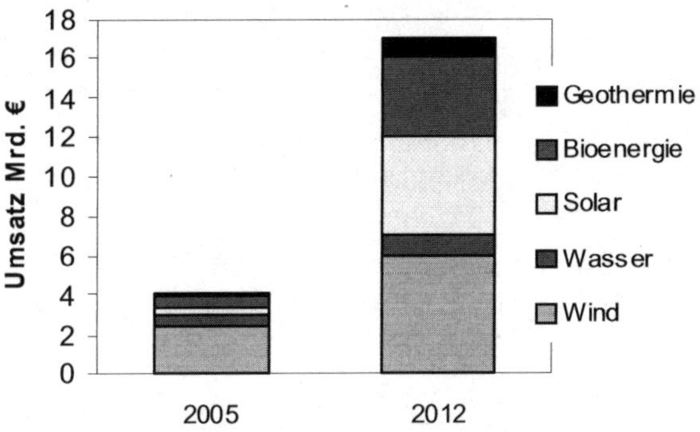

Quelle: eigene Darstellung, Daten: BEE (2006)

In den bisher benannten Studien zu den Markt- und Kostenentwicklungen in den verschiedenen Erneuerbaren Energien-Märkten spielen Dienstleistungen oftmals keine oder nur eine implizite Rolle. Wenn auch – wie beispielsweise bei der Beschäftigungsstudie von DIW / ZSW et al (BMU 2006) – Dienstleister befragt wurden, so wurden bisher keine spezifischen Untersuchungen zum gesamten Dienstleistungsbereich, zu seinen Marktanteilen oder Potenzialen erhoben. Dabei sind viele Dienstleistungen zu erbringen, bevor die Anlagen errichtet werden können, und auch im Rahmen von Produktion und Betrieb der Anlagen gruppieren sich viele Dienstleister. Dazu gehören mittlerweile auch viele spezifische EE-Dienstleistungen (z. B. Standortgutachten, Planung, Projektierung, aber auch Finanzierung), zudem sind jedoch auch viele allgemeine Dienstleister auf den Märkten aktiv (z. B. Ingenieursdienstleistungen, aber auch Finanzierung). Dennoch ist die Datenlage über EE-Dienstleistungen bisher sehr dünn. Insbesondere ihre Relevanz für den Export wurde kaum beleuchtet. Das Projekt EXPEED hat sich deshalb in den letzten drei Jahren intensiv mit den Dienstleistungen im Bereich erneuerbare Energien und deren Internationalisierung befasst. Die Ergebnisse unserer Untersuchungen werden nachfolgend auch in Bezug gesetzt zu den oben erwähnten Studien zum EE-Markt oder zur Dienstleistungsinternationalisierung.

3.1.2 EE-Dienstleistungen und deren wirtschaftliche Bedeutung

3.1.2.1 Dienstleistungsspektrum und Eigenschaften

Im Bereich der Erneuerbaren Energien spielt ein breites *Spektrum an Dienstleistungen* eine Rolle. Im Rahmen des Projekts EXPEED erfolgte zunächst ein Screening des Angebots an Dienstleistungen anhand der Auswertung diverser Branchenverzeichnisse im Internet und in Fachzeitschriften. Dabei wurden die genannten Dienstleistungen der Unternehmen systematisch erfasst und anschließend zu Kategorien zusammengefasst. Die erfassten Dienstleistungskategorien können anhand ihres Einsatzbereichs entlang der Wertschöpfungskette der Anlagen grundsätzlich aufgeteilt werden in anlagenbezogene Dienstleistungen, produktionsbezogene Dienstleistungen und übergreifende oder Transfer-Dienstleistungen (siehe Abbildung 7). Zu den anlagenbezogenen Dienstleistungen gehören Dienstleistungen, die im Rahmen der Planung (inkl. Machbarkeitsstudien und Standortgutachten), Finanzierung, Errichtung (Projektierung, Bausausführung, etc.), dem Betrieb und ggf. Rückbau / Entsorgung / Weiterverkauf der EE-Anlagen anfallen. Die produktionsbezogenen Dienstleistungen werden im Rahmen der Planung und Errichtung der Produktionsstätten und -anlagen oder im Rahmen des Betriebs der Produktionsanlage (der eigentlichen Produktion) erbracht. Zu den übergreifenden Dienstleistungen zählen Bildung, Forschung, sowie diverse Beratungsangebote und Finanzierungsdienstleistungen.

Abbildung 7: Zentrale Dienstleistungsbereiche entlang der Wertschöpfungskette der EE-Anlagen

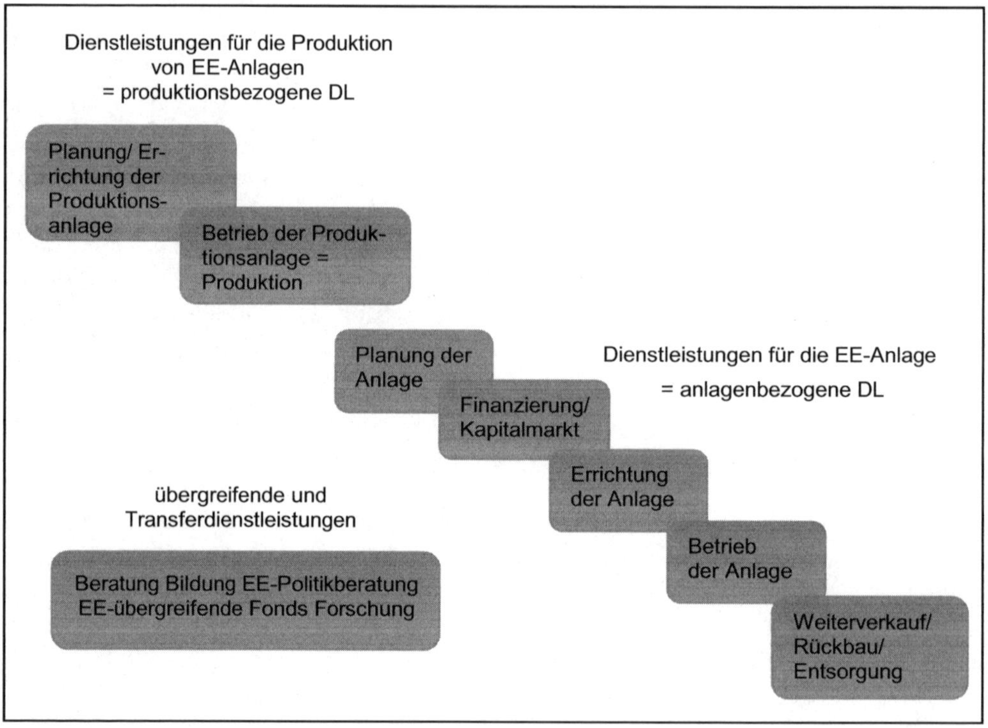

Quelle: Eigene Darstellung

Das Spektrum der anlagenbezogenen Dienstleistungen im Bereich der Erneuerbaren Energien unterscheidet sich innerhalb der einzelnen Sparten häufig nach:

– *Anlagengröße*: für kleinere Anlagen (häufig in Privathaushalten) gibt es meist ein sehr viel weniger ausdifferenziertes Dienstleistungsspektrum als für größere Anlagen. Bei diesen sind Aspekte wie die Finanzierung und Genehmigung von größerer Bedeutung, die Konzeption erfolgt meist individueller und die Errichtung erfordert aufgrund der in der Regel größeren Anzahl an Akteuren und Tätigkeiten einen größeren Organisationsaufwand.

- *Technik*: z. B. im Bereich der Geothermie (Niedrigtemperatur vs. heiße Vorkommen) oder der solarthermischen Kraftwerke (Parabolrinnen, Fresnelsysteme, Dish-Sterling-Systeme etc.)

Insgesamt zeigt sich, dass die Planung und Errichtung von Anlagen in den meisten EE-Sparten die zentralen Dienstleistungen darstellen. Häufig werden alle anlagenbezogenen Dienstleistungen im Bereich Planung und Errichtung zusammen als Komplettpaket angeboten („schlüsselfertige Errichtung"). Dienstleistungen rund um den Betrieb sind ebenfalls für alle Anlagen relevant. Produktionsbezogene Dienstleistungen sind teilweise ebenfalls von großer wirtschaftlicher Bedeutung und hoch spezialisiert, z. B. die Planung von Produktionsanlagen für Solarzellen oder die Entwicklung von Windenergieanlagen.

Neben diesen anlagen- bzw. produktionsbezogenen Dienstleistungen für einzelne EE-Sparten gibt es noch einige wichtige spartenübergreifende und weniger anlagen- oder produktionsbezogene EE-Dienstleistungen. Im Projekt EXPEED wurden übergreifend die Bereiche Bildung, Forschung und Finanzierung betrachtet. Bildung gliedert sich dabei in die Dienstleistungsbereiche Hochschulbildung und berufliche Ausbildung und Weiterbildung, der Bereich der. Finanzierung in Projekt- und Unternehmensfinanzierung. Forschung und Entwicklung verteilen sich auf universitäre und außeruniversitäre Forschungseinrichtungen sowie die Privatwirtschaft. Daneben nehmen die Unternehmen der EE-Branche unternehmensorientierte Dienstleistungen in Anspruch wie z. B. Rechtsberatung und Wirtschaftsprüfung, die jedoch in der Regel nicht auf den EE-Markt spezialisiert sind. Jedoch auch hier beginnen zunehmend spezialisierte Dienstleister auf den größer werdenden Märkten zu agieren. .

Die Häufigkeit der Dienstleistungsangebote geht aus einer Untersuchung der dena aus dem Jahr 2007 hervor, nach der mehr als die Hälfte der befragten EE-Unternehmen die Geschäftsfelder Projektplanung und Projektentwicklung angaben (vgl. Abbildung 8). Die Anzahl der Dienstleistungsanbieter insgesamt übertrifft dabei die Hersteller von Anlagen und Komponenten deutlich, wie auch eine Erhebung des VDI / VDE-IT zeigt (VDI/VDE/ Innovation+Technik GmbH 2007)[33].

Die *Planung und Errichtung* von Anlagen wird bei größeren Anlagen in der Regel von Ingenieurbüros durchgeführt. Zum Teil bieten auch Hersteller diese Dienstleistungen an; in der Regel handelt es sich hierbei jedoch nur um größere Unternehmen bzw. Konzerne, die teilweise Planungs- bzw. Projektierungsbüros durch Übernahme in ihr Portfolio integriert haben (z. B. Conergy). Bei kleineren Anlagen übernehmen die Planung und Projektierung meist Handwerksbetriebe. Daneben gibt es eine Vielzahl einzelner Dienstleistungen im Bereich Planung, die häufig durch Subunternehmer im Auftrag von Kom-

---

[33] Zu berücksichtigen ist bei diesen Ergebnissen, dass beide Befragungen auf eine Unternehmensdatenbank der dena zurückgriffen, in der beispielsweise Handwerksunternehmen fast vollständig fehlen.

plettanbietern ausgeführt werden. Bei diesen handelt es sich häufig um Dienstleister, die nicht ausschließlich auf EE spezialisiert sind, sondern diesen Bereich zusätzlich zu ihrem Kerngeschäft abdecken. Dies sind vor allem Unternehmensberatungen in den Bereichen Recht und Wirtschaft sowie Unternehmen aus dem Bereich Hoch- und Tiefbau. Zu den EE-spezifischen Einzeldienstleistungen zählen z. B. die Erstellung von Gutachten, UVP oder Messungen. Aber auch die Konzeption, Planung, Errichtung oder Finanzierung werden teilweise als Einzeldienstleistungen angeboten. Eine Besonderheit stellen die beiden noch jungen Märkte der geothermischen und solarthermischen Stromerzeugung dar, in denen die Dienstleistungen im Bereich Planung und Errichtung noch eng mit dem F&E-Bereich verknüpft sind. So beteiligen sich hier die Ingenieurbüros intensiv an der Forschung, umgekehrt bieten Forschungseinrichtungen Dienstleistungen wie Gutachten oder Messungen für die Anlagen an.

Abbildung 8: Geschäftsfelder der befragten Unternehmen

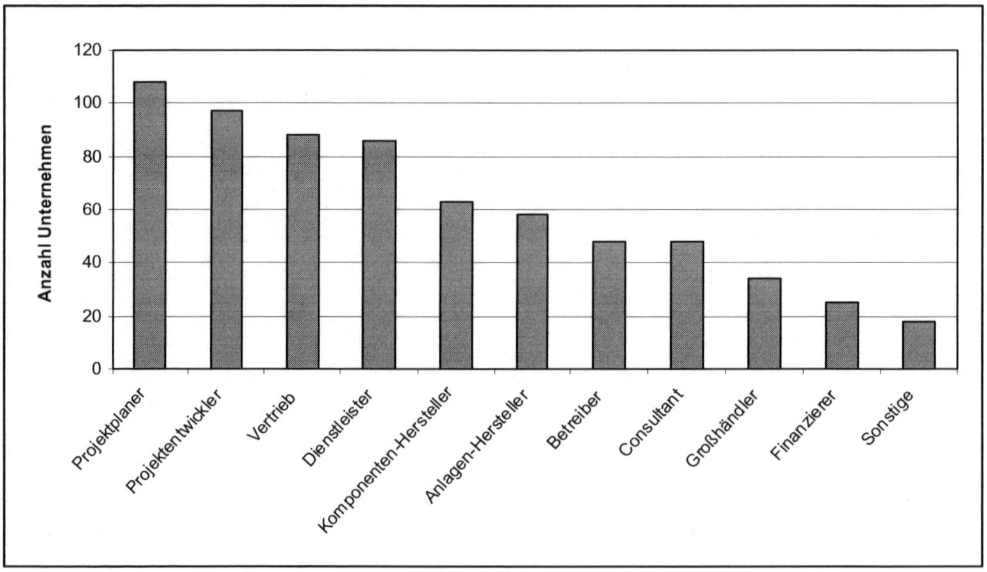

Quelle: Auswertung von Daten nach dena (2007), n = 193

Die *Betriebsführung* von EE-Anlagen wird selten als externe Dienstleistung auf dem Markt angeboten, sondern häufig durch den Betreiber selbst übernommen. Für Wartung und Reparatur gibt es häufig Komplettangebote, die oft mit einem Wartungsvertrag verbunden sind. Dabei sind die zentralen Anbieter im Bereich der Wartung und Reparatur kleinerer EE-Anlagen wiederum die Handwerksbetriebe. Bei größeren Anlagen werden diese Dienstleistungen häufig von den Anlagenherstellern angeboten, teilweise aber auch von Planern und Projektierern (Ingenieurbüros). Daneben werden von einigen Spezialunternehmen Einzeldienstleistungen, die zum Teil hoch spezialisiert auf die jeweilige EE-Sparte sind, im Rahmen der technischen Betriebsführung angeboten. Beispiele hierfür sind die Fernüberwachung von Windenergieanlagen und die biologische Leistungssteigerung bei Biogasanlagen. Im Bereich der kaufmännischen Betriebsführung von größeren Anlagen greifen die Betreiber außerdem häufig auf die Dienstleistungen von Unternehmensberatungen zurück.

Auf der Grundlage von Expertenschätzungen aus den unterschiedlichen Teilsparten sowie Mitgliederzahlen der Wirtschaftsverbände kommen Bühler et al. (2007) zu einer Gesamtzahl von 20.000 Unternehmen, bei denen erneuerbare Energien ein zentrales Geschäftsfeld darstellen.

- Davon sind ca. 10.000 Unternehmen der Solarbranche zuzuordnen (allein rund 8.000 Handwerksbetriebe).
- Die Bioenergiebranche umfasst rund 5.000 Betriebe (ca. 4.000 landwirtschaftliche Betriebe („Energiewirte"), rund 500 Unternehmen im Bereich Biokraftstoffe, 500 im Bereich Anlagenbau und -service für Biogasanlagen sowie 100 im Bereich Holzpellets / Heizungsanlagen).
- Im Bereich Windenergie sind etwa 3.500 Betriebe tätig, davon allein ca. 2.000 Betreiber der Anlagen.
- Die Wasserkraftbranche umfasst 1.000 Unternehmen (davon rund 750 Betreiber).
- Dem Bereich Geothermie lassen sich 500 Betriebe zuordnen.

Bereits diese wenig ausdifferenzierten Zahlen zeigen, dass mehr als die Hälfte der Unternehmen Dienstleistungsunternehmen sind, und zwar mindestens die 8.000 Solar-Handwerksbetriebe sowie die fast 3.000 Betreiber von Wasser- und Windkraftanlagen. Damit dominieren insgesamt die Handwerksunternehmen unter den EE-Dienstleistern, die jedoch in den Erhebungen von dena und VDI / VDE-IT (dena 2007; VDI/VDE/IT 2007) nicht weiter berücksichtigt wurden.

Abbildung 9: Anzahl der Mitarbeiter und Mitarbeiterinnen

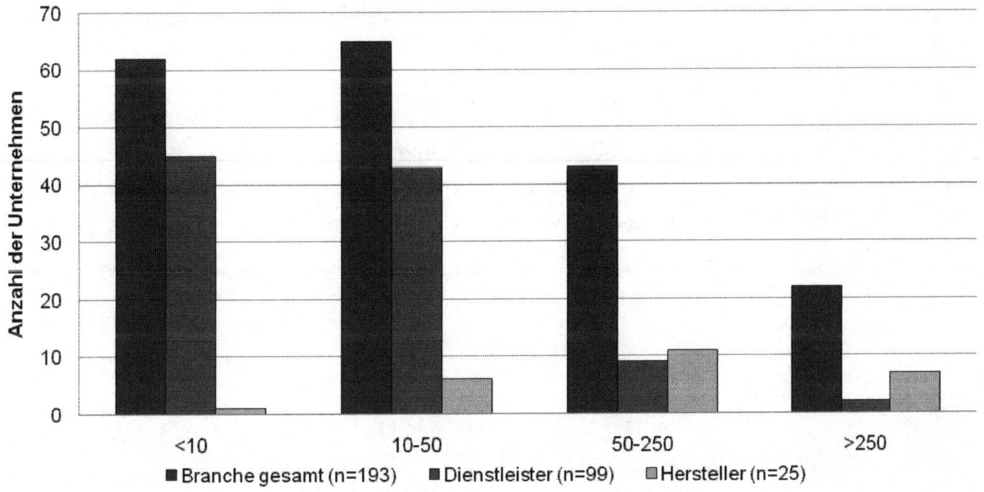

Quelle: Auswertung von Daten nach dena (2007), n = 193

Bei den Dienstleistungsunternehmen der EE-Branche handelt es sich – wie in der Branche insgesamt die Regel – meist um *kleine und mittlere Unternehmen* (max. 250 MitarbeiterInnen). Die reinen Dienstleistungsunternehmen werden im Vergleich zur gesamten Branche in besonders großem Maße dominiert von kleinen Unternehmen mit maximal 50 MitarbeiterInnen, in knapp der Hälfte der Unternehmen sind sogar weniger als 10 MitarbeiterInnen beschäftigt (siehe Abbildung 9) – und das obwohl die Handwerksunternehmen in der Erhebung nicht berücksichtigt wurden.

3.1.2.2 Wirtschaftliche Bedeutung der EE-Dienstleistungen

Wie oben bereits dargelegt, liegen über die wirtschaftliche Bedeutung der EE-Dienstleistungen – zum Beispiel ihre Anteile an den Umsätzen der Gesamtbranche, an der Wertschöpfung, der Beschäftigung oder den Exporten – kaum belastbare Daten vor. Daher erfolgte im Projekt EXPEED eine Abschätzung der wirtschaftlichen Bedeutung von Dienstleistungen auf der Basis einer Datenanalyse in den verschiedenen EE-Teilmärkten. Diese Abschätzung basiert zum einen auf den Ergebnissen der in EXPEED durchgeführten Erhebungen und Recherchen, zum anderen wurden aus einer Reihe anderer EE-Markt-Studien Daten und Indikatoren herangezogen.

Die zentrale und empirisch fundierteste Studie über die direkten und indirekten Beschäftigungseffekte sowie Umsatzwirkungen im EE-Gesamtmarkt, ist eine vom BMU beauftrage aus dem Jahr 2006 (BMU 2006; sowie dessen follow up: Kratzat et al. 2007; O'Sullivan et al. 2009). Diese Studie diente für die nachfolgende Analyse als Referenz- bzw. Orientierungspunkt. Da jedoch auch sie kaum Aussagen zum Spektrum und zur ökonomischen Bedeutung von EE-Dienstleistungen beinhaltet, wird mit den nachfolgenden Ausführungen Neuland in der diesbezüglichen Analyse der EE-Märkte betreten.[34]

Bei der Abschätzung der ökonomischen Bedeutung der EE-Dienstleistungen wurde im Regelfall eine konservative Herangehensweise gewählt. Entsprechend wurden Bereiche mit einer zu unsicheren Datenbasis nicht berücksichtigt, wodurch die meisten ermittelten Zahlen zur Wertschöpfung, Beschäftigung und Umsatz lediglich Untergrenzen bzw. Mindestwerte darstellen.

Die Ergebnisse in den folgenden beiden Tabellen zeigen, dass der Anteil der Dienstleistungen an der wirtschaftlichen Bedeutung der unterschiedlichen EE-Sparten große Unterschiede aufweist. Die Umsätze wurden getrennt für die anlagenbezogenen und produktionsbezogenen Dienstleistungen erfasst.

---

[34] Ausführlichere Informationen zur Vorgehensweise bei der Abschätzung der wirtschaftlichen Bedeutung und zu den Teilergebnissen je EE-Markt sind in der Abschlussveröffentlichung des Projekts EXPEED enthalten (siehe Hirschl / Weiß 2009).

Tabelle 15: Wertschöpfung der EE-DL (Deutschland 2006) – ohne Biokraftstoffe

	Wertschöpfung / Umsatz Dienstleistungen[6] [Mio. €]			Branchen-umsatz [Mrd. €]	Anteil der DL-Wertschöpfung am Branchenumsatz
	Anlagen-bezogen	Produk-tions-bezogen	Summe	Umsätze der jeweiligen EE-Sparte	Summe anlagen- und produk-tionsbezogen
Windenergie	722	545	1.267	5,6 [1]	23 %
PV	568 - 1.677	725	1.293 - 2.402	5,34 [6]	24 % - 45 %
Wasserkraft	246	56	302	1,3 [1]	23 %
Biomasse fest	320 [a]	348	668	4,8 [5]	14 %
Biogas	234 [a]	202 [a]	436	1,0 [3]	44 %
Geothermie Strom	30 - 41 [b]	k. A.	30 - 41	k.A.	
Geothermie Wärme	105[c]	31[c]	136	k.A.	
Geothermie gesamt			*165 - 176*	*0,6 [1]*	*28 % - 29 %*
Solarth. KW	21[b]	k. A.	21	0,05 [4]	42 %
Solarthermie (Wärme)	264[d]	175	439	1,2 [2]	37 %
F&E	600	-	600	0,6 [4]	100 %
Bildung	95	-	95	0,095 [4]	100 %
Gesamt	3.200 - 4.300	ca. 2.100	ca. 5.500 - 6.600	20,6 [e]	27 % - 32 %

a) bei Betrieb nur Wartung und Instandhaltung berücksichtigt

b) Umsatzangaben der befragten Unternehmen zu DL im Rahmen der Planung und Errichtung

c) bei der Errichtung / Planung bzw. Anlage wurden minimale Kosten angesetzt:

d) minimaler Wert, da aus Beschäftigtenzahlen via Lohn berechnet (Gewinne etc. vernachlässigt)

e) Die Studie von Kratzat et al. (2007) nennt einen Wert von 22,9 Mrd. €. Im Gegensatz dazu wurden hier auch Bildung und bei der Forschung nicht nur die aus öffentlichen Geldern finanzierte berücksichtigt, dagegen fehlen die Bereiche Biokraftstoffe und der Biomasseanbau hier komplett, da zu diesen keine Abschätzungen zur wirtschaftlichen Bedeutung der Dienstleistungen getroffen wurden.

Quellen: 1) Kratzat et al. (2007), 2) BSW (2007), 3) FV Biogas (2007) (nur neue Anlagen), 4) eigene Berechnungen (siehe Hirschl / Weiß 2009), 5) Berechnet aus den Angaben zu Biomasse ges. und den anderen beiden Teilbranchen, 6) BMU (2007c)

Insgesamt erreichen die Dienstleistungen im EE-Bereich einen Anteil von etwa 30 % (berechnet: 27 – 32 %) der Umsätze. Die Wertschöpfung der anlagenbezogenen Dienstleistungen liegt in mehreren Sparten bei rund 25 % der Branchenumsätze. Vergleichsweise gering fallen hier die Dienstleistungsanteile der Windkraftbranche und im Bereich der festen Biomasse aus, wobei in letzterer Branche ein Teil der Dienstleistungen des Betriebs in Ermangelung an belastbaren Daten unberücksichtigt blieben. Werden die produktionsbezogenen Dienstleistungen hinzu gezogen erhöht sich der Anteil zum Teil deutlich. Insgesamt erreichen dann die Teilmärkte für Biogas und für Solarenergie besonders hohe Dienstleistungsanteile. Ein Vergleich der Anteile in den unterschiedlichen Bereichen ist jedoch nur mit Einschränkungen möglich, da jeweils unterschiedliche Datengrundlagen zur Verfügung standen und sich entsprechend auch die Berechnungsmethodik unterscheidet.

Die Beschäftigtenzahlen (vgl. Tabelle 16) sind meist aus der Wertschöpfung abgeleitet und weisen damit höhere Unsicherheiten auf. Insofern sind die Abschätzungen zu den Beschäftigtenzahlen nur begrenzt belastbar; sie geben jedoch eine grobe Orientierung.

Tabelle 16: Beschäftigte in EE-DL (Deutschland 2006) – ohne Biokraftstoffe

	Beschäftigte in anlagenbezogenen Dienstleistungen[4]	**Brutto-Beschäftigungs-wirkung der jeweiligen EE-Branche**	**Dienstleistungsanteil[4] an Beschäftigungswirkung [%]**
Windenergie	9.500 (min.) [a]	82.100 [1]	12
PV	18.300[2]	*29.600* [2]	62
Wasserkraft	3.200	9.400 [1]	34
Biomasse fest	10.900 (max.) [a,b]	52.000 [1]	21
Biogas	3.100 (min.) [a,b]	*10.000* [3]	31
Geothermie Strom	160 - 360 [b]		
Geothermie Wärme	3.600 (max.) [a,b]		
Geothermie gesamt		*4.200* [1]	*78 - 82*
Solarth. KW	135 - 145**	250 [4]	54 - 58
Solarthermie (Wärme)	9.000[5]	13.300 [1]	67
F&E	9.900	9.900 [4]	100
EE-Bildung	2.000 [c]	2.000 [4]	100
Gesamt	ca. 70.000	213.000 [e]	33 %
EE-Handwerk (PV) [d]	*21.000* [2]		
EE-Finanz-DL [d]	*1000*		
Öffentlicher Dienst	*244 - 308*		

a) auf der Grundlage der in Tabelle 15 dargestellten Wertschöpfung berechnet

b) siehe Einschränkungen bei der Ermittlung der Wertschöpfung in Tabelle 15

c) Minimalwert, der v. a. die Beschäftigten an Hoch- und Berufschulen im EE-Bereich umfasst

d) werden aufgrund der weitgehenden Doppelzählung nicht in der Summe erfasst

e) Die Studie von Kratzat et al. (2007) kommt zu einem Wert von 235.000. Im Gegensatz dazu wurden hier auch Bildung und bei der Forschung nicht nur die aus öffentlichen Geldern finanzierte berücksichtigt, dagegen fehlen die Bereiche Biokraftstoffe und Biomasseanbau hier komplett.

Quellen: 1) Kratzat et al. (2007), 2) Ruhl et al. (2008), 3) Weiland (2006): Beschäftigtenzahlen, 4) eigene Berechnungen (siehe Hirschl / Weiß 2009), 5) BSW (2007)

Insgesamt erreichen die im Bereich der anlagenbezogenen EE-Dienstleistungen ermittelten Beschäftigtenzahlen einen Anteil von 33 % an der Beschäftigungswirkung des EE-Marktes. Vergleichsweise hoch ist der Anteil der im Bereich Dienstleistungen Beschäftigten in den Märkten Solarthermie, Photovoltaik und Geothermie (insbesondere Wärme), also den Bereichen, in denen klassisch kleine Handwerksbetriebe eine große Rolle spielen. Gering sind die Anteile dagegen in den Bereichen Wasserkraft, Biogas, feste Biomasse und Windenergie. Allerdings beruhen auch hier die Unterschiede zwischen den Sparten teilweise auf Differenzen in der Vorgehensweise bei der Abschätzung der Beschäftigtenzahlen. Auch der Vergleich der ermittelten Daten mit den Zahlen der BMU-Arbeitsplatzstudie ist problematisch, da in der BMU-Studie die Beschäftigungswirkung (Brutto) und nicht die direkte Beschäftigung in der Branche abgebildet wird, wohingegen in der vorliegenden Studie die direkte Beschäftigung ermittelt wurde. Deshalb ist davon auszugehen, dass der Dienstleistungsanteil an der direkten Beschäftigung deutlich höher liegt als die ermittelten Ergebnisse. Dennoch zeigen die Ergebnisse insgesamt, dass Dienstleistungen für die wirtschaftliche Bedeutung des EE-Markts keinesfalls irrelevant sind. Sie weisen insbesondere einen signifikant hohen Anteil an der direkten Beschäftigung auf.

3.1.3 Exportaktivitäten und Exportpotenziale

3.1.3.1 Exporteignung und Exportpotenziale

Grundsätzlich wird vielfach angenommen, dass Dienstleistungen sich weniger gut für den Export eignen als materielle Güter. Auch innerhalb der Dienstleistungen bestehen jedoch Unterschiede im Hinblick auf die Exporteignung, beispielsweise aufgrund der Mobilität der Dienstleistungserbringung, der Dauer der Erbringung oder auch der jeweiligen Bedingungen auf den nationalen und internationalen Märkten. In der Erhebung des Projekts EXPEED wurden Unternehmen und andere Branchenexperten deshalb befragt, welche Dienstleistungen aus ihrer Sicht besonders exportgeeignet sind. Die in Tabelle 17 zusammen gefassten Ergebnisse zeigen, dass vor allem Dienstleistungen mit hoher Vor-Ort-Präsenz und der Notwendigkeit über lokales Wissen zu verfügen sowie Dienstleistungen, die wenig spezifisch sind und überall auch vor Ort angeboten werden, geringe Exportchancen aufweisen. Jedoch hängt die Exporteignung offensichtlich auch von der jeweiligen EE-Sparte ab: So werden manche Dienstleistungen je nach EE-Technologie für gut oder weniger gut exportgeeignet gehalten. Beispielsweise wird die Projektierung / Planung von den meisten Befragten in mehreren EE-Märkten als eine Dienstleistung mit hoher Exporteignung eingestuft, nicht jedoch im Bereich Biogas. Wartung und Reparatur dagegen wird meist als Dienstleistung mit geringer Exporteignung gesehen, in den Bereichen Windenergie und geothermische Stromerzeugung werden dieser Dienstleistungskategorie dagegen gute Exportchancen zugeschrieben.

Tabelle 17: Einschätzungen der befragten Unternehmen und ExpertInnen zur Exporteignung der EE-Dienstleistungen

EE-Sparte	**Exporteignung**
Windenergie	Planung / Projektierung: hoch bis sehr hoch Service und Wartung: sehr hoch CMS: hoch
Photovoltaik	Planung / Projektierung, Großhandel: sehr hoch Versicherungen: gering
Wasserkraft	Vermessung und Versicherung: gering Ingenieurdienstleistungen (Bau- und Planungsphase): hoch bis sehr hoch Dienstleistungen von Wasserkraftunternehmen: sehr hoch (teilweise Probleme beim Export von Reparatur- und Wartungsdienstleistungen) Inbetriebnahme und Fernüberwachung: hoch
Biomasse fest	Planung / Projektierung: hoch
Biogas	turn-key-solutions: hoch bis sehr hoch Leistungssteigerung: sehr hoch Projektentwicklung: mittelmäßig
Geothermische Stromerzeugung	Projektentwicklung: sehr hoch Bohrungen: eher gering Wartung, Versicherung und Genehmigung: hoch bis sehr hoch Standortgutachten, seismische Erkundung: gering
Geothermie (Wärme)	Dienstleistungen (Handwerk): gering
Solarthermische Kraftwerke	Projektentwicklung und Ingenieursdienstleistungen: sehr hoch
Solarthermie (Wärme)	Großhandel, Projektierung, Gutachtenerstellung, Finanzierung: hoch Zwischenhandel, Installation und Wartung: eher gering
handwerkliche Dienstleistungen	Installation: gering bis sehr gering Planung und Vertrieb: hoch
Bildung	Hochschulbildung, berufliche Weiterbildung: hoch berufliche Ausbildung: gering

Quelle: eigene Erhebung

Zu ihren Exportpotenzialen bzw. zu den Exportpotenzialen der von ihnen angebotenen Dienstleistungen konnten die meisten Unternehmen keine genauen Einschätzungen angeben. Teilweise wurden Tendenzen benannt (z. B. „hoch" oder „gering"), wobei die Unternehmen für die meisten (exportgeeigneten) Dienstleistungen hohe Exportpotenziale sehen. Potenziale zu einer Ausweitung des Exports werden in allen EE-Sparten für einen Teil der Dienstleistungen gesehen. Dies sind insbesondere Planung und Projektierung, häufig auch Einzeldienstleistungen in diesem Bereich, sowie Beratungsdienstleistungen. Daneben werden auch für Dienstleistungen des Betriebs, insbesondere für hoch spezialisierte Angebote wie Condition Monitoring bzw. Fernüberwachung und die Leistungssteigerung von Biogasanlagen große Potenziale gesehen. Hohe Exportpotenziale bestehen vielfach außerdem für den Vertrieb von Anlagen und Angebote der beruflichen Weiterbildung sowie der Hochschulbildung (in Form von „Studierendenimporten“).

3.1.3.2 Exportaktivitäten und wirtschaftliche Bedeutung der Internationalisierung

Der Export ist für die meisten EE-Unternehmen bereits seit einigen Jahren ein sehr wichtiges Geschäftsfeld, wie zwei Erhebungen zeigen (VDI/VDE/IT 2007; dena 2007). So gaben im Jahr 2007 60 % der in einer Erhebung befragten EE-Unternehmen (n = 244) an, dass sie den Export für „sehr wichtig“ halten. Sogar 82 % der Unternehmen erwarteten, dass die Auslandsaktivitäten für sie in den nächsten 2 bis 3 Jahren „sehr wichtig“ werden (VDI/VDE/IT 2007). Eine Differenzierung der von der dena befragten EE-Unternehmen in Hersteller und Dienstleister zeigt, dass der Export auch für die meisten EE-Dienstleistungsunternehmen (rund 80 %) wichtig oder sehr wichtig ist. Allerdings halten Hersteller den Export etwas häufiger für sehr wichtig (siehe Abbildung 10)[35].

Abbildung 10: Bedeutung des Exports für die Unternehmen

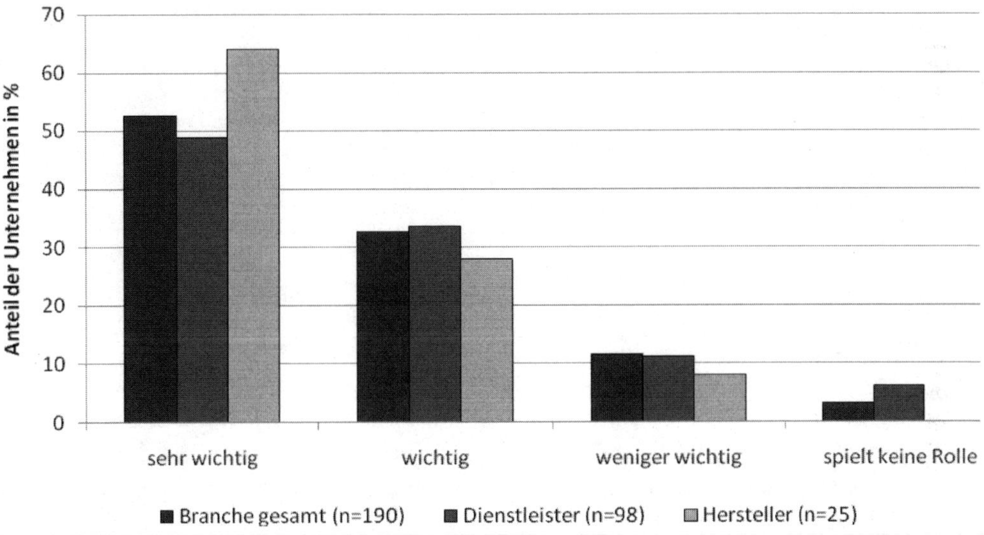

Quelle: Auswertung von Daten nach dena (2007), n = 193

Von den im Rahmen des Projekts EXPEED befragten 86 Dienstleistungsunternehmen waren 81 % (70 Unternehmen) bereits im Ausland tätig, häufig erst seit wenigen Jahren. Dabei ist zu berücksichtigen, dass im Rahmen der Erhebung auslandaktive Unternehmen bevorzugt ausgewählt wurden, so dass davon auszugehen ist, dass der Anteil auslandsaktiver Dienstleister in der EE-Branche insgesamt geringer ist. Die Unternehmen bieten

[35] Auch hier ist jedoch zur berücksichtigen, dass die Unternehmen aus einer dena-Datenbank ausgewählt wurden, in der beispielsweise Handwerksunternehmen weitgehend fehlen.

besonders häufig Dienstleistungen der Bereiche „Planung / Errichtung“, „Beratung“ und „begleitende / ergänzende Dienstleistungen“ im Ausland an, vergleichsweise selten dagegen Dienstleistungen aus dem Bereich „Betriebsführung“.

Die Umsatzanteile des Auslandsgeschäfts der befragten Unternehmen lagen meist unter 50 %, wobei die Aufteilung in exportstarke und -schwache Unternehmen in etwa dem Durchschnitt unternehmensorientierter Dienstleistungen entspricht (siehe Tabelle 18). Da es sich bei den Befragten bereits um vergleichsweise im Ausland aktivere Unternehmen gehandelt hat, stellen diese Ergebnisse eher die Potenziale des Exports von Dienstleistungsunternehmen als den bisherigen Stand der Internationalisierung dar. Deutlich wird jedoch, dass die EE-Dienstleistungsunternehmen insgesamt bisher im Vergleich zu den Herstellern eher unterdurchschnittliche Exportquoten aufweisen.

Tabelle 18: Auslandsumsatz der international aktiven Unternehmen in den Befragungen von EXPEED und der DIHK (2006a)

Ergebnisse EXPEED		Ergebnisse DIHK	
Anteil Auslandsumsatz	**Anteil antwortender Unternehmen**	**Anteil Auslandsumsatz**	**Anteil Unternehmen**
< 5 %	22 %	0 %	12 %
5 – 20 %	27 %	> 0 – < 20 %	35 %
21 – 50 %	22 %	20 % – 60 %	30 %
> 50 %	29 %	> 60	22 %

Quelle: eigene Zusammenstellung

Der Umfang der Exportaktivitäten unterscheidet sich zwischen den Dienstleistungsunternehmen der einzelnen EE-Sparten, wie die Zusammenfassung der Ergebnisse der befragten Dienstleistungsunternehmen der einzelnen Teilmärkte in Tabelle 19 zeigt. Der Vergleich zu den Exportquoten der gesamten Teilmärkte, die im Rahmen einer Studie zu den Arbeitsplatzeffekten der erneuerbaren Energien im Auftrag des BMU für die jeweiligen Sparten ermittelt wurden (vgl. BMU 2006) zeigt, dass die im Rahmen des Projekts EXPEED befragten Dienstleistungsunternehmen im Vergleich zu den in der Arbeitsplatzstudie befragten Dienstleistungsunternehmen meist recht hohe Exportquoten aufweisen. Dies hängt mit der Auswahl der Stichprobe zusammen, voraussichtlich aber auch mit dem Bezugsjahr der Erhebung, das in der BMU-Studie auf das Jahr 2004 datiert, wohingegen die Daten aus der EXPEED-Erhebung in der Regel aus dem Jahr 2007 stammen.

Allerdings können die durchschnittlichen Exportanteile auch verdecken, dass einzelne Dienstleistungsunternehmen noch erhebliche Probleme mit dem Auslandsgeschäft haben. So zeigt die EXPEED-Erhebung, dass von den Wasserkraft-Dienstleistungsunternehmen, für die in der Studie des BMU insgesamt sehr hohe Exportanteile ausgewiesen werden, die kleinen Unternehmen häufig noch wenig international aktiv sind (vgl. Tabelle 19).

Tabelle 19: Vergleich der Ergebnisse der EXPEED-Erhebung zum Dienstleistungsexport mit Daten aus der Literatur zum EE-Export

	EXPEED-Erhebung (Daten für 2006)	**BMU (2006) (Daten für 2004)**			**BMU (2006) (Daten für 2004)**
	Anteil Export einzelner Dienstleistungen	**Produ-zenten***	**Dienst-leister***	**Händ-ler***	**Exportquote der EE-Sparte****
Windenergie	Planer / Projektierer 40 – 50 % Service / Wartung 10 – 20 % CMS bis 70 %	35 %	12 %	29 %	37 % (Quelle: DEWI 2007)
PV	Planer / Projektierer: gering (< 10 %)	17 %	2 %	4 %	15 %
Wasserkraft	0 – 92 %, meist 20 – 30 %	39 %	85 %	2 %	79 %
Biogas	turn-key-solutions: 2 – 8 % Leistungssteigerung: 2 % Projektentwicklung: 20 %	12 %	0 %	0 %	7 % (Biokraftstoffe + Biogas)
Biokraftstoffe	-	0 %	2 %	3 %	
Feste Biomasse	Planer / Projektierer: 30 – 50 %	11 %	2 %	9 %	5 %
Geothermie	Projektentwickler < 10 % Bohrungen: kaum auslandsaktiv	44 %	8 %	0 %	32 %
Solarthermie	k.A.	10 %	4 %	5 %	10 %
EE gesamt	k.A.	k.A.	k.A.	k.A.	28 %

* Durchschnittlicher Exportanteil der Unternehmen

** Anlagen + Vorprodukte inkl. Dienstleistungen und Zulieferer bezogen auf den Unternehmensumsatz

Quelle: eigene Zusammenstellung

Obgleich die dargestellten Ergebnisse nicht repräsentativ sind, zeigen sie dennoch auf, dass viele Dienstleistungsunternehmen bereits auf Auslandsmärken aktiv sind, insbesondere aus den Bereichen Windenergie, Wasserkraft und Photovoltaik. Die Dienstleistungen im Bereich Biomasse und Geothermie befinden sich meist erst am Anfang des Exportgeschäfts und kümmern sich derzeit häufig noch um den Ausbau von internationalen Partnernetzwerken. In den meisten Sparten lässt sich also ein Zusammenhang zwischen den Exportquoten der befragten Dienstleister und der gesamten Teilbranche feststellen, d.h. die Dienstleister haben dann hohe Exportquoten, wenn die Branche insgesamt hohe Exportquoten aufweist. Eine Ausnahme stellen die Handwerksbetriebe dar, die auch bei Anlagen, die international vertrieben werden, häufig wenig international aktiv sind oder die international allenfalls den Vertrieb der Anlagen anbieten. Im Bereich der energetischen Nutzung der festen Biomasse zeigt sich hingegen, dass trotz der insgesamt wenig international aktiven Branche die befragten Planer international häufig schon in hohem Maße tätig sind.

3.1.3.3 Zur ökonomischen Multiplikationswirkung der Internationalisierung von EE-Dienstleistungen

Die wirtschaftliche Bedeutung der Internationalisierung von Dienstleistern lässt sich jedoch nicht nur an deren Auslandsumsätzen festmachen. Vielen erfolgreich im Ausland durchgeführten Dienstleistungen folgen weitere Dienstleistungen oder auch die Technologien, und dies nicht nur beim gleichen, sondern auch bei anderen deutschen Unternehmen. Durch eine solche Kette von Folgeaufträgen tragen die Dienstleister – insbesondere diejenigen, die mit vorlaufenden Dienstleistungen im Ausland aktiv sind (wie z. B. Standorterkundung oder Planung) – zu einer Steigerung der Exportrate der gesamten EE-Branche bei.

Diesen Zusammenhang bestätigen die Ergebnisse einer Erhebung im Rahmen des EXPEED-Projekts, in der die Unternehmen (n = 60) zu Folgeaufträgen im Zuge ihrer Internationalisierung befragt wurden. Bei vielen Unternehmen kommt es in Folge einer ersten Markterschließung immer oder häufig zu weiteren Folgeaufträgen (57 % der befragten Unternehmen). Darüber hinaus führt die Dienstleistungsinternationalisierung häufig auch zu Aufträgen bei weiteren EE-Unternehmen: So gaben mehr als 60 % der befragten Unternehmen (n = 37) an, immer bzw. häufig technische Produkte in Deutschland für Projekte im Ausland zu erwerben. Gut ein Viertel der befragten Unternehmen (n = 17) nimmt Dienstleistungen aus Deutschland im Rahmen des Auslandsgeschäfts immer bzw. häufig in Anspruch. Als Gründe für die geringe Dienstleistungsnachfrage geben die Unternehmen an, dass ein Großteil der Dienstleistungen selbst erbracht oder im Ausland an lokale Dienstleister vergeben wird.

In deutlich geringerem Maße führt die Internationalisierung der Dienstleister zu direkten Auslandsaktivitäten weiterer EE-Unternehmen: Bei gut einem Fünftel der Unternehmen (n = 13) folgen (immer oder häufig) weitere Dienstleistungsunternehmen ins Ausland, nur bei 7 % dagegen reine Hersteller (n = 4). Insbesondere Generaldienstleister (Planer / Projektierer) nehmen Anbieter von einzelnen Dienstleistungen (z. B. Planung, Wartung und Montage, Betriebsführung) mit ins Ausland.

Ein besonders hohes Potenzial, andere Unternehmen mit ins Ausland zu nehmen bzw. diesen Aufträge zu verschaffen, haben mit den Planungs- und Projektierungsdienstleistungen (bei denen wiederum die Standortakquisition hervorgehoben wird) generell Dienstleistungen am Beginn der Wertschöpfungskette. Eine solche Türöffnerfunktion für weitere Dienstleistungs- und Technologieexporte aus Deutschland haben Beratungs- und Planungsdienstleistungen, aber auch andere Ingenieurdienstleistungen, wie ein Experte vom Verband beratender Ingenieure bestätigte (Rollenhagen 2008). Neben den direkten Folgeaufträgen spielt dabei auch der Einfluss von Beratern auf die Gestaltung von weiteren Projekten oder die Berücksichtigung deutscher Normen in Ausschreibungen eine Rolle.

3.1.4 Internationalisierungsstrategien

Der Erfolg von Auslandsaktivitäten hängt von erfolgreichen Strategien der Internationalisierung ab. Auf die Vielfalt der Internationalisierungsstrategien und den Prozess der Internationalisierung wird vertiefend in Kapitel 4.1 eingegangen. Im Folgenden werden Ergebnisse einer Erhebung vorgestellt, die im Rahmen von EXPEED zu den Aspekten Auftragsakquise, Markteintrittstrategien und Kunden im Ausland durchgeführt wurde.

3.1.4.1 Auftragsakquise

Als ein übergreifendes Ergebnis der Erhebung zeigte sich, dass zur Auftragsakquise im Ausland hauptsächlich die Kundennachfrage oder persönliche Kontakte, Netzwerke und rühfere Partnerschaften sowie Messeauftritte und Konferenzen dienen (siehe Abbildung 11). Auftragsakquisition durch die Teilnahme an Ausschreibungen ist hauptsächlich für Unternehmen der Sparte Solarthermische Kraftwerke und im Wasserkraftbereich relevant. Vor allem für kleine Unternehmen (< 10 MA), insbesondere auch die Handwerksbetriebe, ist die Bedeutung von Netzwerken und Kontakten für den Erwerb von Auslandsaufträgen besonders hoch. Viele Unternehmen zeigen damit eher ein adaptives bzw. reaktives Verhalten bezüglich ihrer Internationalisierung.

Abbildung 11: Art der Auftragsakquise im Ausland

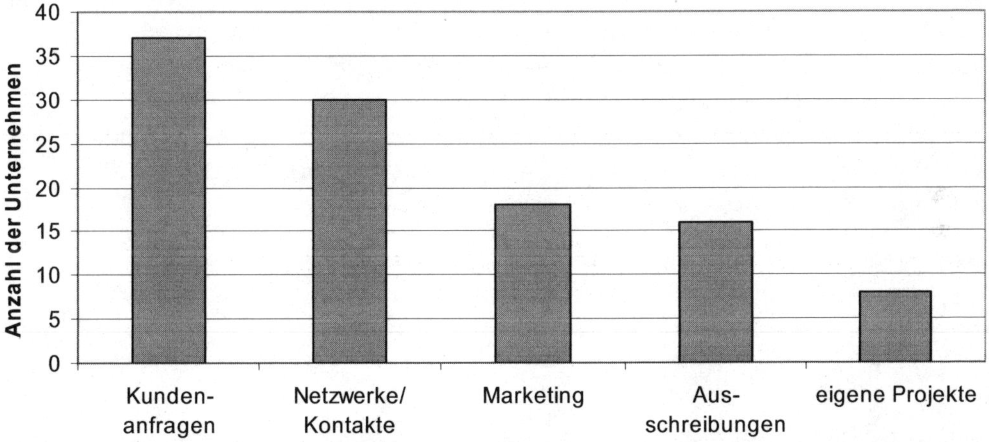

Quelle: Unternehmensbefragung EXPEED (n = 70)

Dennoch gaben 70 % der Unternehmen, die bereits auf Auslandsmärkten vertreten sind (n = 63), an, dass sie gezielt versuchen neue Märkte und Aufträge zu erschließen. Während dies für fast alle großen Unternehmen (> 50 MA) zutrifft, bearbeitet nur rund die Hälfte der kleinen Unternehmen (< 10 MA) gezielt neue Märkte. 12 % der Unternehmen gaben sogar an, dass sie im Ausland eigene Projekte initiieren.

Im Rahmen einer Nacherhebung (n = 60) im Jahr 2008 wurden die im Ausland aktiven Unternehmen gezielt zur Eigenständigkeit ihrer Markterschließung im Ausland befragt. Mehr als die Hälfte der befragten Unternehmen gab an, dass sie immer (n = 21) oder häufig (n = 14) eigenständig („pro-aktiv") ins Ausland gehen. Größere Unternehmen (> 50 MitarbeiterInnen) verfolgen häufiger eine pro-aktive Auslandsmarkterschließung als kleinere Unternehmen. Pro-aktiv werden außerdem vor allem die Dienstleistungen Planung und Errichtung sowie Betriebsführung angeboten. Handwerksbetriebe gehen dagegen selten pro-aktiv ins Ausland. Aus Sicht der Unternehmen eignen sich Dienstleistungen aus dem Bereich Planung und Projektierung (insbesondere Erstellung von Standortgutachten oder Machbarkeits- und Umweltverträglichkeitsstudien) besonders gut für pro-aktive Verhaltensweisen, grundsätzlich kämen aber alle angebotenen Dienstleistungen dafür in Frage.

Die Unternehmen, die in der Regel auf Grund externer Anfragen (reaktiv) im Ausland tätig werden, bekommen den Anstoß zur Internationalisierung häufig von bereits bekannten Kunden bzw. Partnern aus Deutschland (n = 23) oder von Neukunden (n = 27), die meist direkt aus dem Ausland stammen. Damit zeigt sich, dass Partner bzw. Auftraggeber aus dem Inland bei der (reaktiven) Internationalisierung häufig eine zentrale Rolle spielen.

3.1.4.2 Markteintrittsstrategien

Die befragten Unternehmen nutzen als Markteintrittsstrategie im Auslandsgeschäft insbesondere den Export, Auslandsniederlassungen sowie strategische Allianz bzw. Joint Ventures. Einige Unternehmen haben auch bereits Erfahrung mit Tochtergesellschaften (siehe Abbildung 12). Je größer die Unternehmen umso vielfältiger die Markeintrittsstrategien. Kleinere Unternehmen setzen eher auf den Export, für größere verschiebt sich der Schwerpunkt auf strategische Allianzen bzw. Joint Ventures sowie Auslandsniederlassungen. Pro-aktive Unternehmen (n = 44) wählen besonders häufig Joint Ventures (n = 25) und Auslandsniederlassungen (n = 26) als Markteintrittstrategie.

Abbildung 12: Markteintrittsstrategien der auslandsaktiven Unternehmen

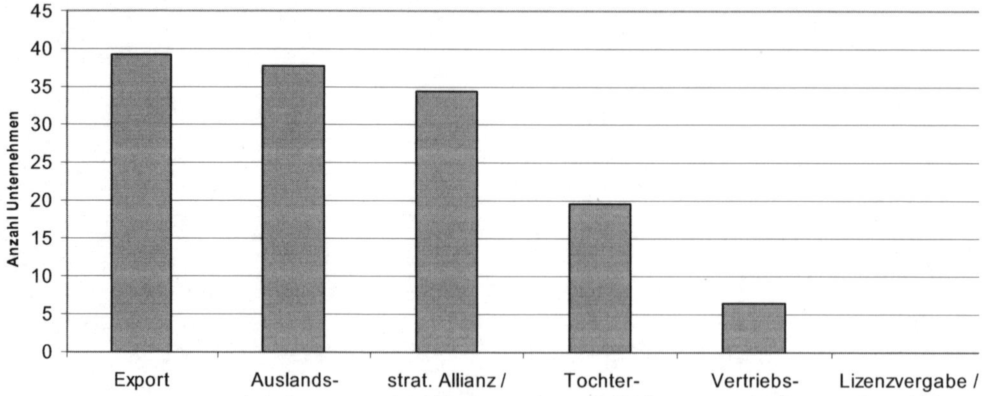

Quelle: Unternehmensbefragung EXPEED (n = 70)

3.1.4.3 Kunden

Im Auslandsgeschäft werden die Dienstleistungen aus der EE-Branche meist von gewerblichen Nachfragern in Anspruch genommen. Tabelle 20 zeigt, dass im Ausland die gewerbliche Nachfrage deutlich wichtiger ist als im Inland, wo institutionelle bzw. öffentliche sowie private Nachfrager eine größere Rolle spielen. Entsprechend werden solche Dienstleistungen, deren Kunden gewerbliche bzw. institutionelle Nachfrager sind, überdurchschnittlich häufig im Ausland angeboten. Hingegen werden Dienstleistungen, die sich eher an private Kunden richten, vergleichsweise selten im Ausland offeriert.

Tabelle 20: Kunden im In- und Ausland (Mehrfachnennungen möglich)

	Anteil der Unternehmen, deren Dienstleistungen von den verschiedenen Nachfragergruppen abgenommen werden	
	im Inland	**im Ausland**
private Nachfrager	37 %	32 %
gewerbliche Nachfrager	51 %	81 %
institutionelle / öffentliche Nachfrager	64 %	50 %
Anzahl der Antworten	N = 86	N = 70

Quelle: Unternehmensbefragung EXPEED

Eine Befragung von Handwerksbetrieben durch das DHI kommt ebenfalls zu dem Ergebnis, dass international vor allem gewerbliche Kunden bedient werden, wohingegen kaum einer der Betriebe, die über mehrere Jahre Auslandsgeschäfte betreiben, private oder öffentliche Kunden zu seinen Hauptkundengruppen zählt (DHI 2007).

3.1.5 Erfolgsfaktoren und Hemmnisse

Abhängig von der jeweils praktizierten Internationalisierungsstrategie stellt sich für Unternehmen die Frage nach den Hemmnissen und Erfolgsfaktoren für ihre geplanten Auslandsaktivitäten. Im Rahmen der Erhebungen von EXPEED wurden die EE-Dienstleister in offenen Fragen nach den zentralen Erfolgsfaktoren und Chancen, die mit der Internationalisierung verbunden werden und ebenso nach den Hemmnissen und Risiken befragt.[36]

3.1.5.1 Erfolgsfaktoren und Chancen

Die von den Unternehmen genannten Erfolgsfaktoren und Chancen wurden in unternehmensinterne und -externe Faktoren gruppiert und zu Kategorien zusammengefasst. Als *externe Chancen bzw. Erfolgsfaktoren* nennen die befragten Unternehmen (N = 86) vor allem die ökonomische Situation des Auslandsmarktes (n = 34), insbesondere die Nachfra-

[36] Das Thema der Markteintrittsbarrieren von EE-Dienstleistern wird ausführlicher in Kapitel 4.1 im Rahmen einer Darstellung der Ergebnisse von Unternehmensfallstudien dargestellt.

gesituation und das Marktpotenzial. Daneben ist für viele Unternehmen die rechtliche und politische Situation wichtig (n = 17). Eher seltener werden kulturelle Aspekte (n = 11), z. B. kulturelle Nähe, Sprache, Mentalität, sowie geographische Faktoren bzw. Umweltsituation (n = 9) oder der gute Ruf Deutschlands im Technologiebereich bzw. EE-Bereich (n = 8) als externer Erfolgsfaktor genannt.

Als *interne Erfolgsfaktoren* benennen die Unternehmen vor allem die Präsenz vor Ort und die Bezüge zum Land (n = 44), z. B. durch verlässliche Partner oder eine Präsenz vor Ort, persönliche Kontakte, Landes- und Sprachkenntnisse. Außerdem werden Know-How, Fachwissen und Erfahrung (n = 30) und die hohe Qualität und Zuverlässigkeit (n = 22) sowie Netzwerke bzw. Kooperationen mit anderen Unternehmen, in Verbänden und internationalen Organisationen (n = 17) von vielen Unternehmen als Erfolgsfaktoren genannt. Weitere Erfolgsfaktoren mit weniger Nennungen sind Referenzen und die Bekanntheit im Ausland, die Stellung als Alleinanbieter oder Pionier, ein innovatives oder spezielles Angebot, günstige Preise, Flexibilität und Schnelligkeit, Kapital sowie gute und motivierte MitarbeiterInnen.

Als Erfolgsfaktoren für den Auslandserfolg werden von den befragten Unternehmen demnach vor allem *„weiche Erfolgsfaktoren"* (Netzwerke und gute Kontakte ins Ausland, Geschäftsbeziehungen und gute Marktkenntnisse) genannt. Diese Schwerpunkte wurden ebenso in einigen anderen Studien zur Dienstleistungsinternationalisierung ermittelt (vgl. DIHK 2006a; Sichtmann et al. 2007a; Freitag et al. 2007; DHI 2007). Neben diesen Erfolgsfaktoren werden in anderen Studien für Dienstleistungsunternehmen noch die Qualität der Produkte und Know-How sowie qualifizierte bzw. gute und motivierte MitarbeiterInnen als wichtige Erfolgsfaktoren angegeben (ebd.).

3.1.5.2 Hemmnisse und Risiken

Als *externe Hemmnisse und Risiken* werden seitens der befragten Unternehmen insbesondere die rechtliche und politische Situation im Ausland angegeben (n = 49). Hier werden insbesondere Probleme mit Genehmigungsverfahren und der Bürokratie, Zollbeschränkungen und nicht-tarifäre Handelshemmnisse sowie weitere rechtliche Barrieren und die fehlende Rechtssicherheit und politische Stabilität genannt. Daneben nennen viele Unternehmen die ökonomische Situation (n = 31), vor allem die Konkurrenz, das Preisniveau und das Zahlungs- und Investitionsrisiko, sowie kulturelle bzw. gesellschaftliche Aspekte (n = 27), insbesondere Sprachprobleme und Mentalitäts- oder Kulturunterschiede, als Problem. Immerhin zwölf Unternehmen nennen außerdem das Fehlen geeigneter Partner oder MitarbeiterInnen bzw. einer Präsenz vor Ort. Zehn Unternehmen sehen aufgrund der geographischen Faktoren bzw. Umweltsituation (insbesondere Anfahrts- und Transportwege) Probleme. Selten genannt wurde dagegen die Informationslage (n = 5). Kleine Unternehmen (< 10 MA) nennen überdurchschnittlich häufig die ökonomische Situation sowie die geographische Lage und klimatischen Verhältnisse, wohingegen für die großen Unternehmen (> 50 MA) eher die rechtliche und politische Situation sowie Partner oder Mitarbeiter vor Ort von Bedeutung sind.

Hinsichtlich der Konkurrenz auf den internationalen Märkten wurden die Unternehmen zusätzlich nach den zentralen Wettbewerbern gefragt. Dies scheint insgesamt nur für wenige Unternehmen ein zentrales Hindernis darzustellen. Wichtigste Wettbewerber auf den Auslandsmärkten sind häufig wiederum andere Unternehmen aus Deutschland. Daneben sind aber auch international agierende Unternehmen sowie auf den Auslandsmärkten heimische Unternehmen wichtige Konkurrenten.

Als *internes Hemmnis* wurde vor allem die Finanzierung (hoher Bedarf an Finanzen und Finanzierungsprobleme) genannt (n = 25). Dieses Problem gaben vor allem die Unternehmen mit kleiner oder mittlerer Größe (bis 50 MA) an. Daneben nannten einige Unternehmen noch als Hemmnis, dass sie zu wenig Mitarbeiter oder Zeit für ein Auslandsengagement haben (n = 8). Andere internen Risiken werden von den befragten Unternehmen kaum genannt. Ein Vergleich zwischen den im Ausland aktiven und nicht-aktiven Unternehmen zeigt, dass erstere insgesamt eher weniger Probleme (insbesondere interne) sehen, wohingegen die nicht im Ausland aktiven Unternehmen v. a. wegen internen Risiken und Hemmnissen und einer hohen Inlandsnachfrage den Weg ins Ausland scheuen.

Insgesamt werden also als zentrale Hemmnisse und Risiken seitens der EE-Dienstleister vor allem die Rahmenbedingungen im Zielland gesehen. Eine Studie von Freitag et al. (2007) zur Internationalisierung von Dienstleistungen kommt ebenfalls zu dem Ergebnis, dass die Rahmenbedingungen im Zielland – speziell rechtliche und politische – einen zentralen Einflussfaktor für den Erfolg des Auslandsgeschäfts darstellen. Dies wird auch von der Erhebung der dena (2007) bestätigt: hier wurden bürokratische Hürden und gesetzliche Rahmenbedingungen als zentrale Exporthemmnisse benannt (vgl. Abbildung 13). Beide Aspekte haben, wie die Abbildung zeigt, für Dienstleistungsunternehmen mehr Bedeutung als für Hersteller. Auch eine vergleichende Befragung von Unternehmen unterschiedlicher dynamischer, junger Wirtschaftsbereiche (erneuerbare Energien, Nanotechnologie, Mikrosystemtechnik und Biotechnologie) kommt zu dem Ergebnis, dass rechtliche Unsicherheiten und politische Risiken aber auch die Finanzierung für die Unternehmen der EE-Branche auch allgemein besonders relevant sind (vgl. Kabst et al. 2008).

Weitere wichtige Hemmnisse sind der Kontaktaufbau und die Qualifikation vor Ort, wobei qualifiziertes Personal und Produktkenntnisse im Ausland eher für die Hersteller von Bedeutung sind (dena 2007). Darüber hinaus spielen gesellschaftliche Normen und Wertvorstellungen (bzw. „kulturelle Aspekte und Sprache“) eine wichtige Rolle, wie die Ergebnisse der EXPEED-Erhebung in Übereinstimmung mit Sichtmann et al. (2007b) und Freitag et al. (2007) zeigen.[37]

---

37 Daneben wird in der Studie von Freitag et al. (2007) den technischen Rahmenbedingungen sowie der Infrastruktur im Zielland Bedeutung beigemessen, beides Aspekte, die in der EXPEED-Erhebung wenig genannt wurden.

Abbildung 13: Exportheemmnisse im Ausland

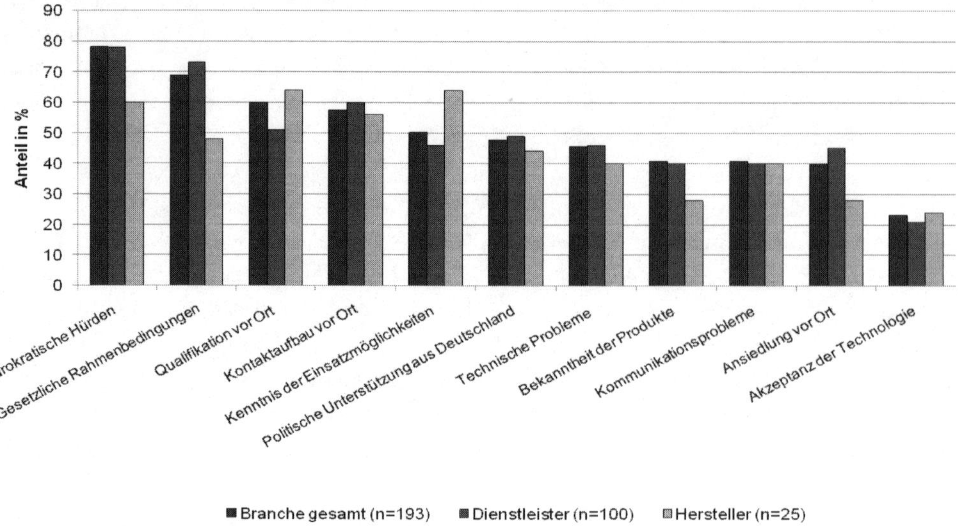

Quelle: Auswertung von Daten nach dena (2007), n = 193

Unternehmensinterne Hemmnisse werden von den im Rahmen der EXPEED-Erhebung befragten Dienstleistern selten genannt, wobei vor allem die Finanzierung ein Problem darstellt. Dieses Problem geht ebenfalls aus der Erhebung der dena (2007) hervor; hier haben Dienstleistungsunternehmen häufiger Schwierigkeiten als Hersteller (vgl. Abbildung 14). Gründe hierfür können sowohl in der geringeren Unternehmensgröße der Dienstleistungsunternehmen, dem für diese höheren Aufwand der Markterschließung oder auch in der Vorreiterrolle vieler Dienstleistungen vermutet werden. Denn Hersteller werden häufig erst nach erfolgreicher Vorleistungen im Bereich Planung und Projektierung beauftragt. Das bedeutet, dass das vergleichsweise höhere Risiko der Finanzierung von vorlaufenden Dienstleistungen getragen wird, die den Bau (und damit die Beauftragung) einer Anlage erst ermöglichen. Dies sollte bei der Ausgestaltung von Unterstützungsmaßnahmen für den Export berücksichtigt werden.

Als weitere wichtige Hemmnisse werden Informationen zu den Auslandsmärkten und fehlende Personalkapazitäten identifiziert.[38] In Bezug auf den Informationsaspekt ist anzunehmen, dass den Unternehmen nicht vorrangig allgemeine Informationen zu Auslandsmärkten fehlen. Diese werden in größerer Zahl von verschiedenen Anbietern, insbesondere der gtai, aber auch seitens der Exportinitiative, zur Verfügung gestellt. Ein Mangel dürfte eher bei spezifischen Informationen für Dienstleister und Dienstleistungserbringung im Ausland bestehen (vgl. hierzu auch Kapitel 4.1). Das Problem der fehlenden Personaldecke für Auslandseinsätze haben die EE-Dienstleister mit den vielen, insbesondere sehr kleinen K(M)U gemeinsam (vgl. DHI 2007).

---

[38] Diese Ergebnisse werden für Dienstleistungen insgesamt auch in der Studie von Sichtmann et al. (2007b) bestätigt, die zusätzlich noch Defizite in der Organisation und im Management angeben.

Abbildung 14: Exporthemmnisse im Inland

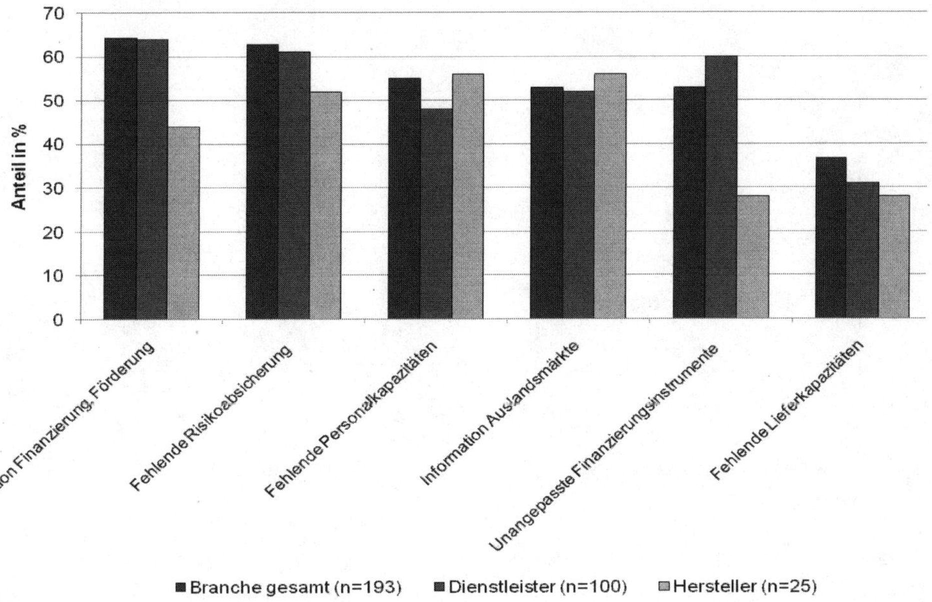

Quelle: Auswertung von Daten nach dena (2007) (n = 193)

3.1.6 Zielmärkte der EE-Dienstleister

Zentrale Zielregion für die EE-Dienstleister ist bisher Europa. So arbeiten fast alle im Rahmen der EXPEED-Erhebung befragten Unternehmen mit Auslandserfahrung (N = 70) in Ländern der EU-27 – Region (siehe Abbildung 15). Dennoch sind viele Unternehmen bereits in weiter entfernten Zielregionen aktiv: Fast die Hälfte dieser Unternehmen bietet ihre Dienstleistungen auch in Asien an und immerhin noch mehr als ein Viertel ist jeweils in Lateinamerika, Nordamerika und Afrika vertreten. Weniger aktiv sind die Unternehmen in Australien / Ozeanien sowie dem restlichen Europa, einschließlich der Türkei. Eine vertiefte Auswertung zeigt, dass zwar 41 % der Dienstleistungsunternehmen sich auf Europa als Zielmarkt konzentrieren, aber mit 39 % fast ebenso viele in drei oder mehr der in Abbildung 15 unterschiedenen Zielregionen tätig sind. Es können demnach zwei ähnlich große Unternehmensgruppen identifiziert werden: Regional in Europa aktive und interkontinental, also meist in mehreren anderen Kontinenten aktive Unternehmen.

Abbildung 15: Zielregionen der Unternehmen

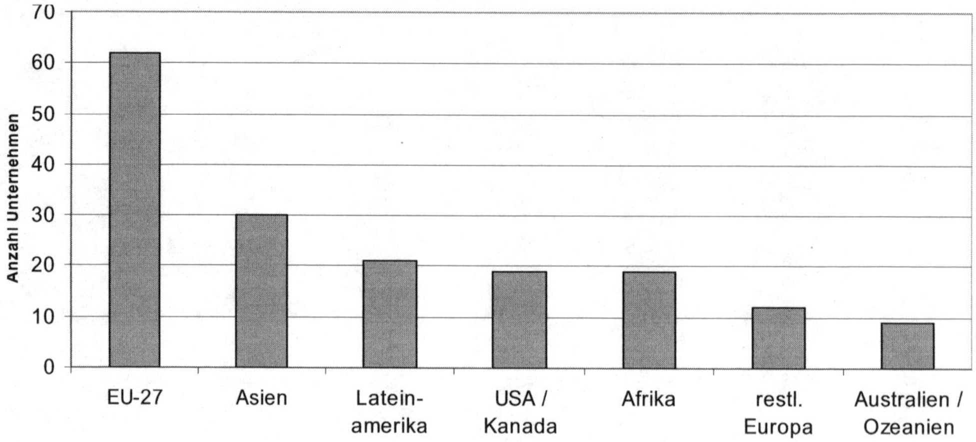

Quelle: Unternehmensbefragung EXPEED, auslandsaktive Unternehmen: n = 70

Eine Studie der DIHK (DIHK 2006b) kommt zu dem Ergebnis, dass Dienstleistungen allgemein vorwiegend im europäischen Ausland angeboten werden (> 90 % der befragten Unternehmen). Die Häufigkeit der Bearbeitung unterschiedlicher Zielregionen weist insgesamt kaum Unterschiede zwischen den EE-Dienstleistern und Dienstleistungsanbietern in der DIHK-Erhebung auf. Lediglich auf dem nordamerikanischen Markt sind in der Erhebung der DIHK deutlich mehr Unternehmen (50 %) tätig. Dieser Markt wird also von den EE-Dienstleistern (noch) vergleichsweise selten bearbeitet. Hier sind aber nach der Amtsübernahme von Barack Obama und den Demokraten im Kongress deutliche Anstiege zu erwarten.

Für die EE-Branche insgesamt kann ebenfalls eine Konzentration auf den EU-Markt festgestellt werden (vgl. dena 2007). Eine Auswertung der bearbeiteten europäischen Märkte (siehe Abbildung 16) zeigt, dass auf allen Märkten deutlich weniger Dienstleister als Hersteller tätig sind. Die Hersteller sind damit in der Regel im Vergleich zu den Dienstleistern häufiger auf mehreren Märkten aktiv.

Die Konzentration der Dienstleistungsunternehmen auf den europäischen Raum gilt prinzipiell für alle EE-Sparten. Dennoch bestehen durchaus Unterschiede in der räumlichen Ausrichtung der Unternehmen unterschiedlicher EE-Sparten: innerhalb Europas gehen die Anbieter der Solarenergiebranche vor allem in die südeuropäischen Länder, die Geothermie-Branche vor allem nach Ost- und Südosteuropa und die Biomassebranche vor allem in die mittel- und mittelosteuropäischen Länder. Daneben nennen die Unternehmen häufiger Nordamerika und Asien (v. a. China und Indien) als wichtige Märkte. Weniger auf Europa konzentriert und weitgehend weltweit tätig sind insbesondere die großen Dienstleistungsunternehmen der Wasserkraftbranche sowie die Unternehmen im Bereich solarthermische Kraftwerke. Gezielt in Schwellen- und Entwicklungsländer gehen außerdem Anbieter im Bereich der PV- Inselanlagen.

Abbildung 16: Aktivität der Unternehmen in Europa (Auswahl)

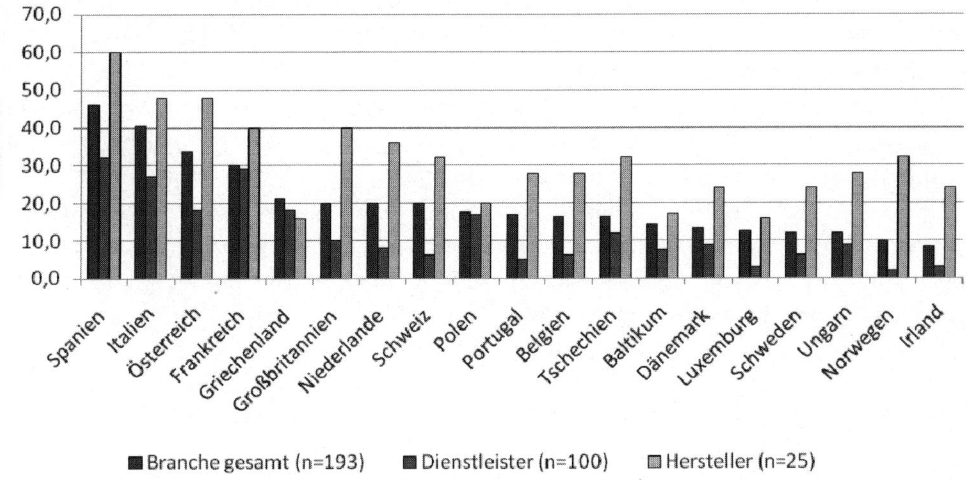

Quelle: Auswertung von Daten nach dena (2007) (n = 193)

3.1.7 Fazit

Die zentralen Dienstleistungen auf den verschiedenen Märkten der erneuerbaren Energien werden von einer Vielzahl von in der Regel (sehr) kleinen Unternehmen angeboten. Diese Dienstleistungsunternehmen wurden bisher sowohl in wissenschaftlichen Studien als auch seitens der Förderinstrumente wenig berücksichtigt, spielen aber sowohl auf dem nationalen Markt als auch bei der Internationalisierung der Branche eine entscheidende und ökonomisch bedeutsame Rolle. Dieser Zusammenhang war ein zentraler Ausgangspunkt des Projekts EXPEED, das zu einigen Aspekten empirisch basierte Ergebnisse generieren konnte.

Dabei zeigte sich erstens, dass in Deutschland Dienstleistungen insgesamt mit rund einem Drittel der Wertschöpfung und mindestens einem Drittel der Arbeitsplätze nicht unerheblich zum wachsenden wirtschaftlichen Erfolg der EE-Branche beitragen und eine erhebliche ökonomische Bedeutung auch in diesem „Technologiebereich" aufweisen.

Zweitens konnte bestätigt werden, dass die Dienstleistungen am Anfang der Wertschöpfungskette (z. B. Standortgutachten, Planung, Projektierung) von besonderer ökonomischer Bedeutung sind, da durch sie die Märkte im Ausland auch für andere deutsche Unternehmen erschlossen werden können. Konkret konnte bei einer Stichprobe von Unternehmen nachgewiesen werden, dass Dienstleistungen, die der Anlagenerrichtung vorgelagert sind, zu einem signifikanten Anteil zur Internationalisierung weiterer Dienstleistungen und Technologien (Anlagen und Komponenten) deutscher Hersteller beitragen.

Zahlreiche Dienstleistungsunternehmen der Branche sind bereits international aktiv und für viele Dienstleistungen werden in den nächsten Jahren hohe Exportpotenziale gesehen. Dies gilt insbesondere für die Dienstleistungen im Rahmen der Planung und

Errichtung sowie für die spezifischen Dienstleistungen während des Betriebs, die eine hohe Exporteignung aufweisen. Dennoch sind die Auslandsumsätze der Unternehmen bisher insgesamt eher gering. Ein Grund liegt in den typischen Exporthemmnissen gerade der kleinen Unternehmen, die häufig nur auf Anfrage (reaktiv) im Ausland tätig werden. Hinzu kommen als Hemmnisse die rechtlichen und politischen Rahmenbedingungen in den Zielländern – ein Aspekt, der für die EE-Unternehmen von besonderer Bedeutung ist. (Zu erfolgreichen Internationalisierungsstrategien in diesem Bereich siehe Kapitel 4.1).

In Zukunft ist es notwendig, dass sich die EE-Branche verstärkt international ausrichtet, da die Inlandsmärkte teilweise nicht mehr so stark wachsen werden wie die Auslandsmärkte, wie dies beinspielsweise im Bereich Windenergie bereits der Fall ist. Deshalb ist zukünftig eine Intensivierung der Auslandsaktivitäten auch seitens der Dienstleistungsunternehmen notwendig. Insbesondere die Kleinstunternehmen unter den Dienstleistern benötigen für den Gang ins Ausland Unterstützungsangebote, die auf ihre spezifischen Probleme ausgerichtet sind (vgl. hierzu ausführlicher Kapitel 5).

Mit der Förderung des Exports von EE-Dienstleistern ließen sich also – so können die Ergebnisse des Projekts EXPEED gedeutet werden – ökonomische Multiplikationseffekte erschließen. Daher sollten sich die Politik und alle für die Förderung des Außenhandels zuständigen Organisationen verstärkt mit der Rolle und Förderung von EE-Dienstleistungen auseinandersetzen. Auch wenn das Projekt EXPEED erste empirisch basierte Hinweise und Erkenntnisse in diesem Kontext generieren konnte, so sehen wir nach wie vor großen Forschungsbedarf zur Verbesserung der dienstleistungs- und außenhandelsbezogenen Datenlage, in Bezug auf die Wirkung und Potenziale der EE-Dienstleister im internationalen Geschäft und bezüglich optimaler Unterstützungsstrukturen zur Förderung ihrer Außenhandelsaktivitäten.

3.2 Wasserwirtschaft

Joachim Liesenfeld, Gerd Paul, Wilfried Konrad

3.2.1 Auf zu fernen Ufern oder bleib im Lande und nähre Dich redlich? Eine empirische Bestandsaufnahme

3.2.1.1 Einführung: Zur deutschen Wasserwirtschaft und Exportbedeutung von Dienstleistungen

Grundlegendes Strukturmerkmal der deutschen Wasserwirtschaft ist die Unterscheidung zwischen der auf kommunalen Gebietsmonopolen beruhenden Wasserver- und Abwasserentsorgung und der privatwirtschaftlich organisierten Wasserindustrie. Der Betrieb von Trinkwassernetzen und Kläranlagen ist also strikt getrennt von der Herstellung und Erbringung der dazu notwendigen Produkte und Dienstleistungen, also Anlagen, Komponenten (z. B. Filter, Pumpen), Rohre, Bauleistungen, Mess-, Steuer- und Regeltechnik, Planung, Engineering und Beratung. Im Jahre 2003 waren 70.000 Menschen in der deutschen Wasserwirtschaft beschäftigt, die einen Umsatz von 14 Mrd. Euro erwirtschafteten, von dem etwa 12 Mrd. Euro auf die Wasserver- und Abwasserentsorgung entfielen (Egerer / Wackerbauer 2006).

Auf den internationalen Märkten ist die deutsche Wasserwirtschaft hauptsächlich durch den Anlagenbau und die Komponentenfertigung präsent. Bei einer Exportquote von 43 % erreichten die deutschen Ausfuhren von Anlagen und Komponenten für Wasser- und Abwassertechnik im Jahr 2003 einen Weltmarktanteil von 16,5 % und damit den zweiten Platz nach den USA (20,3 %) (Egerer / Wackerbauer 2006).

Die anderen Bereiche der deutschen Wasserwirtschaft sind dagegen überwiegend im regionalen und nationalen Markt aktiv. Aufgrund der Zersplitterung in viele kleine Versorger und Unternehmen ist die deutsche Wasserwirtschaft insbesondere weitgehend nicht dazu in der Lage, den wachsenden internationalen Markt der Komplettlösungen abzudecken. Dieses Segment wird von multinationalen integrierten Wasserkonzernen aus Frankreich, Großbritannien und den USA dominiert, die als Planer und Betreiber von Wasserwerken und Klärlagen und als Anlagenbauer und System- und Komponentenlieferanten wassertechnische Paketlösungen aus einer Hand anbieten können.

Die regional-nationale Fokussierung und kleinteilige Struktur der deutschen Wasserwirtschaft ist besonders im Dienstleistungsbereich stark ausgeprägt. Dieser lässt sich in folgende Segmente untergliedern: Betrieb von Anlagen, Beratung, Engineering und technische Planung, Wartung und Reparatur, Aus- und Fortbildung, Analytik sowie Forschung und Entwicklung. Die Hightech-Produkte der deutschen wasserwirtschaftlichen Anlagen- und Komponentenindustrie lassen sich auf den Weltmärkten zukünftig jedoch immer schwerer allein vermarkten. Durch die Verbindung von technologischem Know-how mit innovativen Dienstleistungen kann die Exportstärke von Anlagenbauern und Komponentenfertigern erhalten sowie die internationale Wettbewerbsfähigkeit der gesamten deutschen Wasserwirtschaft gesteigert werden. Dabei kommt es nicht auf die Schaffung standardisierter Paketlösungen an, sondern auf flexible Konzepte, die problembezogen an spezifische Anforderungen angepasst werden können.

Ein Anwendungsschwerpunkt für solche intelligenten neuen wasserwirtschaftlichen Konzepte liegt in Lösungen für ökologische und auf Nachhaltigkeit bezogene Problemstellungen. Die Fähigkeit, darauf angepasste Kombinationen von Technologien und Dienstleistungen anbieten zu können, wird sich zu einem entscheidenden Wettbewerbsvorteil in der internationalen Konkurrenz entwickeln. Weltweit leben 1,1 Mrd. Menschen ohne gesicherte Wasserversorgung und 95 % der Städte haben keine geregelte Abwasserentsorgung. Zugleich wird Wasser in großem Stil verschwendet. So belaufen sich die weltweiten Wasserverluste durch Netzleckagen auf 50 % (Liesenfeld 2007). Angesichts dieser Situation sind nachhaltige Wassersysteme gefragt, die die vorhandenen Ressourcen effizient nutzen und zu sozial gerechten Kosten bereitstellen. In diesem Zusammenhang sind zum einen wasserwirtschaftliche Situations- und Bedarfsanalysen unter Nachhaltigkeitsaspekten zu erstellen. Zum anderen ist zu untersuchen, wie Dienstleistungen ihr Potenzial zur Schaffung von Nachhaltigkeitsvorteilen etwa in den Bereichen Wertschöpfungskettengestaltung, Qualitätssicherung, Fehleranalyse und -behebung, Bildung oder Nutzerpartizipation und -akzeptanz optimal entfalten können.

3.2.1.2 Empirische Ergebnisse einer Befragung von Unternehmen der Wasserwirtschaft

Kontext und Ziele der Befragung

Die Situationsbeschreibung der deutschen Wasserwirtschaft korrespondiert mit der allgemeinen Diagnose, dass Deutschland zwar „Exportweltmeister" bei Konsum- und Investitionsgütern ist, bei den Dienstleistungen aber in den Auslandsmärkten weitaus bescheidenere Erfolge hat. Dies gilt auch für „hybride" Lösungen, bei denen Technik und entsprechende „add-on"-Dienstleistungen angeboten werden. Viele Produkte und Dienstleistungen aus dem in Deutschland starken Umweltsektor sind ausgereift und haben einen im internationalen Vergleich hohen Standard. Trotz dieser guten Ausgangslage war das Exportpotenzial dieses Sektors bei weitem noch nicht ausgeschöpft. Den Gründen dafür wurde mit der Befragung der deutschen Wasserwirtschaft zu ihrem Auslandsgeschäft mit speziellem Fokus auf den Dienstleistungsexport nachgegangen.

Eine Erfassung der Dienstleistungsexporte des Umweltsektors ist aufgrund der statistischen Datenlage schwierig, denn die Dienstleistungskategorie und ihre Untergruppierungen bleiben in den entsprechenden Daten des Mikrozensus, des IAB-Betriebs- und Beschäftigtenpanels etc. unscharf. Umweltbezogene Dienstleistungen haben vielfältige technische und organisatorische Komponenten, die oft schwer zuzuordnen sind. Planung, Projektmanagement, Implementierung, Schulung, Wartung und andere technische Dienstleistungen tauchen in der Statistik zum Beispiel bei dem Bau einer Abwasserbehandlungsanlage unter Leistungen des produzierenden Gewerbes „Anlagenbau“ auf. Außerdem ist der Querschnittsbereich „Umwelt“ und die damit verbundenen Technologien und Dienstleistungen definitorisch schwer zu erfassen. Treibende (Innovations-)Kräfte in diesem Bereich sind oft die den Markt entscheidend beeinflussenden nationalen oder EU-weiten Vorschriften und Aktionspläne, die ein Produkt (z. B.Sonnenkollektoren) durch Förderung in einem Land plötzlich zum Nachfragerenner machen können. Entsprechend schwierig ist es die Nachfrageseite quantitativ und qualitativ einzugrenzen und zwischen aktuellem und potentiellem Bedarf eines Ziellandes zu unterscheiden.

Die im Weiteren beschriebenen Befragungsergebnisse resultieren aus einer gemeinsam von zwei Projektverbünden, die im Rahmen des Förderschwerpunkts „Exportfähigkeit und Internationalisierung von Dienstleistungen“ das Thema Wasserwirtschaft untersuchten[39], durchgeführten Erhebung. Die Projekte haben sich dabei jeweils auf das Auslandsgeschäft von deutschen Unternehmen in verschiedenen Zielregionen konzentriert. Das eine Projekt (ProWaDi) mit Schwerpunkt auf Ost- und Südosteuropa, das andere mit Schwerpunkt auf China. Um eine empirische Grundlage aufzubauen haben die beiden Projekte im Sommer 2006 – also in einer frühen Projektphase – eine gemeinsame Befragung von Unternehmen der Wasserwirtschaft durchgeführt. Mit der Befragung sollte ein detailliertes Bild der Wirklichkeit und der Probleme des Auslandsgeschäftes deutscher Unternehmen in der Wasserwirtschaft entstehen. An diesen empirischen Ergebnissen konnten die jeweiligen, spezifischen Projektaktivitäten ausgerichtet werden. Leitfragen waren dabei folgende:

– Welche Erfahrungen haben die deutschen Unternehmen in diesen Regionen gemacht und welche Erwartungen hegen sie?
– Wie informieren sie sich, wie sehen sie die Marktsituation und die Nachfrage?
– Wie gehen sie beim Aufbau des Exportgeschäfts strategisch vor?
– Welche Chancen und Risiken gibt es für die Unternehmen der Wasserwirtschaft?
– Welche Faktoren fördern die erfolgreiche Etablierung in den verschiedenen Auslandsmärkten?

Die Frage, was die besonderen Merkmale der exportorientierten Firmen des Wassersektors sind, war für beide Projekte zentral. Ebenso wichtig war, mit welchen länderspezifischen Marktinformationen die Firmen ihre Auslandsoption wahrnehmen bzw. in welchen Schritten die Marktetablierung anschließend erfolgte. Hier kamen die vermittelnden Institutionen ins Spiel, also Handelskammern, Banken, Informationsdienste, Consultants und andere Institutionen, die Länder- und Marktinformationen bereitstellen. Über ihren Nutzen für die interessierten und potentiell interessierten Firmen war für den (technischen) Dienstleitungsbereich wenig bekannt, denn ihre Erfolgs- oder Misserfolgsbilanz beschränkt sich in der Regel auf produzierende Unternehmen. Schließlich bezog sich eine weitere Frage auf

[39] Zu den genauen Projektdaten siehe das Vorwort.

die speziellen Merkmale expansiver Firmen, die Risiken und Chancen in sehr speziellen wachstumsstarken Transformationsländern mit hohem Infrastrukturbedarf wahrnehmen.[40]

Struktur der einbezogenen Unternehmen

Von den ca. 2.200 im Sommer 2006 angeschriebenen Unternehmen haben 262 den Fragebogen ausgefüllt zurück gesandt. Die Rücksendequote entsprach der von anderen schriftlichen Befragungen und wäre ohne die Unterstützung durch die Verbände, die ein guter Verstärker für das Antwortverhalten sind, noch geringer gewesen.

Die Darstellung der Antwortverteilung erfolgt in der Regel durch Prozentangaben. Dabei wird vereinzelt auf- und abgerundet, so dass sich die Angaben in der Regel (außer bei Mehrfachnennungen) auf 100 % addieren. Bei der Auswertung wurden die Meinungen und Einschätzungen der Befragten mit sozialstatistischen Daten korreliert. In der Darstellung wird nach einer Sparsamkeitsregel nur auf signifikante Zusammenhänge verwiesen, d.h. schwache Einflussgrößen oder Faktoren ohne Einfluss werden weggelassen.

Wie sich die befragten Unternehmen der Wasserwirtschaft selbst sektoral zuordneten zeigt das folgende Schaubild. Strukturell herrschen die Dienstleistungsunternehmen vor, die Zielgruppe der Befragung konnte somit erreicht werden. Als weitere für den Dienstleistungsexport relevante Sektoren lassen sich die Industrie und das Baugewerbe ausweisen. Viele Fertigungs- und Bauunternehmen, die in der Wasserwirtschaft tätig sind hatten ihr Produktportfolio um Dienstleistungsangebote ergänzt oder sogar Schwerpunkte im Servicebereich gesetzt.

Die Auswertung der Unternehmensangaben zu Geschäftsfeldern und speziellen Dienstleistungen ermöglichte eine Konkretisierung dessen, was unter den Dienstleistungen in der Wasserwirtschaft zu verstehen ist. Es handelt sich in sehr starkem Maße um *Ingenieurdienstleistungen*. Planung, Bauen und Projektmanagement sind ein ausgewiesener Schwerpunkt und verweisen als Schlüsselbegriffe auf den hohen Stellenwert des Bauingenieurwesens für die Wasserwirtschaft. Ein quantitativ hoher Anteil kommt einer Gruppe zu, die als sehr breit aufgestellte technische Allround-Dienstleister bezeichnet werden können. Vergleichsweise klein ist der Anteil derjenigen, die sich auf Beratung, Gutachten, Analysen und Expertisen konzentrieren.

Bezogen auf die Größe der Unternehmen konnte anhand der Kriterien Umsätze und Mitarbeiterzahlen festgestellt werden, dass kleine und mittlere Unternehmen in dem Sample vorherrschten.

---

[40] Da sich beide Forschungsgruppen in diesen Fragestellungen sehr eng beieinander bewegten, lag es nahe, die von beiden geplanten Unternehmensbefragungen mit einem gemeinsamen Untersuchungsdesign durchzuführen. Neben der Entwicklung und dem Pretest des Fragebogens bedeutete dies für die praktische Durchführung, dass die vorhandene unterschiedliche Adressen- bzw. Firmendatenbasis abgestimmt wurde. Da die Mitglieder- bzw. Kundendatenbank eines der maßgeblichen technischen Verbände und des führenden Aus-, Fort- und Weiterbildungsanbieters zu Grunde gelegt worden ist, konnte eine sehr gute Stichprobe gezogen werden.

Abbildung 17: Selbstzuordnung der Unternehmen zu den Kategorien Industrie, Dienstleistung etc.

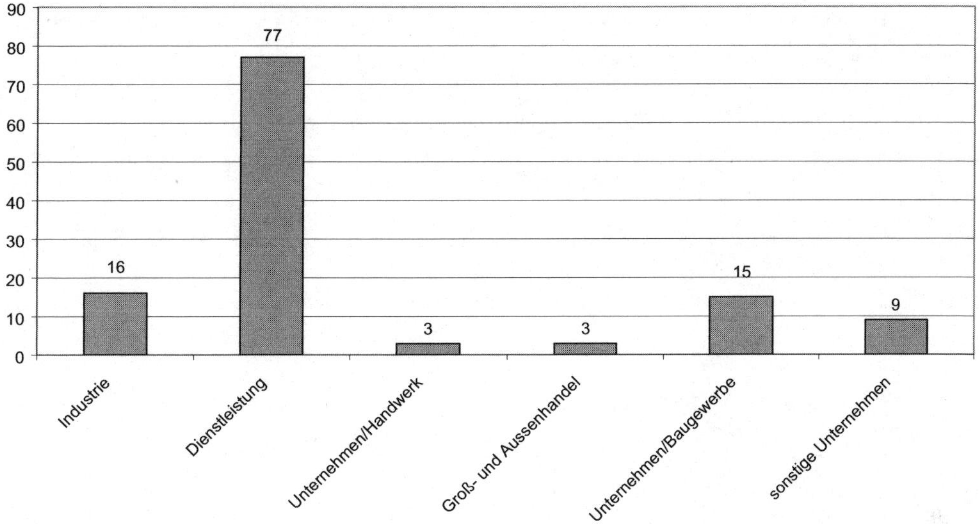

Quelle: eigene Darstellung

Abbildung 18: Gesamtumsatz klassifiziert

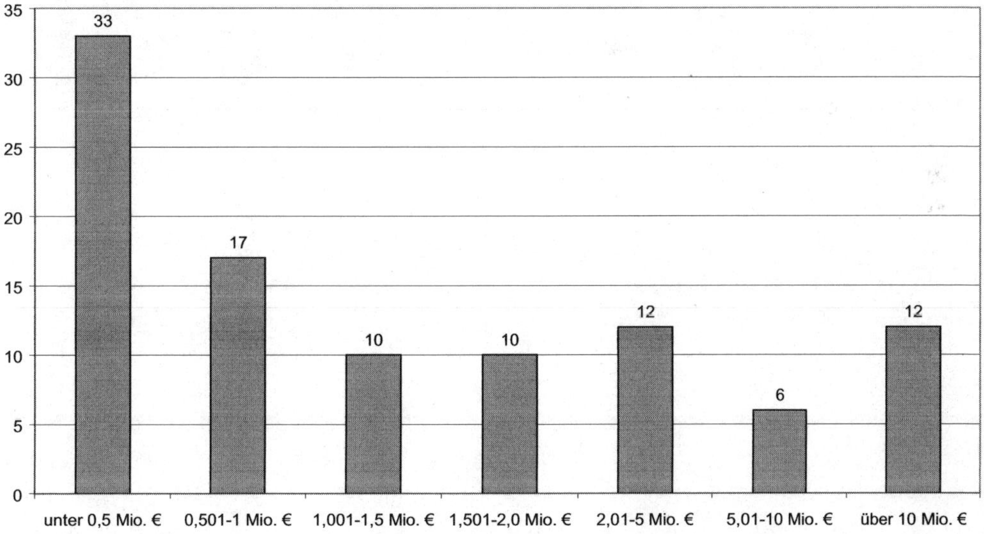

Quelle: eigene Darstellung

Rund ein Drittel der Unternehmen hatte einen Jahresumsatz von unter 500.000 Euro. Lediglich ein Fünftel hatte hingegen einen Umsatz von mehr als 5 Mio. Euro. Hier spiegelt sich das Vorherrschen der KMU, speziell der Ingenieur- und Planungsbüros, bei den Unternehmen im Dienstleistungsbereich wieder.

Bei den Großunternehmen in der Wasserwirtschaft handelt es sich zum einen um Industrieunternehmen (Anlagenbau, Komponentenfertigung) und zum anderen um die „Großen" unter den Wasserversorgungsunternehmen bzw. Abwasserentsorgern. Die Angaben zur Zahl der beschäftigten Mitarbeiter schwankten stark, so dass die Durchschnittsangabe (Durchschnitt 54 MA) eher irreführend ist. Der Median liegt bei 13 Mitabeitern.

Abbildung 19: Mitarbeiter Feinklassifikation

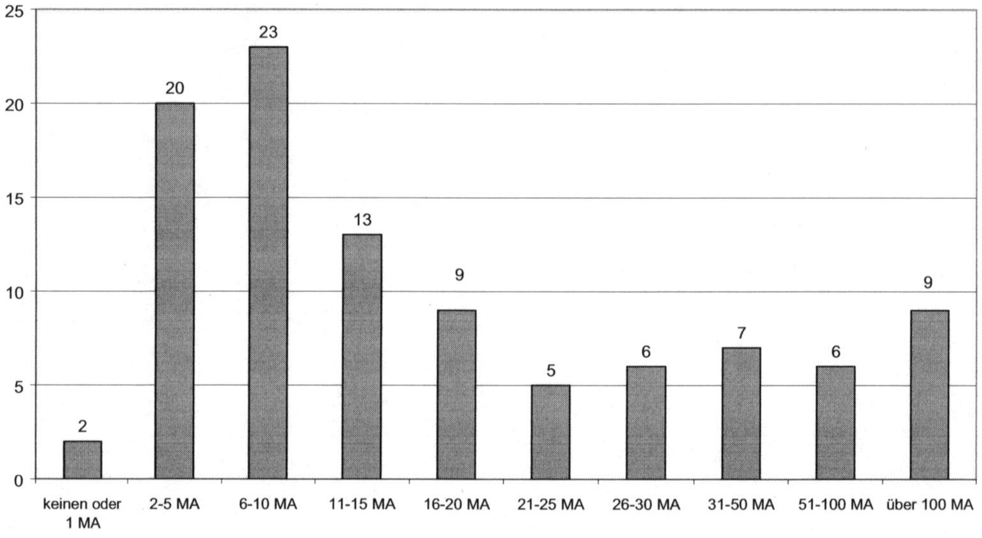

Quelle: eigene Darstellung

Der Akademikeranteil (FH- oder Uni-Abschluss) in den befragten Firmen ist hoch (Durchschnitt 51 %). Dies ist angesichts der Mehrheit der mit Planungs-, Konstruktions- und Engineeringaufgaben befassten Firmen des Samples nicht verwunderlich. Nimmt man nur die Betriebe mit 10 oder mehr Beschäftigten, so ergibt sich ein Bild wie in Abbildung 20 gezeigt.

Die Firmen der Befragten sind über die gesamte Bundesrepublik verteilt. 81 % haben ihren Stammsitz in den alten Bundesländern, 19 % in den neuen. Dabei lag genau die Hälfte der Stammsitze in den drei großen Bundesländern Baden Württemberg, Bayern und Nordrhein-Westfalen. Geht man davon aus, dass diejenigen, die keine Angaben zur Zahl der Standorte in Deutschland gemacht haben, auch keine weiteren Standorte haben (was wir stichprobenartig überprüft haben) und zählt sie zu denen, die angaben nur einen Standort zu haben (50 %), so ergibt dies eine Mehrheit von 68 % mit einem Standort. 15 % haben zwei Standorte und die Übrigen drei und mehr Standorte. Nur 11 % gaben an, einen oder mehrere Standorte im Ausland zu haben.

Abbildung 20: Akademikeranteil bei Betrieben mit 10 und mehr Beschäftigten

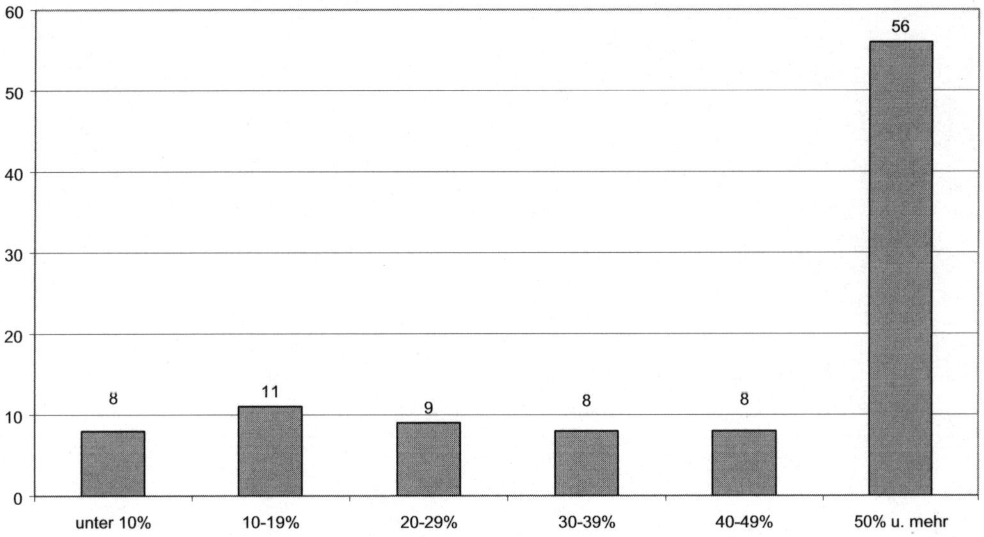

Quelle: eigene Darstellung

Geschäftstätigkeit im Inland und Ausland

Bezogen auf das Jahr 2005 konnten 25 % der Unternehmen Auslandsumsätze verzeichnen. Weitere 10 % hatten in den Jahren zuvor Auslandsumsätze. Dies verweist auf ein lediglich sporadisches Auslandsgeschäft. Wir konnten davon ausgehen, dass ein gutes Drittel der Unternehmen über Erfahrungen jenseits der deutschen Wasserwirtschaft verfügten, während rund zwei Drittel noch nicht international erprobt waren. 10 % der Unternehmen gab an, zwar noch keine Geschäftsbeziehungen ins Ausland haben, diese aber zu planen.

Von den im Auslandsgeschäft erfahrenen Unternehmen gaben 11 % an, neben dem deutschen Markt in einer weiteren internationalen Großregion präsent zu sein. 10 % der Unternehmen waren in zwei weiteren, 5 % in drei und 7 % der Unternehmen in vier und mehr Regionen der Welt tätig. Versorger und mittelständische Bauunternehmen berichteten in der Regel über keine Auslandsaktivitäten, die Industrie / Hersteller hingegen waren mit großer Mehrheit (64 %) in mindestens zwei ausländischen (Groß-)Regionen vertreten.

Sehr wenige Betriebe (11 %) hatten im Ausland beschäftigte Mitarbeiter. Unter diesen Betrieben mit Auslandsmitarbeitern konzentrierte sich die große Mehrheit der Mitarbeiter auf Deutschland, die Zahl der Mitarbeiter im Ausland war vergleichsweise gering. Allerdings wuchs mit der Firmengröße der Anteil der im Ausland beschäftigten Mitarbeiter.

Abbildung 21: Verhältnis der Auslandsumsätze zum Gesamtumsatz

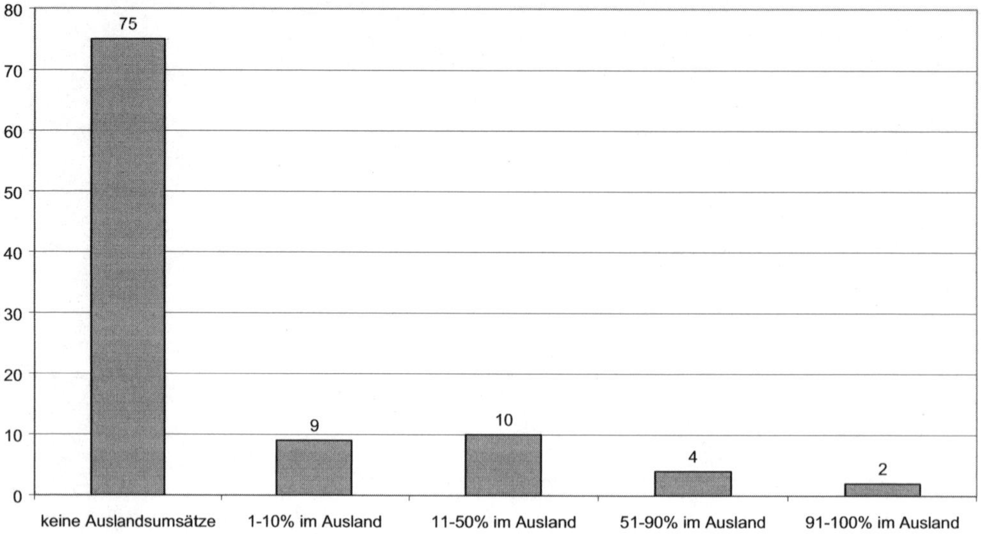

Quelle: eigene Darstellung

Die Internationalisierung der deutschen Wasserwirtschaft – so unsere von dem 35 %-Anteil der auslandserfahrenen Unternehmen abgeleitete Schlussfolgerung – war 2006 noch nicht sehr weit vorangeschritten. Die Mehrheit der befragten Unternehmen richtete ihre Geschäftstätigkeit bis dahin noch auf Deutschland und den deutschen Binnenmarkt aus. Geschäftsbeziehungen zum Ausland zu haben bedeutete im Übrigen auch nicht, dass durch die ausländischen Kunden kontinuierlich Umsätze generiert wurden. Der Umsatzanteil des Auslandsgeschäfts war in der Regel klein. 2005 (wir hatten nach dem Umsatz des Vorjahres gefragt) lag er nur bei 16 % der befragten Firmen bei über 10 %. Aber immerhin 6 % der Unternehmen machten bereits über die Hälfte ihres Umsatzes im Ausland. Von den Unternehmen hatten 11 % einen Standort im Ausland und bei einem gleichen Anteil der befragten Unternehmen (11 %) wurden Mitarbeiter im Ausland beschäftigt.

Trotz der auf den ersten Blick hohen Dominanz des Heimatmarktes werden wir die weiteren Ergebnisse – wie noch erläutert werden wird – dahin gehend interpretieren, dass sowohl der Anteil der Unternehmen der Wasserwirtschaft, die sich auf Auslandsmärkten engagieren, als auch der Anteil des Umsatzes im Auslandgeschäft in den nächsten Jahren ansteigen wird.

Auslandsengagement nach Regionen

Wir haben nach den aktuellen und nach den geplanten Aktivitäten nach Zielregionen gefragt. Die Ergebnisse sind im folgenden Schaubild zusammengefasst.

Abbildung 22: Aktuelle Geschäftsaktivitäten und geplante Aktivitäten

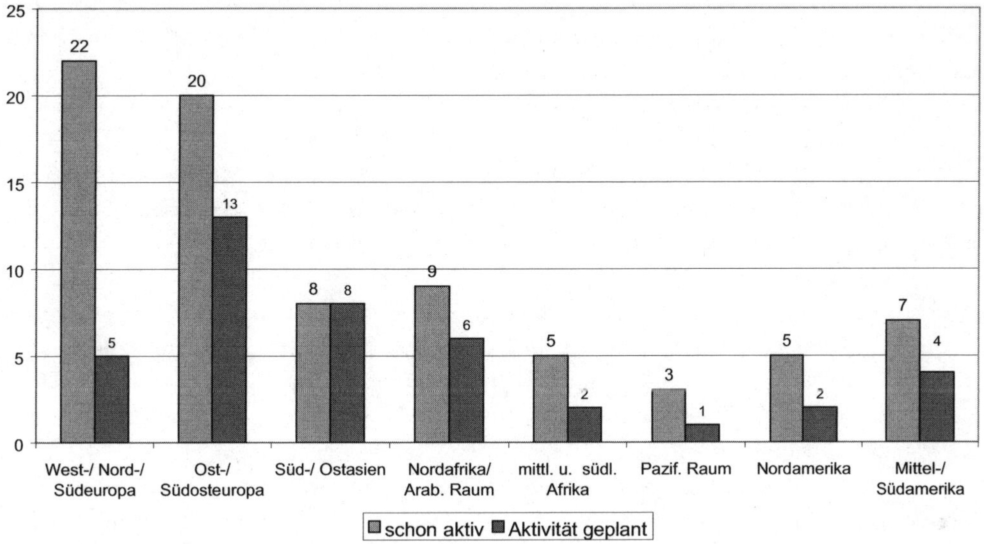

Quelle: eigene Darstellung

Bezieht man aktuelle und geplante Auslandsaktivitäten auf die verschiedenen *Zielregionen*, ergibt sich folgendes Bild: bislang hatten die Länder der EU und besonders die 15 Länder der alten EU den größten Stellenwert. Dies ist insofern interessant, als dass das Auslandsgeschäft in der Wasserwirtschaft in der Tat nicht erst 10 Flugstunden entfernt beginnt. Die räumliche Nähe, die naturräumliche Vertrautheit und die Kenntnis von sowie Erfahrung mit rechtlichen Gegebenheiten und wasserwirtschaftlichen Institutionen gibt den alten EU-Ländern eine besondere Bedeutung. Viele Flussgebiete in Deutschland sind bilateral zu managen, so dass grenzübergreifende Zusammenarbeit gerade von Ingenieur- und Planungsbüros Tradition hat.

Bei den von den Unternehmen geplanten Auslandsaktivitäten zogen die neuen EU-Mitgliedsländer und die anderen Staaten in Ost- und Südosteuropa allmählich nach. In gewisser Hinsicht erlangten die oben angeführten Gründe (Nähe, ähnlicher rechtlicher und institutioneller Rahmen) für das Auslandsengagement in Ländern der alten EU auch Gültigkeit für die Länder Ost- und Südosteuropas. Im Kontext der Europäischen Wasserrahmenrichtlinie werden die rechtlichen Verhältnisse angeglichen. Für ein Engagement in diesen Ländern sprach darüber hinaus die Nachfrage, und dies wurde von den deutschen Unternehmen offensichtlich zur Kenntnis genommen. Nachfrage war und ist in Ost- und Südosteuropa aus zwei Gründen vorhanden. Zum ersten gibt es erhebliche Investitionsbedarfe in die Infrastruktur der Wasserversorgung und Abwasserentsorgung. Zum zweiten – und dies ist ein im internationalen Vergleich förderlicher Sachverhalt – ist über die EU-Strukturfonds hierfür auch eine Finanzierungsgrundlage geschaffen worden.

Für das Engagement in den europäischen Ländern können viele Gründe angeführt werden. Letztlich kann jenseits aller Unterschiede im Detail zusammengefasst werden, dass die schnelle Erreichbarkeit und die Ähnlichkeiten in Kultur und Geschäftsstil und technischen Normen den Schritt ins europäische Ausland klein werden lassen und die Faktoren der Finanzierung seitens der EU sowie der des Arbeitskräfteangebots zusätzlich zum Schritt speziell nach Ost- und Südosteuropa animieren.

In der Befragung folgten danach mit größerem Abstand Süd- bzw. Südostasien und Nordafrika bzw. der arabische Raum.

Ost- und Südostasien waren in den letzten Jahren in aller Munde und sind auch aus dem politischen Raum fokussiert worden. China, aber auch Vietnam, Korea und andere sind ein gigantischer Markt mit erheblich gefährdeter Umwelt und erheblichen Infrastrukturbedarfen im Wasser- und Abwasserbereich. Dort positionierten sich aber die überwiegend klein- und mittelständischen Dienstleister noch nicht in vergleichbarer Weise. Einerseits fehlten die Sicherheit vermittelnden europäischen Faktoren, andererseits wurden von den Unternehmen, z. B. in China, geschäftsförderliche Faktoren etwas abgeschwächter genannt und eine Reihe von Hemmnissen, wie z. B. die mangelnde Leistungsfähigkeit der Verwaltung, Korruption und Plagiate, recht ausgeprägt wahrgenommen.

Der arabische Raum ist für die deutsche Wasserwirtschaft durchaus traditionell von Bedeutung, allerdings noch nicht in den Geschäftsstrategien für die klein- und mittelständischen deutschen Dienstleister. Der Raum ist einerseits sehr stark politisch geprägt, sowohl militärpolitisch als auch entwicklungspolitisch. Es werden immer wieder Projekte generiert, gleichwohl fehlt die Kontinuität und Zuverlässigkeit in den Bedingungen. Andererseits – dies gilt allerdings in besonderer Weise für den mittleren Osten und die Erdölländer – gibt es hier zahlungskräftige Nachfrage.

Das Engagement im Ausland variierte in den verschiedenen Segmenten der Wasserwirtschaft erheblich. Es war bei der Industrie, den Herstellern von Anlagen und technischen Komponenten mit 64 % Auslandsengagement am stärksten ausgeprägt. Der Begriff *Internationalisierung* besitzt hier auch insofern eine Berechtigung, als die Fertigungsunternehmen ihr Auslandsgeschäft in der Regel in mehreren Regionen der Weltwirtschaft parallel betreiben. Unternehmen, die in der Wasserwirtschaft ausschließlich Dienstleistungen erbrachten, waren in der Befragung unterdurchschnittlich im Auslandsgeschäft vertreten und betrieben dies dann auch häufig nur punktuell, im angrenzenden europäischen Ausland oder lediglich in einer Zielregion. Der Internationalisierungsgrad der befragten Firmen hing sehr eng mit der Unternehmensgröße zusammen. Das Auslandsengagement stieg mit zunehmender Größe sowohl gemessen am Umsatz als auch an der Mitarbeiterzahl. Gerade die Unternehmen, die „reine" Dienstleistungen erbrachten, waren, wie bereits erwähnt, kleinbetrieblich aufgestellt.

Spezifische Erfahrungen in Ost- / Südosteuropa und China

Wir hatten auch nach dem Engagement in speziellen Ländern gefragt, wobei das Augenmerk durch die Antwortvorgaben in stärkerer Weise auf die Länder Ost- und Südosteuropas und auf China gerichtet worden war. Dies hing mit der Osterweiterung der EU und der (unterstellten) Attraktivität der südostasiatischen Märkte zusammen. Bezogen auf verschiedene Länder ergab sich ein Bild wie in der nachfolgenden Abbildung 23 gezeigt.

Abbildung 23: Engagement in speziellen Ländern

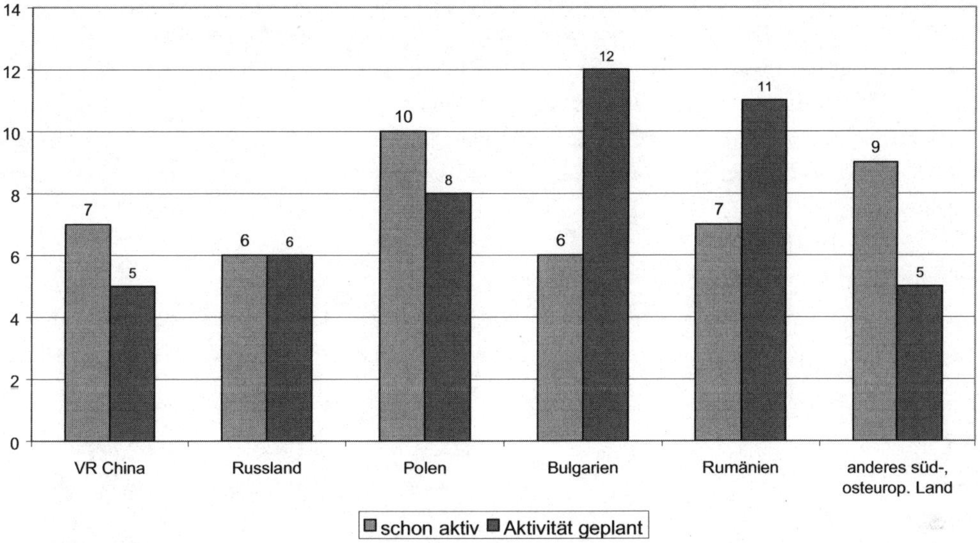

Quelle: eigene Darstellung

Insgesamt schwankte das Antwortverhalten zu speziellen Gebieten des Auslandsengagements etwas. Es antworteten für Ost- und Südosteuropa maximal 37 Unternehmen (14 %). Dies war immerhin noch besser als bei dem chinesischen Teil, wo sich 13 Unternehmen äußerten (was leider auch einen direkten Vergleich der Prozentzahlen beider Gruppen verbietet, da nicht alle durchgehend geantwortet haben und bereits zwei Chinaexporteure zwischen 14 und 18 % ausmachen können). Wir hatten, sofern es Sinn machte, die Daten der in China tätigen Firmen denen, die mit Ost- / Südosteuropa Geschäftsbeziehungen haben, angehängt. Es gab bei beiden Gruppen Überschneidungen, besonders bei den Produzenten / Herstellern. Neun der 13 China-Exporteure sind auch im Ost- / Südosteuropäischen Raum tätig. Entsprechend ist der Abweichungsspielraum der Antworten der China-Exporteure eher gering.

Die Industrie / Hersteller hatten bei den Ost- / Südosteuropa-Exporteuren ein deutliches Übergewicht, die Dienstleistungen erbringenden Ingenieurbüros ein deutliches Untergewicht. Vereinzelt waren noch einige Dienstleistungen mit zusätzlichen Tätigkeiten (z. B. Tiefbau, die angeben, sie machen den „Entwurf und den Bau von Kläranlagen“) vertreten, sowie ein Versorger und eine Betreibergesellschaft für die Versorger. Bei unserer Frage nach den „wichtigsten Produkten“ bezog sich die Mehrheit der Angabe auf „Hardware“, also Gesamtanlagen oder Einzelkomponenten wie „Rührwerke“, „Belüftungseinrichtungen“, „Schieber“, „Filteranlagen“ etc. Bei den Dienstleistungen waren die wichtigsten Angebote neben allgemeinen „Ingenieurleistungen“ bzw. „Engineering“ vor allen Dingen Projektplanungs- und Durchführungstätigkeiten, also die „Planung von Abwasseranlagen“, „Projektmanagement“, „Finanzmanagement“ sowie „Bauüberwachung“. Dazu gehörten auch konzeptionelle Tätigkeiten wie „Beratung“ oder die „Auslegung der Anlagen“. Die Dienstleistungstätigkeit umfasste auch spezialisierte Ingenieurstätigkeiten wie „Analytik“, „Systemintegration“ oder „Prozessoptimierung“. Weitere Schwerpunkte der Dienstleistungen waren Folgetätigkeiten des Anlagenbaus wie „Schulung“ oder „Montagen und After Sales Service“. Ein weiterer Schwerpunkt waren eher betriebswirtschaftliche Aufgaben wie „Betriebsführung von wasserwirtschaftlichen Anlagen und Netzen“, „Finanzierung“ oder „Finanzmanagement“. Es waren zwar keineswegs nur die großen Firmen in Osteuropa tätig, diese zeigten aber insgesamt die größeren Auslandstätigkeiten.

Abbildung 24: Mitarbeiterzahl der in Ost- / Südosteuropa tätigen Firmen

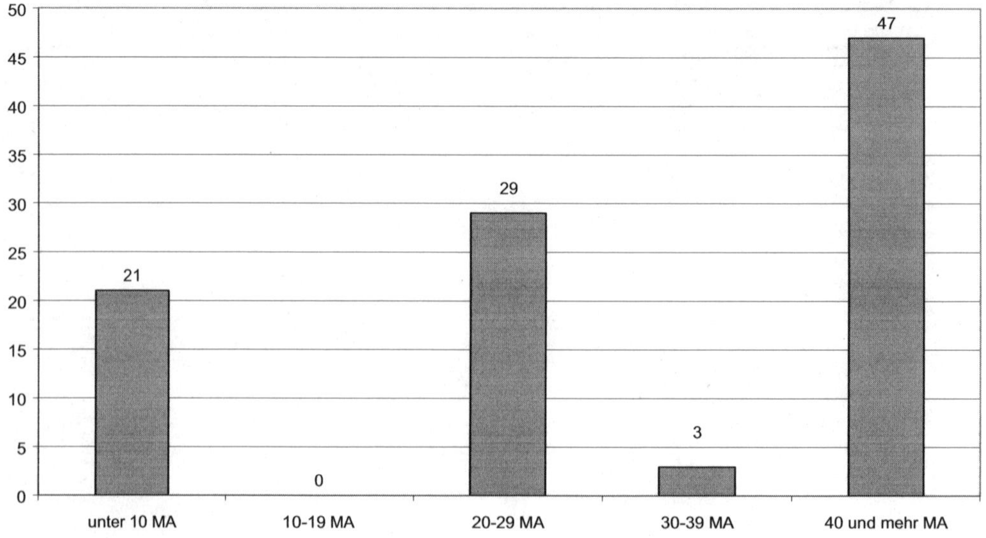

Quelle: eigene Darstellung

Nur verhältnismäßig wenige der in Ost- / Südosteuropa tätigen Firmen waren ganz auf diesen Bereich konzentriert. Die anderen waren etwa zu gleichen Teilen in Gesamteuropa oder in Europa und noch in mindestens einer anderen Großregion tätig. Etwa der Hälfte der in Ost- / Südosteuropa tätigen Firmen reichten die aktuellen Aktivitäten in den Ländern, in denen sie vertreten waren. Bei den befragten Firmen, die ein Engagement in „anderen“ vorgegebenen Staaten der Region Ost- / Südosteuropa planten, wurden vor allem Albanien, die baltischen Staaten und die Nachfolgestaaten Jugoslawiens mehrfach genannt.

Erstaunlich war die vergleichsweise große Zufriedenheit der in Ost- / Südosteuropa tätigen Firmen mit der aktuellen Geschäftslage. Ob diese Zufriedenheit ein Zufallseffekt ist oder sich zum Beispiel mit der massiven EU-Förderung dieser Länder in den letzten Jahren begründen lässt, muss offen bleiben. Zumindest die Angaben zu den Auftraggebern (Dominanz privater Auftraggeber) schwächen die Hypothese, dass die EU ein Treiber des Wassergeschäfts in diesen Ländern ist, etwas ab.

Abbildung 25: Umsätze der in Ost- / Südosteuropa tätigen Firmen

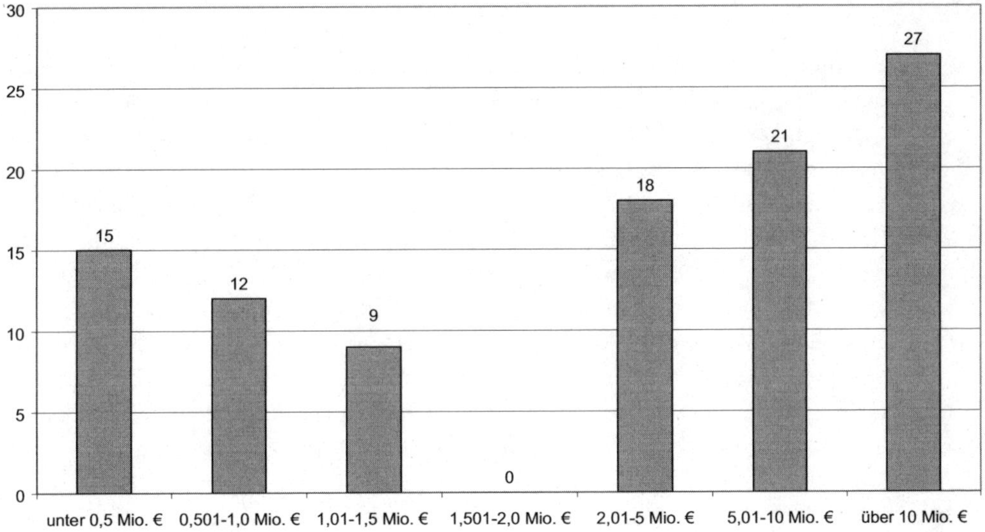

Quelle: eigene Darstellung

Abbildung 26: Aktuelles und zukünftiges Engagement der in Ost- / Südosteuropa tätigen Firmen

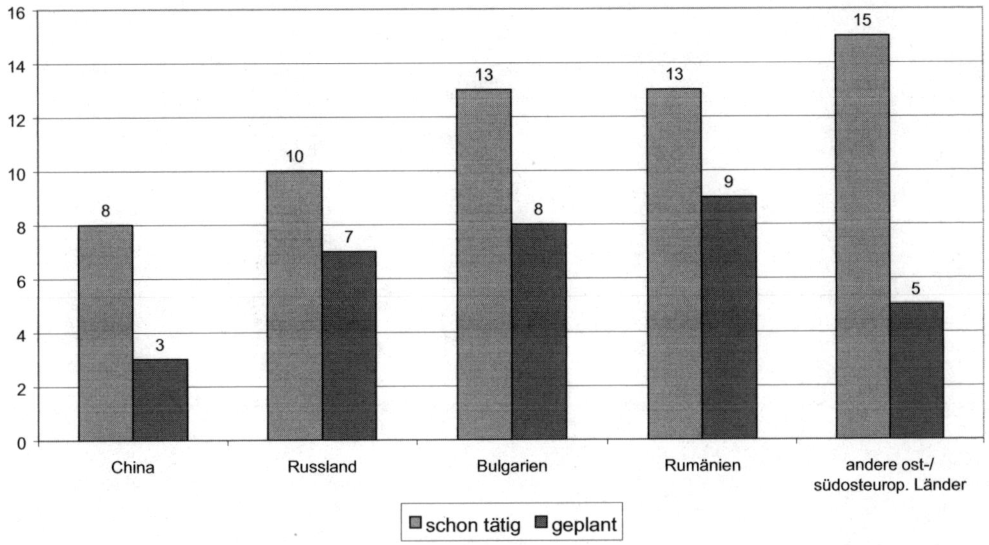

Quelle: eigene Darstellung

Internationalisierung der deutschen Wasserwirtschaft im Kontext strategischer Unternehmensfaktoren

Neben der Erfassung der Ist-Situation wurde im Rahmen der Erhebung auch nach einer Einschätzung der zukünftigen Bedeutung des internationalen Geschäfts für die Wasserwirtschaft gefragt. Dabei wurde diese Frage in einen Zusammenhang mit anderen strategischen Unternehmensfaktoren gerückt.

Für eine Branche mit Internationalisierungspotenzial, die technisch ausgereifte und innovative Produkte anbieten kann, lange Erfahrung in Planung, Errichtung und Betrieb von Anlagen hat und deren Beschäftigte ein hohes Qualifikationsniveau haben, ist der *Grad der Internationalisierung* noch nicht sehr weit fortgeschritten. Auch bei der von uns gestellten Frage nach den Zielen des Unternehmens spielte die Erweiterung des Auslandsgeschäftes noch keine hervorgehobene Rolle. Wiederum war es ca. ein Drittel der Befragten, die der Erweiterung des Auslandsgeschäfts große oder sehr große Bedeutung beimaßen. Dies war im Vergleich zu anderen Zielen (z. B. Optimierung interner Prozesse, Aufbau neuer Geschäftsbereiche, Kostenreduktion, Qualitätsmanagement) allerdings ein nicht herausragender Wert.

Abbildung 27: Ziel Erweiterung des Auslandsgeschäfts

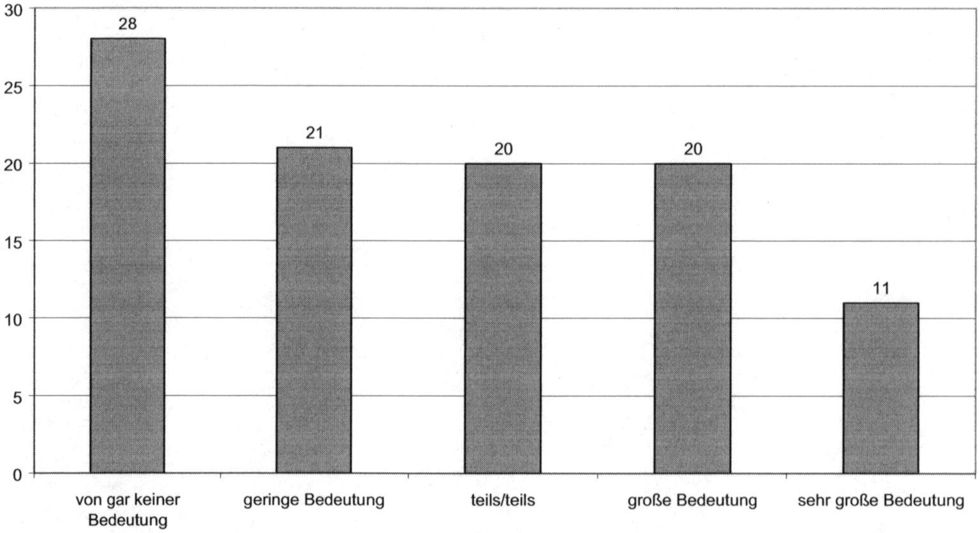

Quelle: eigene Darstellung

Für die Erklärung der Ist-Situation und des voraussichtlichen Entwicklungstrends waren unseres Erachtens die Faktoren „*wirtschaftliche Lage*" und „*Wettbewerbssituation*" wichtig. Auf die Frage nach der Beurteilung der aktuellen Geschäftslage (Sommer 2006) antworteten 29 % der Unternehmen der Wasserwirtschaft „gut" und immerhin 55 %

„befriedigend“. Dies waren Werte, die deutlich über denen der zeitnah im November 2005 durchgeführten branchenübergreifenden Bertelsmann-Verbändestudie des SOFI (n = 243) lagen (vgl. Paul / Stegbauer 2006).

Abbildung 28: Beurteilung der aktuellen Geschäftslage

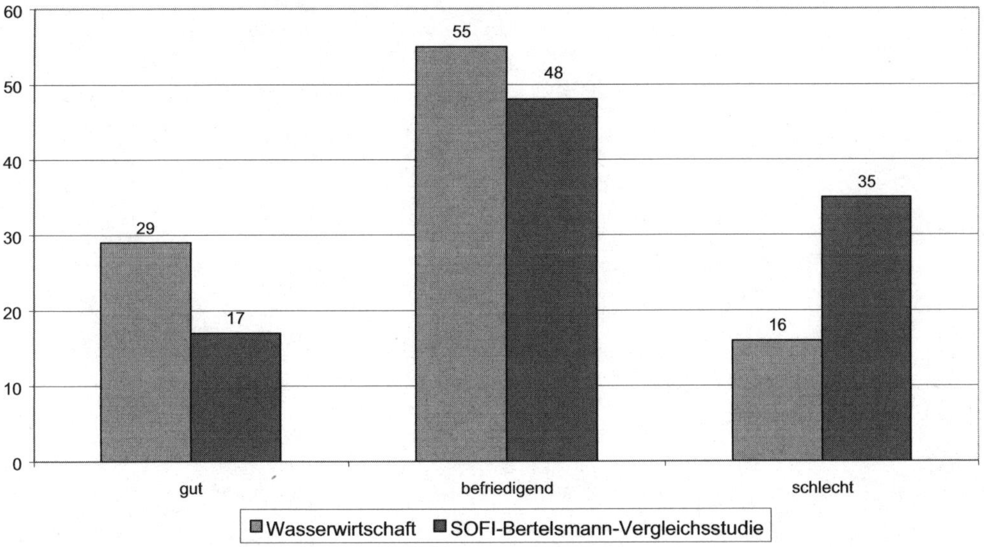

Quelle: eigene Darstellung

Hingegen wurde der *Wettbewerbsdruck* mehrheitlich als „hoch“ (54 %) bzw. „sehr hoch“ (30 %) eingeschätzt. Die Dienstleistungsunternehmen der Wasserwirtschaft im traditionell auf der Nachfrageseite durch öffentliche Betriebe bestimmten Inlandsgeschäft konnten somit als (zu diesem Zeitpunkt) noch gut positioniert bezeichnet werden, sie registrierten jedoch bereits zunehmenden Wettbewerbsdruck.

Die Gründe für den als hoch bis sehr hoch empfundenen Wettbewerb ließen sich nicht unmittelbar aus der Umfrage entnehmen. Sie könnten mit dem vor der Beendigung stehenden Wiederaufbau der Ver- und Entsorgungsinfrastruktur in den neuen Bundesländern, einem zunehmenden Engagement ausländischer Unternehmen in der deutschen Wasserwirtschaft sowie auch möglichen Veränderungen auf der Produktebene (Technologien, Verfahren, Prozesse) in Verbindung stehen. Wir sehen darin Gründe dafür, dass sich der Druck in Richtung der Internationalisierungsanstrengungen der deutschen Wasserwirtschaft erhöhen könnte.

Bei den befragten Firmen wurde dem Wettbewerbsdruck allerdings im Hinblick auf marktbezogene Aktivitäten (in Abgrenzung zu unternehmensinternen Aktivitäten) stärker über „Neue Geschäftsbereiche“ und die „Intensivierung von Servicedienstleistungen“ begegnet.

Abbildung 29: Wettbewerbsdruck im Marktsektor

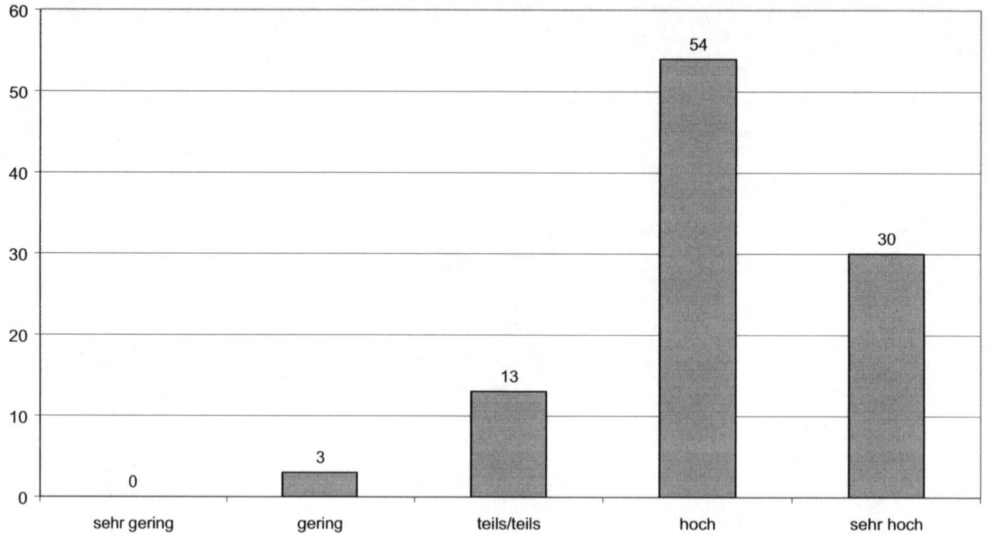

Quelle: eigene Darstellung

Abbildung 30: Ziel neue Geschäftsbereiche

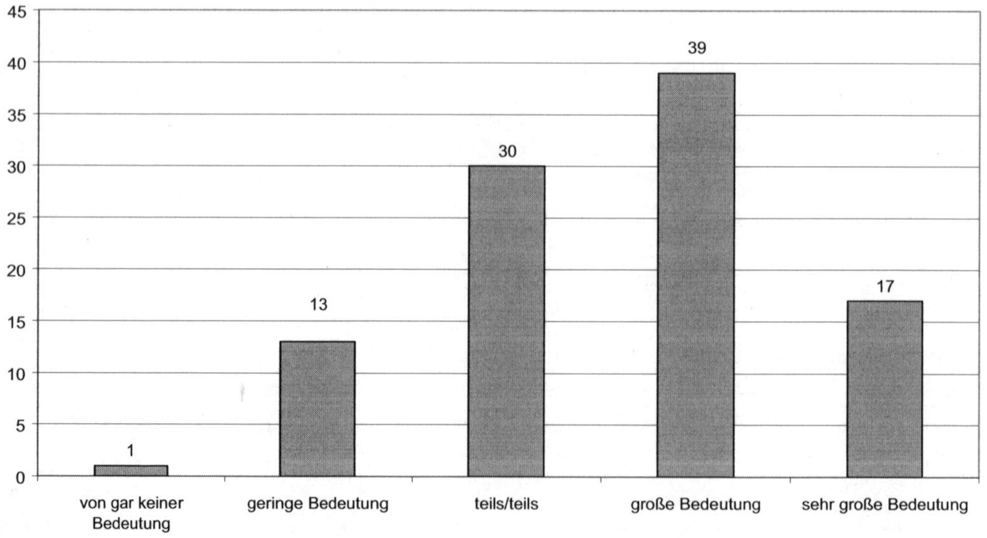

Quelle: eigene Darstellung

Immerhin knapp die Hälfte der befragten Unternehmen (46 %) gab außerdem an, dass sie bereits in den letzten Jahren neue Dienstleistungen in ihr Angebot aufgenommen hat.

Abbildung 31: Ziel Intensivierung von Serviceleistungen

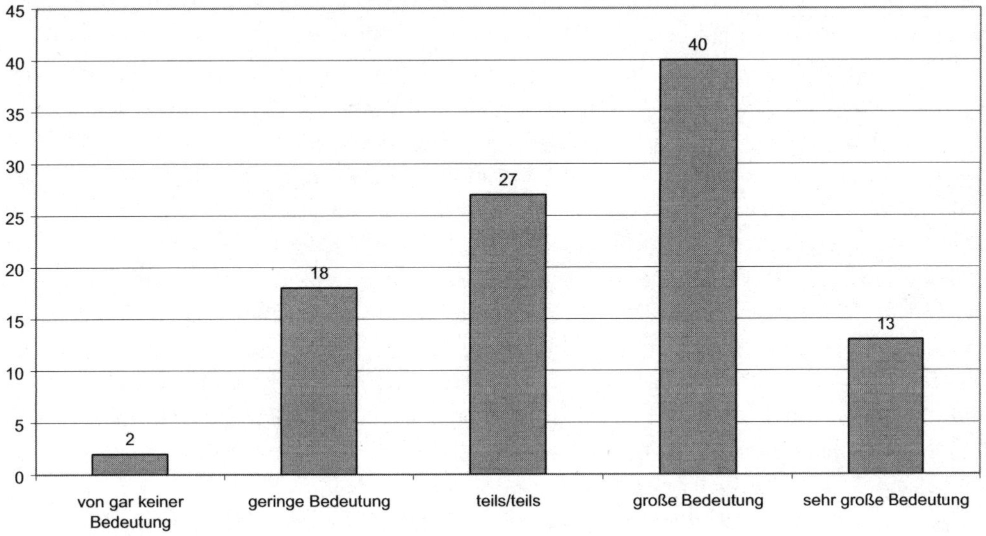

Quelle: eigene Darstellung

Wie schon erwähnt, waren die größeren Firmen stärker auf das Ausland ausgerichtet und stimmten der Vorgabe „*Unternehmensziel: Erweiterung des Auslandsgeschäft*“ stärker zu. Bei denen, die ihr Geschäft nur im Inland machten, etwa bei den kleinen Ingenieurbüros, war das Interesse am Auslandsgeschäft deutlich geringer. Hingegen waren die Firmen, die bereits im Ausland tätig waren, auch deutlich stärker für die Erweiterungsoption. Unsere Schlussfolgerung daraus ist, dass die Bereitschaft für ein internationales Engagement steigt, wenn man erst einmal an dem „Kuchen naschen“ konnte.

Alles in allem überwogen aus Sicht der internationalisierungserprobten Unternehmen die Chancen, die sich im Auslandsgeschäft für die Wasserwirtschaft ergaben, gegenüber den Problemen. Insofern kann das Auslandsengagement also als eine strategische Orientierung begriffen werden, die sich nach wie vor auch für die Unternehmen anbietet, die bislang nur auf dem Binnenmarkt etabliert sind. Es sei allerdings auch auf ein Befragungsergebnis verwiesen, nach dem der Einstieg in das Auslandsgeschäft einige Zeit in Anspruch nimmt und jeweilige Erfahrungen und Zwischenergebnisse strategisch verarbeitet werden müssen. In der Konsequenz heißt dies, dass ein Unternehmen seine Hebel nicht erst dann auf Export umlegen sollte (und kann), wenn die Binnennachfrage schwächer wird.

Ansatzpunkte für eine Verbesserung der Erfolgsperspektiven

Bei der Frage nach „den Punkten, die wichtig sind, um in der Zielregion dauerhaft erfolgreich zu sein“, antworteten die Unternehmen tendeziell mit einer hohen Zustimmung. Bei den etwas weniger positiv zugestimmten Items ließ sich eine geringe Popularität (bzw. ein geringer Nachhaltigkeitseffekt) der vielfach von Beratungsinstitutionen empfohlenen (ersten) Schritte für die Etablierung in einem Übergangsland ablesen: die Teilnahme an Messen und Verkaufsveranstaltungen, Joint Ventures vor Ort, der Aufbau einer Tochtergesellschaft. Die Befragten waren deshalb nicht grundsätzlich gegen Kooperationen im Lande, denn sie betonten vielfach die große Bedeutung gemeinsamer Projekte und den Aufbau von Vertriebspartnerschaften. Wahrscheinlich war für sie die institutionalisierte Form der Etablierung von Tochtergesellschaften und Joint Ventures eine zu hohe Hürde.

In den Antworten der befragten Unternehmen nach den Erfolgskriterien im Auslandsgeschäft wurden sowohl für Ost- und Südosteuropa als auch für China in ähnlicher Weise die Eigeninitiative der Unternehmen sowie verschiedene Arten der Kooperation sehr stark betont. Hervorgehoben worden ist, dass die *eigene aktive Auftragsakquise in der Region* der zentrale und unerlässliche Hebel sei. In diesen Zusammenhang gehört auch, dass erkannt wurde, dass *Produkte und Dienstleistungen für diese Märkte angepasst* werden müssten. Des Weiteren wurde dem *Vorhandensein eines starken Partners* respektive Vertriebspartners sehr große Relevanz beigemessen. Mit der Zusammenarbeit mit öffentlichen Institutionen und Verbänden wird ein weiteres Merkmal, dass auf Kooperation ausgerichtet ist, hoch gewichtet.

Das „Mittelfeld" wurde vom Item „Qualifizierung unserer eigenen Mitarbeiter (z. B. hinsichtlich von deren Sprachkompetenz)" angeführt, ein immer wieder artikuliertes Problem nicht zuletzt im Vergleich mit angelsächsischen Unternehmen. Es folgten die „Netzwerkbildung mit anderen Unternehmen", das „Einholen von Länderinformationen wie Marktanalysen / rechtliche Informationen" und die „Einrichtung einer Repräsentanz bzw. eines Vertriebsbüros".

Der Aufbau einer Tochtergesellschaft schien nur für die größeren Unternehmen eine Option zu sein. Joint Ventures maßen vor allem die Produzenten / Hersteller (in der Mehrheit) eine wichtige oder sehr wichtige Bedeutung zu. Da ein beträchtlicher Anteil der befragten Firmen Planungs- und Ingenieurbüros waren, die selbst keine Forschung und Entwicklung betreiben, ist die geringe Besetzung der Option „Ausbau von F&E" erklärlich. Die geringe Bedeutung von Messen und Verkaufsveranstaltungen überrascht auf den ersten Blick. Andererseits waren diese bei Firmen, die sich in der Regel auf Ausschreibungen bewerben, nicht die richtigen Marketingkanäle. Nur die Produzenten / Hersteller hatten (zur Hälfte) Sympathie für diese Art der Kundengewinnung.

Auffällig war, dass für die in China engagierten Unternehmen die Joint Venture-Lösung, die lange Zeit die einzige Möglichkeit war, im chinesischen Markt Fuß zu fassen, am schlechtesten abschnitt. Dies ist insofern erklärlich, dass ein Joint Venture immer auch die Abhängigkeit vom Partner bedeutet und entsprechend negative Erfahrungen von Firmen mit chinesischen Joint Venture-Partnern auch schon zum Befragungszeitpunkt weit verbreitet waren.

Bei der Frage nach den „maßgeblichen *Entscheidungsfaktoren* für das Engagement" waren die häufigsten Nennungen der Befragten die „gut ausgebildeten Arbeitskräfte", „gute Fachinformationen", eine „gute Sicherheitslage" und „hohe Gewinnmargen". Hinzu kamen für Ost- und Südosteuropa die „gute Erreichbarkeit" und für China „die informellen Kontakte". Die ansonsten weitgehende Übereinstimmung spricht für eine hohe

Bedeutung prinzipieller strategischer Werte bei der Entscheidung für das Auslandsengagement.

Die Frage nach dem „wichtigsten *Kontakt* beim Aufbau der Geschäftstätigkeit (z. B. spezielle Person, Unternehmen)" wurde eher allgemein beantwortet. Es gab vier mehrfach genannte Kanäle, nämlich über Mutter- oder Tochtergesellschaften, über „persönliche Kontakte" (die z. B. auch auf Messen geknüpft werden), über Kooperationspartner und über Kontakte durch ehemalige Kommilitonen, Kollegen oder die Praktikantenausbildung. Für letzteres haben wir auch bei anderen Gesprächskontakten mit Unternehmen der Wasserwirtschaft immer wieder Bestätigung gefunden.

Neben allgemeinen kulturellen und sprachlichen Schranken wurden als Hauptschwierigkeit beim Aufbau der Auslandsgeschäftsbeziehungen Probleme identifiziert, die zumeist im Umfeld der Finanzierung lagen. Stichworte dazu waren beispielsweise die „Finanzierung", „fehlende Projektanschubfinanzierung", „kein Risikokapital – Zahlungsabsicherung", die „Fördermittelvergabe der EU", „Finanzierungsschwierigkeiten", „Finanzierung der Anlaufkosten und der Projektentwicklung".

Hinzu kamen bei den Beziehungen zu China als Hindernisse soziokulturelle Unterschiede, die Verschiedenheit der Geschäftspraktiken sowie Defizite staatlichen Handelns, wie z. B. Sonderzahlungen, Rechtsunsicherheit, die Duldung von Plagiaten, hinderliche Reaktionsweisen der Behörden etc.

Mit einer Frage nach *Ratschlägen*, die (die in Ost- / Südosteuropa tätigen) befragten Firmen „einem befreundeten Kollegen der Branche" geben würden, der „dort ein Engagement plant", wurde indirekt eine Bilanz der Erfahrungen angesprochen. Die Antworten bezogen sich mehrheitlich auf die ausländischen Partner, Kooperation und Vertrauensbildung sowie auf den Aufwand und die Vorkehrungen, die mit dem Engagement verbunden sind.

Die Ratschläge für einen befreundeten Kollegen in der Branche „aufgrund der bisherigen China-Erfahrungen" haben etwas andere Akzente:

- „Keine Kernkompetenz nach China verlagern",
- „bei Markteinschätzung die steuerlichen Fragen nicht vergessen",
- „ein verlässlicher Partner, der die Verhältnisse kennt und uns nicht hintergeht",
- „geeignete Mitarbeiter finden",
- „kritische Bewertung der eigenen Produktionsstärke, Suche eines geeigneten Mitarbeiters besonders wichtig, Vorsicht bei der Vertragsgestaltung",
- „Kultur und Menschen kennen lernen",
- „mach es (nach China gehen), aber es ist Aufwand",
- „viel Geld und Zeit mitbringen."

Möglicherweise fehlte es zusätzlich aber auch an Gelegenheiten, Anlässen und der erforderlichen Unterstützungsinfrastruktur zum internationalen Markteintritt. Auch hierfür bot die Befragung Anhaltspunkte. Überraschend war, dass die Unternehmen, die im internationalen Wassergeschäft tätig sind, hierfür vorbereitend sehr viele Informations- und Beratungsangebote bzw. -quellen in Anspruch genommen hatten. Über 50 % der Unternehmen hatten mehr als fünf, zum Teil sogar deutlich mehr *Informationsquellen* genutzt. Die Effektivität der Informations- und Beratungsangebote (von Consultants, diversen öffentlichen Institutionen, Banken etc.) wird allerdings als bestenfalls durchschnittlich bewertet. Herausragend bei der Bewertung der Nützlichkeit waren lediglich zwei Quellen, nämlich die von ausländischen Geschäftspartnern und die von befreundeten deutschen Unternehmen.

3.2.1.3 Zusammenfassung, Schlussfolgerungen und Fazit

Die im Jahr 2006 durchgeführte Befragung wies eine noch überwiegend auf den Binnenmarkt bezogene Ausrichtung der befragten Unternehmen der Wasserwirtschaft aus. Es war eine Minderheit der Unternehmen, die sich im Ausland engagierte. Dies waren insbesondere die Hersteller von „Hardware“ wie Anlagen und Komponenten, z. B. Pumpen. Die Dienstleistungsunternehmen deckten ein vorwiegend regionales und nationales Nachfragespektrum ab.

Die Internationalisierung der deutschen Wasserwirtschaft war 2006 nicht sehr weit vorangeschritten. 35 % der Unternehmen, die sich an unserer Befragung beteiligt haben, unterhielten Geschäftsbeziehungen ins Ausland, weitere 10 % planten, Auslandsaktivitäten aufzunehmen. Die Geschäftstätigkeit der großen Mehrheit der befragten Unternehmen bezog sich ausschließlich auf Deutschland. 11 % der Unternehmen hatten darüber hinaus einen Standort im Ausland und ebenso viele Unternehmen beschäftigen Mitarbeiter im Ausland.

Das Auslandengagement war bei der Industrie, den Herstellern von Anlagen und technischen Komponenten mit 64 % der entsprechenden Unternehmen am stärksten ausgeprägt. Der Begriff Internationalisierung besitzt hier auch insofern eine große Berechtigung, als die Fertigungsunternehmen ihr Auslandsgeschäft in der Regel in mehreren Regionen der Weltwirtschaft parallel betreiben.

Unternehmen, die in der Wasserwirtschaft ausschließlich Dienstleistungen erbringen, waren unterdurchschnittlich im Auslandsgeschäft vertreten und betrieben dieses Auslandsgeschäft dann auch häufig nur punktuell (im angrenzenden europäischen Ausland oder lediglich einer Zielregion). Der Internationalisierungsgrad hing sehr eng mit der Unternehmensgröße zusammen. Das Auslandsengagement stieg sowohl gemessen am Umsatz als auch an der Mitarbeiterzahl. Gerade die Dienstleister waren hingegen kleinbetrieblich aufgestellt. 70 % der befragten Unternehmen gaben einen Jahresumsatz von unter 2 Mio. Euro, 50 % von unter 1 Mio. Euro an.

Bezieht man aktuelle und geplante Auslandsaktivitäten auf die verschiedenen Zielregionen, gibt sich folgendes Bild: bislang hatten die Länder der EU und hier die 15 Länder der alten EU den größten Stellenwert, bei den geplanten Aktivitäten zogen die neuen EU-Mitgliedsländer und die anderen Staaten in Ost- und Südosteuropa nach. Danach folgen mit größerem Abstand Süd- / Südostasien und Nordafrika / der arabische Raum. Für das Engagement in den europäischen Ländern insgesamt wurden als Hauptgründe angeführt, dass die schnelle Erreichbarkeit und die Ähnlichkeiten in Sprache, Kultur und Geschäftsstil den Schritt ins europäische Ausland erleichtern würden und der

Faktor des Arbeitskräfteangebots zum Schritt speziell nach Ost- und Südosteuropa zusätzlich animiere. Bei den wenigen Unternehmen mit China-Engagement wurden einerseits die guten Möglichkeiten des Marktes gesehen, andererseits auch deutliche Hindernisse, bedingt durch kulturelle, politische und institutionelle Rahmenbedingungen.

Alles in allem überwogen aus Sicht der internationalisierungserprobten Unternehmen die Chancen, die sich im Auslandsgeschäft für die Wasserwirtschaft ergeben, gegenüber den Problemen. Wenn etwas über die Hälfte der Unternehmen zur Zeit der Befragung noch keine Aktivitäten und Planungen in Auslandsmärkten verfolgten, dann war dies möglicherweise Ausdruck für die anhaltend gute Binnennachfrage in der Wasserwirtschaft im Jahr 2006 und den aktuell (noch) fehlenden Exportdruck. Aus den Antworten lässt sich herauslesen, dass Markterkundung und -erschließung einen längeren Zeitraum an Vorlauf brauchen.

Die Geschäftstätigkeit im Ausland erfordert eine sorgfältige Vorbereitung und den Einsatz von beträchtlichen Ressourcen. Dieses Engagement ist von kleineren Unternehmen, z. B. Ingenieurbüros mit häufig weniger als 10 Beschäftigten, nicht zwangsläufig zu erwarten. Für sie besteht bei der Schattenrechnung von Aufwand und Ertrag des Auslandsengagements offenbar häufig ein Missverhältnis.

Die Unternehmen mit Auslandsgeschäft waren mit dem Schritt über die Grenzen in der Regel sehr zufrieden und planten vielfach weitere Auslandstätigkeiten. Wichtig waren für sie stabile Rahmenbedingungen des jeweiligen Ziellandes. Diese waren in der unmittelbaren EU-Nachbarschaft gegeben, weitgehend auch in den neuen Mitgliedsländern. Hier war auch die Steuerung des Geschäfts, die Kontrolle und Koordination einfacher, denn die ausländische Niederlassung im nahen oder benachbarten Ausland ist in wenigen Stunden zu erreichen.

Diese Transaktionskosten und weitere Unwägbarkeiten waren und sind bei ferneren Zielländern höher. Gleichwohl sind in den wachstumsstarken Ländern, etwa den sogenannten BRIC-Staaten (Brasilien, Russland, Indien, China), die Chancen nicht nur für die Hersteller von Hardware gut, denn es besteht dort auch eine hohe Nachfrage nach spezialisierten Ingenieurleistungen für die Planung, den Bau und den Betrieb von Anlagen und nach bewährten Lösungen für wassertechnische Fragen rund um die Wassergewinnung, die Wasseraufbereitung, den Transport und die Abwasserbehandlung bzw. -aufbereitung.

Die Firmen mit Auslandsgeschäft hatten hinreichend Zugang zu speziellen Länderinformationen. Nicht immer war deren Qualität angemessen bzw. werden die Informationen für die speziellen Bedarfe des Unternehmens als praktische Unterstützung bewertet. Vertraut wurde vor allem den Hilfestellungen von ausländischen Geschäftspartnern und den kollegialen Ratschlägen befreundeter deutscher Unternehmen. Dies deutete darauf hin, dass es eine Diskrepanz gab zwischen den vielfältigen Angeboten der oft staatlichen oder halbstaatlichen Förder- und Vermittlerorganisationen und den tatsächlichen Anforderungen der Unternehmen. Die Lücke haben auch die Verbände nur teilweise füllen können. Sie könnten aber prüfen, welche Unterstützung sie zum Aufbau von Erfahrungsaustausch und Netzwerkbildung geben können. Von einer intensiveren Zusammenarbeit der international erfahrenen Hersteller mit den kleinbetrieblichen (technischen) Dienstleistungsunternehmen könnten beide Seiten profitieren.

Seit dem Zeitpunkt der Befragung hat sich das Auslandsengagement der deutschen Wasserwirtschaft beträchtlich ausgeweitet. So kann davon ausgegangen werden, dass die deutschen Anbieter von Wasser- und Abwassertechnologien mit Blick auf den Anteil am Welthandel im Jahr 2008 zu den USA aufgeschlossen haben. Die Gründung von „German Water Partnership" (GWP) im gleichen Jahr markiert den Start eines neuen Modells der Internationalisierung der deutschen Wasserwirtschaft, das auf einen politisch flankierten gemeinsamen Branchenauftritt setzt. GWP integriert erstmalig sämtliche Branchensegmente der deutschen Wasserwirtschaft und stellt strategische Plattformen für zum Beispiel das Ziellandmarketing oder die Netzwerkbildung bereit. In China haben sich insbesondere die Einrichtung und der eigenständige Betrieb kompletter Anlagen und die Klärschlammbehandlung als Bereiche herausgebildet, in denen das Erfahrungswissen der deutschen Wasserwirtschaft erfolgreich vermarktet werden kann. Eine vertiefte Analyse von Erfolgsfaktoren und Rahmenbedingungen wasserwirtschaftlicher (Dienstleistungs-) Aktivitäten in Ost- / Südosteuropa und China erfolgt im Kapitel 4.

Joachim Liesenfeld

3.2.2 Der Wasserwirtschaftsektor, zentrale Dienstleistungen und deren Internationalisierung

Wasser bietet langfristig interessante Geschäftsperspektiven. Das Thema Wasser führt wirtschaftliche Interessen, politische Daseinsfürsorge, außen- und entwicklungspolitische Ziele sehr eng zusammen. Die internationale Bedeutung der deutschen Wasserwirtschaft hängt maßgeblich von ihrer Innovationsfähigkeit als Dienstleistungsbranche ab. Aus diesem Grund ist dem Bereich Wasserwirtschaft im Rahmen des Förderschwerpunktes „Exportfähigkeit und Internationalisierung von Dienstleistungen" mit zwei Projekten auch eine besondere Bedeutung beigemessen worden. Im folgenden werden die Ergebnisse des Projektes „ProWaDi" („Wasser-Dienstleistungen-Export") vorgestellt, das von September 2005 bis Januar 2009 mit dem Rhein-Ruhr-Institut für Sozialforschung und Politikberatung an der Universität Duisburg-Essen als Konsortialführer umgesetzt wurde.[41]

In diesen dreieinhalb Jahren hat sich das internationale Engagement der deutschen Wasserwirtschaft erkennbar ausgeweitet. Innerhalb der Projektlaufzeit war bei den Unternehmen und bei Entscheidungsträgern in der Politik und der Verwaltung eine deutlich verstärkte Zielorientierung festzustellen, die insbesondere in der Herausbildung von German Water Partnership als neuer, auf die Internationalisierung gerichteter Interessengemeinschaft der deutschen Wasserwirtschaft ihren Ausdruck gefunden hat.

Zum Hintergrund: Ziele und Vorgehensweise des Projektes ProWaDi

Als Forschungs- und Entwicklungsprojekt im Kontext des oben angesprochenen Förderschwerpunktes hatte ProWaDi zum ersten ein wissenschaftliches Forschungsziel und zum zweiten eine Entwicklungsaufgabe. Die Forschungsaufgabe bestand in der Analyse der Ist-Situation der deutschen innerhalb der internationalen Wasserwirtschaft sowie in der Analyse der Faktoren, die die Exportorientierung fördern bzw. restriktiv auf sie wirken. Basierend auf diesen Ergebnissen wurden exemplarische Initiativen entwickelt, die die Exportorientierung insbesondere im Dienstleistungsbereich unterstützen sollten. Als geförderte Partner arbeiteten am Projekt zwei Forschungsinstitute, eine Bildungseinrichtung sowie zwei Ingenieurbüros mit langjähriger Erfahrung im Auslandsgeschäft mit. Außerdem waren als Unternehmens- und Valuepartner mehrere Unternehmen der Was-

---

41 Die weiteren Projektpartner waren das Bildungszentrum für die Entsorgungs- und Wasserwirtschaft (BEW), die FernUniversität Hagen mit ihrem Lehrstuhl für Internationale Politik und Systemanalyse (Prof. Dr. Georg Simonis), die Dr. Krätzig Ingenieurgesellschaft (KI) und das Europäische Institut für Sanierung, Sicherheit, Versicherung und Umwelttechnik (SVT).

serwirtschaft, überwiegend KMU, sowie German Water e.V. als exportorientierter Interessensverband der deutschen Wasserwirtschaft mit ca. 70 Mitgliedern beteiligt.

Im vorliegenden Kapitel werden die Ergebnisse der Analyse zur deutschen und internationalen Wasserwirtschaft dargestellt. Zentrale Instrumente dieser Analyse waren die im vorherigen Kapitel vorgestellte Unternehmensbefragung (s. Kap. 3.2.1) sowie ergänzende betriebliche Studien. Die Darstellung der Ergebnisse einer wasserwirtschaftliche Governance- und Marktanalyse für die Region Ost- und Südosteuropa, die Darstellung der entwickelten Initiative sowie von Ansatzpunkten für eine stärkere Exportorientierung der deutschen Wasserwirtschaft erfolgt in Kapitel 4.2.1.

Mit den teils analytischen und teils praktischen Modulen des Projekts sollte zugleich ein Beitrag zur Netzwerkbildung deutscher Unternehmen und Institutionen in der Wasserwirtschaft geleistet werden, die an einem verstärkten internationalen Engagement interessiert sind und zugleich offen für Kooperationen sind. Um die Netzwerkbildung zu unterstützen, hat das Projekt unter www.prowadi.de eine Informations- und Kommunikationsplattform zur Verfügung gestellt. ProWaDi war mit dieser Zielsetzung ein Element neben weiteren Projekten, Initiativen und Unterstützungsstrukturen für die Internationalisierung der deutschen Wasserwirtschaft. Zu nennen sind hier insbesondere die Wasserwirtschaftsinitiativen verschiedener Bundesländer, der GTZ, der KfW und des DGW. Diesen Unterstützungsstrukturen kommt praktisch und auch aus wissenschaftlicher Perspektive eine hohe Relevanz zu. In diesem Zusammenhang war auch der Transformationsprozess von German Water e.V. – wie oben erwähnt ein maßgeblicher Kooperationspartner von ProWaDi – hin zur German Water Partnership e.V., deren Gründung im Jahr 2008 vollzogen wurde, bedeutsam.[42]

Mit seinem Forschungsdesign stand ProWaDi in einem sehr engen Bezug zur Dienstleistungsforschung des BMBF, die insbesondere im Programm „Innovationen mit Dienstleistungen“ ihren Ausdruck findet. Der Beitrag, den das Projekt hierzu leisten konnte, besteht zum einen in der Bestimmung verschiedener Dienstleistungstypen in der Wasserwirtschaft einschließlich der „hybriden Schnittstelle“. Zum anderen sind die treibenden und die hemmenden Faktoren identifiziert worden, die darauf Einfluss nehmen, ob Dienstleistungen “Made in Germany“ speziell auch in der Wasserwirtschaft zu einem Exportschlager werden können. Es sei an dieser Stelle darauf verwiesen, dass eine Reihe weiterer relevanter Forschungsthemen berührt werden, ohne dass diese in diesem Beitrag in den Vordergrund gerückt werden können. Dies betrifft insbesondere die Frage eines integrierten umweltpolitischen Ressourcenmanagements.[43]

[42] Zu Einzelheiten dieses neu aufgestellten außenwirtschaftlichen Interessenverbandes der deutschen Wasserwirtschaft, der zu einer erheblichen Veränderung des Außenauftritts beitragen könnte, vgl. Kap. 4.2.2

[43] Vgl. Masterplan Umwelttechnologien 2008

3.2.2.1 Weltweiter Wasserbedarf und Wasserstress

In den meisten Regionen der Welt herrscht Wasserstress. Die Versorgung der Bevölkerung mit Trinkwasser ist bei weitem nicht überall gegeben. Rund 1,1 Mrd. Menschen haben keinen gesicherten Zugriff auf Wasser. Größter Verbraucher von Wasser weltweit ist mit großem Abstand die Landwirtschaft, gefolgt von der Industrie. Erst an dritter Stelle des Wasserverbrauchs kommen die Haushalte. Sowohl für die landwirtschaftlichen und industriellen Betriebe als auch für die Haushalte ist neben der Verschmutzung die Vergeudung von Wasser kennzeichnend.

Noch viel prekärer stellt sich die Situation in der Abwasserentsorgung dar. Etwa 1 / 3 der Menschheit, also mehr als 2 Mrd. Menschen hat keinen Zugang zu sanitären Einrichtungen. Viele Städte weltweit sind ohne geregelte Abwasserentsorgung. In diesen Städten werden Abwässer in größerem Umfang weder über die Kanalisation mit zentraler Abwasserbehandlung noch über dezentrale Kleinkläranlagen entsorgt. Die Fäkalien landen in Gewässern, auf Hinterhöfen, der Straße, Freiflächen und anderen hierfür nicht vorgesehenen Stellen. Sie führen zu hygienischen Katastrophensituationen und gefährden die Gesundheit der Bevölkerung. Epidemien sowie erhöhte Säuglings- und Kindersterblichkeit sind vielfach auf verschmutztes Wasser zurückzuführen und hierfür wiederum sind nicht gereinigte Abwässer eine maßgebliche Ursache.

Bereits in der jüngeren Vergangenheit war der Zugang zu Wasser Ausgangspunkt internationaler Konflikte. Viele Wassereinzugsgebiete haben zwei oder mehrere Anrainerstaaten und müssten entsprechend bilateral oder multilateral gemanagt werden. Die im Zusammenhang mit dem Klimawandel absehbare Verknappung des Wassers in vielen Regionen weltweit könnte konfliktverschärfend wirken, wenn keine angemessenen Strategien der friedlichen Nutzung gemeinsamer Wasserressourcenentwickelt werden. Jenseits des Klimawandels wirken weitere Megatrends wie das Bevölkerungswachstum und die Metropolisierung im Hinblick auf den weltweiten Wasserstress eher verschärfend.

Vor dem Hintergrund dieser ernüchternden Daten zur gegenwärtigen Situation hat sich die Staatengemeinschaft mit den UN-Milleniumszielen Großes vorgenommen. Bis 2015 soll die Zahl der Menschen ohne Zugang zur Wasserver- und Abwasserentsorgung halbiert werden. Hierauf sind die Programme der Weltorganisation und ihrer Unterorganisationen ausgerichtet, deren Realisierung allerdings ein entsprechendes Engagement der nationalen Regierungen, der Stakeholder und Wassernutzer erfordert. Wie ambitioniert diese Zielsetzungen sind, drücken die folgenden Zahlen aus: Weltweit sind zur Realisierung der Milleniumsziele täglich

- 275.000 Menschen an ein Wasserversorgungsnetz anzuschließen und für
- 600.000 Menschen eine geregelte Sanitärversorgung zu realisieren.[44]

[44] Nach Berechnungen von Gelsenwasser AG 2007.

Dabei geht es nicht nur um die Schaffung neuer Infrastrukturen sondern auch um die effizientere Nutzung der vorhandenen Infrastruktur. In vielen Regionen und auch in wachstumsstarken Metropolen der Welt sind die Versorgungs- und Entsorgungsnetze veraltet und zum Teil marode. Dies findet seinen Ausdruck in den Wasserverlusten, die beispielsweise in Greater London 38 %, in Sao Paulo 35 % und in Manila 34 % betragen. Weltweit werden die Wasserverluste auf 30 bis 60 % taxiert, während sie in Deutschland durchschnittlich bei 7 % liegen.[45] Auch wenn die Werte aufgrund von Abweichungen in den Definitionen von Wasserverlusten und in den Messverfahren abweichen mögen, geben sie Hinweise auf das Ausmaß der Probleme. Diese können einerseits durch die Erneuerung des Netzes beseitigt werden, was mit hohen Investitionskosten und langen Abschreibungszeiträumen verbunden ist. Ein Alternative ist das Wasserverlustmanagement im bestehenden Netz.[46]

Bereits aufgrund der Verschiedenheit der naturräumlichen und gesellschaftlichen Voraussetzungen für die Versorgung mit Wasser in den verschiedenen Regionen der Welt bedarf es vielfältiger Problemlösungsansätze, spezifischer Systemlösungen und angepasster Technologien im Umgang mit den jeweiligen Versorgungs- und Entsorgungsproblemen. Die Erfordernisse sind in Bulgarien als kleinem Land mit gemäßigtem Klima, schrumpfender Bevölkerung und Entvölkerung auf dem Lande andere als in Brasilien, das als großes, sich über mehrere Klimazonen erstreckendes Land mit der Wasserversorgung den Erfordernissen der sanitären Basisversorgung einer stark wachsenden Bevölkerung und der landwirtschaftlichen Massenproduktion ebenso zu genügen hat wie den ausufernden industriell-urbanen Agglomerationen und seinen Megacities. Ob zentrale, semi-zentrale oder dezentrale Konzepte der Wasserversorgung und Abwasserentsorgung angemessen sind und welcher technische Standard angestrebt werden sollte sind Fragen, auf die die wasserwirtschaftlichen Antworten in verschiedenen Ländern unterschiedlich ausfallen müssen.

Die für diese heterogenen Anforderungen zu entwickelnden Lösungen werden sowohl hightech- als auch lowtechorientiert zu sein haben. Investitionen in Anlagentechnik, Versorgungsinfrastruktur und sanitäre Installationen allein reichen hier aber nicht aus. Von gleicher Wichtigkeit sind die organisatorischen Innovationen, die erfolgen müssen. Diese haben sich auf geeignete Institutionen und die Einführung geeigneter Instrumente wie das Katasterwesen, die Verbrauchserfassung und das Gebührenwesen zu beziehen, sowie leistungsfähige Versorgungsunternehmen stabilisieren, die über fachlich gut ausgebildetes Personal verfügen. Capacity building ist hier das zentrale Stichwort und dieses hat sicherlich auch die Verbraucher mit ihren jeweiligen Lebensgewohnheiten einzubeziehen. Die Lösungen müssen schließlich eine Finanzierungsgrundlage haben und die Vor- und Nachteile öffentlicher und privater Unternehmensformen berücksichtigen.

[45] Daten nach Krätzig 2008.

[46] Vgl. zum Wasserverlustmanagement ausführlich Kapitel 4.2.2.

Schließlich sollten sie abgestimmt sein mit der jeweiligen Ernährungs-, Gesundheits-, Umwelt- und Bildungspolitik.

3.2.2.2 Position der deutschen in der internationalen Wasserwirtschaft

Die Entwicklung und das Niveau der deutschen Wasserwirtschaft sowie die Wettbewerbsposition in der internationalen Wasserwirtschaft sind vor dem Hintergrund der skizzierten Varianzen nur anhand unterschiedlicher Faktoren darzustellen und zu bewerten. Auch in der Wasserwirtschaft bildet sich die traditionelle Stärke der deutschen Exportwirtschaft ab. Nach den letzten systematisch ausgewerteten Zahlen aus dem Jahr 2003 nehmen die deutschen Anlagenbauer und Komponentenfertiger der Wasser- und Abwassertechnik in der Welthandelsstatistik mit einem Anteil von 16,5 % Platz zwei ein. Auf Platz eins liegen die USA (20,3 %), mit einigem Abstand folgen Kanada (9,3 %), Italien (8,6 %) und Frankreich (7,2 %).

Abbildung 32: Welthandelsanteile Wasser- und Abwassertechnik 2003

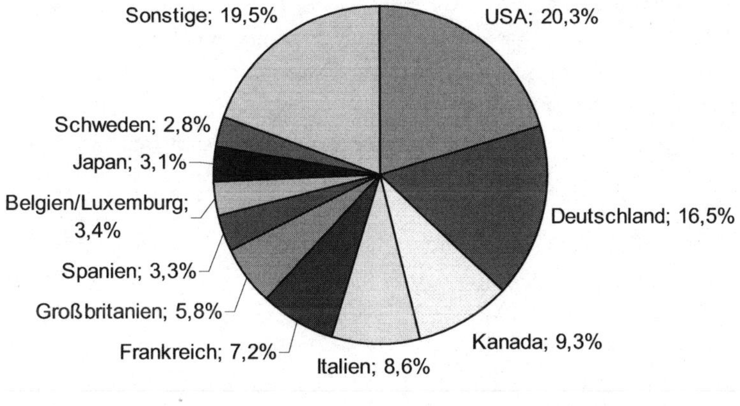

Quelle: VDMA, Angaben nach Hegerer / Wackerbauer 2006

Nach Auffassung von Experten ist davon auszugehen, dass die deutschen Anbieter von Wasser- und Abwassertechnologien den Welthandelsanteil der USA zwischenzeitlich erreicht haben. Das Statistische Bundesamt weist in der Außenhandelsstatistik für „Apparate zum Filtrieren oder Reinigen von Wasser“ für den Zeitraum von 2003 bis 2008 eine Steigerung von rund 70 % aus (Statistisches Bundesamt 2009).

Anders stellt sich die Situation bei den international tätigen Wasserversorgern und Abwasserentsorgern dar. Nach dem Rückzug von RWE aus Teilen seines Wassergeschäftes (Thames Water) belegen die deutschen Wasserversorger keine Spitzenplätze mehr, sondern können sich gerade noch unter den TOP 10 platzieren. Insbesondere die Kundenzahlen sprechen eine deutliche Sprache. Mit 7,5 Mio. Kunden (BerlinWasser) bzw. 7 Mio. Kunden (Gelsenwasser AG) nehmen sich selbst die großen deutschen Wasserversorger auf den Plätzen 9 und 10 der international tätigen Wasserver- und Abwasserentsorgungsunternehmen gegen die Weltmarktführer Suez Environment und Veolia mit jeweils wesentlich mehr als 100 Mio. Kunden vergleichsweise klein aus.[47] Insbesondere die französischen, aber auch englische Mitbewerber haben sich hier besser aufstellen können als die deutschen Wasserversorgungsunternehmen (WVU). Nicht verkannt werden sollte darüber hinaus, dass mittlerweile auch die wasserwirtschaftlichen Versorgungsunternehmen mancher Megacities wie z. B. die SABESP in Sao Paulo mit 26 Mio. Kunden im Konzert der Wassergroßversorger eine relevante Rolle spielen, auch wenn sie bislang nicht als Versorger international tätig sind sondern lediglich im Bereich von Consulting und der Unterstützung von Capacity Building.

Ein weiterer wichtiger Gesichtspunkt für die internationale Wasserwirtschaft sind die Unternehmensstruktur und das Produktportfolio. Insbesondere Veolia ragt hier mit seiner hohen vertikalen Integration aller Stufen entlang der Wertschöpfungskette heraus. Veolia hat praktisch alle Sparten, die in der Wasserwirtschaft benötigt werden, im eigenen Konzern, während deutsche Anlagenbauer und Komponentenanbieter, Ver- und Entsorger, Bauwirtschaft sowie die Anbieter sonstiger Dienstleistungen wie z. B. Engineering- und Planungsleistungen jeweils als eigenständige Unternehmen auftreten und operieren. Auch die Verknüpfung der französischen Unternehmen mit der Politik, Außenwirtschaftspolitik und Verwaltung, also die Integration in die Governance-Strukturen ist wesentlich direkter. Der unter Wettbewerbsgesichtspunkten besonders interessanten französischen Wasserwirtschaft und Water Governance ist ein eigenes Unterkapitel gewidmet.[48]

Ein maßgeblicher Grund für die traditionell nicht sehr hohe Präsenz der Wasserversorgungsunternehmen auf dem internationalen Parkett ist die Kontinuität der kommunalen, sehr kleinteiligen Strukturen der Wasserversorger und Abwasserentsorger. Deutschland hatte 1998 etwa 7.000 Wasserversorgungsunternehmen, also annähernd eines für 10.000 Einwohner, während die Niederlande 22 und England 29 Wasserversorgungsunternehmen haben. Diese verfügen über durchschnittliche Kundenzahlen, die in Deutschland lediglich von größeren Versorgern erreicht werden.[49]

Diese kleinteilige Struktur der deutschen Versorger und Entsorger, die sowohl ordnungs- als auch interessenpolitisch motiviert ist, kann als zentrales Problem für die Internationalisierung gewertet werden. Einerseits fehlt den Versorgungs- und den Entsorgungsunternehmen in der Breite Erfahrung und Know-How aus dem internationalen

---

47 Rudolph GmbH, Angaben nach Hegerer, Wackerbauer 2006.

48 Vgl. hierzu Kap. 4.3.4.5

49 Wingrich 1999, Angaben nach Hegerer, Wackerbauer 2006.

Geschäft und andererseits könnten auch deutsche Versorgungsunternehmen verstärkt zum interessanten Objekt für ausländische Investoren werden.

Die kleinteilige kommunale Struktur der Wasserversorgungsunternehmen hat außerdem dazu beigetragen, dass auch die sonstigen Dienstleistungen im Wassergeschäft in Deutschland eher regional und kleinbetrieblich, bestenfalls mittelständisch strukturiert sind. Die bereits im Kapitel 3.2.1 vorgestellte Unternehmensbefragung von RISP und SOFI aus dem Jahr 2006 hat ausgewiesen, dass 50 % der Unternehmen in der Wasserwirtschaft einen Umsatz von unter 1 Mio. Euro, 33 % sogar unter 500.000 Euro haben, also eher kleinbetrieblich strukturiert sind. Nach dieser Befragung haben ca. 1 / 3 der Unternehmen Erfahrungen auf internationalen Märkten. 84 % der Unternehmen schätzen den Wettbewerbsdruck in der Branche als hoch und sehr hoch ein. 53 % geben an, dass sie dem Ziel der Intensivierung von Serviceleistungen große bzw. sehr große Bedeutung beimessen.

3.2.2.3 Die Wasserwirtschaft als Dienstleistungsbranche

Die Wasserwirtschaft, die ähnlich wie andere Umweltbranchen in den offiziellen Statistiken z. B. des statistischen Bundesamtes nicht als eigene Einheit abgebildet wird, ist durch vier Branchensegmente gekennzeichnet, zwei klassische Produktions- und zwei Dienstleistungssegmente. Jedes dieser Segmente weist aktuell in seinen Bezügen zur Wasserwirtschaft und auch unter dem Gesichtspunkt verstärkter Dienstleistungsorientierung gravierende Veränderungen auf.

Die Treiberfunktion von Dienstleistungen in der wasserwirtschaftlichen Wertschöpfung

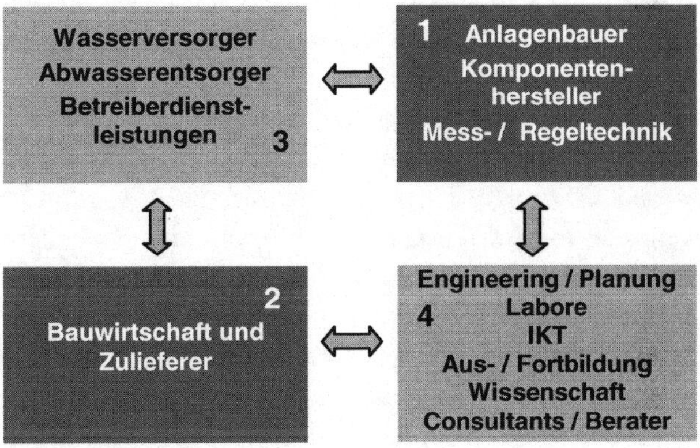

Anlagenbau und Komponentenfertigung

Die deutschen Anlagenbauer und Komponentenfertiger (Pumpen, Armaturen, Schieber, Belüftungseinrichtungen, Rührwerke, Filteranlagen, Messgeräte, etc.) verfügen wie oben angesprochen über exzellente Technologien und setzen in vielen Bereichen die Standards für den internationalen Wettbewerb. Um dies absichern zu können, müssen die Technologien durch Dienstleistungen ergänzt werden. Mit hochwertiger, fortschrittlichster Technologie allein lässt sich nur ein Teil der Auslandsnachfrage zufrieden stellen, denn hochwertige Technologie ist aus verschiedenen Gründen noch nicht automatisch an den Kundennutzen angepasst.

Zum ersten können natürliche und sozialräumliche Rahmenbedingungen, ebenso wie Anforderungen an die konkrete Projektierung, andere technische Lösungen nahelegen als die, die unter technischen Kriterien als fortschrittlichste Lösungen gelten. Anlagen und in besonderer Weise die oben angesprochenen Komponenten müssen kompatibel sein mit dem jeweils erreichten Entwicklungsstand der Wasserversorgungs- bzw. Abwasserentsorgungsinfrastruktur in einem Land. Je zentraler und integrierter Versorgungsnetze sind, umso höher sind die diesbezüglichen Kompatibilitätsanforderungen. Auch Gesichtspunkte wie Anfälligkeit des laufenden Betriebs und Verfügbarkeit von qualifiziertem Personal für Wartung, Instandhaltung und Beseitigung von Betriebsstörungen beeinflussen Entscheidungen im Hinblick auf das Niveau der zum Einsatz kommenden Technik.

Zum zweiten können sich Kostengesichtspunkte restriktiv auf Entscheidungen für technologisch hochwertige Anlagen und Produkte auswirken, weil Technologie auf dem Niveau technischer Exzellenz im internationalen Wettbewerb immer eher hochpreisig sein wird. Dies gilt für alle Anbieter von Anlagen und Komponenten, aber eben im Besonderen für die deutschen Hersteller, da sie Spitzentechnik entwickelt haben und verkaufen wollen. Kostengesichtspunkte spielen nur in seltenen Fällen keine oder eine eindeutig nachgeordnete Rolle. Eine Nachfragesituation wie in den Golfstaaten, in denen in den vergangenen Jahren keine Kosten gescheut worden sind, um aufwendigste Wasserversorgungsprojekte zu realisieren, dürfte die Ausnahme bleiben.

Angesichts des Sachverhaltes, dass sich Spitzentechnik allein gerade in den Schwellen- und Entwicklungsländern nicht umstandslos vermarkten lässt, stellen sich die Anlagenbauer und Komponentenfertiger mit ihren Produkten und Prozessen strategisch verstärkt als bedarfsorientiert und kundennah agierende, flexible Unternehmen auf. Sie verändern zum ersten ihr technologisches Konzept dahingehend, dass nicht die am weitesten fortgeschrittene Technik zählt, die das Unternehmen möglicherweise gerade in einer Anlage in Deutschland implementiert hat, sondern ein Produktportfolio, mit dem die Kundenbedarfe quasi an allen Orten dieser Welt unter verschiedensten Bedingungen nachhaltig bedient werden können. Dieses Produktportfolio deckt die Spanne zwischen Hightech- und Lowtechlösungen ab. Auf die Kundenbedarfe schneiden die Unternehmen Systemlösungen zu, die sich aus Modulen zusammensetzen. Ein Unternehmen des Entsorgungsanlagenbaus, das in diesem Zusammenhang Benchmarks setzt, ist die Huber AG, die in ihrem Portfolio das gesamte Spektrum an Entsorgungstechnik aufweist.

Zum zweiten unterlegen solche Unternehmen ihre technischen Produkte mit Dienstleistungen. Intensive Beratung bei der Planung der Anlagen, Engineering als kooperativer Prozess mit dem Kunden, Inbetriebnahme und Instandhaltung, Qualifizierung des Personals; erst diese Dienstleistungen machen aus Produkten funktionale Lösungen, sorgen für den unmittelbaren Kundennutzen und für die Nachhaltigkeit der Systemlösungen in den verschiedenen Regionen der Welt. Solche Dienstleistungen werden aufgrund ihres unmittelbaren Bezugs zu Anlagen und technischen Komponenten klassischerweise auch hybride Dienstleistungen genannt. Die Hersteller von Wasser- und Abwassertechnik haben darüber hinaus oft auch eine Marktöffnungsfunktion für weitere Unternehmen, etwa für die chemische Industrie im Marktsegment der Wasserchemikalien wie etwa Flockungsmittel.

Die großen Unternehmen aus der deutschen Bauwirtschaft (Hochtief AG, Bilfinger & Berger, Strabag AG u.a.) haben ihre Aktivitäten in der Wasserwirtschaft in den Jahren 2005 bis 2008 forciert und in den Kontext ihrer Konzernstrategien eingeordnet. Dabei sind unterschiedliche Strategien erkennbar. Eine Strategie der Bauwirtschaft zielt darauf, die Geschäftsaktivitäten aus der Perspektive des Facility-Management bzw. des Managements von baulichen Großanlagen und Infrastrukturen anzugehen. Aus der Kernkompetenz der Bauwirtschaft und des Bauens heraus entwickeln die Unternehmen Betreiber- und PPP-Projekte, zweifelsohne eine Transformationsstrategie hin zur Dienstleistung als Kerngeschäft. Die Rolle der wasserwirtschaftlichen Versorgungs- und Entsorgungsinfrastruktur ist in dieser Strategie aber noch nicht abschließend erkennbar. Es gibt Referenzprojekte, aber im Vordergrund stehen bei dieser Strategie der deutschen Bauwirtschaft andere Infrastrukturbereiche, z. B. die unter Rentabilitätsgesichtspunkten attraktiveren Verkehrsprojekte wie etwa der Bau und Betrieb von Flughäfen.

Eine zweite Strategie sucht stärker die Verbindung von Hoch- und Tiefbau mit dem Anlagenbau und der Umwelttechnik. Hier sind Integrationsprozesse zwischen Bauunternehmen und Anlagenbauern erkennbar, die deutlich stärker auf den Umwelt- und Wasserbereich setzen als die erstgenannte Strategie, die das Bauen „nur" noch als vorgelagerten Prozessschritt für das Immobilienmanagement als Dienstleistung und Geschäftsmodell betreibt. Der Vorteil einer solchen Strategie besteht darin, dass der Bau von wasserwirtschaftlicher Infrastruktur sowohl im Versorgungs- als auch im Entsorgungsbereich integriert betrieben und angeboten werden kann. Einfach formuliert wird die Kompetenz „Erdreich zu bewegen, Beton zu verbauen und mit anspruchsvoller Anlagentechnologie zu versehen" integriert. Die zweite Strategie ist unter Dienstleistungsgesichtspunkten eher auf Geschäftsmodelle mit hybriden Dienstleistungen gerichtet. Beide Strategien könnten sich im Hinblick auf die Internationalisierungsperspektiven der deutschen Wasserwirtschaft aber auch durchaus gut ergänzen.

Ohne bereits die Ergebnisse des verstärkten Engagements absehen zu können kommt der Bauwirtschaft mit ihrem Branchensegment Wasserwirtschaft eine wichtige Scharnierfunktion zwischen Anlagenbauern, Betreibern und Engineering insgesamt zu. Speziell bei BOT-Projekten (Built-Operate-Transfer) und bei Großprojekten ist das weitere Engagement der Bauunternehmen auch unter dem Gesichtspunkt der Kapitalkraft und der Finanzierung von großer Bedeutung. Nicht zu verkennen ist dabei allerdings auch, dass deutsche Bauunternehmen international nur Großprojekte angehen, die in der Wertschöpfungskette mit- und nachlaufende Beteiligungsmöglichkeiten für KMU schwierig machen. Es bleibt abzuwarten, wie sich die Ausweitung des Portfolios im Bau und Betrieb von großen Infrastrukturprojekten, Facility-Management, Anlagenbau und Umwelttechnik entwickeln wird.

Versorgungs- und Entsorgungsunternehmen

Die deutschen Versorger- und Entsorger stehen für ein seit 150 Jahren gewachsenes System der Versorgungssicherheit und Qualität. Eine annähernd 100 %ige Versorgung von 82 Mio. Einwohnern mit Trinkwasser an 365 Tagen im Jahr über 24 Stunden hinweg. Dies ist der Standard, der in Deutschland flächendeckend und das heißt selbst von kleinen Versorgungsunternehmen und in ländlichen Gebieten gewährleistet wird. Dieser auch von natürlichen Gegebenheiten positiv beeinflusste Standard wird weltweit nur von sehr wenigen Ländern erreicht. Realisiert wird dieser hohe Standard in einem rechtlich, technisch, wasserwirtschaftlich und umweltpolitisch mit hoher Wirksamkeit regulierten System (Regeln, Normen, Institutionen und Verfahren), das die Bewirtschaftung des Grundwassers und der Oberflächengewässer, die kommunale Wasserversorgung und Abwasserbehandlung ebenso einbezieht wie die industriellen Abnehmer und Einleiter. In Deutschland bestimmen diese Ver- und Entsorgungsunternehmen die Wasserwirtschaft, und wenn international von Leistungsfähigkeit gesprochen wird, dann ist es der oben genannte Standard, der für sich spricht und den international bestenfalls noch die Schweiz und die Niederlande aufweisen können.

Angesichts dieser Leistungsbilanz ließe sich vermuten, dass die deutschen Versorgungs- und Entsorgungsunternehmen ihr Betreiber Know-how international in großem Stil vermarkten. Wie bereits oben angesprochen ist dies allerdings nicht der Fall. Nach dem Verkauf von Thames Water durch RWE und die dadurch hervorgerufene Reduzierung des wasserwirtschaftlichen Engagements von RWE[50] sind mit Berlinwasser International AG, der Gelsenwasser AG und Remondis Aqua insbesondere noch drei deutsche Unternehmen im internationalen Betreibergeschäft unterwegs. Sie treten als Betreiber von wasserwirtschaftlichen Unternehmen auf oder betreiben längerfristig angelegte BOT-Projekte. BOT steht für Built – Operate – Transfer und kennzeichnet einen Vertragstypus, der die Errichtung und den längerfristigen konzessionierten Betrieb (z. B. 25 Jahre) mit anschließendem Betriebsübergang regelt.
Berlinwasser International[51] weist seit 2000 insgesamt 26 internationale Projekte aus, davon zehn in Europa, elf in Asien, drei in Afrika und zwei in Lateinamerika. Von diesen Projekten sind sieben BOT-Projekte mit einem Schwerpunkt in China. Bei den sonstigen Projekten handelt es sich um Consulting-Aufträge im weiteren Sinne.[52]

Gelsenwasser AG weist neben den Consulting-Aktivitäten neun Projekte auf, die als Betreiberprojekte einzuordnen sind. Der Schwerpunkt der Gelsenwasser AG liegt in Ost- und Südosteuropa. Seit kurzem gibt es außerdem jeweils ein Projekt in Frankreich und Algerien.[53] Remondis Aqua ist mit rund 20 internationalen Projekten insbesondere auf die industrielle Abwasserbehandlung ausgerichtet. Mit sechs kommunalen Abwasser-

---

50 Anhaltende Aktivitäten z. B. in Ungarn und USA.

51 Berlinwasser International gehört nur zu 50,1 % der Stadt Berlin. Die anderen Teile halten Veolia zu knapp 25 % sowie RWE Aqua ebenfalls zu knapp 25 %. Veolia gilt als agierender Gesellschafter.

52 Homepage, Zugriff 02.03.09

53 Homepage, Zugriff 02.03.09

projekten ist das Unternehmen insbesondere in der Türkei, daneben noch in Spanien und Polen vertreten.[54]

Wie auch die bereits genannten Unternehmen sind weitere große deutsche Versorgungs- und Entsorgungsunternehmen wie Hamburg Wasser und Sachsenwasser mit Dienstleistungen international präsent, zumeist vermittelt über Tochterunternehmen im Planungs-, Engineering- und Consultingbereich. Das Angebot umfasst Dienstleistungen mit unterschiedlicher Reichweite, von Feasability-Studien über die bauliche und technische Objektplanung bis hin zur Beratung von Kommunen und sonstigen öffentlichen Institutionen. Das internationale Engagement ist hier häufig auch Ergebnis internationaler Zusammenarbeit auf Ebene der Gesellschafter, also der öffentlichen Hand etwa im Rahmen von Städtepartnerschaften.

Seit langer Zeit wird in Deutschland darüber diskutiert, den ordnungspolitischen Rahmen für die Wasserversorgungsunternehmen u. a. auch zur Förderung des Engagements im internationalen Betreibergeschäft zu reformieren (Hegerer, Wackerbauer 2006). Die internationale Ausrichtung könnte durch die Herausbildung von mehr Versorgungsunternehmen, die die für den internationalen Auftritt kritische Größe haben, forciert werden.

Allerdings würde es auch bei einer ordnungspolitischen Reform deutliche Schranken für kleine und selbst mittelgroße Versorgungsunternehmen auf dem internationalen Wassermarkt geben. Kleine Versorgungsunternehmen können kaum und sollten auch nicht ins internationale Wassergeschäft einsteigen, weil hierfür einerseits technisches und betriebswirtschaftliches Know-how allein nicht ausreicht und andererseits ein solches, wirtschaftlich nicht risikofreies Engagement kaum vor dem Hintergrund kommunaler Trägerschaft und politischer Legitimierungserfordernisse von Gebühren darstellbar ist. Denn zu berücksichtigen ist im Hinblick auf das internationale Betreibergeschäft in der Wasserwirtschaft, dass sich erfolgreiche Geschäftsmodelle angesichts hoher Investitionskosten in Netze und Anlagen bei langen Lauf- und Amortisierungszeiten bewähren müssen.

Hingegen üben die bereits bestehenden größeren, international agierenden Versorgungs- und Entsorgungsunternehmen eine wichtige Trägerfunktion für die deutsche Wasserwirtschaft insgesamt aus, die sicher noch stärker unterlegt werden könnte. Ohne das Betreiber-Know-how kann der deutschen Wasserwirtschaft international kein vollständiger und kohärenter Marktauftritt gelingen. Dies gilt für die Marketingperspektive ebenso wie für das Bestreben, internationalen Auftraggebern Komplettangebote für die Planung, den Bau und den Betrieb unterbreiten zu können. Die dritte und die vierte Welt benötigen, wie oben ausgeführt, systemische Lösungen um die Millenium Goals realisieren zu können. Nicht zu verkennen ist außerdem, dass eine Orientierung am internationalen Geschäft auch ein strategischer Faktor werden kann, um sich auf den verstärkten Wettbewerb in der Wasserwirtschaft des eigenen Landes vorzubereiten.

[54] Homepage, Zugriff 02.03.09

Sonstige Dienstleistungen

Das vierte Branchensegment umfasst die sonstigen Dienstleistungen in der Wasserwirtschaft, die sich in der Regel durch eine hohe Spezialisierung auszeichnen und dadurch auch in internationaler Perspektive wichtige Verbindungs- und Transmissionsfunktionen ausüben. Allerdings gibt es auch einige Anbieter, die durch eine hohe Integration wasserwirtschaftlicher Dienstleistungen gekennzeichnet sind. Es handelt sich dabei um Unternehmen wie die WTE Wassertechnik GmbH oder die Dorsch Gruppe, die nicht mehr KMU sind, auch wenn sie noch nicht die Größenordnung von internationalen Wettbewerbern mit einigen Tausend Beschäftigten haben, die zumeist aus dem angelsächsischen Raum kommen. Diese Unternehmen kommen ursprünglich aus dem technischen Bereich, integrieren alle Funktionen der Planung und des Engineering im Anlagen-, Maschinen- und Tiefbau und bieten darüber hinaus sowohl Consulting- als auch Betreiberfunktionen an. Sie sind aus deutscher Sicht die eigentlichen Allrounder im Dienstleistungsgeschäft rund um das Wasser.

Bei der Gruppe der spezialisierten Dienstleister, die durchweg eher KMU sind, lassen sich zumindest sechs Segmente voneinander abheben:
- Ingenieur- und Planungsgesellschaften
- Consultants und Water Governance Services
- Wissenschaft
- Aus-, Fort- und Weiterbildung / Qualifizierung / Fachkräftemobilisierung
- Geografische Datenverarbeitung, Wissensmanagement und IKT
- Laboranalytik

Die Ingenieur- und Planungsbüros bzw. -gesellschaften sind klassische Bestandteile der deutschen Wasserwirtschaft und in enger Verbindung mit den Versorgungs- und Entsorgungsunternehmen auf kommunaler und regionaler Ebene, also dezentral entstanden. Sie sorgen in allen Phasen des HOAI-Prozesses[55] für die Planung und Realisierung von wasserwirtschaftlichen Anlagen und Infrastruktur. Vor diesem Hintergrund ist ihr Geschäftsfeld eher regional oder bestenfalls national ausgerichtet. Einige verfügen des Weiteren, aufgrund von Planungsprojekten in grenzüberschreitenden Wassereinzugsgebieten über internationale Erfahrung. Wie bereits in Kapitel 3.2.1 im Zusammenhang mir der Unternehmensbefragung von RISP und SOFI ausgeführt worden ist, handelt es sich gemessen an Mitarbeiterzahl, Umsatz etc. zumeist um kleine, bestenfalls mittelständische Unternehmen. Wichtiger Bezugspunkt ist das technische Regelwerk der DWA, deren Mitgliederbasis sie darstellen. Das Technische Regelwerk repräsentiert in detaillierter

[55] Die Honorarordnung für Architekten und Ingenieure (HOAI) ist ein verbindliches Preisrecht für Planungsleistungen im Bauwesen und regelt darüber auch verschiedene Arten von Planungsleistungen.

Form das umfängliche technische Know-how der deutschen Wasserwirtschaft. Der Transfer dieses nationalen Standards in internationale Regelwerke ist einer der relevanten Ansatzpunkte für Internationalisierungsstrategien in der Wasserwirtschaft und wird auch von der DWA entsprechend forciert. Gleichwohl engt die Beziehung von Ingenieur- und Planungsbüros zu den lokalen Versorgern und Entsorgern die Bereitschaft ein, sich auf anderweitige Anforderungsstrukturen im internationalen Kontext einzustellen. Der Druck würde dann wachsen, wenn die Nachfrage im Bereich der Wasserinfrastruktur nachließe oder wenn ausländische Ingenieur- und Planungsbüros auf den deutschen Markt drängen würden.

Demgemäß hat erst ein kleiner Teil der Ingenieur- und Planungsbüros das Auslandsengagement systematisch in ihr Geschäftssystem integriert. Diese Gesellschaften sind im technischen Bereich als Allrounder aufgestellt, haben aber in internationaler Perspektive (Osteuropa, arabischer Raum, Südostasien, Lateinamerika, etc.) zumeist regionale Schwerpunkte. Sie weisen in ihrem Dienstleistungsportfolio fließende Übergänge zum Segment der Consultants und der Anbieter von Water Governance Services auf. Diese wiederum kommen aus der betriebswirtschaftlichen Unternehmensberatung bzw. dem Bereich der gemeinwirtschaftlich-öffentlichen Unternehmensberatung. Sie bieten Management- und Politikberatung zur Etablierung von wasserwirtschaftlicher Governance (rechtlich, strukturell, prozessbezogen) an und decken damit fachlich ein recht breites Spektrum ab, das von der Politikberatung nationaler Regierungen bis zur Organisations- und Managementberatung für kommunale Betriebshöfe reichen kann.

Die Finanzierung von Planungs- und Consultingleistungen erfolgt zu relevanten Teilen nicht durch die „Nutznießer“ sondern durch nationale (GTZ, KfW) oder internationale (Weltbank) Institutionen, die die Entwicklung öffentlicher Infrastrukturen entwicklungspolitisch fördern. Für die Auftragsakquise und die Etablierung von Unternehmen auf spezifischen regionalen Weltmärkten sind des weiteren persönliche Kontakte zu Fachkräften oder Entscheidungsträgern hilfreich, die häufig auf Studienaufenthalten in Deutschland beruhen.

Forschungs- und wissenschaftliche Entwicklungsprojekte bilden darüber hinaus für die Genese internationaler Geschäftsbeziehungen in der Wasserwirtschaft immer wieder einen wirksamen Ausgangpunkt, da in den zumeist öffentlich initiierten Projekten Wissen bzw. Know-how zur Lösung grundlegender wasserwirtschaftlicher Aufgaben generiert wird, die ansonsten unbearbeitet oder wenig wirksam bearbeitet würden. Beteiligt sind daran sehr unterschiedliche Disziplinen (Siedlungswasserwirtschaft, diverse Ingenieurwissenschaften, Chemie u.a.). Zumeist bewegen sich bereits im unmittelbaren Gefolge wissenschaftlicher Projekte weitere wissensintensive Dienstleistungen, z. B. aus den Bereichen IT und geografischer Datenverarbeitung oder der Laboranalytik.

Schließlich spielen auch die berufliche Bildung und Qualifizierung als spezialisierte Dienstleistungen eine erhebliche Rolle bei der Internationalisierung der Wasserwirtschaft. Denn welche Abwassertechnologien auch immer zum Einsatz kommen mögen, es bedarf für den dauerhaften Betrieb der Anlagen, zur Wartung, zur Identifizierung und Beseitigung von Störungen qualifizierter Mitarbeiter im operativen Bereich. In der Tradition der dualen beruflichen Ausbildung, der Fort- und Weiterbildung hat die deutsche Wasserwirtschaft mit dem Klärmeister ein Berufsbild und eine Qualifizierung für Mitarbeiter geschaffen, die auch in anderen Teilen der Welt benötigt und nachgefragt werden.

Französische Unternehmen als Referenzbeispiele im Wettbewerb[56]

Der Weltmarkt für private Wasserdienstleistungen wird seit den 80er Jahren des vorigen Jahrhunderts, als sich das französische Duopol, die Compagnie Générale des Eaux (CGE) und die Sciété Lyonnaise des Eaux & de l'Éclairage (LE) zu einer umfassenden Internationalisierung seiner Aktivitäten entschloss, von französischen Akteuren beherrscht.

Die Weltmarkterfolge des französischen Duopols lassen sich zum einen auf das sogenannte französische Modell der Siedlungswasserwirtschaft, das sich in Frankreich seit Mitte des 19. Jahrhunderts entwickelte zurückführen, andererseits auch auf eine historisch bereits früh einsetzende Weltmarktorientierung. Nach dem Ende des Ost-West-Konflikts konnten die französischen Anbieter von dieser Erfahrung erheblich profitieren.

Vorläufer des heutigen Weltmarktführers *Veolia Water*[57] ist die Compagnie Générale des Eaux *(CGE),* die 1853 während einer Epoche liberaler Wirtschaftspolitik gegründet wurde. Der heute auf Umwelt-Dienstleistungen spezialisierte Konzern erhielt im Jahre 2003 einen neuen Namen und heißt seitdem Veolia Environnement. Im Jahre 2007 beschäftigte er fast 320.000 Mitarbeiter bei einem konsolidierten Umsatz von 32,6 Mrd. Euro, wovon auf die Wasserwirtschaft 34 Prozent entfielen (Abfallentsorgung: 28 %, Energiedienstleistungen: 21 %, Transport: 18 %) (VE 2007: 9). Der Wassersektor war also mit 10,9 Mrd. Euro Umsatz der größte Unternehmensbereich, der die „Trinkwasserversorgung und Abwasserentsorgung von 131 Millionen Menschen in der Welt" (Veolia Wasser 2008) besorgte.

Der Schwerpunkt der Wasserdienstleistungen von Veolia liegt mit 45 Prozent immer noch in Frankreich, gefolgt vom restlichen Europa (29,9 %). Allerdings entfallen inzwischen auf den Raum Asien / Pazifik 9,4 %, auf Afrika / Mittlerer Osten / Indien 9,3 % und auf Amerika 6,3 % des Umsatzes (Veolia Wasser 2008). Auf der Grundlage von 4.400 Dienstleistungsverträgen (gestion déléguée) betreibt Veolia Water in etwa 60 Ländern 4.170 Wasserwerke und 2.906 Kläranlagen(vgl. CESE 2008, 57). Veolia Water ist in einem hohen Maß vertikal integriert und besitzt in allen Produktionsstufen der Wasserwirtschaft beachtliche Kompetenzen:

- Der Konzern hält weltweit mehr als 3000 wassertechnische Patente.
- In mehreren Forschungszentren arbeiten etwa 350 Wissenschaftler. Das Forschungsbudget belief sich für das Jahr 2007 auf 140 Mio Euro (CESE 2008, II 92).

---

56 Dieses Unterkapitel basiert auf Entwürfen des Projektpartners Georg Simonis (FernUniversität Hagen) für den Abschlussbericht des Projektes ProWaDi.

57 Homepage: www.com / f / groupe / historique.aspx (02.02.2009); Pezon 2000; Stefanovitch 2005; Laimé 2007.

- In der Entwicklung und im Anlagenbau sind 19,2 % der Beschäftigten tätig.
- Im organisatorischen, politischen und finanziellen Management komplexer Projekte entlang der kompletten Wertschöpfungskette liegt das spezifische Know-how des Konzerns.

Die Hauptaktivitäten der *SUEZ Environmement Company (SE)*[58] konzentrieren sich auf die Wasser- und Abfallwirtschaft sowie den Infrastruktur- und Anlagenbau in diesen beiden Unternehmensbereichen. Die organisatorische Struktur von SE, die in neun Abteilungen untergliedert ist, spiegelt ihr Leistungsprofil sowie die regionale Konzentration der Tätigkeitsfelder der Gruppe wieder. Immer noch wird der größte Anteil des Umsatzes in Frankreich und in Europa (81 %) erwirtschaftet. Außerhalb von Europa verteilen sich die Aktivitäten auf Nordafrika und den Mittleren Osten (6 %), Nordamerika (5 %), Ostasien (3 %) und Südamerika (2 %). Auf den Unternehmensbereich Water Europe 32 % des Umsatzes, auf Waste Europe 46 % und auf die außereuropäischen, internationalen Aktivitäten, zu denen auch das Bau- und Anlagengeschäft von Degrémont gerechnet wird, insgesamt 22 %; der Umsatz belief sich auf 12 Mrd. Euro und die Zahl der Beschäftigten wird mit knapp 62.000 angegeben (alle Zahlen beziehen sich auf das Jahr 2007) (SUEZ / SEC 2008, 27 ff).

Ebenso wie Veolia bietet SE seinen Kunden, vor allem den Gebietskörperschaften und großen Industriebetrieben, die gesamte Palette von wasser- und entsorgungswirtschaftlichen Dienstleistungen, einschließlich des Baus der Infrastrukturen, an. Etwa die Hälfte des Konzernumsatzes von SE (6 Mrd. Euro) wird im Bereich der Wasserversorgung und -entsorgung erzielt. Der Konzern beliefert 68 Mio. Personen mit Trinkwasser, übernimmt die Abwasserentsorgung von 44 Mio. Menschen, sammelt den Müll von 46 Mio. Menschen und besorgt für 400.000 industrielle und kommerzielle Kunden entsprechende Dienstleistungen (SUEZ / SEC 2008, 50ff).

Hinter Veolia beansprucht SUEZ Environnement in Frankreich, Europa und in der restlichen Welt die Nummer zwei der privaten Wasserdienstleister zu sein. Dank ihrer Mehrheitsbeteiligung an Agbar (Sociedad General des Aguas de Barcelona), einem Wasserunternehmen, das auch außerhalb Spaniens (vor allem in Südamerika) tätig ist, kann sich SE auf dem spanischen Markt, der entsprechend dem französischen Governancemodell reguliert wird, als umsatzstärkstes Privatunternehmen behaupten.

Veolia und Suez sind die Champions der internationalen Wasserwirtschaft. Es gibt mehrere Gründe, warum sie mit ihren Geschäftsmodellen auf dem Weltmarkt so erfolgreich sind: Sie greifen auf eine lange, historische Erfahrung im internationalen

---

[58] Die Fusion der SUEZ-Gruppe mit Gaz de France im Jahre 2008 wirkte sich auch auf die Umwelt- und speziell die Wasseraktivitäten des Konzerns aus. An der nun börsennotierten (ab dem 22.07.08) SUEZ Environnnement Company ist der SUEZ-Konzern, die neue SUEZ-Gaz de France, nur noch mit 35 % des Aktienkapitals beteiligt Weitere GrOßaktionäre sind: Groupe Bruxelles Lambert (6,28 %), Caisse des Dépôts et Cassignations (1,96 %), Areva (1,41 %), CNP Assurances (1,2 %), Sofina (= ,84 %), Mitarbeiter (1,8 %).

Wassergeschäft zurück, bieten flexible und integrierte Lösungen an und bilden dabei die vollständige wasserwirtschaftliche Wertschöpfungsarchitektur ab. Dass die beiden Champions aus dem selben Land kommen ist darüber hinaus aber auch ein Beleg für die hohe Wirksamkeit, die das französische Governancemodell für die Exportfähigkeit der Wasserwirtschaft hat.

Prägend für das französische Modell der wasserwirtschaftlichen Governance ist eine duale Struktur mit öffentlichen Regiebetrieben einerseits und privaten Unternehmen andererseits,, die entsprechend eines vertraglich ausgehandelten und langfristig festgelegten Delegationsverhältnisses die Versorgung mit Trinkwasser und / oder die Entsorgung der Abwässer von Gebietskörperschaften oder Unternehmen übernehmen. Für die Gewährleistung der Versorgung der Bürger mit Trinkwasser sind seit 1884 (Pezon 2000) die Gemeinden zuständig.

Diese haben das Recht darüber zu befinden, ob sie die Erzeugung und Verteilung von Trinkwasser bzw. die Entsorgung und die Reinigung der Abwässer in eigener Regie durchführen oder an einen Betreiber beliebiger Rechtsform (privat, öffentlich oder gemischtwirtschaftlich) delegieren. Der in Frankreich für dieses Delegationsverhältnis geprägte Begriff „délégation d'un service public" signalisiert deutlich, dass es sich dabei um die Delegation einer öffentlichen Aufgabe handelt. Die delegierten Betriebe nehmen eine öffentliche Aufgabe wahr und die Kommunen, die im Auftrag des republikanischen Staates handeln, haben darüber zu wachen, ob diese Aufgabe effizient erledigt wird. Gemäß dieser Rechtskonstruktion ist die französische Wasserwirtschaft eine öffentliche Aufgabe, zu deren Bewältigung private Unternehmen mit herangezogen werden können. Die Verantwortung und die letzte Entscheidungskompetenz mit dem Allgemeingut Wasser sorgsam, also entsprechend der von den Institutionen der Republik festgelegten Normen, umzugehen, liegen beim Zentralstaat.[59] Die Rolle des französischen Zentralstaats konstituiert den ersten maßgeblichen Unterschied zur traditionellen deutschen Water Governance.

Von der Möglichkeit ihre wasserwirtschaftlichen Dienstleistungen an private Unternehmen zu delegieren macht eine große und immer noch steigende Zahl der Gebietskörperschaften Gebrauch. Diese Entwicklung begann bereits Mitte des 19. Jahrhunderts,,nachdem die Générale des Eaux per Staatsdekret ermächtigt wurde Delegationsverträge abzuschließen. Sie hat in Frankreich eine „gespaltene" Governancestruktur entstehen lassen, in der delegierte Betriebe mit traditionellen Regiebetrieben konkurrieren. In Frankreich gibt es etwa 36.000 selbständige Gemeinden. Von diesen haben 1.000 auf Grund ihrer geringen Einwohnerschaft keine öffentliche Trinkwasserversorgung, etwa 12.000 besitzen eigene Grundwasserquellen, die sie häufig direkt betreiben und 23.000 Gemeinden haben sich zu 4.000 Gemeindeverbänden mit einer gemeinsamen Wasserversorgung zusammengeschlossen. Insgesamt gibt es in Frankreich zwischen 15.000 und 16.000 eigenständige Wasserwerke (water utilities). Von diesen werden 48 % direkt von

59 Als Beleg vgl. das Wassergesetz 2006-1772 vom 30. Dezember 2006.

den lokalen Gemeinden betrieben (Regiebetrieb) und bei 52 % wird die Versorgung an private Unternehmen delegiert (Barraqué 2007, 123). Das Gros der französischen Bevölkerung, nämlich rund 70 %, wird von diesen privaten Unternehmen, 5 größeren und 22 mittelständischen mit Wasser versorgt. Dieser hohe Versorgungsgrad durch Private macht den zweiten großen Unterschied zur deutschen Water Governance aus.

Governancemodelle haben Relevanz für die Internationalisierungsperspektiven. Das gilt für Frankreich, Deutschland und mit einiger Sicherheit auch darüber hinaus. Die Geschäftsmodelle des französischen Duopols – Veolia und Suez als hidden champions der internationalen Wasserwirtschaft – stehen in einem inneren Zusammenhang mit dem nationalen Governancemodell. Vor diesem Hintergrund ergibt sich für den deutschen Fall das Zwischenfazit, dass die Unternehmen eigene Geschäftsmodelle entwickeln müssen, die der deutschen wasserwirtschaftlichen Governanceform entsprechen und deren Stärken nutzen.

Einige systematische Hinweise zu möglichen Ansatzpunkten für neue Geschäftsmodelle der deutschen Wasserwirtschaft, die im Rahmen des Projektes ProWaDi konzeptionell angedacht worden sind, sowie auf einige sehr relevante Veränderungen im System der deutschen Water Governance finden sich in Kapitel 4.2.1. Sie schließen sich an die Erörterung der Nachfrageseite in den Zielregionen Südosteuropa und Brasilien sowie der Erfahrungen aus den praktischen Initiativen des Projektes ProWaDi an.

4 Erfolgreiche Internationalisierungsstrategien

Dienstleister sind bei ihrer Internationalisierung mit spezifischen Hemmnissen und Herausforderungen konfrontiert. Die Analyse international aktiver Unternehmen der Umweltbranche zeigt jedoch, dass Dienstleister erfolgreich auf Auslandsmärkten tätig werden können, wenn sie geeignete Internationalisierungsstrategien verwenden. Aufgrund der vielfältigen Rahmenbedingungen unterschiedlicher Zielmärkte und -regionen müssen diese Strategien allerdings an die jeweilige Situation vor Ort angepasst werden. Auf der Basis erfolgreicher Strategien von Unternehmen aus dem Bereich erneuerbare Energien werden im ersten Teil dieses Kapitels Empfehlungen für die Internationalisierung von Dienstleistungen abgeleitet. In den folgenden beiden Kapiteln werden die unterschiedlichen Rahmenbedingungen für deutsche Unternehmen in China und Südosteuropa dargestellt. Für beide Zielregionen werden – basierend auf diesen spezifischen Rahmenbedingungen – Ansatzpunkte für erfolgreiche Internationalisierungsstrategien insbesondere für Dienstleistungsunternehmen der Wasserwirtschaft entwickelt.

Martin Benkenstein, Madlen Thom

4.1 Internationalisierungsstrategien von EE-Dienstleistern – eine Fallstudienuntersuchung

4.1.1 Grundlagen der Strategieforschung

Nach NÖCKER kann bei der Analyse von Strategien zum einen deren Inhalt und zum anderen der Prozess ihres Zustandekommens Gegenstand der Betrachtung sein (vgl. Nöcker, 2001: 33). Bei der Inhaltsforschung wird der Zusammenhang zwischen der Strategie einer Unternehmung und dem Unternehmenserfolg untersucht. Unter anderem wird versucht, Faktoren zu identifizieren, die besondere Bedeutung für den Erfolg der Unternehmung haben und wie die Wahl einer Strategie den Unternehmenserfolg beeinflusst (vgl. Nöcker, 2001: 34).

In der Prozessforschung hingegen werden die Vorgänge, die im Ergebnis zu Strategien führen, untersucht. Hierbei wird zwischen zwei Ansätzen unterschieden:

- Der Generierung von Strategien mittels eines geplanten, strukturierten Prozesses, der ex ante von der Unternehmensführung durchgeführt wird, oder
- einer Strategie als Resultat adaptiven Verhaltens, die weniger Ergebnis rationaler Planungsprozesse und demzufolge erst ex post beschreibbar ist.

Strategien des ersten Ansatzes, die auch als „deliberate strategies“ bezeichnet werden, gelten als proaktiv und antizipativ. Strategien des zweiten Ansatzes, so genannte „emergent strategies", entstehen aus adaptivem und reaktivem Handeln (vgl. Nöcker, 2001: 33 ff.).

Bei kleinen und mittleren Unternehmen treten im Internationalisierungsprozess vorrangig „emergent strategies" auf, d.h. Strategien adaptiven Verhaltens, die erst ex post zu beschreiben sind. Allerdings sind kleine und mittelständische Unternehmen der EE-Branche in Deutschland aufgrund der zunehmenden Bedeutung des Auslandsgeschäftes sowie ihrer zunehmenden Auslandsabhängigkeit gefordert, Konzepte für ein strategisches internationales Marketing (deliberate strategies) zu entwickeln (in Anlehnung an: Meissner, 1995: 66). Dabei müssen mittelständische Unternehmen überlegen:

- auf welche Auslandsmärkten sie sich
- mit welchen Produkten konzentrieren wollen,
- wie sie die zukünftige Entwicklung dieser Märkte einschätzen und
- mit welchen Strategien sie ihre Stellung in diesen Märkten sichern und ausbauen wollen (vgl. Meissner, 1995: 66).

Diese Fragen werden im strategischen Planungsprozess zur Internationalisierung beantwortet. Auch wenn der strategische Planungsprozess einer Internationalisierungsstrategie bisher in der Praxis von kleinen und mittelständischen Unternehmen kaum praktiziert wird, soll er im Folgenden aufgrund seiner zunehmenden Bedeutung grob dargestellt werden. Zukünftig wird er zu einer zentralen Aufgabe für mittelständische Unternehmen, von deren Gelingen die Zukunft des Unternehmens abhängt (in Anlehnung an: Meissner, 1995: 66).

Der strategische Planungsprozess in einer Unternehmung wird in der Fachliteratur meist in zwei Phasen eingeteilt: einerseits in die Phase der Strategieformulierung und andererseits in die Phase der Strategieimplementierung. Unter Strategieformulierung wird ein strukturierter Problemlösungsprozess verstanden, der Maßnahmen der Unternehmens- und Umweltanalyse und -prognose sowie die Auswahl der geeigneten Strategien beinhaltet. Bei der Strategieimplementierung werden konkrete Handlungsprogramme formuliert (vgl. Nöcker, 2001: 35).

Der internationale Marketing-Planungsprozess im weiten Sinne umfasst verschiedene aufeinanderfolgende Stufen, die in Abbildung 33 grob dargestellt werden. Der strategische Planungsprozess im engen Sinne, der im Folgenden Beachtung findet, beinhaltet die Situationsanalyse und -prognose sowie die strategische internationale Marketingplanung.

In der *Situationsanalyse und -prognose* geht es um die Beschaffung und Verarbeitung entscheidungsrelevanter Informationen. Dabei sind Informationen zu globalen Rahmenbedingungen, zur Branche, zu den Abnehmern und Wettbewerbern sowie über das eigene Unternehmen von Interesse (vgl. Berndt et al., 2003, S.86). Dies ist einerseits einer Chancen- und Risiko-Analyse und andererseits einer Stärken-Schwächen-Analyse gleichzusetzen.

Auf Basis der vorliegenden, fundierten Informationen und Prognosen über die einzelnen Auslandsmärkte kann im Unternehmen eine *strategisch orientierte Rahmenplanung* erfolgen. Diese umfasst folgende Stufen:

- Strategische Zielplanung,

- Marktwahl,
- Planung der Markteintrittsstrategie und
- z.T. Planung der Marktbearbeitungsstrategie, indem der Rahmen für den Einsatz des Marketinginstrumentariums festgelegt wird (in Anlehnung an: Berndt et al., 2003, S.87 f.).

Abbildung 33: Phasen des Planungsprozesses des Internationalen Marketing i.w.S

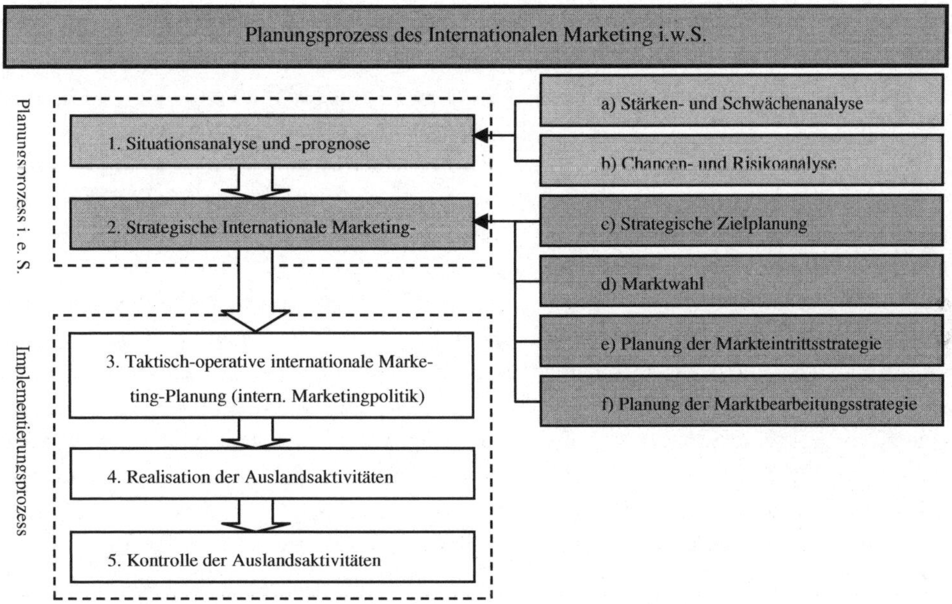

Quelle: In Anlehnung an Berndt et al.(2003: 86 ff.)

Bei der *strategischen Zielplanung* sind aus den Gesamtunternehmenszielen allgemeine Internationalisierungsziele abzuleiten, die die allgemeinen Anlässe und Motive für die Aufnahme bzw. die Ausweitung der internationalen Aktivitäten zum Inhalt haben (vgl. Berndt et al., 2003, S.92 ff.).

Die *Auswahl von Ländermärkten* zählt zu den strategischen Basisentscheidungen des Managements. Hierfür wird den Unternehmen ein mehrstufiges Vorgehen empfohlen, bei dem die Gesamtheit der Länder zunächst mit Hilfe einiger Ausschlusskriterien auf eine überschaubare Anzahl relevanter Märkte reduziert wird. Die verbleibenden Länder werden einer genaueren Analyse unterzogen, um die Länder herauszufiltern, die zur Bearbeitung attraktiv erscheinen. Dies erfolgt unter Zuhilfenahme entscheidungsrelevanter Kriterien und unter Anwendung geeigneter Verfahren (vgl. Berndt et al., 2003, S.97 f.).
Einhergehend mit der Ziellandauswahl bzw. kurz nachdem sich ein Unternehmen dazu entschieden hat auf einem Auslandsmarkt aktiv zu werden, trifft es die Entscheidung über die *Form des Markteintritts* (vgl. Berndt et al., 2003: 132). Formen des Markteintritts

können der Export, die Lizenzvergabe, das Franchising, Strategische Allianzen, Joint Ventures, Auslandsniederlassungen / Auslandsproduktionen oder auch Tochtergesellschaften sein (weiterführend siehe: Bruns, 2003: 95 – 124; Keegan et al., 2002: 288 – 347; Berndt et al., 2003: 132 – 146. Kutschker et al., 2004: 820 – 894; Meffert et al., 1994: 120 – 121).

Weiterhin muss das Unternehmen neben dem sachlichen Aspekt der Markteintrittsform das *Timing des Markteintritts* bestimmen. Hierbei ist einerseits die länderübergreifende und andererseits die länderspezifische Timingstrategie festzulegen. Bei der Bestimmung der länderübergreifenden Timingstrategie wird die zeitliche Abfolge, in der mehrere als Zielländer definierte Auslandsmärkte angegangen werden sollen, bestimmt. Dabei wird zwischen Wasserfall-Strategie, Sprinkler-Strategie und Wassertropfen-Strategie unterschieden. In Bezug auf die länderspezifische Timingstrategie hat das Unternehmen in Abhängigkeit von der Umwelt- und Unternehmenssituation die Entscheidung zu treffen, ob es in den einzelnen Auslandsmarkt im Vergleich zu seinen Hauptkonkurrenten frühzeitig (Pionier-Strategie) oder spät (Folger-Strategie) eintritt (vgl. Berndt et al., 2003: 147 ff.).

Der Übergang von der strategischen Planungs- in die Implementierungsphase ist gekennzeichnet durch Entscheidungen über den Einsatz des Marketinginstrumentariums in den ausgewählten Ländermarktsegmenten. Bei der Festlegung *internationaler Marktbearbeitungsstrategien*, die die langfristige Positionierung des Unternehmens bzw. seiner strategischen Geschäftseinheiten auf den bearbeiteten Auslandsmärkten bestimmen, sind u.a. Entscheidungen bezüglich der internationalen Basis-Marketingstrategien zu treffen (vgl. Berndt et al., 2003: 162).

Basisstrategien des Internationalen Marketings kennzeichnen das Ausmaß an länderübergreifender Vereinheitlichung von Marketinginhalten und Marketingprozessen. Die zwei Extremoptionen auf einem bipolaren Kontinuum sind „Standardisierung" und „Differenzierung" (vgl. Berndt et al., 2003: 162).

4.1.2 Methodik der empirischen Untersuchung

Im Rahmen des EXPEED-Projektes wurde untersucht, wie geeignete Internationalisierungsstrategien der EE- Dienstleister ausgestaltet sollten. Zur Beantwortung wurden Internationalisierungsstrategien im Rahmen von Unternehmensfallstudien in Zusammenarbeit mit Praxispartnern exemplarisch ausgearbeitet. Darauf aufbauend wurden fallstudienübergreifend verallgemeinerbare Empfehlungen zur strategischen Internationalisierung und vor allem auch zu idealtypischen Prozessen der Strategieentwicklung erarbeitet.

In der Untersuchung wird der Fallstudienansatz als Forschungsstrategie verstanden, die idealerweise mehrere Techniken zur Erhebung von Daten aus unterschiedlichen Quellen und unterschiedliche Methoden zur Analyse der erhobenen Daten in sich vereint. Yin unterscheidet zwischen „exploratory, explanatory and descriptive cases" (vgl. Yin, 1994: 1) und damit zwischen erforschenden, erklärenden und beschreibenden Fällen. Bei der durchgeführten Fallstudienerhebung handelte es sich um eine explorative Untersuchung. Dementsprechend wurde der theoriegeleiteten Thesenentwicklung als Ausgangspunkt der Untersuchung nicht übermäßige Bedeutung beigemessen. Dennoch bildeten einerseits Erkenntnisse aus den vorangegangenen Untersuchungen des EXPEED-Projektes (Unternehmensbefragung im Jahr 2007 und die Länderfallstudien) und andererseits theoretische Ausführungen zum Planungsprozess einer Internationalen Marketing-Strategie die theoretische Basis.

Aufbauend auf diesem Planungsprozess wurden die Analyseelemente für die Einzelfälle ausgewählt. Mit der Entscheidung für ein Mehrfall-Design war jeder der Fälle, d.h. jedes Unternehmen, bezüglich seines Beitrages zum Gesamtergebnis der Studie zu bewerten. Die ausgewählten Unternehmen mussten klar definierte Anforderungen erfüllen. In Vorbereitung auf die Datenerfassung wurde ein Fallstudienprotokoll entworfen, in dem insbesondere zwei Aspekte von Bedeutung waren: die Fragen bzw. Themenkomplexe der Fallstudie, um den roten Faden bei der Datenerfassung zu gewährleisten, sowie ein Leitfaden zur späteren Anfertigung der Einzelfallberichte.

Das jeweils ausgewählte Unternehmen wurde telefonisch und schriftlich kontaktiert und gebeten, grundlegende Firmendaten zu übermitteln. Anschließend wurde ein Interviewtermin vereinbart. In Vorbereitung auf das Gespräch wurde dem Unternehmen der Gesprächsleitfaden zugeschickt und vom Interviewer erste Anhaltspunkte zu den Analyseelementen aus verschiedenen Quellen erarbeitet. Nach Durchführung des Interviews wurde für jedes Unternehmen ein Einzelfallbericht erstellt, den wiederum das Unternehmen selbst prüfte.

4.1.3 Auswertung der Unternehmensfallstudien

4.1.3.1 Methodik der fallstudienübergreifenden Auswertung

Der Internationalisierungsprozess der Unternehmen wurde auf verschiedenen Ebenen / Stufen des Planungsprozesses einer internationalen Marketingstrategie in Abhängigkeit von der Unternehmensgröße, dem Exportanteil und der Zugehörigkeit zu einer EE-Sparte betrachtet.

Die fallstudienübergreifende Auswertung basierte auf einer qualitativen Inhaltsanalyse. Sie wurde in fünf Schritten vollzogen:

1. Materialorientierte Bildung von Auswertungskategorien,
2. Zusammenstellung der Auswertungskategorien zu einem Codierleitfaden,
3. Codierung des Materials,
4. Erstellung (quantifizierender) Materialübersichten,
5. Interpretation der Verteilungen im Material und Ableitung hypothetischer Erkenntnisse.

Der qualitativen Auswertung lagen zwölf Unternehmensfallstudien aus dem Bereich der erneuerbaren Energien zugrunde. Bezogen auf die Mitarbeiterzahl umfasste die Studie vier kleine Unternehmen (< 10 MA), vier mittlere (10 – 50 MA) und vier größere Unternehmen (> 50 MA).

Tabelle 21: Struktur des Samples für die Unternehmensfallstudie

		Unternehmen											
		1	2	3	4	5	6	7	8	9	10	11	12
	EE-Sparte	Wind	Wind	Wind	PV	PV	PV	ST – W	ST – KW	Geother KW	Biom. fest	Biogas	Wasser
Größe (in MA-Zahl)	klein (< 10)						x			x	x	x	
	mittel (10 – 50)	x				x		x					x
	groß (> 50)		x	x	x				x				
Export-quote (in % vom Umsatz)	gering (≤ 30 %)						x			x	x		
	mittel (> 30 % ≤ 60 %)	x	x		x			x				x	x
	hoch (> 60 %)			x		x			x				
DL-Kategorien	Planung/ Errichtung	x	x		x	x	x		x	x	x	x	x
	Finanzierung		x		x				x				
	Betriebsführung		x	x	x								
	Wartung/ Service/ Instandhaltung, Handwerk, Leistungsoptimierung	x		x		x	(x)						x
	Handel / Vertrieb			x		x	x	x					
	Hersteller/ Zulieferer			x		x		x					
	Beratung						x			x	x	x	
	Bildung										x	x	
	Versicherung									x			

In Bezug auf den Exportanteil gab es drei Unternehmen mit geringer Exportquote (≤ 30 %), die auch gleichzeitig klein im Sinne dieser Studie sind. Sechs Unternehmen mit mittlerer Exportquote (> 30 % ≤ 60 %), die hauptsächlich mittelgroße Unternehmen darstellen, und drei Unternehmen mit hoher Exportquote (> 60 %), die mehrheitlich große Unternehmen sind. Insofern lässt sich ein direkter Zusammenhang zwischen Exportquote und Unternehmensgröße vermuten. Je größer Unternehmen sind, desto engagierter sind sie im Auslandsgeschäft. Mit Blick auf die EE-Sparten wurden drei Unternehmen aus dem Bereich Windenergie, drei Unternehmen mit schwerpunktmäßiger Ausrichtung auf die

Photovoltaik und je ein Unternehmen mit vorrangiger Ausrichtung auf die jeweiligen EE-Sparten Solarthermie (Wärme), solarthermische und geothermische Stromerzeugung, feste Biomasse, Biogas und Wasserkraft analysiert. Damit wurde der starken Bedeutung der Photovoltaik und Windkraft im Bereich der erneuerbaren Energien Rechnung getragen. Es wurden jedoch auch die sehr jungen Märkte der solarthermischen und geothermischen Stromerzeugung berücksichtigt. Tabelle 21 gibt einen kurzen Überblick über die Struktur des Fallstudiensamples. Gleichzeitig ist ihr zu entnehmen, in welchen DL-Kategorien die Unternehmen jeweils tätig sind. Es ist zu erkennen, dass Unternehmen Dienstleistungen in unterschiedlichen Dienstleistungskategorien anbieten. Ihre Kernkompetenzen liegen in den Kategorien, die mit einem großen Kreuz gekennzeichnet sind.

4.1.3.2 Erkenntnisse zu Internationalisierungsstrategien von EE-Dienstleistern

Die Unternehmensfallstudien bestätigten die Aussage, dass von kleinen und mittleren Unternehmen der EE-Branche (≤ 50 Mitarbeiter) derzeit meist nur zufällig und unsystematisch Exportbeziehungen aufgebaut werden, größere Unternehmen (> 50 Mitarbeiter) hingegen engagierter und planvoller bei ihrer Internationalisierung vorgehen. Grundsätzlich entspricht das auch der Kernaussage des KfW-Mittelstandspanels 2008, wobei größere Unternehmen der Unternehmensfallstudien aus EXPEED auch noch größtenteils zum Mittelstand, entsprechend der Definition des Mittelstandspanels (< 500 Mio. Euro Umsatz), gehören. In ihm wird geäußert, dass „...der Internationalisierung in kleinen und mittleren Unternehmen häufig keine langfristige Strategie zugrunde liegt, sondern Auslandsaktivitäten im kleinen Mittelstand oftmals zufalls- und einzelfallgetrieben sind.“ (KfW, 2008: 51)

Es zeigte sich, dass viele Aussagen zu den einzelnen Phasen des Planungsprozesses einer Internationalisierungsstrategie, die aus den Fallstudien in Abhängigkeit von der Unternehmensgröße ableitbar sind, in gleicher Weise aus dem Blickwinkel der Exportquote ausgeprägt sind. Dies ist sicherlich der Tatsache geschuldet, dass im Fallstudiensample kleine Unternehmen meist durch eine geringe und große meist durch eine hohe Exportquote gekennzeichnet sind. In Phasen des Planungsprozesses einer Internationalisierungsstrategie, wo derartige Parallelitäten auftraten, wird im Folgenden explizit darauf verwiesen. Insbesondere bei Betrachtung der zentralen Ländermärkte und den damit im Zusammenhang stehenden Markteintrittsbarrieren wird deutlich, dass bei den Fallstudienunternehmen Unterschiede in Abhängigkeit von der EE-Spartenzugehörigkeit existieren. In den anschließenden Abschnitten werden zentrale Erkenntnisse aus den Unternehmensfallstudien zusammengefasst.

In der ersten Phase, der *Situationsanalyse*, setzen sich zwar alle Unternehmen mit ihren *Stärken und Schwächen* sowie den Rahmenbedingungen in den Ländermärkten auseinander, das geschieht aber in einem unterschiedlichen Ausmaß. Hervorzuheben ist, dass international interessierte Unternehmen mindestens drei Mal so viele Stärken als Schwächen in Bezug auf eine Internationalisierung ihres Unternehmens benennen. Grundlegend sind hierbei immer die Qualität ihrer angebotenen Dienstleistungen und das Know-how / Fachwissen der Mitarbeiter. Während kleine und mittlere Unternehmen insbesondere Schwächen in ihren personellen und finanziellen Ressourcen sowie bei den Sprachkenntnissen sehen, scheint dies weniger ein Problem für die großen zu sein.

Bei der *Ländermarktbewertung* werden grundsätzlich recht wenige Kriterien seitens der Unternehmen herangezogen. Natürlich ist vor allen anderen Kriterien „das Vorhandensein der richtigen Standortverhältnisse" von Bedeutung. Für viele Unternehmen, insbesondere kleine und mittlere, sind daraufhin EE-Fördergesetze nach deutschem Vorbild bzw. entsprechende Vergütungssysteme entscheidend. Überraschenderweise spielt die geographische Entfernung als Kriterium in der Ländermarktauswahl nur eine untergeordnete Rolle. Wirtschaftliche Rahmenbedingungen scheinen stärker als rechtliche und politische gewichtet zu sein. Um sich über die entsprechenden Kriterien / Rahmenbedingungen zu informieren, bedienen sich Unternehmen unterschiedlicher Wege. Die Fallstudien zeigten, dass zur Informationsbeschaffung vor allem betriebsinterne Marktforschungsbemühungen der eigenen Mitarbeiter, betriebsexterne Quellen wie Kooperationspartner / Bekannte / freie Mitarbeiter in den Zielländern und Informationen der Verbände dienen. Im geringeren Ausmaß als die eben benannten Quellen werden Dienste der AHKn / IHKn, das Internet / Fachzeitschriften, Netzwerke, Auftraggeber und Messebesuche in Anspruch genommen. Überraschenderweise wurden selten staatliche Informationsangebote, z. B. von der Bundesagentur für Außenwirtschaft (bfai) direkt benannt. Unkonventionellere Herangehensweisen, um Informationen zu erhalten, sind beispielsweise Referententätigkeiten für AHKn im Ausland oder Pensionäre von Wettbewerbsunternehmen zu engagieren. Bemerkenswert ist jedoch, dass die Mehrheit der Fallstudienunternehmen keine Informationsdefizite benannte und die wenigen Defizite, die erwähnt wurden, sehr heterogen ausfielen. Vielleicht ist dies jedoch ein Hinweis darauf, dass viele kleine und mittlere Unternehmen der Informationssuche und -aufarbeitung wenig Beachtung schenken, wie es das BMWi in seinem „Ratgeber für kleine und mittlere Unternehmen – weltweit aktiv" schrieb (vgl. BMWi, 2007: 12). Auf Basis der Unternehmensgröße lässt sich erkennen, dass große Unternehmen im Gegensatz zu kleinen und mittleren Unternehmen verstärkt betriebsinterne Marktforschung betreiben. Überraschend ist, dass Angebote der Kammern (AHKn / IHKn / DIHK) von kleinen und mittleren Unternehmen nicht so häufig in Anspruch genommen werden.

Bei Betrachtung der Phase der *strategischen Zielplanung* wird deutlich, dass die Integration der Internationalisierung in die allgemeinen Unternehmensziele stark von der Größe der Unternehmen abhängt. Kleine und mittlere Unternehmen berücksichtigen die Internationalisierung kaum in ihren Zielstellungen, wobei vom BMWi kleinen und mittleren Unternehmen angeraten wird, der Zielbestimmung des Auslandsengagements vor dem ersten Export große Bedeutung beizumessen (Vgl. BMWi, 2007: 21). Kleine Unternehmen äußerten lediglich ideelle Zielsetzungen in Verbindung mit ihrer Internationalisierung. Große Unternehmen berücksichtigen hingegen die Internationalisierung in Bezug auf ökonomische Zielsetzungen wie Rentabilität, Gewinn, Wachstum, Marktanteil oder Ressourceneinsatz. Der Internationalisierungsprozess wird bei kleinen und mittleren Unternehmen meist durch externe Einflüsse ausgelöst. Diese sind zudem häufig direkter Art wie Kundenanfragen, Anfragen von Partnerunternehmen oder Kontakte durch Auslandstagungen, Verbandsmitgliedschaften oder Projektmitarbeit. Bei größeren Unternehmen besteht oft ein großes Eigeninteresse an der Internationalisierung, sodass es keiner externen Auslöser bedarf. Dennoch sprachen derartige Unternehmen – wenn auch in einem geringeren Ausmaß – von externen Auslösern, die jedoch eher indirekter Art waren, wie Einführung eines EE-Fördersystems nach deutschem Vorbild oder eine gestiegene Nachfrage in dem jeweiligen Auslandsmarkt. In den Unternehmensfallstudien konnte nur bei großen Unternehmen mit einer hohen Exportquote die Internationalisierung ausschließlich auf Basis unternehmensinterner Auslöser beobachtet werden.

Die *Marktwahl* eines Unternehmens, d.h. die Ziellandauswahl steht eng im Zusammenhang mit der Ländermarktbewertung. Im Abschnitt dazu wurden bereits Aussagen zu den Kriterien und zur Informationsbeschaffung in den Unternehmen getroffen. Anschließendes bezieht sich vor allem auf das Auswahlverfahren in den Unternehmen, das auf Basis der Ländermarktbewertung stattfindet. Weiterhin wird eine Bewertung der zentralen Zielländer sowie der wahrgenommenen Markteintrittsbarrieren der Fallstudienunternehmen vorgenommen.

Das Vorgehen bei der Ländermarktauswahl ist bei den Unternehmen meist sehr vereinfacht. In den Fallstudien gab es kein Unternehmen, das aufwendige Gruppierungsverfahren, in denen alle Kriterien gleichermaßen einbezogen werden wie beispielsweise in einer Clusteranalyse, zur Auswahl von Ländermärkten einsetzt. Meist wird auf Basis zweier Ausschlusskriterien „Gefahr für Leib und Leben der Mitarbeiter" sowie „Vorhandensein notwendiger natürlicher Bedingungen" zunächst die Bearbeitbarkeit der Ländermärkte geprüft. In der nächsten Stufe erfolgt eine Gegenüberstellung und Abwägung weiterer Chancen und Risiken der jeweiligen Ländermärkte, meist bezogen auf EE-Förderung oder wirtschaftliche Rahmenbedingungen, wobei die Kriterien sich gegeneinander „aufwiegen" können. Bei kleinen und mittleren Unternehmen ist das persönliche Interesse / eine persönliche Affinität der Geschäftsführung bei der Auswahl eines Ländermarktes oftmals entscheidend. Kleine Unternehmen entschließen sich für die Erschließung eines Ziellandes meist situationsbedingt. Kleine und mittlere Unternehmen reagieren oft nur auf zielgerichtete Anfragen aus den jeweiligen Ländermärkten. Große Unternehmen treffen ihre Auswahl hingegen strukturierter, aus mehreren Alternativen, durch ein stärkeres Abwägen der Chancen und Risiken der jeweiligen Ländermärkte. Mit zunehmender Erfahrung wird ihr Vorgehen planvoller / strategischer. Sie schaffen entsprechende Organisationseinheiten (Vertriebsabteilungen, Auslandsabteilungen) oder Procedere (Reporting), die sich mit der Entscheidungsfindung detaillierter auseinandersetzen. Zusammenfassend lässt sich für die Unternehmen der EE-Branche feststellen, mit zunehmender Exportquote und Größe der Unternehmen wird die Ländermarktauswahl planvoller und somit strategisch.

Zentrale Zielmärkte der Fallstudienunternehmen liegen, wie auch das BMWi allgemein für mittelständische Unternehmen feststellt (BMWi, 2007: 16), vorrangig in Europa, den 27 EU-Staaten. Dies widerspiegelt auch die Erkenntnisse aus der Unternehmensbefragung von EXPEED im Jahr 2007. Das KfW-Mittelstandspanel 2008 zeigt ebenfalls, dass der EU-Binnenmarkt eine wesentliche Rolle für den Mittelstand spielt und der Anteil der

KMU, der außerhalb Europas aktiv ist, deutlich niedriger ausfällt (vgl. KfW, 2008, S.51). Die Anzahl der bearbeiteten Ländermärkte ist abhängig von den angewandten Markteintrittsstrategien der Unternehmen. Je kapital- und managementintensiver die Markteintrittsstrategien im Ausland sind, desto weniger Ländermärkte werden bearbeitet. Nur ein Drittel der Fallstudienunternehmen weist intensiv bearbeitete außereuropäische Zielmärkte auf, wobei die Hälfte dieser Unternehmen aufgrund der natürlichen Standortverhältnisse auf die Bearbeitung dieser Regionen angewiesen ist. Die andere Hälfte sind große Unternehmen der Windenergiebranche mit einer hohen Exportquote, somit Unternehmen mit entsprechenden Ressourcen. Über alle EE-Sparten werden allerdings die Ländermärkte USA und China als wichtig eingestuft. Die bearbeiteten Ländermärkte der Unternehmen sind jedoch stark abhängig von der entsprechenden EE-Sparte. Die Auswertung der Fallstudien zeigte, dass die analysierten Fälle unter Betrachtung ihrer eigenen Markteinschätzung sowie ihrer Ländermarktauswahl typische Repräsentanten ihrer EE-Sparte sind und auf bedeutenden Märkten der jeweiligen EE-Sparte, die u. a. seitens der EE-Breitenerhebung von EXPEED ermittelt wurden, tätig sind.

In Bezug auf die genannten Markteintrittsbarrieren ist festzustellen, dass – parallel zur Rangfolge der Kriterien bei der Ländermarktbewertung – Barrieren ökonomischer Art im Vordergrund stehen, gefolgt von rechtlichen / politischen Markteintrittsbarrieren. Erst danach kommen entsprechend der Häufigkeit der Nennung Barrieren kultureller und gesellschaftlicher Art. Auch das KfW-Mittelstandspanel 2008 bestätigt diese Reihenfolge für auslandsaktive Unternehmen. Finanzielle Faktoren (= ökonomische Bedingungen) stellen für sie mit Abstand die wichtigsten Schwierigkeiten dar, zweitwichtigste Faktoren sind die gesetzlichen und bürokratischen Hürden und erst mit deutlichem Abstand folgen Sprach- und kulturelle Probleme. Noch weiter hinten rangieren das Personal und fehlende Kontakte (vgl. KfW, 2008: 64 f.). Barrieren kultureller und gesellschaftlicher Art wie unzureichende Sprachkenntnisse und Mentalitätsunterschiede wurden insbesondere von kleinen Unternehmen benannt und beziehen sich insbesondere auf osteuropäische Länder. Im Gegensatz dazu beklagen große Unternehmen ihren hohen Finanzierungsbedarf, da sie oft in Vorleistung gehen müssen. Überraschenderweise wurden fallstudienübergreifend die geographische Lage oder schlechte Informationen über Zielländer gar nicht als Barriere angeführt. Zudem trat äußerst selten die Bemängelung fehlender Partner und Mitarbeiter vor Ort auf. Interessant ist die Tatsache, dass in attraktiveren Zielmärkten mehr Barrieren als in weniger attraktiveren Ländermärkten wahrgenommen und benannt werden. Durch mehrere Aussagen bestätigte sich, dass südeuropäische Ländermärkte Markteintrittsbarrieren durch Mentalität, starke Bürokratie, lange Genehmigungsverfahren und damit verlängerte Projektierungszeiten aufweisen. Als EE-Sparten-spezifische Barrieren sind Lieferengpässe von Solarmodulen in der Solarbranche, ein Fachkräftemangel, insbesondere an Bohrfachleuten, sowie zwischenstaatliche Rahmenverträge in der geothermischen Stromerzeugung und von den Unternehmen zu leistende Öffentlichkeitsarbeit in der solarthermischen Kraftwerksbranche zu nennen.

Bei der *Planung der Markteintrittsstrategie* wird deutlich, dass die passive Auftragsakquisition (Anfragen durch Kunden) insbesondere bei den kleinen Unternehmen, aber auch bei den mittleren eine bedeutende Rolle spielt. Während sich kleine Unternehmen fast ausschließlich darauf verlassen und gelegentlich nur ein paar unkonventionelle Methoden zur Auftragsakquisition im Ausland wie Referententätigkeiten, Verbandstätigkeiten, Geschäftsreiseprogramme oder Vermittlung durch ehemalige Geschäftspartner verwenden, machen mittelgroße Unternehmen zunehmend von Ausschreibungen und eigeninitiierten Werbemaßnahmen Gebrauch, um Aufträge im Ausland zu generieren. Überraschenderweise stehen sich insbesondere diese beiden Formen der passiven und aktiven Auftragsakquisition nach der Häufigkeit ihrer Nennung gegenüber. Fachmessen, Tagungen / Konferenzen, persönliche Kontakte und Unternehmenskooperationen werden im Gegensatz dazu weitaus weniger genannt. Insofern erscheint die Auftragsakquisition sehr polarisiert. Weniger überraschend ist eine zunehmend aktivere Auftragsakquisition bei großen Unternehmen. Sie reduzieren ihre Abhängigkeit von Kundenanfragen und verstärken ihre Aktivitäten zur Geschäftsanbahnung dafür auf Fachmessen, nutzen erstaunlicherweise auch verstärkt persönliche Kontakte und Kooperationen. Bei Betrachtung der EE-Sparten ist auffallend, dass sich die polarisierte Auftragsakquisition, Kundenanfragen (passiv) und Ausschreibungen (aktiv), verstärkt bei Unternehmen der Windenergiebranche zeigt. Erstaunlicherweise erwies sich mittels der Fallstudien nicht, dass der Einbezug der Internationalisierung in die Zielplanung des Unternehmens sowie ein betriebsinterner Auslöser der Internationalisierung eine aktivere Auftragsakquisition zur Folge hat. Auffallend ist in diesem Zusammenhang ebenfalls, dass die Hälfte aller Fallstudienunternehmen betont, keine Fördermittel zur Internationalisierung in Anspruch genommen zu haben. Die Gründe dafür sind vielseitig. Die Unbekanntheit von Unterstützungsprogrammen und umfangreiche Formalismen scheinen vor allem ein Problem darzustellen. Meist werden Einrichtungen wie die dena, AHKn und Verbände fallstudienübergreifend mit Unterstützungsangeboten in Verbindung gebracht, obwohl vereinzelt die Meinung existiert, dass die Hilfe von dena und Branchenverbänden eher auf große Unternehmen ausgerichtet ist. Während sich insbesondere kleine und mittlere Unternehmen entscheidungs- und handlungsorientierte Unterstützung bei der Internationalisierung wünschen, sind große Unternehmen vorrangig an finanzieller Hilfe interessiert. Große Unternehmen scheinen bereits deutlich versierter bei der Inanspruchnahme verschiedener Förderprogramme zu sein. Dies zeigte eine größere Vielfalt der von ihnen genannten Unterstützungsangebote und -einrichtungen.

Bemerkenswert ist, dass beim Markteintritt im Ausland die Unternehmen sich nicht nur auf eine Form des Markteintritts festlegen, sondern sich häufig auf zwei Formen konzentrieren. Fallstudienübergreifend werden am meisten Strategische Allianzen angewandt. Dies scheint sehr spezifisch für Dienstleister zu sein, denn das KfW-Mittelstandspanel 2008, das unter anderem auch das verarbeitende Gewerbe und Baugewerbe berücksichtigt, weist den Export als wichtigste Form der Erschließung von Auslandsmärkten nach (vgl. KfW, 2008: 48). Von der überwiegenden Mehrheit der Fälle werden privatwirtschaftliche Unternehmen bzw. Personen im Ausland als Kooperationspartner bevorzugt. Mit Institutionen und in Netzwerken kooperieren eher die großen Dienstleister. Sehr typisch erscheint dies auch für die Windenergiebranche zu sein. Kleine

Unternehmen nutzen als Markteintrittsstrategie oft den Export und Strategische Allianzen, mittlere Unternehmen überwiegend Strategische Allianzen sowie Niederlassungen und Tochterunternehmen – sie greifen auch noch mehrfach auf den Export zurück – und große Unternehmen scheinen fast ausschließlich Niederlassungen / Tochterunternehmen und Strategische Allianzen für den Markteintritt zu bevorzugen, Joint Ventures sind eher selten. Diese Tendenz spiegelt sich auch aus der Perspektive der Exportquote wider. Der Export als Markteintrittsstrategie steht meist im Zusammenhang mit einer hohen Mobilität des externen Faktors, begrenzter Dauer von Projekten und geographischer Nähe des Zielmarktes zum Heimatmarkt.

Die Analyse der Timingstrategie beim Markteintritt ergab, dass fast alle Fallstudienunternehmen – zumindest in einigen Ländermärkten – als Pioniere eintreten und die Folgerstrategie innerhalb von Ländermärkten, d.h. nach den Hauptwettbewerbern in die entsprechenden Ländermärkte einzutreten, eher selten angewandt wird, eigentlich nur von Unternehmen der Wind- und Solarenergiebranche. Wahrscheinlich wollen sie zunächst in Ländern mit sehr hohem Nachfragepotenzial Auslandserfahrungen sammeln, um diese dann in anderen Ländermärkten als Pionier umzusetzen und rechtzeitig Wettbewerbsvorteile aufzubauen. Bei der länderübergreifenden Markterschließung ist grundsätzlich die Tendenz des Nacheinander-Erschließens zu erkennen. Bei kleinen Unternehmen erfolgt dies meist zufällig und situationsbedingt. Bei mittleren und großen Unternehmen wird bereits ein planvolleres Nacheinander-Erschließen von Ländermärkten deutlich, sodass man dort von einer Wassertropfen oder Wasserfallstrategie sprechen kann. Dies lässt sich auch aus Perspektive der Exportquote in den Unternehmen ableiten. Die Sprinklerstrategie, d.h. mehrere Ländermärkte gleichzeitig zu erschließen, tritt sehr selten auf, wohl häufiger bei mittelgroßen Unternehmen.

Mit Blick auf die *Basisstrategie der Marktbearbeitung* bestätigt sich auch für Dienstleister im Bereich der erneuerbaren Energien die in der Literatur getroffene Aussage, dass eine reine Standardisierung bzw. Differenzierung der Marketing-Inhalte und -Prozesse kaum vorgenommen, sondern eher von den Unternehmen eine Mischstrategie verfolgt wird. Eine Standardisierung über alle Marketing-Instrumente und -Prozesse hinweg lässt sich am ehesten in der Windenergiebranche beobachten. Es stellt sich heraus, dass bei den Marketing-Instrumenten die Markenstrategie von fast allen Unternehmen länderübergreifend standardisiert wird und die Preispolitik die größten Spielräume zur Differenzierung innerhalb der Unternehmen zwischen einzelnen Ländermärkten zulässt. Kleine Unternehmen betreiben häufig eine differenzierte Produkt- und Kommunikationspolitik sowie eine weitestgehend standardisierte Preispolitik. Bei mittleren und großen Unternehmen ist es hingegen umgekehrt. Die Produkt- und Kommunikationspolitik sind häufig standardisiert und die Preispolitik wird mit zunehmender Größe und Vielzahl von Auslandsmärkten differenzierter. Die Standardisierung versus Differenzierung von Marketingprozessen in Unternehmen scheint in Abhängigkeit von den angewandten Markteintrittsstrategien zu stehen. Kleine Unternehmen, die häufig Dienstleistungen an mobilen externen Faktoren erbringen und damit auch häufiger den Export anwenden, weisen oft differenzierte Marketingprozesse auf. Mittlere und große Unternehmen, die stärker Strategische Allianzen, Niederlassungen und Tochterunternehmen als Markteintrittsstrategie verwenden, weil sie meist ortsgebundene Dienstleistungen erbringen, zeigen eher eine Standardisierung von Prozessabläufen.

Zum Abschluss der Fallstudienbetrachtung lassen sich drei *Unternehmenstypen* mit einer unterschiedlichen Vorgehensweise bei ihrer Internationalisierung erkennen. Um diese Typen trennscharf voneinander abzugrenzen, eignete sich das Kriterium "Vorgehen bei der Ländermarktauswahl", das die Ausprägungen: zufällig, strukturiert und strategisch aufweist. Demnach ergaben sich folgende Typen:

Tabelle 22: Unternehmenstypen der Internationalisierung bei Dienstleistern im Bereich der EE

Typ 1: Unternehmen mit zufälligem Vorgehen bei der Ländermarktauswahl	**Typ 2: Unternehmen mit strukturiertem Vorgehen bei der Ländermarktauswahl**	**Typ 3: Unternehmen mit strategischem Vorgehen bei der Ländermarktauswahl**
– es wird situativ auf Anfragen reagiert, – es wird nicht / äußerst selten zwischen alternativen Zielländern abgewogen, – es werden nur wenige Kriterien beim Auswahlprozess des Landes berücksichtigt, – meist sind Kundenanfragen für die Auswahl des jeweiligen Ländermarktes entscheidend	– Vor- und Nachteile von Zielländern werden gegeneinander abgewogen / Entscheidung zwischen Alternativen, – bewusste Auswahl von Zielländern, – es werden mehr Merkmale (Chancen / Risiken) der Ländermärkte als bei Typ 1 in die Entscheidung miteingebunden	– vorgeschriebene "Reportings" über Ländermärkte, – Vertriebs- und Auslandsabteilungen mit eigener Marktforschungstätigkeit, – genaue Sondierung der Zielmärkte, vorrangig nach wirtschaftlichen Kriterien

Im Folgenden werden die Typen und ihre Internationalisierungsstrategien näher beschrieben. Ein *Unternehmen mit zufälligem Vorgehen bei der Ländermarktauswahl* (Typ 1) ist überwiegend klein bis mittelgroß ($\leq$ 50 Mitarbeiter). Es stammt mit höherer Wahrscheinlichkeit aus den EE-Sparten Bioenergie, Wasserkraft oder Geothermie. In der Wind- und Solarenergiebranche ist dieser Unternehmenstyp eher seltener vorzufinden. Das internationale Engagement wird häufig durch externe direkte Einflüsse ausgelöst wie beispielsweise Kundenanfragen und Anfragen von Partnerunternehmen. Bei der Planung und Festlegung der Unternehmensziele ist die Internationalisierung für das Unternehmen eigentlich von nachrangigem Interesse. Motivationen zur Internationalisierung sind eher ideeller Art, z. B. Entwicklungsarbeit zu leisten oder einen Wissenstransfer zu ermöglichen, selten stehen wirtschaftliche Aspekte im Vordergrund. Um sich über die Ländermärkte zu informieren, werden mehrheitlich unternehmensexterne Quellen genutzt. Eine eigene firmeninterne Marktforschung existiert nicht. Dementsprechend bestehen verstärkt Informationsdefizite und Probleme bei der Bewertung der Richtigkeit von Informationen. Zentrale Zielländer dieses Unternehmenstyps befinden sich in Europa und werden häufig mittels des Exports oder Strategischer Allianzen, äußerst selten durch Niederlassungen oder Beteiligungen / Tochterunternehmen erschlossen. Kooperationspartner im Sinne Strategischer Allianzen sind oft privatwirtschaftliche Unternehmen und Personen im Ausland. Barrieren für einen Markteintritt existieren neben den ökonomischen, rechtlich und politischen vor allem auch in Bezug auf fehlende Partner und Mitarbeiter sowie im kulturellen und gesellschaftlichen Bereich. In Bezug auf den länderübergreifenden zeitlichen Markteintritt existiert kein planvolles Vorgehen. Dies ist meist situationsbedingt und zufällig. Im Hinblick auf Basisstrategien zur Marktbearbeitung wird oft eine standardisierte Markenpolitik angewandt. Die Prozessabläufe bezüglich der Internationalisierung sind eher differenziert und werden individuell an geänderte Rahmenbedingungen angepasst. Bei der Internationalisierung werden größtenteils keine Fördermittel genutzt, weil man sie einerseits nicht kennt oder andererseits zu viele Formalismen und eine umfangreiche Berichterstattung damit verbindet. Dennoch ist anzumerken, dass Unternehmen dieses Typs hohe Exportquoten von über 50 Prozent aufweisen können. Auch im KfW-Mittelstandspanel 2008 wird deutlich, dass kleine und mittlere Unternehmen im Vergleich zu Unternehmen ab 50 Beschäftigten in der Lage sind, einen wichtigen Anteil ihres Umsatzes im Ausland zu erzielen und dabei der Abstand zu den durchschnittlichen Anteilen der Auslandsumsätze bei größeren Unternehmen gar nicht mehr so groß ist. (vgl. KfW, 2008: 52, 62) Die jährlichen durchschnittlichen Anteile der Auslandsumsätze schwanken jedoch bei kleinen Unternehmen sehr stark, was darauf zurückzuführen sein kann, dass sie aufgrund einzelner Aufträge aus dem Ausland große Umsatzanteile erreichen können und kleine Unternehmen eine geringe Kontinuität im Auslandsgeschäft aufweisen als größere Unternehmen (KfW, 2008: 53). Dies scheint insbesondere für wissensintensive Dienstleistungen zu gelten (KfW, 2008: 56). Derartige Feststellungen lassen sich auch durch Aussagen der Unternehmensfallstudien belegen.

Ein *Unternehmen mit strukturiertem Vorgehen bei der Ländermarktauswahl* (Typ 2) ist höchstwahrscheinlich von mittlerer Größe (10 bis 50 Mitarbeiter), kann aber auch vereinzelt klein oder groß sein und wird voraussichtlich aus den EE-Sparten Wind- oder Solarenergie stammen. Auslöser seiner Internationalisierung sind meist externer Art. Diese können auch indirekt sein, z. B. die Einführung einer EE-Förderung nach deutschem Vorbild in einem Zielland. Im Gegensatz zum Typ 1 berücksichtigt es die Internationalisierung bereits in der Planung seiner Unternehmensziele, insbesondere in Bezug auf ökonomische Zielgrößen. Bei der Informationsbeschaffung über Ländermärkte wird sich nicht ausschließlich auf externe Quellen verlassen, sondern auch eine eigene firmeninterne Recherche vorgenommen. Zunehmend werden Netzwerke zur Informationsgewinnung genutzt. Informationsdefizite bestehen im Unternehmen nicht. Die zentralen, häufig bearbeiteten Zielländer liegen in Europa. Zum Markteintritt kommen alle Formen wie Export, Strategische Allianzen, Beteiligungen / Tochterunternehmen, Joint Venture und Niederlassungen in Betracht. Dabei werden größtenteils keine Fördermittel in Anspruch genommen. Dies basiert zum einen auf deren Unkenntnis und zum anderen darauf, dass man sie nicht vermisst. Kooperationspartner werden häufig über Netzwerke gefunden. Bei den Basisstrategien der Marktbearbeitung wird bei der Produkt- und Markenpolitik weitestgehend eine Standardisierung gewählt.

Ein *Unternehmen mit strategischem Vorgehen bei der Ländermarktauswahl* (Typ 3) ist groß und gehört voraussichtlich in die EE-Sparte Wind-, Solarenergie oder beispielsweise in die solarthermische Kraftwerkssparte. Auslöser für das internationale Engagement stammen vorrangig aus dem Unternehmen selbst und sind somit interner Art. Die wenigen externen Auslöser sind eher indirekt, z. B. durch eine steigende Nachfrage im jeweiligen Ländermarkt oder die Einführung einer EE-Gesetzgebung nach deutschem Vorbild. Die Internationalisierung wird stets in die ökonomischen Zielsetzungen des Unternehmens miteinbezogen. Informationen werden durch eine intensive eigene firmeninterne Marktforschung beschafft. Dazu werden entsprechende Organisationseinheiten und Prozessabläufe geschaffen. Demzufolge bestehen kaum Informationsdefizite. Zentrale Ländermärkte, die häufig bearbeitet werden, befinden sich nicht nur in Europa, sondern sind weltweit zu finden. Somit treten neben ökonomischen, rechtlichen und politischen Markteintrittsbarrieren auch häufiger kulturelle / gesellschaftliche in Erscheinung. Die Zielländer werden meist mittels Strategischer Allianzen, Beteiligungen / Tochterunternehmen oder Niederlassungen erschlossen. Der Export als Markteintrittsstrategie spielt nur eine unbeträchtliche Rolle. Kooperationen werden im Ausland auch verstärkt mit Forschungseinrichtungen oder Institutionen eingegangen, im Gegensatz zu Typ eins und zwei. Zudem werden Fördermittel der EU, des Bundes oder der Länder genutzt. Deren Auswahl und Prüfung erfolgt vom Unternehmen mit Sorgfalt. Unterstützungswünsche richten sich eher auf Finanzierungshilfen. Das Timing beim länderübergreifenden Markteintritt ist als bewusst sukzessiv zu bezeichnen und gleicht somit einer Wasserfallstrategie. In Bezug auf die Basisstrategie der Marktbearbeitung wird eine standardisierte Produkt- und Kommunikationspolitik angewandt. Prozessabläufe im Unternehmen sind zu einem überwiegenden Teil standardisiert. Die Exportquote des Unternehmens ist sehr hoch.

4.1.4 Ausgewählte Empfehlungen zur strategischen Internationalisierung

In diesem abschließenden Kapitel sollen für die Dienstleister im Bereich der erneuerbaren Energien einige ausgewählte Empfehlungen zur strategischen Planung ihres internationalen Engagements gegeben werden. Sie beziehen sich vorrangig auf die unternehmensinterne Stärken- und Schwächenanalyse, die strategische Zielplanung, die Auftragsakquisition, die Ländermarktbewertung und -auswahl sowie die dazu notwendige Informationsbeschaffung, die Form und das Timing des Ländermarkteintritts.

Unternehmen der EE-Branche, insbesondere kleine und mittlere, haben am Anfang ihrer Internationalisierung oft gar nicht das Ziel, sich im Ausland zu engagieren. Häufig wird der Internationalisierungsgedanke zunächst getragen durch eine persönliche Affinität der Geschäftsführung in Bezug auf ein Zielland oder ideelle Zielsetzungen wie Entwicklungshilfe oder einen Wissenstransfer leisten zu wollen bzw. das Wissen über die jeweilige EE-Nutzung zu verbreiten. Dienstleistungsunternehmen, die sich langfristig auf EE-Märkten etablieren wollen, müssen allerdings darauf achten, frühzeitig ihr Handeln und ihren Ressourceneinsatz in zielführende Bahnen zu lenken, indem sie sich messbare und damit kontrollierbare Ziele in Bezug auf die Internationalisierung setzen. Ökonomische Zielsetzungen, die die Internationalisierung berücksichtigen, können sich beispielsweise auf Marktanteile, Gewinn, Rentabilität, Wachstum oder den Ressourceneinsatz beziehen und sollten schnellstmöglich fest in die Zielplanung des Unternehmens integriert werden. Damit ist der Internationalisierungserfolg im Zeitablauf nachvollziehbar und kontrollierbar.

Um sich nicht unrealistische Ziele zu setzen, ist es notwendig, dass sich das Unternehmen intensiv mit seinen Stärken, aber auch Schwächen auseinandersetzt. Es sollte sich im Vergleich zu seinen Hauptwettbewerbern betrachten. Als grundlegende und für die Internationalisierung notwendige Erfolgsfaktoren muss zumindest eine hohe Qualität der angebotenen Leistungen sowie das entsprechende Know-how / Fachwissen der Mitarbeiter gewährleistet sein. Zudem sind eine große Bekanntheit / viele Referenzen, Flexibilität und Schnelligkeit, ein innovatives, spezielles oder umfangreiches Dienstleistungsangebot von Vorteil. Insbesondere in der Windenergie- und Photovoltaikbranche sind entsprechende Zertifizierungen unerlässlich. Die Vielzahl der Stärken muss die Schwächen deutlich überwiegen. Kleine und mittlere Unternehmen stoßen hierbei oft an die Grenze ihrer personellen Ressourcen und finanziellen Möglichkeiten. Meist spielen auch mangelhafte Sprachkenntnisse eine wesentliche Rolle. Große Unternehmen beklagen ihren hohen Finanzierungsbedarf.

Bei der Auftragsakquisition werden von den Unternehmen häufig die Extremformen, Kundenanfragen als passive Form und Teilnahme an Ausschreibungen als sehr aktive Form, angewendet. Gemäßigte Formen der aktiven Auftragsakquisition wie beispielsweise persönliche Kontaktaufnahme über Fachmessen, Tagungen / Konferenzen und über Unternehmenskooperationen oder ehemalige inländische Partner werden bisher in einem zu geringen Ausmaß genutzt. Weiterhin sind zur Generierung von Aufträgen im Ausland unkonventionellere Herangehensweisen zu berücksichtigen wie aktivere Mitarbeit in Verbänden, Teilnahme an Geschäftsreiseprogrammen der Exportinitiative oder Ausübung von Referententätigkeiten im Ausland, z. B. für die AHKn.

Idealerweise liegen dem Unternehmen mehrere ausländische Auftragsanfragen aus verschiedenen Ländermärkten vor bzw. es hat den Entschluss gefasst, seine Dienstleistungen im Ausland anzubieten und dafür vorerst verschiedene Ländermärkte ins Blickfeld gefasst. Für ein langfristig erfolgreiches Auslandsengagement muss es dem Unternehmen gelingen, schon im Vorfeld der Entscheidung für einen gewissen Ländermarkt ausreichend Informationen zu sammeln, um gut vorbereitet zu sein und somit das Risiko des Scheiterns beim ausländischen Markeintritt zu verringern.

Dazu sollte das Spektrum der Beurteilungskriterien für die Ländermärkte möglichst weit und divers sein – nicht nur wirtschaftliche Aspekte, sondern auch politische und rechtliche umfassen. Basiskriterium zur Bewertung sollte zunächst das Vorhandensein der natürlichen Standortbedingungen sein, damit die jeweilige EE zum Einsatz kommen kann. Die meisten Unternehmen, insbesondere die kleinen und mittleren, orientieren sich danach am Vorhandensein von EE-Fördergesetzen – möglichst nach deutschem Vorbild – bzw. den Vergütungssystemen. Wirtschaftliche Kriterien spielen im Gegensatz zu den rechtlichen und politischen Rahmenbedingungen eine gewichtigere Rolle. Aus wirtschaftlicher

Perspektive sind eine ausreichende Nachfrage, Seriosität / Kompetenz / Bonität und Qualität der Partner vor Ort äußerst wichtig. Bei den rechtlichen Rahmenbedingungen stehen zur Beurteilung des Ländermarktes häufig die genehmigungsrechtlichen Abläufe im Mittelpunkt des Interesses. Unter dem politischen Blickwinkel ist eine stabile Situation wünschenswert.

Um die benannten Kriterien mit den landesspezifischen Ausprägungen zu untersetzen, werden kleine und mittlere Unternehmen zur Informationsgewinnung zunächst vorrangig betriebsexterne Quellen nutzen. Grundlegende Säulen der Informationsbeschaffung sind dabei Kooperationspartner / Bekannte / freie Mitarbeiter in den Zielländern. Dementsprechend ist es für sie sehr wichtig persönliche Kontakte ins Ausland zu suchen, zu pflegen und zu stärken. Weiterhin können Informationsangebote der Verbände, Angebote der DIHK, IHKn, AHKn sowie der Deutschen Exportinitiative erneuerbare Energien, die Auftraggeber selbst, Messen, Netzwerke sowie Internetseiten und Fachzeitschriften genutzt werden. Es sollten auch unkonventionelle Methoden nicht außer Acht bleiben wie beispielsweise Referententätigkeiten bei AHKn oder der Erfahrungsschatz von Ruheständlern aus Wettbewerbsunternehmen. Mit zunehmender Größe der Unternehmen ist häufig ein größeres Eigenengagement bei der Informationsbeschaffung und -aufbereitung festzustellen und anzustreben, denn jedes Unternehmen besitzt spezifische Informationsbedürfnisse, die es in der gewünschten Zusammenstellung meist nicht findet. Oft können erst mit entsprechender Größe und wachsender Exportquote des Unternehmens nötige personelle Ressourcen und somit entsprechende Abteilungen sowie Procedere für eine Informationsaufbereitung und -beurteilung geschaffen werden. Im Weiteren darf sich das Unternehmen nicht auf der einmalig ermittelten Datenbasis ausruhen, sondern muss diese stets aktualisieren.

Wenn dem Unternehmen entsprechend seiner spezifischen Informationsbedürfnisse Kenntnisse zu den jeweiligen Ländermärkten vorliegen, sollte es mit dem Auswahlverfahren beginnen und die Ländermärkte in eine Rangfolge bringen. Am Anfang der Internationalisierung ist das Vorgehen häufig noch stark vereinfacht. Bei kleinen und mittleren Unternehmen ist oft nur eine zielgerichtete Anfrage aus einem Land entscheidend für die Auswahl des zu bearbeitenden Ländermarktes. Die Entscheidung für das Zielland fällt situationsbedingt. Objektive Entscheidungsparameter bleiben dabei weitgehend unberücksichtigt. Ein derartiges Vorgehen sollte vermieden bzw. ihm sollte schnellstmöglich entgegengewirkt werden. Zu Beginn ihrer Internationalisierung sollten die Unternehmen einen Zielmarkt mittels eines Filterverfahrens auswählen. Ein Filterverfahren umfasst mehrere Stufen. Auf der ersten Stufe scheiden alle Länder aus, die gewisse Ausschlusskriterien erfüllen. Beispielsweise alle Länder, in denen Gefahr für Leib und Leben der Mitarbeiter besteht oder die nicht die natürlichen Voraussetzungen für die entsprechende EE-Anwendung bieten. In den nächsten Auswahlstufen legt das Unternehmen ihm wichtige Kriterien fest. Voraussichtlich werden es in der zweiten Stufe Kriterien wirtschaftlicher und politisch sowie rechtlicher Art sein. Diese Kriterien können unterschiedlich gewichtet sein und sich gegenseitig „aufwiegen“. Ländermärkte mit der besten Benotung könnten dann in die nächste Auswahlstufe eingehen, in der möglicherweise gesellschaftliche und kulturelle Aspekte die Auswahl bestimmen. Ein Filterverfahren besteht aus ca. drei bis vier Stufen. Die Ländermärkte, die aus dem Filterverfahren letztendlich hervorgehen, sollten für einen Markteintritt bevorzugt werden.

Die für eine Bearbeitung ausgewählten Zielländer sollten vorzugsweise nacheinander (Wasserfallstrategie) erschlossen werden. Dies ist insbesondere aus Sicht der begrenzten finanziellen und personellen Ressourcen kleiner und mittlerer Unternehmen zu empfehlen. Dabei sollten die Unternehmen darauf achten, dass sie möglichst mit ihrem Dienstleistungsangebot im jeweiligen Zielland eine Vorreiterposition einnehmen bzw. als Pionier oder zumindest gleichzeitig mit den Hauptwettbewerbern eintreten, denn nur so können sie sich rechtzeitig Wettbewerbsvorteile sichern. Bei mittelgroßen Dienstleistern der Wind- und Solarenergiebranche ist auch häufiger eine Folgerstrategie zu beobachten, d.h. dass sie erst nach den Hauptwettbewerbern in Zielländer eintreten. Dabei handelt es sich meist um Ländermärkte mit sehr hohem Nachfragepotenzial, das durch die bereits dort anbietenden Unternehmen nicht gedeckt werden kann. Hier besteht die Chance für ein Folgerunternehmen, erste Auslandserfahrungen zu sammeln und diese dann auf einem anderen Ländermarkt als erster bzw. Pionier anzuwenden.

Aufgrund der Eigenschaften von Dienstleistungen wie Immaterialität, Nicht-Lagerbarkeit, Integration des Kunden in den Erstellungsprozess, Individualität der Leistungserstellung und dem sich daraus ergebenden Kaufrisiko beim Kunden scheinen Strategische Allianzen als Markteintrittsstrategie für Dienstleister besonders geeignet. Ein Kooperationspartner vor Ort besitzt häufig ein größeres Vertrauen des Kunden, ist mit den örtlichen Gegebenheiten besser vertraut und – wenn nötig – sofort ansprechbar.

Die meisten befragten Dienstleistungsunternehmen der EXPEED-Unternehmensfallstudie geben nicht nur eine angewandte Markteintrittsstrategie an, sondern sehr häufig zwei. Kleine Unternehmen und Unternehmen mit geringer Exportquote nutzen meist den Export und Strategische Allianzen. Unternehmen von mittlerer Größe verwenden auch noch mehrfach den Export, aber überwiegend Strategische Allianzen sowie Niederlassungen oder Tochterunternehmen. Niederlassungen und Tochterunternehmen werden von ihnen nur in Ländermärkten mit einem kontinuierlichen Nachfragepotenzial gegründet. Als Gründe für den Export werden häufig eine begrenzte Dauer der Projekte, Mobilität bei der Dienstleistungserbringung sowie die geographische Nähe der Zielländer angeführt. Große Unternehmen bevorzugen Strategische Allianzen, Tochterunternehmen / Beteiligungen und Niederlassungen. Je größer die finanziellen und personellen Ressourcen, desto stärker tendieren sie zu 100 – prozentigen Tochterunternehmen oder Niederlassungen und können damit ihrem Kontrollbedürfnis nachkommen.

Im Gegensatz zu reinen Dienstleistungsunternehmen scheinen Unternehmen mit einem materiellen Produkt, z. B. ein Messgerät, das sie mit einem entsprechenden Dienstleistungsangebot kombinieren, bei der Internationalisierung bevorteilt zu sein. Meist exportieren sie zunächst ihre Produkte in die jeweiligen Zielländer und erweitern ihr Angebot später um die jeweiligen Dienstleistungen. Als Beispiel ist das *Condition Monitoring* in der Windenergiebranche zu nennen.

Die Auswertung der EXPEED-Unternehmensbefragung zu den einzelnen Branchen ergab, dass in der Windenergiebranche eine große Vielfalt an Markteintrittsstrategien vom Export bis hin zur Tochtergesellschaft zu finden ist. Dies ist auch z.T. gültig für die Photovoltaik, obwohl die Unternehmen dort stärker Auslandsniederlassungen und Tochterunternehmen bevorzugen und damit den Alleineintritt. Anbieter der Solarthermie bevorzugen den Export und Auslandsniederlassungen bzw. Projektgesellschaften. Im Biomasse-Bereich konzentriert man sich beim ausländischen Markteintritt auch auf den Export und Auslandsniederlassungen. In der Geothermie wird von Tochtergesellschaften als Markteintrittsstrategie eher abgesehen und man sucht nach Partnern vor Ort für längere Kooperationen oder Einzelverträge. In der Wasserkraft ist das Bild gemischter. Kleine Planungs- und Projektierungsunternehmen bevorzugen den Export. Große Planer und Projektierer nutzen den Export bis hin zu Tochtergesellschaft. Anscheinend liegt der Schwerpunkt aber auf Auslandsniederlassungen und Joint Ventures.

Insbesondere mit den beiden Markteintrittsstrategien des Exports und der Strategischen Allianz stehen geringe Kapital- und Managementleistungen im Zielland im Einklang und damit auch ein gemindertes Investitionsrisiko. Sie sind deshalb insbesondere kleineren Dienstleistungsunternehmen zu empfehlen.

Weitere Handlungsempfehlungen zur strategischen Internationalisierung von Dienstleistungsunternehmen im Bereich der erneuerbaren Energien sind in einem Unternehmensleitfaden, der im Rahmen des EXPEED-Projektes entwickelt wurde, aufgeführt.[60]

[60] Abrufbar unter www.expeed.de.

Joachim Liesenfeld

4.2 Internationalisierungsperspektiven der deutschen Wasserwirtschaft unter besonderer Berücksichtigung von Südosteuropa

Um die Internationalisierungsperspektiven der deutschen Wasserwirtschaft auf dem Hintergrund der wissenschaftlichen Diskussion in der Dienstleistungs- und Innovationsforschung analysierbar zu machen, haben wir uns in dem Projekt ProWaDi (vgl. Kapitel 3.2) verschiedene wissenschaftliche Forschungsansätze nutzbar gemacht. So verfolgen wir zum ersten einen ökonomischen Geschäftsmodellansatz (Gersch 2006, Rappa 2007, Timmers 1998) für die außenwirtschaftliche Perspektivierung der Wasserwirtschaft und verschiedener Branchensegmente (Dienstleistungstypen). Dieser ermöglicht die Abbildung der Grundzüge der wasserwirtschaftlichen Wertschöpfungsarchitektur. Da die Wertschöpfungsarchitektur der Wasserwirtschaft national und international in vergleichsweise hohem Maße öffentlich reguliert ist, bietet sich zur Analyse der politischen Interventionsdimension und der politischen und ökonomischen Schnittstellen ein politikwissenschaftlicher Governance-Ansatz an (aktuell Benz / Lütz / Schimank / Simonis 2007). Der Governance-Ansatz erlaubt in nationaler und internationaler Perspektive eine integrierte Betrachtung des Zusammenwirkens unterschiedlicher Mechanismen, Handlungen und Institutionen der gesellschaftlichen Koordination, also von staatlichen Institutionen und wirtschaftlichen Akteuren, Verbänden und zivilgesellschaftlichen Initiativen, Steuerung und Selbststeuerung, Macht und Wettbewerb. In dieser Hinsicht versucht er einer Komplexität gerecht zu werden, die in anderen Erklärungskonzepten häufig stark reduziert wird.

Sowohl der Geschäftsmodell- wie auch der Governance-Ansatz rekurrieren auf sich verändernde Kooperationsmuster von Unternehmen entlang der Wertschöpfungskette wie auch auf die Beziehungen der Akteure und Institutionen im Rahmen einer nationalen wie internationalen Multi-Level-Water-Governance. Hier ist der Rückgriff auf die sozialwissenschaftliche Diskussion um die Genese, Funktionsweise und Bedeutung von Netzwerken hilfreich.

Da das Projekt insbesondere Ost- und Südosteuropa als Region für das internationale Engagement sondieren wollte, wurde zum zweiten eine wasserwirtschaftliche Governance- und Marktanalyse für diese Region vorgenommen. Aufgrund der zeitlich parallel erfolgenden Umsetzung der Umweltrahmenrichtlinie der EU, bestand ein systematischer Zugang zum Thema in der Analyse der Implementierung der WRRL in den neuen ost- und südosteuropäischen Mitgliedsstaaten der EU. Um die Rolle der deutschen Wasserwirtschaft besser verorten zu können, wurde des weiteren im Rahmen von ProWaDi eine Studie zur internationalen Wettbewerbssituation erarbeitet, die in besonderer Weise auf den Wettbewerber Frankreich ausgerichtet war.

Im Zentrum der praktischen Entwicklungs- und Umsetzungsaktivitäten standen länderspezifisch ausgerichtete Initiativen, mit denen internationale Erfahrungen gemacht und Kooperations- und Netzwerkbeziehungen mit der Wasserwirtschaft in diesen Ländern aufgebaut werden sollten. An diesen Aktivitäten wie Kontaktbörsen, Messebesuchen mit begleitenden Fachtagungen, Delegationsreisen sowie an den vor- und nachbereitenden Veranstaltungen in Deutschland waren insgesamt 60 Unternehmen beteiligt. Diese Unternehmen der Wasserwirtschaft waren zugleich eine wichtige empirische Grundlage des Projektes ProWaDi, auch wenn deren Mitwirkungsinteresse primär nicht auf das Forschungsziel sondern auf wirtschaftliche Ziele gerichtet war.

Aus der Sicht der beteiligten Unternehmen ging es bei den angesprochenen Auslandsaktivitäten um den Aufbau konkreter Geschäftspartnerschaften und die Akquise von Aufträgen. Ursprünglich sollten die Zielländer ausschließlich aus Ost- und Südosteuropa kommen. Hier erfolgte im Projektverlauf eine Konzentration auf Bulgarien und Rumänien, die der EU zum 01.01.2007 beigetreten waren und schon auf diesem Hintergrund von großer Bedeutung sind. Im Projektverlauf ist dann Brasilien als weiteres Zielland bestimmt worden. Ausschlag gebend hierfür war, dass Brasilien in der internationalen Wasserwirtschaft eine (doch) deutlich andere Stellung einnimmt als die Staaten Ost- und Südosteuropas. Dies hängt mit unterschiedlichen Faktoren zusammen wie Größe und Einwohnerzahl, Wasserverfügbarkeit, klimatischen Bedingungen, Bevölkerungswachstum, Entwicklung von Siedlungsstrukturen, Größe der Anlagen und eingesetzter Technologie für Wasseraufbereitung bzw. Abwasserbehandlung, Umweltpolitik u.a.m.[61]

4.2.1 Internationale Perspektiven und Erfahrungen

ProWaDi war neben Forschungsaufgaben auch auf praktische Initiativen gerichtet, die die Exportaktivitäten der deutschen Wasserwirtschaft unterstützen sollten. Dabei konnte es selbstverständlich nur um eine exemplarische Initiierung und Begleitung von Initiativen gehen. Ziel war dabei die Unterstützung speziell von kleinen und mittelständischen Dienstleistungsunternehmen aus der Wasserwirtschaft. Mit Projektbeginn war Ost- und Südosteuropa als Zielregion bestimmt worden. Einerseits ging es in analytischer Perspektive darum, die Markt- und Exportpotenziale in den neuen EU-Mitgliedsstaaten zu erkunden, was außerdem noch aus der Governance-Perspektive aufgrund der EU-weiten Anpassung der öffentlichen Regulierung der Wasserwirtschaft durch die Wasserrahmenrichtlinie (WRRL) interessant schien.

Andererseits beabsichtigte ProWaDi die Entfaltung von Vor-Ort-Präsenz, wofür schließlich Bulgarien als konkretes Zielland ausgesucht wurde. Die dortigen Aktivitäten sind über einen Zeitraum von etwas mehr als zwei Jahren kontinuierlich betrieben worden. Sie wurden im letzten Jahr der Projektlaufzeit durch punktuellere Aktivitäten in Brasilien ergänzt. Dieser Schritt wurde vollzogen, um die wasserwirtschaftlichen Erfolgsperspektiven in Südosteuropa mit denen in einem der BRIC-Staaten vergleichen zu können, der gänzlich andere Ausgangsbedingungen hat.

---

[61] Vgl. zu den praktischen Erfahrungen uns Ergebnissen exportorientierter Aktivitäten wie z. B. Kontaktbörsen und Unternehmensreisen Kap. 4.3.5.2

4.2.1.1 Die Umsetzung der WRRL in Osteuropa und speziell in Bulgarien[62]

Die Gewässerschutzpolitik der Europäischen Gemeinschaft bekam 2000 ein neues Fundament, die „Wasserrahmenrichtlinie" (WRRL, Richtlinie 2000 / 60 / EG). Unter ihrem Dach wurde der europäische Gewässerschutz vereinheitlicht. Die Wasserrahmenrichtlinie ersetzte mehrere alte EU-Richtlinien und realisierte einen neuen umfassenden Rechtsrahmen für den Gewässerschutz in Europa. Die WRRL fußt auf zwei Prinzipien:

1. Gewässer bilden eine Einheit mit ihrem Einzugsgebiet. Das bedeutet auch zu berücksichtigen, dass Grundwasser, Oberflächenwasser, Auen und Küstengewässer in Wechselwirkung miteinander stehen und sie Lebensraum unzähliger Pflanzen und Tiere sind.
2. Vorbeugender Gewässerschutz bewirkt mehr und ist langfristig preiswerter als ein „Reparaturbetrieb", der nur an Gefahren und Schäden an den Gewässern ansetzt.

Um einen effektiven vorsorgenden Gewässerschutz sicherzustellen, ist die Fachkompetenz und die Mitwirkung verschiedener Akteure an der Bewirtschaftung der Flussgebietseinheiten in der WRRL vorgesehen. Im Ergebnis wirkt die WRRL in der Praxis sogar über die EU hinaus. Die internationale Flussgebietseinheit Donau soll auf der Grundlage der WRRL auch durch Partizipationsstrategien geschützt und nachhaltig bewirtschaftet werden. Die beteiligten Staaten haben sich zu den Zielen der Wasserrahmenrichtlinie bekannt, also auch die Nicht-EU-Staaten, die das Donauschutzabkommen[63] unterzeichnet haben (Muro et al. 2006).

Die ökonomischen Elemente der WRRL lassen sich dabei in drei Gruppen untergliedern, die untereinander und mit anderen Elementen der Richtlinie verknüpft sind:

1. Wirtschaftliche Analyse der Wassernutzungen (Art. 5 und Anhang 3),
2. Erzielung von kostendeckenden Wasserpreisen (einschließlich von Umwelt- und Ressourcenkosten) (Art. 9 und Anhang 3),
3. Rechtfertigung von Ausnahmen (Art. 4).

Diese drei Punkte müssen nicht gleichzeitig, sondern zu unterschiedlichen Zeitpunkten erreicht werden: Bis 2004 (in den neuen EU-Mitgliedsländern teilweise später) hatte eine ökonomische Bestandsaufnahme zu erfolgen. Ein Teil dieser wirtschaftlichen Analyse umfasst die Erarbeitung einer Methodik zur Feststellung der kosteneffizientesten Maßnahmen gegen Gewässerbelastungen. Die EU-Mitgliedstaaten sollten bis zum Jahr 2010 kostendeckende Wasserpreise anstreben; die Rechtfertigung von Ausnahmen musste im bis 2009 zu erstellenden Bewirtschaftungsplan vorgenommen werden, etc.[64] Die WRRL

[62] Dieses Kapitel basiert auf Entwürfen der ProWaDi-Projektpartnerin Brigitte Biermann (FernUniversität Hagen) für den Abschlussbericht des Projektes.

[63] Environmental Programme for the Danube River Basin (1991).

[64] Das Umweltbundesamt hat vom Institut Ecologic, Berlin, die wirtschaftlichen Anforderungen der Wasserrahmenrichtlinie analysieren lassen vgl. Interwies, Kraemer (2001).

enthält eine Revisionsklausel, wonach spätestens 2013 die Überprüfung von Maßnahmen und ihrer Wirksamkeit ansteht.

Die Wasserwirtschaft in Bulgarien hat bis heute einen enormen Modernisierungsbedarf. Dies gilt für die Wasserversorgung, die mit 98 % zwar einen hohen Anschlussgrad, jedoch auch erhebliche Wasserverluste aufweist (über 50 %). Mit dem Beitritt Bulgariens zur EU zum 01.01.2007 sind umfängliche Investitionen in die Wasserversorgungsnetze eingeleitet worden, um sie mittelfristig auf EU-Standard zu bringen. Noch ausgeprägter ist der Modernisierungsbedarf im Abwasserbereich, in welchem beim EU-Beitritt nur 67 % der Haushalte an die Kanalisation und nur 40 % an Kläranlagen angeschlossen waren. Bis 2010 werden in den 120 Gemeinden mit über 10.000 Einwohnern und bis 2014 in den 300 Gemeinden mit bis zu 10.000 Einwohnern die Abwasserbehandlungsanlagen gebaut bzw. modernisiert. Hierfür werden durch die EU Mittel bereitgestellt. Der Finanzierungsbedarf zur Einhaltung der EU-Standards liegt bezogen auf die Jahre 2005 – 2014 bei 6,9 Milliarden Euro (World Bank 2005: 1). Die Zahlen deuten bereits einige der Probleme Bulgariens an. Das Land hat eine eher kleingemeindliche Struktur und verzeichnet zudem Bevölkerungsverluste durch Auswanderung, so dass insbesondere die Infrastrukturentwicklung in ländlichen Regionen besonderen Anforderungen ausgesetzt ist.

Die Wasserrahmenrichtlinie, die Kommunale Abwasserrichtlinie und die Trinkwasserrichtlinie der EU sind die für den Umbau der Wasserwirtschaft bedeutendsten Vorgaben der EU. Hinzu kommen im Natur- und Umweltschutz relevanten Regulierungen. Die formale Umsetzung dieser Vorgaben in bulgarisches Recht ist auf nationaler Ebene weitgehend abgeschlossen.

Vor allem durch die EU-Förderprogramme für Beitrittskandidaten- und Beitritts-Länder „Phare“ und „ISPA“ wurden die bisher getätigten Investitionen im Wassersektor ermöglicht, die zur Einhaltung der wesentlichen technischen Standards beitragen sollten (Kohäsions-Projektförderung). Zudem trugen die Weltbank und die Europäische Entwicklungsbank (European Bank for Reconstruction and Development, EBRD) einen großen Anteil an den Finanzierungen. Denn selbst die anteilige Beteiligung bulgarischer Besitzer und Betreiber der Wasserwirtschaft (insbesondere Kommunen und die staatlichen Wirtschaftsdirektionen Wasser und Kanalisation (WiKs)) konnte aufgrund ihrer geringen Kapazitäten vielfach nicht realisiert werden. Im Ergebnis hat die EU-Förderung bereits wichtige Schritte zur Verbesserung der Wasserversorgung und Abwasserentsorgung in Bulgarien ermöglicht und die Verbesserung der Infrastruktur eingeleitet. Die bisherigen Förderprogramme tragen zur Einhaltung der technischen Mindeststandards bei, sie sind aber insbesondere für die notwendige auch institutionelle Umstrukturierung im Wassersektor nicht hinreichend.

Um die von der Wasserrahmenrichtlinie geforderte integrierte Flussgebietsbewirtschaftung zu ermöglichen, wurde das Land im Bulgarischen Wassergesetz in vier entsprechende Gebiete eingeteilt, die auch administrativen Charakter haben. Die Leistungsfähigkeit der Verwaltung ist jedoch vor allem aufgrund mangelnder Kapazitäten (Personal, Ausrüstung) nicht ausreichend. Während die formalen Anforderungen an die Umsetzung der EU-Vorgaben weitgehend erfüllt sind, ist die Umsetzung einiger Richtlinien (z. B. Trinkwasserrichtlinie) im Rückstand (EU-Kommission 2006: 36).

Die Zuständigkeit für Fragen der Wasserwirtschaft ist in Bulgarien auf vier Ministerien verteilt, wobei die meisten Kompetenzen auf das Ministerium für Umwelt und Wasser sowie auf das Regionalministerium entfallen. Im Detail verbleiben Unklarheiten bei der Verteilung der Kompetenzen. Für die Anwendung der regulativen Neuerungen und für die Umsetzung der infrastrukturellen und technischen Veränderungen ist die regionale und insbesondere die kommunale Organisationsebene verantwortlich. Der Ansatz, die WiKs zumindest teilweise zu privatisieren, um so Investitionen Privater u.a. durch eine neue Gebührenstruktur zu ermöglichen, wurde Mitte der 1990er Jahre verfolgt, aber nicht weitergeführt (IDCED 2006: 24). Bis dato sind es staatliche Strukturen, also kommunale Träger oder ihre Zusammenschlüsse aus mehreren Kommunen, die die Wasserversorgung und Abwasserentsorgung in Bulgarien leisten. Hürden für ausländische Investoren bestehen vor allem aufgrund:

– offener Fragen der Refinanzierung von Investitionen durch Gebühren
– ungeklärter Eigentumsverhältnisse insbesondere in der Infrastruktur (IDCED 2006: 40)

Privatisierungsinitiativen gibt es seit Ende der 1990er Jahre. Ein zwischen 1998 und 2003 durchgeführter Versuch, die Wasserversorgung in Sofia zu privatisieren, erregte Aufsehen. Die privaten Investoren, ein internationales Konsortium, zogen sich zurück, nachdem es durch Preiserhöhungen für Endverbraucher und gewerkschaftlich kritisierte Arbeitsverhältnisse in die Schlagzeilen geraten war.

Nach Einschätzung der Weltbank werden Investitionen Privater im wasserwirtschaftlichen Bereich zurzeit dadurch verhindert, dass das Monopol für die Dienstleistungen bei Kommunen und WiKs liegt; insofern werden Private nur in Ausschreibungen zum Infrastrukturaufbau berücksichtigt. Es fehle an rechtlichen Grundlagen, die sowohl den Kommunen als auch Privaten ermöglichen würden, Infrastrukturinvestitionen über Gebühreneinnahmen zu refinanzieren (Weltbank 2005). Bisher fehlt es an Alternativkonzepten für die Investitions-Refinanzierung.

Im Ergebnis führen, trotz Anpassung der bulgarischen Gesetze an europäische Vorgaben, sowohl die (nach innen und außen) intransparenten und konkurrierenden Zuständigkeiten verschiedener Institutionen auf nationaler Ebene als auch unterausgestattete Umsetzungsorgane und mangelnde Kontrollmechanismen zu wasserwirtschaftlichen Aktivitäten, die die EU-Vorgaben nicht ausreichend erfüllen. Der Mangel an Investitionen wird auch darauf zurückgeführt, dass die Wasserversorgung und Abwasserentsorgung bisher in staatlicher Hand blieb und somit die Verbrauchsgebühren nicht zur Refinanzierung von Investitionen herangezogen werden können.

Aus den Berichten der relevanten Institutionen, die u.a. Ergebnisse zu möglichen Kooperationen im Dienstleistungsbereich der Wasserwirtschaft erarbeiten, kann daher der folgende Schluss gezogen werden: Die Wasserwirtschaft Bulgariens benötigt aktuell und mindestens bis 2014 eine umfassende Verbesserung und Umstrukturierung, die vor allem über europäische und internationale Förderprogramme und ausländische Investitionen umzusetzen ist.

4.2.1.2 Praktische Projekt- und Geschäftsinitiativen in Bulgarien

Das Projekt ProWaDi hat vor diesem Hintergrund einen praktischen Unterstützungsprozess für mittelständische deutsche Unternehmen initiiert, die an Bulgarien als Markt interessiert sind, das im übrigen im Ruf steht, eine sehr deutschfreundliches Land zu sein. Dieser Unterstützungsprozess wurde in Kooperation mit German Water e.V. als Interessenverband der deutschen Wasserwirtschaft durchgeführt und umfasste eine zeitliche Spanne von rund zwei Jahren, beginnend noch vor dem EU-Beitritt im Herbst 2006 und endend im Herbst 2008. Das bulgarische Umweltministerium und die beteiligten öffentlichen Institutionen hatten ein Interesse am Know-how-Transfer seitens deutscher Unternehmen artikuliert, weil Erfahrungen mit entsprechenden Projekten in Ostdeutschland gemacht worden sind, die EU-Standards erreicht und zugleich aufgezeigt haben, wie auch die Investitionskosten bedarfsorientiert gehalten werden können.

Der Unterstützungsprozess für die deutschen KMU hatte folgende Merkmale:

- Die Aktivitäten im Zielland Bulgarien wurden getragen durch größere, in regelmäßigem Abstand durchgeführte Veranstaltungen in Sofia bzw. Plovdiv. Zum Auftakt wurde im Oktober / November 2006 eine Unternehmerreise nach Sofia durchgeführt, in deren Zentrum eine mehrtägige Kontaktbörse mit Unternehmen und wasserwirtschaftlichen Institutionen aus Bulgarien und Deutschland stand. Die hier aufgebauten Kontakte sind in den beiden Folgejahren im Rahmen der Industriemesse AQUATECH in Plovdiv im September 2007 und im September 2008 vertieft worden. Während der AQUATECH 2007 wurde von ProWaDi und German Water e.V. gemeinsam ein deutsch-bulgarisches Forum Wasserwirtschaft veranstaltet.[65]
- Neben diesen Veranstaltungen sorgten ein deutscher Projektpartner mit einer Firmenniederlassung in Sofia sowie ein auf das Matching bulgarisch-deutscher Unternehmensbeziehungen spezialisiertes bulgarisches Unternehmen für die Verstetigung der Kooperationsbeziehungen zwischen den deutschen und bulgarischen Unternehmen und Institutionen aus der Wasserwirtschaft. Die auf diesem Wege geförderten bilateralen Beziehungen zwischen Unternehmen sind des weiteren durch Seminare und die Durchführung eines wasserwirtschaftlichen Besichtigungsprogramms einer bulgarischen Delegation in Deutschland gefördert worden.
- An den Aktivitäten von ProWaDi und German Water e.V. in Bulgarien haben insgesamt rund 50 deutsche Unternehmen teilgenommen. Im Ergebnis ist die Mehrzahl der einbezogenen Unternehmen am Ende des Projektes auch dauerhaft in Bulgarien tätig,

[65] Die Delegationsreisen nach Bulgarien und Brasilien sind zusätzlich vom Bundesministerium für Wirtschaft und Technologie (BMWi) im Rahmen des Förderprogramms „Internationale Wirtschaftskooperation innovativer KMU und technischer Dienstleister" gefördert worden.

sei es durch den kontinuierlichen Absatz von Produkten bzw. Dienstleistungen, durch erfolgreiche Projektakquisition oder zumindest durch verstetigte Partnerschaften mit Aussichten auf Geschäftserfolge.

Die Erfolgsbilanzen der beteiligten Unternehmen zeigten allerdings Unterschiede. Auch im Rahmen des vom Projekt unterstützten Matching-Prozesses waren die Anbieter von wassertechnischen Anlagen und Komponenten überdurchschnittlich erfolgreich. Sie haben einerseits in Bulgarien ihre Kunden und Absatzmärkte gefunden und andererseits bereits im Betrachtungszeitraum ihren Marktauftritt in diesem Land professionalisiert. Das heißt, dass sie Vertriebsniederlassungen gegründet haben, die Geschäftsprozesse standardisiert und Mitarbeiter / innen aus Bulgarien eingestellt haben.

Für die beteiligten Dienstleistungsunternehmen fällt die Bilanz eher ambivalent aus. Geschäftskontakte konnten von den meisten der Dienstleistungsunternehmen geknüpft werden. In einigen Fällen ergaben sich im Kontext spezialisierter Planungsdienstleistungen auch Planungs- und Engineering-Aufträge. Schwierigkeiten traten dann verstärkt auf, wenn für Projekte die Entscheidungen von politisch, administrativ und planerisch verantwortlichen Institutionen jenseits von Absichtsbekundungen erforderlich wurden. Ungeregelte Kompetenzen und Zuständigkeiten in und zwischen den Gebietskörperschaften (Ministerien, Regionen, Kommunen), rechtliche Unsicherheiten und finanzielle Intransparenz sowie wechselnde Ansprechpartner machen sich auch bei sehr konkreten Projekten restriktiv bemerkbar. Hier fehlt es an verbindlichen und zuverlässigen Governance-Strukturen.

Die Erfahrungen aus dem Projekt lassen sich dahin gehend zusammenfassen, dass parallel und in verstärkter Weise Capacity Building erfolgen sollte oder betrieben werden müsste, wenn kleine wasserwirtschaftliche Dienstleistungsunternehmen auf dem bulgarischen Markt erfolgreich sein wollen. Zum einen wären in verstärkter Weise Mitwirkungsmöglichkeiten der deutschen bei der Weiterentwicklung der bulgarischen Wasserwirtschaft im Sinne von Capacity Building zu sondieren. Für die deutschen Dienstleistungsunternehmen mit Ambitionen auf den bulgarischen Markt wäre erforderlich, dass eine kontinuierliche Präsenz gewährleistet wird und sich insbesondere die KMU gemeinsam aufstellen. Hierfür gibt es mit dem Unternehmen SIKOS UC ein sehr gutes Beispiel. SIKOS ist ein bulgarisches Unternehmen mit Gesellschaftern aus der deutschen Wasserwirtschaft.

Zur Unterstützung von Capacity-Building-Initiativen für die bulgarische Wasserwirtschaft könnten eine Reihe von Ansatzpunkten wirksamer genutzt werden:[66]

– Städtepartnerschaften zwischen bulgarischen und deutschen Kommunen unter Einbeziehung der Kommunalverbände, bei denen ein spezieller Fokus auf die Entwicklung von Infrastrukturen für die Wasserversorgung, Abwasser- und Abfallentsorgung gelegt werden könnte.

[66] Die Liste basiert auf Entwürfen des ProWaDi-Projektpartners SVT (Europäisches Institut für Sanierung, Sicherheit, Versicherung und Umwelttechnik) für den Abschlussbericht des Projektes.

- Partnerschaftshilfe auf der Ebene des Flussgebietsmanagements seitens deutscher Wasserverbände für die Körperschaften, die mit dem Management der vier bulgarischen Flusseinzugsgebiete betraut sind; erste Vorarbeiten seitens des Wupper-Verbandes, insbesondere auch zur Nutzung des geografischen Informationssystems FLUGGS liegen vor.
- Rechtlicher Know-how-Transfer bezogen auf Ausschreibungen, Auftragsvergaben, Bauüberwachung, Prüfung von Widersprüchen und vergaberechtlicher Validierung sowie auf die Gestaltung von Betreiberverträgen.
- Technologiebezogener Wissenstransfer im Hinblick auf die Größenfestlegung der jeweiligen Versorgungsgebiete, die Anlagen, Spezifikationsmöglichkeiten und Typen, im Abwasserbereich z. B. im Hinblick auf Membrantechnik, Belebungstechnik oder Pflanzenkläranlagen sowie auf eine nachhaltige Entsorgung bis hin zur Schlammbearbeitung.
- Unterstützung beim Aufbau bzw. der Weiterentwicklung des fachspezifischen Bildungssystems sowohl im Bereich der Aus-, Fort- und Weiterbildung wie auch im Bereich der Hochschulausbildung, Integration fachübergreifender Kompetenzen durch Rechts-, Umwelt-, Wirtschafts- und Technikmodule.

Zu Beginn des Jahres 2009 ist bezogen auf die beiden letzten Punkte ein wichtiger Schritt vollzogen worden. Die Stadtentwässerung Dresden und die Dreberis GmbH sind im Rahmen eines deutsch-bulgarischen Gemeinschaftsprojektes damit beauftragt worden, eine „Konzeption für ein Bildungszentrum der Wasserwirtschaft in Bulgarien" zu erarbeiten, das einerseits die Bildung, Qualifizierung und den Kompetenztransfer in allen wasserwirtschaftlichen Belangen systematisch betreiben soll und andererseits auch Technologietransferfunktionen wahrnehmen wird. Das Projekt kann sich über German Water Partnership e.V. der Kompetenzen weiterer deutscher wasserwirtschaftlicher Akteure bedienen.

Wie lassen sich nun die Entwicklungen und Erfahrungen in Bulgarien unter Verallgemeinerungsgesichtspunkten bewerten? Das Projekt ProWaDi geht davon aus, dass sich Entwicklungen und Erfahrungen, die in einzelnen Ländern gemacht worden sind, nur bedingt übertragen lassen. Es ist möglich, enge Parallelen z. B. für die neuen EU-Mitgliedsstaaten in Südosteuropa zu identifizieren (rechtlich, technisch etc.). Aber schon der Vergleich zwischen Bulgarien und Rumänien würde einige Unterschiede zu Tage fördern.

Weltweit weist die Nachfrage nach Wassertechnologien und Wasserdienstleistungen eine erhebliche Divergenz aus. Neben den Aktivitäten in der Zielregion Ost- und Südosteuropa hat ProWaDi im Jahr 2007 auch eine Sondierung der Situation der brasilianischen Wasserwirtschaft vorgenommen. Dies geschah im Rahmen einer zehntägigen Delegationsreise und stützt sich außerdem auf die Expertise eines Projektpartners (Dr. Krätzig Ingenieurgesellschaft), der eine Niederlassung in Brasilien und somit langjährige Erfahrung aus vielen brasilianischen Projekten der Wasserversorgung und Abwasserbehandlung hat.

In den Städten Sao Paulo, Campinas, Brasilia und Rio de Janeiro hat die Gruppe gemeinsam mit brasilianischen Partnern Wasserwerke und Abwasseraufbereitungsanlagen besichtigt und die Besonderheiten der brasilianischen Versorgungsinfrastruktur, der wasserwirtschaftlichen Anlagen und der Umweltsituation kennenlernen können. Brasilien ist durch großes Wachstum der Bevölkerung insbesondere in den Städten gekennzeichnet. Der Wasserwirtschaft werden deshalb bei der Versorgung und der Entsorgung erhebliche Mengen abverlangt. So ist das Wasserwerk Guandu von Rio de Janeiro mit einer Kapazität von 43 m^3 / sec. die derzeit größte Wasseraufbereitungsanlage der Welt.

Das brasilianische Know-how in der Wasserwirtschaft ist entsprechend groß. So verfügt die brasilianische Wasserwirtschaft z. B. über Kompetenzen bei der Wasserversorgung und Abwasserentsorgung in drei unterschiedlichen Klimazonen des Landes, eine für das internationale Wassergeschäft nicht zu unterschätzende Kompetenz. Allerdings sind auch Infrastrukturengpässe, Qualitätsprobleme und Effizienzverluste im energetischen Bereich erkennbar. Gerade dies sind Bereiche, in denen für deutsche Dienstleister gute Marktchancen vorhanden sind. So gibt es beispielsweise ein Kooperationsprojekt von drei deutschen Unternehmen mit dem drittgrößten brasilianischen Wasserversorger zum Wasserverlustmanagement. Die drei Unternehmen – ein Armaturenhersteller, ein Leckagespezialist und ein Ingenieurbüro – ergänzen sich dabei mit ihren Kernkompetenzen. Es sind solche Projekte, mit denen die deutsche Wasserwirtschaft international punkten kann, weil die deutsche Wasserwirtschaft als kompetenter Problemlöser auftritt und der Erfolg vom Kunden dann anschließend kommuniziert wird. Auch in Brasilien hatte das Projekt ProWaDi eine Anstoßfunktion für Folgeaktivitäten. So ist daraus zum einen das Projekt „Errichtung, Erprobung und Einführung einer dezentralen Wasseraufbereitungsanlage in Brasilien“ entstanden, das unter Federführung des deutschen Anlagenbauunternehmens Grünbeck durchgeführt wird und dezentrale Wasseraufbereitungsanlagen für den brasilianischen Markt entwickelt. Zum anderen ist die Wasserversorgung der Region um die Hauptstadt Brasilia Bestandteil des BMBF-Vorhabens IWAS geworden, das „(...)neue Lösungsansätze zur Bekämpfung drängender Wasserprobleme in den fünf Weltregionen Osteuropa, Zentralasien, Südostasien, Mittlerer Osten und Lateinamerika (...)“ erarbeitet.[67]

Es liegt auf der Hand, dass die naturräumlichen, infrastrukturellen und siedlungsstrukturellen, rechtlichen, demografischen und sozio-ökonomischen Rahmenbedingungen wie auch das Marktvolumen in Südosteuropa und Brasilien – wie in anderen Teilen der Welt – jeweils sehr spezifische Anforderungen an exportorientierte Unternehmens- und Kooperationsstrategien darstellen.

[67] Helmholtz Zentrum für Umweltforschung, Pressemitteilung 1. Juli 2008

4.2.2 Ansatzpunkte zur Stärkung der Exportorientierung der deutschen Wasserwirtschaft

In diesem abschließenden Kapitel werden aktuelle Trends und – soweit bereits erkennbar – Strategien angesprochen, die eine hervorgehobene Bedeutung für die Stärkung der Exportfähigkeit und die Internationalisierung der deutschen Wasserwirtschaft haben. Diese sind zum einen an den Schnittstellen von unterschiedlichen gesellschaftlichen Akteuren (Mehrebenensystem, Politik, Wirtschaft, Wissenschaft) angesiedelt und werden mit Rückgriff auf den Governance-Begriff thematisiert. Sie werden zum anderen von Unternehmen im Sinne ihrer originären wirtschaftlichen Unternehmensziele gesetzt. Bezogen auf die Wasserwirtschaft insgesamt wird hier ein Geschäftsmodellansatz zur Analyse und Darstellung gewählt.

4.2.2.1 Verbesserte Water Governance

Für die Wasserwirtschaft insgesamt lässt sich das Governance-Konzept sehr gut operationalisieren. In internationaler Perspektive hat sich der Begriff der Water Governance etabliert. Das Governance-Konzept eignet sich zur Beschreibung und Analyse der Wasserwirtschaft deshalb in besonderer Weise; weil Akteure aus dem Mehrebenensystem, also politisch-administrative Akteure, Akteure aus der Wirtschaft, Forschung und Entwicklung sehr eng aufeinander bezogen agieren. Weltweit spielen dabei folgende Faktoren eine Rolle:

- Wasser ist unverzichtbare Lebens-, Ernährungs- und Hygienevoraussetzung, so dass die Nutzung von Grund- und Oberflächenwasser, Wasserentnahme und Abwasserentsorgung in allen Ländern weltweit rechtlich geregelt wird.
- Große Varianzen treten bei der Frage auf, ob die Versorgung und Entsorgung durch Betriebe in öffentlicher oder privater Hand, kommerziell oder gemeinwirtschaftlich oder in Mischformen vorgenommen wird.
- Die ordnungspolitische Alternative bezieht sich aber nur auf die Versorgungs- und Entsorgungsdienstleistungen im engeren Sinn. Wasser und sanitäre Versorgung erfordern darüber hinaus eine Wertschöpfungsarchitektur aus privaten Bau-, Produktions- und Dienstleistungsunternehmen sowie Forschung und Entwicklung.
- So komplex wie die wirtschaftliche Wertschöpfungsarchitektur ist, so komplex sind auch die öffentlichen Zuständigkeiten für Wasser und Sanitärversorgung im Mehrebenensystem geregelt, das von der kommunalen Ebene bis zur überstaatlichen Wasserregulierung etwa durch die EU im Rahmen der WRRL und anderer Gesetzesmaterien reicht.
- Sowohl politisch (z. B. gemeinsame Nutzung von Flusseinzugsgebieten) wie auch ökonomisch (Handel, Betreiberdienstleistungen) nimmt die Internationalsierung der Wasserwirtschaft zu.

Die Flankierung des internationalen Engagements der deutschen Wasserwirtschaft durch die Instanzen der Water Governance wurde bis zum Jahr 2008 in eher heterogener und zurück haltender Weise betrieben. Dies ist angesichts der durchaus recht ausdifferenzierten und leistungsstarken nationalen Water Governance erstaunlich. Die deutsche Wasserwirtschat wird bis in die Gegenwart hinein bei Wirtschaftsmessen, Delegationsbesuchen und konkreten Projekten etc. sehr stark von Initiativen einiger in besonderer Weise mit der Wasserwirtschaft befasster Bundesländer getragen und geleitet. Dieser Sachverhalt ist den umweltpolitischen, den raumplanerischen und auch den hochschulpolitischen Funktionen der Länder geschuldet, aus denen sich dann historisch das konkrete Niveau des wasserwirtschaftlichen Engagements der Länder entwickelt hat. Selbstverständlich spielten auch nationale Instanzen aus der Entwicklungspolitik (GTZ), Finanzierung (KfW), Wirtschaft (Auslands-IHKen) und der Technik (DWA) eine Rolle. Aber prägend für die Wirtschaftsförderung der Wasserwirtschaft waren die Länder, was in der Praxis der Außenwirtschaftsförderung z.T. markante Züge erreicht hat, wenn beispielsweise bei internationalen Wirtschaftmessen die Bundesländer mit ihren Pavillions untereinander einen vergleichbaren Wettbewerb entfaltet haben wie gegenüber der Konkurrenz aus Frankreich, den Niederlanden, Skandinavien u.a.m.

Mit der Gründung von „German Water Partnership" (GWP) im Jahr 2008 hat die bundesweit koordinierte Flankierung des internationalen Auftritts der deutschen Wasserwirtschaft erheblich an Fahrt gewonnen. German Water Partnership ist ein Verein, der aus über 200 Mitgliedern besteht (Stand April 2009), und aus einer Vorläuferinstitution (nämlich German Water e.V.) heraus gegründet worden ist. Im ersten Jahr seit der Gründung, das allein hier betrachtet werden kann, sind neben dem Aufbau der Geschäftsstelle auf drei Ebenen – Plattformen genannt – Initiativen zur Stärkung des gemeinsamen internationalen Auftritts und Engagements der deutschen Wasserwirtschaft erfolgt.

1. Eine Informationsplattform hat erstmals einen kohärenten Marketingauftritt der deutschen Wasserwirtschaft nach außen ermöglicht. Sie besteht aus verschiedenen auf einander abgestimmten Instrumenten (Booklet, Imagebroschüre, Internetauftritt, Messekonzept, Matching-Verfahren etc.).
2. Eine Geschäftsfeldplattform soll Kooperationen, Netzwerkbildung, neue Produkt- und Dienstleistungsangebote, strategische Länderinitiativen, gemeinsame Positionierungen bei Ausschreibungen fördern und daneben rechtliche und finanztechnische Anpassungserfordernisse identifizieren.
3. Eine Innovationsplattform soll Konsultationen und strategische Initiativen an den Schnittstellen von Forschungsförderung, Forschung und Entwicklung auf Ebene der Wissenschaft und der Unternehmen ermöglichen, durch die Innovationschancen und -erfordernisse erörtert werden können.

Sowohl im Wertekanon (Qualität, Innovation, Kooperation, Flexibilität, Verantwortung) wie auch in den Zielen (Sichere Versorgung, Effiziente Behandlung, nachhaltige Nutzung und Capacity Developement) und schließlich auch in der Ansage an internationale Auftraggeber (hohes Qualitätsniveau der Ingenieurleistungen, konzertiertes und wertebezoge-

nes Handeln sowie Spitzentechnologie aus einem Guss) kommt das neue, offensive Selbstverständnis der deutschen Wasserwirtschaft zum Ausdruck (GWP 2008).
Mit der Gründung von German Water Partnership hat die deutsche Wasserwirtschaft ihre Water Governance neu verfasst. Diese Verfasstheit kann aus mehreren Gründen als deutliche Niveausteigerung verstanden werden.

1. GWP integriert erstmalig sämtliche Branchensegmente der Wasserwirtschaft, was sowohl die Mitgliedsstruktur wie auch die Vorstandsstruktur zum Ausdruck bringen. Die Beziehungen zu den anderen stärker auf Binnenwirkung orientierten Verbänden (DWA, DVGW etc.) und den Länderinitiativen werden systematisch gemanagt.
2. GWP ist das Ergebnis eines gemeinsamen Vorgehens von Wirtschaft, Politik und auch Wissenschaft. Insbesondere BMBF und BMU haben der Initiative sehr zielgerichtet zur Geburt verholfen und nutzen sie beispielsweise mittels der Innovationsplattform zur Abstimmung umwelt- und wasserwirtschaftlicher Initiativen mit den anderen relevanten Akteuren.
3. Erstmalig ist mit GWP ein Außenauftritt der deutschen Wasserwirtschaft gelungen, der zugleich und integriert von fünf Ressorts der Bundesregierung getragen und unterstützt wird (BMWI, AA, BMWZ, BMU, BMBF).

Mit GWP erhält die Internationalisierung der deutschen Wasserwirtschaft neue strategische Züge und stellt sich die deutsche Water Governance international neu auf. Es wird späteren Analysen vorbehalten sein, die Effekte und möglichen Erfolge analysieren zu können.

4.2.2.2 Ein neues Geschäftsmodell für die deutsche Wasserwirtschaft?

Das bisherige Geschäftsmodell der deutschen Wasserwirtschaft ist durch entwickeltes technologisches Know-how und eine hohe Dienstleistungsqualität der Versorgung gekennzeichnet, die gemeinsam einen sehr hohen nationalen Standard der Daseinsfürsorge darstellen. Wie im vorherigen Abschnitt erörtert, sind im Jahr 2008 durch die Gründung von GWP auf der Ebene der Water Governance Weichenstellungen vollzogen worden, die die Internationalisierungsbestrebungen der deutschen Wasserwirtschaft zukünftig politisch deutlich besser flankieren werden. Zwei Gründe sprechen dafür, dass die Wasserwirtschaft wiederum ihre Bestrebungen forcieren wird, ihr Geschäftsmodell in den nächsten Jahren auch tatsächlich stärker exportorientiert weiterzuentwickeln.

1. Die Internationalisierung der Wasserwirtschaft wird sich fortsetzen. Der Wettbewerb kommt zum einen verstärkt nach Deutschland. Zum anderen werden diejenigen Unternehmen auf dem Weltmarkt besonders innovieren können, die sich den gegenwärtigen und zukünftigen Anforderungen im Kontext von Klimawandel, Bevölkerungswachstum, Ernährungspolitik und weiterer industriell-urbaner Siedlungsausweitungen weltweit am besten gewachsen zeigen. Wer bei diesen Anforderungen den Anschluss daran verliert, aus innovativen Technologien und Dienstleistungen bestehende Systemleistungen anzubieten, dem droht mittelfristig der Verlust von Marktführerschaft auch in Teilmärkten.

2. Die deutsche Wasserwirtschaft hat eine hervorragende Versorgungsqualität und deshalb auch ein hohes volkswirtschaftlich relevantes Weltmarktpotenzial. Dieses Potenzial sollte schon aus volkswirtschaftlichem Interesse auch realisiert werden, zumal dem Wasser unter strategischen und geostrategischen, außen- und entwicklungspolitischen Gesichtspunkten hohe Bedeutung zukommt.

Ein exportorientiertes Geschäftsmodell der deutschen Wasserwirtschaft müsste aufgrund der Rahmenbedingungen anders angelegt werden als das Geschäftsmodell anderer internationaler Mitbewerber. Unternehmen wie Veolia und Suez tendieren im Kontext der vollständigen Integration der Wertschöpfung im Konzern zur Entwicklung von Standardpaketen für wasserwirtschaftliche Aufgabenstellungen. Die Chance für die deutsche Wasserwirtschaft liegt darin, angepasste Systemlösungen mit im Vergleich deutlich erhöhter Variabilität und Flexibilität zu liefern, die auf die jeweiligen Anforderungen in der Welt optimal zugeschnitten sind und so Nachhaltigkeit fördern. Dieses Geschäftsmodell hat sich die Vielfalt und mittellständische Struktur der deutschen Wasserwirtschaft zunutze zu machen.

Auf neue Geschäftsmodelle kommt es an ...

Ebene	Anforderungen
Kundennutzen	Varianz und Nachhaltigkeit
Wertschöpfungs-architektur	Unternehmens-kooperation
Ertragsmodell	Wettbewerb und Governance

Damit ein Geschäftsmodell erfolgreich sein kann, hat es sich auf drei Ebenen zu bewähren, die in der folgenden Grafik mit einigen Hinweisen zu typischen Anforderungen in der Wasserwirtschaft abgebildet sind.

Verbesserter Kundennutzen

Unter dem Gesichtspunkt des Kundennutzens hat ein exportorientiertes Geschäftsmodell der deutschen Wasserwirtschaft, wie es oben im Hinblick auf flexible bedarfsorientierte Systemlösungen beschrieben worden ist, hervorragende Perspektiven. Auf dem Hintergrund ihres alltäglichen Wasserstresses fragt die Wasserwirtschaft in den verschiedenen Regionen der Welt Innovationen im Hinblick auf drängende Probleme nach, wobei die Problemlösungen wie oben beschrieben nicht überall die gleichen sein können und werden.

Im Bereich der Trinkwasserversorgung bestehen große, von der deutschen Wasserwirtschaft zu bedienende Bedarfe, z. B. bei der Planung angepasster Wasserversorgungssysteme in neuen Agglomerationen wie in ländlichen Räumen. Hierfür sind jeweils Lösungen zu entwickeln seien sie zentraler, semizentraler oder dezentraler Art. An den Schnittstellen von Wasserwirtschaft, Immobilienwirtschaft und Gebäudetechnik wird heute an Zukunftskonzepten des Water Reuse gearbeitet, die eine annähernd 100 %ige Wiederverwendung des Brauchwassers ermöglichen. Hoher Bedarf besteht im Hinblick auf komplexe Aufgabenstellungen wie Automatisierung und Prozessleittechnik sowie die

Ressourcenausweitung, z. B. im Rahmen der Meerwasserentsalzung, und auf das Wasserverlustmanagement.

Angesichts des weltweiten Wasserstresses können Wasserverluste – z. B. in Folge maroder Leitungsnetze – von durchschnittlich ca. 30 % und in der Spitze von bis zu 60 % weder wirtschaftlich noch ökologisch und sozial hingenommen werden. Die Innovation bestünde hier in der Systematisierung und Integration verschiedener Maßnahmentools des Wasserverlustmanagements von der Lecksuche und dem Reparatur-Response über das Druck- und Anlagenmanagement bis hin zur Erfassung der Wasserentnahme und dem Gebührenwesen (s.u.). Schließlich bieten sich in der Landwirtschaft als größtem Wasserverbraucher beim Übergang etwa zur Tröpfchenbewässerung hohe Anforderungen an Problemlösungen.

Im Bereich der Abwasserentsorgung bestehen erhebliche Bedarfe im Hinblick auf die industrielle wie auch die kommunale Abwasserbehandlung. Gerade im Bereich der Entsorgung gibt es eine große Vielfalt an Verfahren und Anlagen, zentraler und dezentraler, konventioneller und neuerer Art (z. B. Membrantechnologien). Für einen konkreten Bedarf das angemessene Verfahren zu identifizieren und die Anlage entsprechend der spezifischen Anforderungen auszulegen, erbringt einen höheren Kundennutzen als immer wieder eine standardisierte Anlage unter Bedingungen zu implementieren, die hochgradig variant sind. Die weltweite Gewährleistung von sanitärer Grundversorgung verlangt nach anderen Lösungen als sie z. B. in Westeuropa Standard sind. Hier gilt es gänzlich andere, weltweit sehr heterogene naturräumliche, sozioökonomische und kulturelle Gegebenheiten zu berücksichtigen. Darüber hinaus besitzt auch das Thema Energieeffizienz in Entwicklungsländern eine hohe Bedeutung. Bei der Abwasserbehandlung, die einigen Energieeinsatz erfordert, wird auch Energie in erheblichem Umfang freigesetzt, die mit verbesserten Methoden rückgeführt werden könnte.

Schließlich sind die Bedarfe auch im Bereich der Dienstleistungen gravierend. Nach Erfahrungen aus vielen Projekten und vielen Ländern besteht ein ausgeprägtes Interesse an entwickeltem Betreiber-Know-how, nicht nur in technischer Hinsicht. Die systematische Erfassung von Wassernutzern und Einleitern sowie die Einführung eines Abrechnungs- und Gebührenwesens könnte bereits erhebliche Wirtschaftlichkeitseffekte zur Folge haben. Dabei geht es um Standardprozesse in der Verwaltung, die nicht neu erfunden, aber adaptiert, vereinfacht und informationstechnisch unterlegt werden müssten. Ein weiteres Beispiel für die Adaptierbarkeit von spezifischen Kompetenzen der deutschen Versorgungsunternehmen ist das integrierte Management von ganzen Flusseinzugsgebieten wie es sich in Deutschland herausgebildet hat und von der WRRL zum Standard EU-weiter Anpassungsorientierung gemacht worden ist. Die integrierte Betrachtung komplexer Flusseinzugsgebiete ermöglicht eine sowohl detailorientierte als auch umfassende Beobachtung, Analyse und Bewirtschaftung von Flussgebieten.

Veränderte Geschäftsarchitekturen

Als Geschäftsmodell wird sich die Exportorientierung aber nur dann durchsetzen, wenn seitens der deutschen Wasserwirtschaft auch eine geeignete Wertschöpfungsarchitektur entwickelt wird. Eine solche neue Geschäftsarchitektur erfordert zum ersten Veränderungen auf der Kooperationsebene der maßgeblichen Akteure, also insbesondere eine intensivierte Unternehmenskooperation, eine stärkere Rolle der Ver- und Entsorger sowie die Integration der Dienstleister zumeist kleiner und mittlerer Größenordnung in die Kooperationsstrukturen. Eine solche veränderte Kooperationskultur wird sich nur entlang praktischer Kooperationsprojekte auf internationalen Märkten mit entsprechend positiven Erfahrungen herstellen lassen. Nach den Ergebnissen der bereits angesprochenen Studie von RISP und SOFI sind die Erfahrungen der Unternehmen auf Exportmärkten durchaus positiv, was in der Studie zu dem Ergebnis verdichtet worden ist: „Der Appetit auf den ausländischen Kuchen verstärkt sich, wenn man erst einmal daran genascht hat" (vgl. Kap. 3.2). Der Einstieg in das internationale Geschäft ist aber insbesondere für kleine und mittlere Unternehmen zu vereinfachen. Diese vertrauen dabei in allererster Linie – auch dies ein Ergebnis der Studie – auf gute Partnerschaften mit anderen Unternehmen, zumal wenn diese bereits Erfahrungen in den Zielländern haben.

Nun ist, wie wir oben gesehen haben, die Wertschöpfung der deutschen Wasserwirtschaft anders strukturiert als die insbesondere der französischen Referenzunternehmen Veolia und Suez. Es gibt keine Integration der wasserwirtschaftlichen Branchensegmente in einem oder einigen wenigen Konzernen sondern eine sehr heterogene Struktur. Diese gilt es so zu nutzen und zu aktivieren, dass sie ihre oben beschriebene Funktions- und Leistungsfähigkeit, nämlich flexible Systemlösungen im Sinne des Kundenutzens zu entwickeln, auch entfaltet. Dabei sind u.a. folgende Gesichtspunkte von Bedeutung:

- Auch wenn es in Deutschland keine alle Leistungen umfassenden wasserwirtschaftlichen Konzerne wie in Frankreich gibt, so gibt es doch Großunternehmen. Diese Großunternehmen haben eine Leitfunktion und müssen diese wahrnehmen, sich auf diese Funktion einstellen oder auf sie eingestellt werden.
- Die Einbindung von kleinen und mittelständischen Unternehmen in Internationalisierungsprozesse ist branchenübergreifend kein Selbstläufer, aber für die Wasserwirtschaft eine zentrale Voraussetzung. Dabei kommt es insbesondere auf breit angelegte Initiativen an, weil erst beim Überschreiten einer gewissen kritischen Masse das Innovationspotenzial von KMU, das u. a. auch aus der Spezialisierung erwächst, genutzt werden kann.
- Das System, mit dem die deutsche Wasserwirtschaft Innovationen erzeugen und in nachhaltigen Systemlösungen für den Kunden umsetzen möchte, sollte immer auch unter dem Gesichtspunkt weiterentwickelt werden, dass es verschiedenste Kompetenzen, Disziplinen und Erfahrungen berücksichtigt und nicht allein auf etablierte Akteure setzt. Akteurskonstellationen sind dann besonders innovativ, wenn sie nicht nur alt etablierte Arrangements reproduzieren, sondern wenn sie auch aufgrund von neuen Erfahrungen und Kompetenzen neue Arrangements eingehen können.

Ertragsperspektiven

Bedarf allein konstituiert noch keinen Markt, sondern der Bedarf sollte mit Zahlungsfähigkeit hinterlegt sein. Der Wassermarkt ist schon deshalb kein einfacher Markt, weil er dual bestimmt ist, durch Markt und Daseinsfürsorge, Preisbildung über den Markt und Subventionierung, Wettbewerb und öffentliche Water Governance. Diese duale Bestimmtheit gilt für alle Regionen weltweit und bildet nur jeweils spezifische Konstellationen aus, was wiederum in der internationalen Kooperation und im Dienstleistungsangebot Berücksichtigung finden sollte. Hier besteht ein interessantes Betätigungsfeld für kleine und mittlere Dienstleister in den Bereichen Wissenschaft und Bildung, Wissensmanagement und ICT sowie Water Governance.

Die Ertragsperspektive des neuen exportorientierten Geschäftsmodells der deutschen Wasserwirtschaft ist einerseits von der internationalen Marktentwicklung abhängig. Sie bedarf, soweit national beeinflussbar, andererseits noch einiger systematischer Anstrengungen, insbesondere der Vereinfachung der in der Wasserwirtschaft bedeutsamen öffentlichen Finanzierung (von Weltbank bis KfW und GTZ) gerade für kleine und mittelgroße Unternehmen. Die durch die Herkunftsländer öffentlich finanzierten Projekte bieten allerdings immer nur einen selektiven Eindruck im Hinblick auf die wasserwirtschaftliche Nachfrage im jeweiligen Zielland. Somit bedarf es immer auch der Erfahrung mit frei durch die Auftraggeber und Kunden selbst finanzierten Projekten am Markt, um die Nachfragesituation in all ihren Facetten nachzuvollziehen. Die Realisierbarkeit wasserwirtschaftlicher Infrastrukturvorhaben im internationalen Kontext hängt sehr stark von der Entscheidung von Kreditinstituten ab. Kredite sind häufig neben dem Management vor Ort der maßgebliche Flaschenhals. In diesem Zusammenhang gibt es mit dem Water Franchise ein neuartiges Finanzierungs- und Förderinstrument für Projekte auch in entlegenen Regionen, das von der GWFA (Global Water Franchise Agency) angeboten wird, einem Joint Venture von Hans Huber AG, REMONDIS Group und der Rudolf GmbH. Die Erfolgsbezogenheit der Franchise-Projekte des jungen Unternehmens in den nächsten Jahren werden abzuwarten sein, um die Tragfähigkeit des neuen Ansatzes bewerten zu können.

Wenn die Millenniumsziele erfolgreich realisiert werden sollen, dann kann dies durch öffentliche Förderung und Entwicklungspolitik zwar angeschoben werden, aber es bedarf darüber hinaus auch sich selbst tragender Wertschöpfungsstrukturen in den verschiedenen Regionen der Welt. Diese sollten einerseits ein „Menschenrecht" auf Wasser in all seinen Facetten berücksichtigen, andererseits aber – neben der erforderlichen Water Governance – auch darauf gerichtet sein, dass sich für möglichst viele Akteure – Unternehmen, Beschäftigte und Kunden – wirtschaftliche Win-Win-Konstellationen ergeben. Solche Geschäftsmodelle werden politisch flankiert, aber nicht von Politik und öffentlicher Hand allein getragen werden können. In einer solchen wasserwirtschaftlichen Wertschöpfungsarchitektur, die international immer erhebliche Varianzen aufweisen wird, erfolgreich operieren zu können, erfordert vielfältige Erfahrungen, Wissens- und Know-how-Bestandteile, die von Unternehmen heute kaum anders als in Netzwerken erzeugt und vorgehalten werden können. Hier bestehen, erst recht vor dem Hintergrund von Veränderungen in der Water Governance und in den Geschäftsmodellen, für die deutsche Wasserwirtschaft gute Perspektiven.

Gerd Paul, Wilfried Konrad

4.3 Großer Sprung vorwärts? Erfahrungen deutscher Umwelt- und Wasserdienstleister in China

Die großen Wachstumspotenziale Chinas in Verbindung mit den damit generierten enormen Umweltproblemen haben das Land zu einem interessanten Markt für deutsche Umweltunternehmen gemacht. Den Analysen und Prognosen zu den großen Chancen des chinesischen Marktes stehen aber ebenso viele Erzählungen von den Problemen gegenüber, hier dauerhaft Fuß zu fassen. Speziell den in der Umweltbranche besonders stark vertretenen kleinen und mittleren Unternehmen (KMU) mit China-Ambitionen wird vor diesem Hintergrund zu einer sorgfältig die Chancen und Risiken abwägenden Strategie geraten. Systematische Erkenntnisse zu den konkreten Herausforderungen und Erfahrungen deutscher KMU aus dem Umweltsektor auf dem chinesischen Markt standen bislang allerdings nicht zur Verfügung. Das folgende Kapitel stellt einen Beitrag zur Schließung dieser Lücke unter besonderer Berücksichtigung von Dienstleistern aus dem Umwelt- und Wasserbereich dar.

Zunächst werden die generellen und spezifischen Rahmenbedingungen dargestellt, denen sich deutsche Dienstleistungsunternehmen im Allgemeinen und deutsche Umwelt-Dienstleister im Speziellen gegenübersehen. Sodann wird über die Ergebnisse verschiedener Befragungen zu den Aktivitäten deutscher Unternehmen der Umwelt- und Wasserbranche auf dem chinesischen Markt berichtet. Auf der Grundlage dieser empirischen Bestandsaufnahme werden schließlich die hemmenden und fördernden Faktoren für das China-Geschäft von Umwelt-Dienstleistern analysiert. Schlussfolgerungen runden das Kapitel ab.

4.3.1 Zur Entwicklung der allgemeinen und ökologischen Rahmenbedingungen in China

Der Volksrepublik China ist es in einem beispiellosen ökonomischen Aufholprozess innerhalb von drei Jahrzehnten gelungen, zu einer der größten Wirtschaftsnationen der Welt aufzusteigen. Als Startpunkt dieser Entwicklung wird allgemein die im Dezember 1978 von der Kommunistischen Partei Chinas (KPCh) unter der Federführung von Deng Xiaoping eingeleitete „Reform- und Öffnungspolitik" genannt. Kennzeichnend für die Reformen war eine graduelle und nicht schockartige Transformation und der Aufbau von Parallelstrukturen durch einerseits die Verbindung von Plan- und Marktelementen und andererseits die Etablierung eines nichtstaatlichen, marktorientierten Sektors neben dem bestehenden alten System: „Beispielsweise blieben die Preiskontrollen bestehen, doch gleichzeitig wurde der Umfang der Marktverkäufe erhöht; statt Privatisierung wurden private, kollektive und Auslandsunternehmen neben den staatlichen zugelassen und die

Marktzutrittsbarrieren reduziert; es erfolgte keine abrupte Abschaffung der zentralen Planung, vielmehr wurde der Kontrollumfang schrittweise reduziert" (Schüller 2000: 279).

Bis Mitte der 1980er Jahre stand in Reaktion auf die Krise der landwirtschaftlichen Produktion und stagnierender Einkommen der ländlichen Bevölkerung die Transformation des Agrarsektors im Mittelpunkt des Reformprozesses. Mitte der 1980er Jahre rückten die Umgestaltung des Industriesektors und des Außenwirtschaftssystems in den Vordergrund. Das Ziel der industriellen Neuordnung bestand in der Steigerung der Effizienz durch die Verlagerung von Entscheidungsbefugnissen auf die Leitungsebene der Staatsbetriebe, die Erlaubnis zu marktlichen Aktivitäten und die Erhöhung des Konkurrenzdrucks durch die Zulassung privater Unternehmen.

Ausländische Investitionen waren bereits seit 1979 / 80 in Form von chinesisch-ausländischen Gemeinschaftsunternehmen möglich, die in den speziell hierfür errichteten Sonderwirtschaftszonen Shenzhen, Shantou, Xiamen, Zhuhai und Hainan tätig werden konnten (vgl. Song 2000: 303). Diese sind mit der Möglichkeit zur Gewährung von Sonderrechten (z. B. Steuervergünstigungen für Investitionen) ausgestattet. Von den Kapitalimporten erhoffte man sich einen Zuwachs an Sachkapital und Zuflüsse an Know-how und modernen Technologien. Mitte der 1980er Jahre wurde der Katalog der gesetzlichen Investitionsformen auf Unternehmen mit ausschließlich ausländischer Kapitalbeteiligung ausgedehnt, was eine Welle der Gründung 100 – prozentiger Tochtergesellschaften ausländischer Unternehmen auslöste.

Die wirtschaftlichen Reformen lösten eine lang anhaltende Prosperität aus. Zum Beispiel wuchs das Bruttoinlandsprodukt (BIP) Chinas im Zeitraum zwischen 2003 und 2008 jährlich um über 10 %, im Jahr 2008 ist es erstmals seit fünf Jahren unter die 10 %-Marke gefallen. Im globalen Vergleich ist China mittlerweile die – nach den USA und Japan – drittgrößte Volkswirtschaft, drittgrößte Handelsnation und verfügt mit über 1.900 Milliarden USD über die weltweit höchsten Devisenreserven. Außerdem ist China neben den USA das weltweit attraktivste Zielland für Direktinvestitionen (bfai 2008; Auswärtiges Amt 2008).

Mit Blick auf die ökologische Frage kann man feststellen, dass spätestens seit der Olympiade 2008, in der Beijing als „Greening City" präsentiert wurde, dass Ökothema nach Jahren ständiger Verschlechterung der natürlichen Lebensgrundlagen im Zuge des rasanten wirtschaftlichen Aufschwungs in China an Bedeutung gewonnen hat. Die Strategie der Regierung ist seit 2005 eine Abkehr vom Hauptziel „ökonomisches Wachstum" hin zur „harmonischen Gesellschaft", die neben der Entwicklung von Demokratie und der Herrschaft des Rechts auch ein besseres Verhältnis zwischen Bürgern und Natur anstrebt (vgl. Schüller 2005: 117; xiù cai, Nr. 72, 15.12.2005: 1). Die Umweltzerstörung ist als belastende Größe in der volkswirtschaftlichen Gesamtrechnung erkannt worden und wurde für 2005 mit rund 50 Milliarden Euro beziffert (Auswärtiges Amt 2008).

China will bei den regenerativen Energien die installierte Leistung bei Windenergie von derzeit 2.600 auf 30.000 Megawatt mehr als verzehnfachen, wovon deutsche Windkrafthersteller wie Nordex oder Repower profitieren können (Wirtschaftswoche Sonderausgabe China vom 1.10.2007, Nr. 1: 44). China ist 2006 in mehreren Bereichen der Anwendung erneuerbarer Energien unter den „Top Five Countries“ (Global Status Report 2007: 8). In der „Tianjin´s Binhai New Area“ wird auf 30 km^2 zusammen mit Singapur die „Green City“ oder „Eco City“ gebaut[68], und in Tangshan (Provinz Hebei) soll der neue Hafen die „most eco-friendly community ever built“ werden (China Daily 26.9.2008: 4). Als zusätzliches Ziel zum gesamtwirtschaftlichen Wachstum wurde von der Regierung postuliert, bis zum Jahre 2010 pro BIP-Einheit 20 % weniger Energie zu verbrauchen. 2006 wurde aber lediglich eine Verbesserung von 1,23 % statt der angestrebten 4 % erreicht. 2007 besserte sich dieser Trend mit 1,81 % nur leicht (Auswärtiges Amt 2008).

Seit längerem nehmen deutsche Delegationen aus Wissenschaft und Umweltpolitik an Symposien, Kontaktmessen und Kooperationstreffen teil, bei denen eine engere deutsch-chinesische Zusammenarbeit im Umweltsektor beschlossen wird[69]. Zum Beispiel präsentiert der Freistaat Sachsen in der Stadt Taicang in der Nähe von Shanghai eine Reihe von sächsischen Firmen mit den Schwerpunkten Bodensanierung, Abfall und Wasser, die dort in einem „Chinese-German Environmental Technology Center“ ihre Dienste anbieten wollen. Die anbietenden Firmen sind KMUs mit speziellem Umwelt-Know-how, etwa für die Einrichtung und den Betrieb von mikrobiologischen Bodensanierungsanlagen, die man wegen des hohen planungs- und ingenieurtechnischen Anteils ihres Leistungsangebots durchaus als „UmweltDienstleister“ bezeichnen kann. Die Fördervoraussetzungen für deutsche Unternehmen des Umweltsektors sind gut und geben am Export interessierten Unternehmen vielfältige Unterstützung[70].

Auch andere Anzeichen für eine prinzipielle Offenheit der Chinesen gegenüber ökologischen Produkten und Dienstleistungen lassen sich ausmachen. An der Umsetzung von Plänen für ein riesiges Zentrum für Umwelttechnologie („International Environmental Protection Zone“ [IEPZ] mit 400.000 m^2) in der Stadt Yixing (Jiangsu) wird gearbeitet. Die erste Bauphase ist 2008 abgeschlossen worden. Hier sollen die nationalen und interna-

---

68 „Eco city will use alternative energy and energy saving technology. Clean energy and renewable resources – such as windpower, solar energy, underground heat pump and air source heat pump – will reduce carbon emissions in the city. All the buildings in the eco city will have to conform to green architectural design standards“ (China Daily 27.9.2008, Tianjin Spezialbeilage: 1).

69 Das „Beijing Water“-Projekt von Fraunhofer IITB und der „Beijing Water Authority“ entwickelt zum Beispiel seit 2005 Management-, Entscheidungs- und Unterstützungssysteme zur Verwaltung und Steuerung der knappen Wasserressourcen Beijings (www.iitb.fraunhofer.de / servlet / is / 8551; download am 3.2.2009). China will auch den deutschen „Blauen Engel“ und seine Standards übernehmen (Ministry of Science and Technology of the People´s Republic of China, Newsletter No. 512 vom 30.5.2008).

70 Entsprechende Förderungen des Exports des Umwelt-Know-hows finden sich in Initiativen wie „ReTech“ (Recycling und Effizienztechnik, gefördert vom Bundesumweltministerium) oder bei der „Exportinitiative Energieeffizienz“ (gefördert vom Bundesministerium für Wirtschaft und Technologie). Im Wasserbereich will die seit 2007 vom BMBF geförderte „German Water Partnership“ die bisher getrennt agierenden Unternehmen und Verbände im internationalen Wettbewerb präsentieren.

tionalen Umweltunternehmen ihre Produkte darstellen, Informationen austauschen, die vorhandenen zur Verfügung gestellten Ressourcen nutzen und gemeinsam forschen. Zudem soll eine finanzielle Organisationseinheit Kredite vergeben und Anschubfinanzierungen bereit stellen (IEPZ-Broschüre 2008).

Ist China offener geworden für die Errungenschaften deutscher Umwelttechnik, die erprobte und gute Lösungen für vor- und nachsorgenden Umweltschutz hat und helfen kann, die erheblichen Umweltbeeinträchtigungen Chinas zu vermindern oder gar zu eliminieren? Haben deutsche Dienstleister des Sektors in China gute Chancen? Die nachfolgenden Ausführungen beantworten diese Fragen für den Wassersektor, den wir im Rahmen unseres Forschungsprojekts näher untersucht haben.

4.3.2 Spezifische Rahmenbedingungen des Exports umweltorientierter Dienstleistungen nach China

Die Vermutung großer Chancen für deutsche Anbieter von Umweltprodukten und -dienstleistungen in China wurde vor allem durch drei Trends der chinesischen Entwicklung gestützt: a) die sich verschlechternde Umweltsituation in China und die sich daraus ergebenden Notwendigkeiten zur Gegensteuerung, b) die Internationalisierung Chinas und die Öffnung für ausländische Unternehmen und c) die Erfahrung Deutschlands als „Vorreiter" der Entwicklung, Erprobung und Verbesserung marktfähiger Produkte und Dienstleistungen.

Transformationsprozesse und Umweltsituation

China befindet sich in einem gewaltigen Transformationsprozess. Noch leben etwa 800 Millionen Menschen auf dem Lande, von denen noch über die Hälfte in ihrer wirtschaftlichen Existenz von der Landwirtschaft abhängt. Die Landwirtschaft trägt aber nur noch zwölf Prozent zum Bruttoinlandsprodukt bei. Ihr Anteil sinkt, während die Anteile von Industrie (49 Prozent) und Dienstleistungen (39 Prozent) langfristig steigen. Es gibt eine starke Migration aus den ländlichen Gebieten zu den entwickelten südchinesischen Provinzen (wie Guangdong, Shanghai, Jiangsu und Zhejiang: Naughton 2007: 130). Die Verstädterung nimmt rapide zu und damit auch die Nachfrage nach Infrastrukturdienstleistungen wie Energieversorgung, Wasser, Verkehrssystemen etc.

Zu einer forcierten Industrialisierung und raschen Ausweitung des privaten kapitalistisch betriebenen Sektors kam es im Zuge der ökonomischen Liberalisierung – ein Ergebnis der Reformen von Deng Xiaoping. Diese Entwicklung hatte als ungewollten Nebeneffekt eine alarmierende Verschlechterung der Umwelt zur Folge, die die elementaren Lebensgrundlagen von Millionen Menschen bedroht[71]. Der Start der Reformen mit der

[71] Nach Schätzungen der Weltgesundheitsorganisation WHO sterben jährlich 750.000 Chinesen direkt an den Folgen verpesteter Luft und verseuchten Wassers (FAZ vom 27.08.2007). Von den 20 Großstädten mit der weltweit schlechtesten Luftqualität liegen 16 in China. „Zwar gibt es keine ge-

Privatisierung ländlicher Gebiete in den 1980er und 1990er Jahren brachte einen enormen Aufschwung der anfangs zögerlich erlaubten, kollektiv organisierten „Township and Village Enterprises" (TVE) mit sich. Diese setzten die nach marktwirtschaftlichen Prinzipien entwickelten Staatsunternehmen unter Wettbewerbsdruck. Die Zahl der in den TVEs Arbeitenden erhöhte sich von 28 Millionen 1978 auf 135 Millionen in 1996. Dabei erhöhte sich in diesem Zeitraum ihr Anteil am Bruttosozialprodukt von 6 % 1978 auf 26 % 1996 (Naughton 2007: 274). Diese Unternehmen, die von regionalen Behörden aktiv unterstützt wurden und gute Zugänge zu Finanzierungen hatten, waren spezialisiert auf arbeitsintensive Sektoren mit geringem Kapitalaufwand. So waren sie mit den geringen Löhnen für die Massen der ihrer traditionellen Grundlage beraubten Landbevölkerung im Vergleich zu Staatsunternehmen im Vorteil. Das Wachstum dieser Sektoren war aber auch ein weiterer Schritt in eine weitgehend unkontrollierte Umweltverschmutzung, zum Beispiel produzierten die so entstandenen Firmen weitaus höhere CO_2- und Schwefeldioxid-Emissionen als in den übrigen staatlichen oder ausländischen Firmen (Wang et al. 2000: 29).

Ende der 1990er Jahre, als sich die Regierungspolitik klarer auf die Errichtung von Märkten und eine Liberalisierung des Bankwesens ausrichtete, wurden aus TVEs eigentümergeführte Unternehmen. Zudem wurden Staatsunternehmen unter den Druck gesetzt, rational zu wirtschaften und Gewinne zu machen. In beiden Unternehmensformen wurden Investitionen in kostspielige Technologien zur Vermeidung von Umweltschäden möglichst gering gehalten. Staatliche Umweltvorgaben und Grenzwerte wurden oft mit augenzwinkerndem Einverständnis der lokalen Provinzregierungen, die an Steuereinnahmen und der Schaffung von Arbeitsplätzen interessiert waren, umgangen. Zunehmend gewannen auch hoch kapitalisierte Privatunternehmen an Einfluss und Marktanteilen. Die rasche Entwicklung privatkapitalistischer Industrien konzentrierte sich vor allem auf die südlichen Küstenregionen, in denen Umweltprobleme zunahmen.

Mit dem enormen Aufschwung der prosperierenden Küstenregionen haben sich Hersteller von arbeitsintensiven Produkten mit hohem Verschmutzungspotenzial, wie Papier, chemische und pharmazeutische Erzeugnisse, Baumaterialien etc., allmählich von dort zurückgezogen und sind in das westliche Inland weitergezogen, wo das Lohnniveau weitaus tiefer liegt. Damit weitete sich auch die Umweltverschmutzung landesweit aus.

Der Wasserbereich ist ein Paradebeispiel für angehäufte Defizite. Der rücksichtslose Umgang mit der natürlichen Ressource Wasser ist zum Teil auf veraltete Bewässerungsmethoden der Landwirtschaft zurückzuführen, die in den landwirtschaftlich genutzten Flächen im Norden Chinas 70 % des Wassers verbraucht (Abele 2008a: 7). Die Leckverluste im Leitungssystem sind in Beijing 40 %, in Shanghai 60 % und im städtischen Durchschnitt rund 20 % (bfai 2003: 4). Das „top-down"-Ressourcenmanagement des Wassers, delegiert vom Wasserministerium (Ministry of Water Resources) an untergeordnete administrative Regionen, funktioniert nicht. Dies liegt an technisch-organisatorischen

nauen Zahlen, doch schätzen Experten, das die Umweltzerstörung das Land jedes Jahr zwischen fünf und acht Prozent seiner Wirtschaftleistung kostet" (Wirtschaftswoche Sonderheft China 2007 vom 1.10.2007: 44).

Gründen wie dem Mangel an Daten, Monitoring und Messgeräten und auch an Rahmenplanung, oder an Gründen des Einflusses lokaler Interessengruppen, die die Probleme exzessiver Grundwasserentnahme verschärfen (Wang 2007). Die Trinkwassergewinnung erfolgt in China zu 75 % aus dem Grundwasser. Die Haushalte in den schnell wachsenden Großstädten verbrauchen vergleichsweise hohe Wassermengen (pro Kopf werden in Beijing 281 Liter Wasser am Tag verbraucht, der durchschnittliche Wasserkonsum in Deutschland liegt bei 127 Litern pro Kopf; bfai [2003]: 4). Für die nördlichen und nordöstlichen, wasserarmen Regionen wird für die Zukunft ein weitaus höherer Trinkwasserbedarf als zur Verfügung steht vorhergesagt (Hubacek / Sun 2005: 195). Pro Kopf der Bevölkerung stehen lediglich 2.200 Kubikmeter Wasser pro Jahr zur Verfügung – ein Viertel des weltweiten Durchschnitts. „Diese Menge wird sich zusätzlich auf 1.760 cbm verringern, wenn die Bevölkerung, wie erwartet, bis 2030 auf 1,6 Milliarden Menschen wächst. Nach den Statistiken der Weltbank ist die Situation weltweit nur in Indien noch dramatischer. International wurden als Grenzwert für Wasserarmut 1.000 cbm nutzbare Wasserreserven pro Kopf definiert. In der Landeshauptstadt Beijing wird dieses Limit mit 300 cbm pro Person schon heute deutlich unterschritten (bfai 2003: 1).

Immer wieder kommt es zu Katastrophen. Als der zweitgrößte Süßwassersee Dongting, der als Rückhaltebecken für den Yangtse-Fluss dient, über die Ufer trat waren dadurch zum Beispiel rund 10 Millionen Menschen bedroht (Frankfurter Rundschau vom 21.8.2002). Industrielle Unfälle führen regelmäßig zur Verseuchung großer Flüsse, aus denen Trinkwasser gewonnen wird[72]. Obwohl in Südchina Wasser im Überfluss vorhanden ist, leidet diese Region selbst unter einem erheblichen Mangel an Trinkwasser. Der Grund hierfür ist die dramatisch zunehmende Umweltverschmutzung in Folge der schnellen Industrialisierung des Landes. Zuletzt kippte im Mai 2007 der Tai-See um, welches der drittgrößte Binnensee Chinas und eine der wichtigsten Trinkwasserquellen für die Region um die Metropolen Shanghai und Nanjing ist. In der Folge brach in mehreren Ortschaften die Versorgung mit Trinkwasser zusammen, in der Stadt Wuxi wurde sogar der Notstand ausgerufen. Insgesamt ist die Verschmutzung des Ober- wie auch des Grundflächenwassers ein ernstes Hindernis bei der Trinkwassergewinnung. Etwa die Hälfte der Flussläufe ist stark belastet und kann teilweise auch nicht mehr zur Bewässerung verwendet werden. Wei (2008: 154) geht davon aus, dass 75 % aller Flüsse für Trinkwasser oder Fischerei nicht geeignet sind. Von den 27 größten Seen sind 25 stark verschmutzt (Meierjohann

[72] Ein Beispiel unter vielen: Die Explosion in einem Chemiewerk in der Nähe der nördlichen Stadt Harbin 2005 ließ 100 Tonnen hochgiftiges Benzol und Nitrobenzol in den Songhuajiang-Fluss und dann in den Amur-Fluss fließen. 8 Millionen Menschen waren tagelang ohne Trinkwasser (Süddeutsche Zeitung vom 27.11.2005). Bei dem Harbin-Vorfall war die den Vorfall verursachende Chemiefabrik nur 500 Meter vom Flussufer entfernt gebaut. Seit ihrem Bau verschmutzte sie den Songhuajiang-Fluss, der Haupttrinkwasserlieferant für die beiden nördlichen Provinzen Heilongjiang und Jilin war. Ähnliche Katastrophen können immer wieder passieren, denn die Hälfte aller 21.000 großen Chemiefabriken ist entlang des Yangtse oder Gelben Flusses gebaut. Ein weiteres prominentes Beispiel für die jahrelange schwere Verschmutzung ist der Hua Hai-Fluss (Economy 2004).

2007: 18). Das durch den Drei-Schluchten-Staudamm errichtete Reservoir, von dem aus in einem gigantischen Projekt Trinkwasser in den wasserarmen Norden geleitet werden soll, ist jetzt schon durch die starke Verschmutzung der Nebenflüsse gefährdet.

Zwar wird die Hauptursache der Verschmutzung, die Einleitung von ungeklärten Abwässern, durch den Bau von neuen Kläranlagen vor allem für die großen Millionenstädte, angegangen. Der Erweiterungsbedarf ist der Regierung klar. Bis 2010 sollen nach dem aktuellen, elften Fünfjahresplan (2006 – 2010) 70 % aller städtischen Abwässer geklärt werden. Die jetzige Rate liegt bei etwa 60 %. Die gesamte Anzahl der Kläranlagen in China dürfte 2008 die Zahl von 1.000 überstiegen haben (2006 gab es 815 registrierte Kläranlagen). Von diesen arbeiten nicht alle kontinuierlich. Viele haben Betreiberprobleme[73] und sind in ihrer Kapazität nicht ausgelastet (die Kapazitätsauslastung der existierenden Kläranlagen, die längst nicht alle anfallenden Abwässer klären, beträgt laut bfai [2003] rund 67 %), etwa weil nach der „Tonnenideologie" oft zu große Anlagen gebaut wurden bzw. die Auslegung der Kläranlagen nach geschätzter Abwassermenge und Schmutzfracht erfolgte. Die Dimension der Zuflüsse und des Kanalsystems wurde nicht ausreichend berücksichtigt, es gab eine unzureichende Abstimmung zwischen Kanal- und Kläranlagenplanung. Eine Kontrolle des Betriebs ist schwierig, denn Betreiber und Aufsicht der Kläranlagen gehören derselben städtischen Verwaltung an. Die Aufsichtsbehörden beschränken sich auf das Monitoring. Wenn es zu Fehlern bei der Abwasserentsorgung kommt, gibt es keine Sanktionen gegen die Verantwortlichen (Meierjohann 2007: 10 und 16).

Der Kläranlagenbau ist jedoch kein Heilmittel gegen das vielfach jahrelang praktizierte Umgehen von Umweltauflagen und das illegale Einleiten von Schadstoffen in Gewässer. Die Orientierung an den (in den Kläranlagen prozessierten) Wassermengen löst nicht das Problem der Schmutzfrachten, von denen nicht sichergestellt ist, dass sie auch in den Kläranlagen ankommen. Auf dem Papier verfügt die Volksrepublik über eine der fortschrittlichsten Umweltschutzgesetzgebungen der Welt, mit strengen Auflagen gerade auch im Bereich des Wasserschutzes. Ein erstes Gesetz dazu wurde bereits 1988 erlassen. Der elfte Fünfjahresplan sieht die Steigerung der Abwasseraufbereitungsrate vor, ebenso die Reduzierung des Industriewasserverbrauchs und die Überwachung des Kläranlagenbetriebs. Die jüngste, im März 2008 verabschiedete Novellierung dieses Gesetzes orientiert sich stark an modernen Umweltschutzgesetzgebungen in Kanada und Nordeuropa. Sie sieht empfindliche Strafen für Unternehmen sowie überdies eine finanzielle Beteiligung an der Beseitigung von durch Wasserverschmutzung entstandenen Schäden vor.

Allerdings werden die geltenden Gesetze – wie oft in China – nur sehr mangelhaft umgesetzt. Misswirtschaft und Korruption, aber auch die personell zu schwache Besetzung

---

[73] Meierjohann (2007: 13) nennt folgende Betreiberprobleme: das nicht ausreichend motivierte Personal, das Unterlassen von Reparaturen, das Auseinanderfallen von prognostizierter und tatsächlicher Auslastung, die unzureichende Nutzung vorhandener Anlagen-Komponenten, hohe Betriebskosten und das ungelöste Problem der Schlammentsorgung.

der chinesischen Umweltbehörden verhindern eine effiziente Durchsetzung, insbesondere in den Provinzen.

Die State Environmental Protection Administration (SEPA) soll für die Einhaltung der Umweltgesetze sorgen. Sie untersteht als Ergebnis einer Dezentralisierung den regionalen Regierungen, die sie oft unzureichend finanzieren und politischen Druck ausüben, den mühsam gewonnenen neuen Investor nicht noch mit Umweltauflagen zu behindern. Sie ist keine wirklich autonome Überwachungsbehörde (Kynge 2006: 191), sondern ist auf die gute Zusammenarbeit mit verschiedenen Partnern angewiesen. In der Machthierarchie hatte sie als untergeordnete Behörde lange Zeit einen geringen Status, der sich erst seit 2008, als die SEPA einen eigenen Ministerrang erlangte, verbesserte. Sie hat aber weiterhin nur begrenzt Einfluss auf die Politik der Staatsfirmen und auch auf großpolitische Entscheidungen wie den Drei-Schluchten-Staudammbau.

Gleichwohl haben sich ihre Gestaltungsmöglichkeiten erheblich erhöht. Die SEPA kann eigene Services, wie Schulungszentren und Monitoring-Stationen, anbieten und auch Strafen bei Umweltverstößen erheben[74]. Seit 2007 baut sie ein Monitoringsystem für die Wasserqualität auf, das die Umsetzung der 2006 neu erlassenen „Standards of Drinking Water Quality“ mit 106 Parametern misst. Bis 2012 müssen diese neuen Standards in China überall umgesetzt werden. 2007 startete die SEPA die „Green Credit“-Maßnahme, die von der China Banking Regulatory Commission (CBRC) unterstützt wurde, welche umweltverschmutzenden Industrien den Kreditzugang erschweren soll, indem sie die Umweltperformance zum Bestandteil der Kreditwürdigkeitsprüfung eines Unternehmens macht. „Laut einem Bericht der Nachrichtenagentur Xinhua wurden in der Folge rund 3,9 Milliarden RMB vergebene Kredite von Unternehmen zurück gerufen, die den Umweltstandards nicht entsprachen. Gemäß CBRC vergaben Chinas fünf größte Geschäftsbanken keine Kredite mehr an 30 von der SEPA auf die schwarze Liste gesetzten energieintensive und stark umweltverschmutzende Firmen“ (www.bfai.de, Zugriff am 26.01.2009). Zudem hat die SEPA im Februar 2008 mit einer „Green Insurance Policy“ begonnen, die eine Versicherung der Unternehmen gegen Umweltrisiken und Kompensationsforderungen bis 2015 vorsieht.

Die Dringlichkeit rascher Maßnahmen, wie sie oben im Wasserbereich angedeutet wurde, könnte zu dem Schluss führen, dass China diese Herausforderung nicht alleine bewältigen kann, weil Anlagen, Technologien und Know-how nicht hinreichend zur Verfügung stehen. In diesem Sinne war zum Beispiel das programmatische Statement der deutsch-chinesischen Wirtschaftslobby aus dem Jahre 2001 zu sehen, die deutsche Technologie als Lösung empfahl: „Zunächst mangelt es China generell an moderner Ausrüstung, Technologie, Know-how, Messinstrumenten und Kontrollverfahren, um im Umwelt-

[74] Das Zahlen einer Strafe wegen Verstößen gegen das Wasserschutzgesetz ist aber manchmal für die verschmutzende Fabrik kostengünstiger als die Umrüstung auf Kläranlagen. Lu et al. (2006) geben das Beispiel einer Fabrik, die 1 Million RBM (etwa 100.000 Euro) Strafe für ein Desaster im Tuojiang-Fluss zahlen musste, das etwa 200 Millionen RMB gekostet hatte.

bereich schnell etwas bewirken zu können" (in ChinaContact 2001, zit. nach Klein 2004: 111). Der Erweiterungs- und Modernisierungsbedarf im Abwasserbereich in China ist allen Experten klar. Es gibt aber eine Veränderung im chinesischen Nachfrageverhalten im Sektor. In den Anfängen der 2000er Jahre standen noch die Komponenten oder auch ganze Anlagen aus den westlichen Ländern im Mittelpunkt der Kaufinteressen Chinas. Mittlerweile ist eine eigene Umweltindustrie aufgebaut und es sind jetzt – neben speziellem Engineering-Know-how – Betreiberlösungen, nämlich der Betrieb von Kläranlagen durch westliche Firmen, die nachgefragt werden. Dies ist angesichts des enormen Finanzierungsbedarfs verständlich, denn allein für städtische Kläranlagen gibt das Bauministerium für den elften Fünfjahresplan (2006–2010) den Mittelbedarf mit 330 Milliarden RMB (ca. 33 Mrd. Euro) an.

Internationalisierung und Öffnung

Im Dezember 2001 wurde China Mitglied in der Welthandelsorganisation WTO. Dieses Abkommen verpflichtet zur Öffnung für ausländische Firmen bzw. zum Wegfall von Mechanismen zur Abschottungen durch Zölle und Importrestriktionen gegen ausländische Konkurrenten. Für die chinesische Führung war der Beitritt einerseits ein Zugang zu den westlichen Märkten und andererseits ein Druckmittel, um die Staatsunternehmen zu zwingen, aufgrund der ausländischen, in der Regel weitaus rationeller arbeitenden Konkurrenz, Reformen umzusetzen. Das Fazit Sierens (2006: 325) ist, dass die WTO-Geschichte Chinas weiterhin die „einer geschickten Abschottung" ist. Dies könne man an der Handelsgesetzgebung, dem Zertifikationssystem, Standards (z. B. die Ablehnung des GSM-Standards für den Mobilfunk trotz Zusage an die Europäer), der Versorgung einheimischer Firmen mit großzügigen Krediten, der Autoimportpolitik, dem laxen Umgang mit geistigem Eigentum und mit weiterhin subventionierten Industrien unschwer belegen. „Neu sind jedoch der Umfang und die Hartnäckigkeit, mit denen China die Vereinbarungen umgeht und seine eigene Strategie durchsetzt. Beispiellos sind außerdem die Größe des Marktes und die schwache Position, aus der die westlichen Länder und Unternehmen auf ihr Recht bestehen. Wenn deutsche Unternehmen sich den Bedingungen der Chinesen verweigern, finden sich jederzeit französische, US-amerikanische oder australische Unternehmen, die sich darauf einlassen um der Konkurrenz einen Auftrag wegzuschnappen" (Sieren 2006: 326). Auch im Wasserbereich gilt, dass die in der Regel staatlichen Auftraggeber durch kurzfristige Ausschreibungen, hohen bürokratischen Aufwand für ausländische Bieter, Unterbieterkonkurrenz bzw. gegenseitiges Ausspielen der Anbieter es ausländischen Firmen sehr schwer machen, im Wassermarkt Fuß zu fassen.

Vor der Marktöffnung durch den WTO-Beitritt Chinas waren der Wasserbereich, ebenso wie Verkehr und andere Infrastrukturbereiche, als rein staatliche Aufgabenbereiche angesehen worden, in denen ausländischer Einfluss unerwünscht war. Dennoch hatten schon in den 1990er Jahren internationale Entwicklungsfinanzierer China Mittel für die Unterstützung des Wasserschutzes, der Wasserversorgung und der Abwasserreinigung zur Verfügung gestellt. Insgesamt hat Deutschland den Bau von 19 Kläranlagen kofinanziert (Meierjohann 2007: 2). Von den internationalen Ausschreibungen dafür hatten unter anderem auch große deutsche Ingenieurbüros profitiert. Nach der WTO-Öffnung eröffnete sich bei den Kläranlagen für westliche Unternehmen die Aussicht, im Rahmen eines BOT-Projektes (Build – Operate – Transfer) oder TOT-Projektes (Tranfer – Operate – Transfer) in die von ihnen geplanten Anlagen über einen längeren Zeitraum (15 bis 25 Jahre) Betreiber-Know-how einzubringen und so kontinuierliche Einnahmen zu generieren. Dies veranlasste deutsche und vor allem französische (Veolia, Suez) Unternehmen zu verstärkten Anstrengungen, sich im chinesischen Markt zu etablieren.

Zu den Exportpotenzialen deutscher Anbieter

Eines der besten Argumente für die guten Chancen des Exports von deutschen Umweltschutzgütern und -dienstleistungen ist, dass diese bereits im Inland erprobt und im Rahmen einer langfristigen Strategie politisch unterstützt worden sind (Gehrke et al. 2002; Waltenberger 2008). Im Bereich regenerative Energiegewinnung durch Windräder, Wasserkraftwerke, Biogas und Solaranlagen gibt es international aufgestellte deutsche Anbieter, die den chinesischen Markt auch zum Teil schon bedienen. Umwelttechnik zur Vermeidung, Verminderung und Beseitigung von Umweltbelastungen gilt als typische Querschnittstechnologie. Sie entzieht sich einer Zuordnung zu einer technologischen Ausrichtung (z. B. unterschieden nach „additivem" oder „integriertem" Umweltschutz) oder zu einer Angebotspalette ebenso wie einer Einteilung nach „entsorgendem" (Neutralisierung von Umweltschäden) und „vorsorgendem" (emissionsarme Technologien, umweltfreundliche Produktvarianten) Umweltschutz. Allerdings ist die Wasser- und Abwasserbehandlung, die hier im Mittelpunkt steht, Teil der „klassischen" Umweltschutzindustrien, die bereichsbezogen statistisch klassifiziert und erfasst werden. Energie- und Wasserversorgung gelten als Branchengruppen mit der stärksten Ausrichtung auf umweltschutzbezogene Innovationen (Legler et al. 2006: 94). Hier hat auch die deutsche „Systemkompetenz", inkrementelle Innovationen hervorzubringen, also die Weiterentwicklung und Verbesserung bekannter Verfahren und Technologien, ihren Platz. Von dem mit knapp 55 Milliarden Euro für 2005 geschätzten Produktionspotenzial der Umweltschutzgüter entfallen etwa 1 / 5 (11,4 Mrd.) auf den Abwasserbereich (Legler et al. 2006: 27).

Auch nach dem Verständnis von Sprenger (2002), der als erster auf die beschäftigungssichernde Funktion der umweltorientierten Dienstleistungen hingewiesen hat, gehören Abwasserbehandlung und Gewässerschutz zu den „traditionellen umweltorientierten Dienstleistungen" (S. 7 f.)[75].

[75] Dazu werden ebenfalls gezählt: Luftreinhaltung; Abfallwirtschaft; Altlastensanierung / Boden und Wasserschutz; Lärmbekämpfung; umweltorientierte Forschung und Entwicklung; Umweltberatungsfirmen / Ingenieurbüros; Analytische Dienste, Datensammlung und Analyse; Umwelterziehung und -ausbildung. Als „neue" Dienstleister werden genannt: Energie- und Gebäudemanagement; neue Mobilitätsdienstleistungen; umweltorientierte Finanz- und Versicherungsdienstleistungen; Ökotourismus.

Diese Art von traditionellen, weil jahrelang erprobten, umweltorientierten Dienstleistungen spielt im öffentlichen Diskurs über die Leistungsfähigkeit der deutschen Umwelttechnologie eine bescheidene Rolle. Hier wird die Entwicklung und der erfolgreiche Einsatz neuer, innovativer Technologien, wie Solarkraftwerke, Biogasanlagen oder Off-Shore-Windanlagen, hervorgehoben. Das bedeutet, dass die Betonung auf den Funktionsmerkmalen der „Sachtechnik" und weniger auf den Dienstleistungen liegt, welche auch viel schwerer zu exportieren sind, da sie meistens personengebunden sind.

4.3.3 Empirische Untersuchungen zur Verbreitung der Umwelttechnologien und -Dienstleistungen in China

Ist es schon in Deutschland schwierig, ökologische Dienstleistungen entsprechenden statistischen Sektoren zuzuordnen, so ist es in China schlicht nicht möglich (z. B. was gehört zur OECD-Kategorie der „Pollution Management Group", was zur „Cleaner Technology and Product Group" und was zur „Resource Management Group"?), so dass wir andere Zugangsweisen nutzen mussten.

Unsere Einschätzung der Möglichkeiten der Exportaktivitäten des Umweltbereichs nach China, besonders des Wasserbereichs, basieren neben der Auswertung der entsprechenden Fachliteratur a) auf einem Set empirischer Befragungsstudien, die wir bei Branchenevents wie Messen durchgeführt haben, b) auf Einzelinterviews mit Firmenvertretern, deren Firma in China engagiert ist und c) auf Gesprächen mit Wasserexperten am Rande von Tagungen und Workshops.

4.3.3.1 Export von Umweltgütern und -Dienstleistungen im Wasserbereich

Ausgangspunkt war eine Befragung von Firmen der deutschen Wasserwirtschaft, die das Soziologische Forschungsinstitut Göttingen zusammen mit dem Rhein-Ruhr-Institut für Sozialforschung im Jahre 2006 mit Unterstützung der beiden Wasserverbände DWA und German Water sowie dem wasserbezogenen Bildungsträger BEW durchgeführt hat.[76] Ziel war es, mehr über die Etablierungsstrategien deutscher Firmen des Wasserbereichs im Ausland zu erfahren, u.a. in China. In dieser Befragung zu den Exportintentionen und Erfahrungen hatten 262 von ca. 2.200 angeschriebenen Firmen den Fragenbogen zum Auslandsgeschäft beantwortet.

Die große Mehrheit der in der Regel mittelständischen Firmen, die damals befragt wurden, bezeichnete sich als Dienstleister. Diese Selbstzuordnung ist bezüglich des Auslandsengagements nicht ganz zutreffend, denn bei den Firmen mit Auslandsgeschäft, die mit 35 % aller 2006 Befragten eine Minderheit darstellen, dominieren die Hardwarehersteller (Industrie, Baugewerbe), die zum Teil ihr Produktportfolio auch um Dienstleis-

[76] Für eine ausführliche Darstellung der Ergebnisse dieser Umfrage vgl. Kapitel 3.2 in diesem Buch.

tungsangebote ergänzt haben. Es waren aber auch vereinzelt „reine“ Dienstleister, also Ingenieur- und Planungsbüros, vertreten.

Die Befragung zeigte, dass die Länder der alten und neuen EU das Haupttätigkeitsfeld darstellten. Die Gründe für die Option „erweiterter EU-Bereich“ waren vielfältig. Im Vordergrund standen die schnelle Erreichbarkeit, die Ähnlichkeiten in der Kultur und die relative Einfachheit der sprachlichen Verständigung. Bei den Staaten Südost- und Osteuropas spielte die Qualität des Arbeitskräfteangebots ebenfalls eine Rolle. In Bezug auf China wurde die Qualität des Arbeitskräfteangebots etwas abgeschwächter wahrgenommen, besonders allerdings wurden Hemmnisse eines China-Engagements klar benannt, die typische Mängel einer Übergangsgesellschaft sind (z. B. die Leistungsfähigkeit der Verwaltung, Korruption und hemmungslose Plagiate).

Nach der Befragung von 2006 waren besonders die Hersteller von „Hardware“ wie Anlagen und Komponenten international tätig. Sie waren und sind stark weltmarktorientiert, hingegen deckten die Dienstleistungsunternehmen der Wasserwirtschaft ein vorwiegend regionales und nationales Nachfragespektrum ab. Insgesamt waren die Unternehmen mit Auslandsgeschäft mit dem Schritt über die Grenzen in der Regel sehr zufrieden und planten vielfach weitere Auslandstätigkeiten. Wichtig waren für sie stabile Rahmenbedingungen des jeweiligen Ziellandes. Diese waren in der unmittelbaren EU-Nachbarschaft gegeben. Besonders in den neuen Beitrittsländern Polen, Rumänien und Bulgarien, die sich bereits im Vorfeld der Erringung der Vollmitgliedschaft auf europäische Standards bei Wassergewinnung und Abwasserbehandlung festlegen mussten, gab es einen regelrechten Bauboom bei Kläranlagen. Die entsprechende Kofinanzierung durch die EU brachte es auch mit sich, dass internationale Bieter und Konsortien mit einbezogen wurden, was für die Firmen im doppelten Sinne Erwartungssicherheit brachte: zum einen gab es klar spezifizierte Aufgabenstellungen und zum anderen war das Risiko von Zahlungsausfällen sehr gering.

Vergleichsweise dazu sind die Transaktionskosten und Risiken bei ferneren Zielländern höher. Die Geschäftstätigkeit im Ausland erfordert grundsätzlich eine sorgfältige Vorbereitung und den Einsatz beträchtlicher Ressourcen, was man von kleineren Unternehmen, besonders von Dienstleistern wie Ingenieurbüros mit wenigen Beschäftigten, kaum erwarten kann. Für sie stehen Aufwand und Ertrag im Missverhältnis. Hinzu kommt, dass sie bestenfalls im Gefolge von größeren Unternehmen als Unterauftragnehmer ins ferne Ausland gehen können. Denn die internationalen Geldgeber für Projekte in Entwicklungs- und Schwellenländern wie die Weltbank oder die Asiatische Entwicklungsbank bevorzugen bei der Beauftragung große und bekannte international tätige Firmen mit langen Erfahrungen und Referenzen, die es sich leisten können, an dem aufwändigen Vorlauf des Ausschreibungs- und Bieterverfahrens mit offenem Ausgang teilzunehmen. Dies ist sehr wahrscheinlich ein Grund dafür, dass 2006 unter 5 % der befragten Unternehmen der Wasserwirtschaft bereits in China tätig waren.

Wir haben uns im Anschluss daran in mehreren weiteren empirischen Zugriffen dem Thema Export von Dienstleistungen im Umweltbereich genähert. Zum einen haben wir das Untersuchungsinteresse auf ökologische Dienstleistungen im Umweltsektor ausgeweitet. Die darin tätigen Unternehmen definieren wir als diejenigen, die dazu beitragen, natürliche Ressourcen zu schonen, den Umgang damit zu optimieren und allgemein „nachhaltig“ zu wirtschaften. Dazu dienten der Besuch der Solarmesse 2007 in Freiburg und eine Online-Befragung von Besuchern der Messe „e-world“, die im Februar 2007 in Essen stattfand und sich mit dem Titel „energy and water“ an Fachbesucher richtete. Die (knapp 10.000) Messebesucher kamen hauptsächlich aus dem Energiebereich, denn der Ausstellungsschwerpunkt lag eindeutig auf Dienstleistungen für diesen Bereich. Mitorganisator der Messe war Conergy, ein Solarenergielieferant. Angeboten wurden überwiegend Dienstleistungen wie DV-gestützte Lösungen, z. B. Informationssysteme für Management, Überwachung und Energieabrechnungen, für Broker-, Beratungs- und Informationsdienstleistungen wie Zertifikatehandel sowie für Consulting, Marketing oder Wettervorhersage. Die Fragestellung war, ob es in anderen Bereichen des Umweltsektors eine stärkere Exporttätigkeit als im Wassersektor gibt und ob sich dabei die Geschäftsaktivität auf regionale Schwerpunkte konzentriert.

Zum anderen haben wir den Wasserbereich weiter verfolgt. Hierfür haben wir auf der zentralen Messe der Wasserwirtschaft, der „Internationalen Fachmesse für Wasser-Abwasser-Abfall-Recycling“ (IFAT) im Mai 2008 in München, Standbesuche gemacht, Interviews zur Exporttätigkeit durchgeführt und dabei speziell nach dem China-Geschäft gefragt. Zum Kontrast haben wir im September 2008 die IFAT-Ausstellung in Shanghai besucht und dabei die deutschen Aussteller zu ihren China-Erwartungen und -Erfahrungen befragt.

4.3.3.2 Interviews mit Wasser- und Entsorgungsdienstleistern

Bei der 2008er IFAT-Messe in München, die sich vornehmlich an Experten aus den Bereichen Wasser, Abwasser und Entsorgung wendet, wurden Firmenvertreter an den Ständen interviewt. Dies sind genau die „klassischen“ Umweltbereiche, denen Sprenger (2002: 277) einen hohen Dienstleistungsanteil zuspricht („Wasser/ Gewässergüte/ Abwasserentsorgung“ und „Abfallwirtschaft / Altlastensanierung“).

Im Wasserbereich war die große Mehrheit der Anbieter auf der Messe „Hardware“-Firmen, die Rohre, Rührwerke, Steuerungen und alles, was zu Ausstattung und Betrieb einer Kläranlage notwendig ist, vorstellten. Insgesamt haben wir nur eine Minderheit an reinen Dienstleistern unter den Befragten vorgefunden.

Insgesamt wurden 66 Firmen, von denen wir annahmen, dass sie im Ausland tätig waren, interviewt. Dies war bei der großen Mehrheit (n = 56) auch der Fall. Meistens waren es dieselben Produkte und Dienstleistungen, die im Inland angeboten wurden, die im Auslandsgeschäft ebenfalls zum Einsatz kamen. Spezielle Angebote für das Ausland hatten 13 % der Firmen mit Auslandsgeschäft. Dabei ging es um landesspezifische Spezifikationen, um den dortigen Standards oder Formen der Stoffbehandlung (etwa der Abfälle) gerecht zu werden. Eine Grobeinteilung der Befragten nach Sparten stellt sich folgendermaßen dar:

– Wasser- und Abwasserbehandlung: 27 %,
– Abfall, Entsorgung: 23 %,

- Biogas: 18 %,
- übrige (z. B. Ingenieurdienstleister): 32 %.

Wenn man die befragten Anbieter nach Hauptaktivitäten unterteilt, so lässt sich folgende Einteilung vornehmen:

- Hardwareproduzenten: 47 %,
- Ingenieurdienstleister, Anlagenbauer, Planer / Organisatoren: 27 %,
- Softwareproduzenten: 9 %,
- andere Dienstleister (z. B. Trinkwassersanierung): 8 %,
- sonstiges (z. B. Regelsysteme thermischer Prozesse): 9 %.

Die befragten Firmen lassen sich überwiegend den kleinen und mittleren Unternehmen zuordnen. 35 % haben weniger als 50 Mitarbeiter, 20 % haben zwischen 50 und 99 Mitarbeiter, weitere 17 % haben zwischen 100 und 199 Mitarbeiter und die übrigen haben 200 und mehr Mitarbeiter.

Nach dem Dienstleistungsanteil befragt, geben so gut wie alle Befragten (eine Ausnahme) einen – wenn auch manchmal geringen – Dienstleistungsanteil an. Geringe Anteile, also unter 10 % des Jahresumsatzes, geben 18 % der Befragten an, und weitere 16 % geben einen Dienstleistungsanteil zwischen 10 % und 19 % an. Ihre Dienstleistungen beschränken sich meistens auf notwendige Wartungs-, Installations- und Überwachungsarbeiten. Anlagenbauer, etwa von Biogasanlagen, bieten zusätzlich zur reinen Dienstleistung „Konzeption und Ausführung" auch zum Teil noch eigene Fertigungsprodukte an, so dass sich ihr Dienstleistungsanteil eher im mittleren Bereich bewegt. Anders ist es bei den Ingenieurdienstleistern und den Softwareherstellern, die sich als reine Dienstleister begreifen.

Ein Drittel der Befragten (33 %) gibt den Anteil des Auslandsgeschäfts am Gesamtumsatz mit unter 25 % an, weiter 17 % der Befragten geben zwischen 25 % und 49 % an, 37 % der Befragten geben zwischen 50 bis 74 % an und der Rest (13 %) hat 75 % und mehr Auslandsanteile. Die Hardwareproduzenten hatten in der Regel einen hohen Anteil an Auslandsumsatz. Generell waren fast alle (86 %) mit den im Vorjahr 2007 erzielten Umsätzen zufrieden. Nimmt man das Verhältnis der Gesamtzahl der Mitarbeiter zu den Mitarbeitern im Ausland, so ist der damit angezeigte Anteil der „Internationalisierung der Beschäftigungsverhältnisse" nicht sehr hoch. Bei gut drei Viertel der Befragten (83 %) liegt der Gesamtanteil der ausländischen Beschäftigten unter 20 %.

Am häufigsten ist das Auslandsengagement im europäischen Ausland, in dem fast drei Vietel (74 %) der befragten Firmen aktiv sind. An zweiter Stelle folgt mit gut der Hälfte (52 %) der ost- und südosteuropäische Raum. An dritter Stelle (38 %) sind Süd- und Ostasien vertreten, wobei Japan, Indien und China vergleichsweise oft genannt werden. Ein geringer Teil der Befragten (17 %) geht davon aus, dass sie sich mit ihren Produkten und Dienstleistungen beträchtlich an die landesspezifischen Kundenbedürfnisse anpassen müssen, vor allem im Preis. Dies gilt auch für China, d.h. die meisten bieten im chinesischen Markt „scharf kalkuliert" das an, was sie auch in Deutschland anbieten. Immerhin geben 35 % an, ihre Firma sei auch in China tätig, aber nur wenige (6 %) bezeichnen

China als „wichtigstes“ Land. Etwa ein Viertel dieser in China tätigen Firmen war dort schon vor der Jahrtausendwende.

Nach den Gründen für die Expansion nach China befragt, kreisen die meisten Antworten um den Markt und die Marktchancen („China ist ein Zukunftsmark“, „der Markt brummt“). Nur ein befragtes Unternehmen hat den Schritt nach China aufgrund einer internationalen Ausschreibung gemacht, ein weiteres ist „über ein Großprojekt rein gekommen“ und bei einem dritten „hat es sich so ergeben“ weil die Firma schon eine Niederlassung in Hongkong hatte. Bei den Übrigen ist es eine strategische Entscheidung aufgrund der Marktchancen gewesen. Genannt werden vier positive „Verstärker“ dieser Entscheidung: a) chinesische Firmen fragen an, b) es gab bereits Kontakte und Kontaktpersonen vor Ort, c) über befreundete oder Schwesterfirmen ist man ins Gespräch gekommen und d) eigenes deutsch-chinesisches Personal machte die ersten erfolgreichen Schritte.

Um im chinesischen Markt präsent zu sein, gibt es mehrere Möglichkeiten: die ersten, anfänglichen Schritte erfolgen über eine Repräsentanz, die erste Markterkundungen macht und Kontakte anbahnt. Es ist möglich, einfach nur einen Vertriebspartner zu finden und ansonsten gar nicht weiter vor Ort aktiv zu werden. Die früher obligatorische, weil von der chinesischen Regierung für Schlüsselbereiche geforderte Form des Joint Ventures hat viele Nachteile (Abhängigkeit vom chinesischen Partner zum Beispiel bei Entscheidungen über die Verwendung der Gewinne, geringe Flexibilität in Personalangelegenheiten etc.). Deshalb wird die Einrichtung einer Tochterfirma in der Regel bevorzugt. Bei den Befragten mit China-Engagement haben 42 % eine Tochterfirma, 32 % eine Repräsentanz, 16 % eine Vertriebspartnerschaft und 10 % ein Joint Venture.

Die genannten Zahlen der beschäftigten deutschen und chinesischen Mitarbeiter lassen erkennen, dass es sich um eher bescheidene Formen des Engagements handelt. Dies wird dadurch bekräftigt, dass gut drei Viertel der in China engagierten Firmen maximal 10 % des Jahresumsatzes in China gemacht haben.

Auf die bereits bei der Befragung der deutschen Wasserwirtschaft von 2006 gestellte Frage, welchen Rat man aufgrund der bisherigen China-Erfahrungen einem befreundeten Kollegen der Branche geben würde, der ein Engagement plant, antworten die Befragten überwiegend in zwei Dimensionen:

- Die optimistische Version lautet, dass der Markt da sei („großer Markt, große Umsätze“), es aber der Unterstützung eines chinesischen Partners bedürfe. Dies kommt in Äußerungen wie „man braucht einen chinesischen Partner, ist ein Muss“, „man braucht einheimische Unterstützung“ oder „man braucht Leute, auf die man sich verlassen kann (in China schwierig), wichtig, man braucht Chinesen, die westlich denken können, mein Rat: hingehen“ zum Ausdruck.
- Die pessimistische Version ist, dass die Chinesen es nur auf das Know-how und die zu kopierende Technologie abgesehen haben. Hierfür gibt es genügend Hinweise. Der VDMA führt bei einer Befragung seiner Mitgliedsfirmen weiterhin China als „Spitzenreiter“ bei der Herstellung von Plagiaten (Presseinformation des VDMA vom 21.4.2008: auch Erd / Rebstock 2008). Es wird mit unterschiedlicher Akzentuierung

darauf hingewiesen, dass es sehr wahrscheinlich ist, dass der chinesische Partner oder die Konkurrenz die Technologie oder das Produkt kopiert und in Kürze (günstiger) auf dem Markt anbietet: „Man muss auf Patent- und Technologieschutz achten", „kein Know-how preisgeben", „nicht nach China gehen, Kopiergefahr". Einige Befragte haben selber schon einmal schlechte Erfahrungen mit der Verletzung des Copyrights gemacht. Auch die Anmeldung zum Patent in China sei eine wenig erfolgversprechende Strategie, denn so „liefert man die Kopiervorlage für die Chinesen". Es wird auch darauf hingewiesen, dass man keine schnellen Erfolge erwarten solle, China sei ein „schwieriger Markt", „die Chinesen schotten sich über Zertifizierung und Lizenzen ab", man müsse „dreimal hinfahren, bis überhaupt was genommen wird", und man brauche „Größe zum Durchhalten".

Es lässt sich festhalten, dass auf der Anbieterseite ein eher mäßiges Interesse an einem China-Engagement besteht. Allerdings muss man für die mittelständisch geprägte deutsche Wasserwirtschaft, und darin besonders für die meist kleinbetrieblich organisierten „reinen" Dienstleister wie Ingenieur- und Planungsbüros feststellen, dass diese wenig gute Gründe haben, sich auf einen harten Markt wie China auszurichten, der zwar viele Möglichkeiten bietet, aber auch lange Durststrecken und erhebliche Erfolgsrisiken mit sich bringt.

4.3.3.3 Analyse der tatsächlich in China erbrachten Dienstleistungen

Zur Erfassung der tatsächlich in China vertretenen deutschen Dienstleister und ihrer branchen- und tätigkeitsbezogenen Ausrichtung haben wir die (nicht immer aktuelle) Adressenkartei von 2008 der deutschen Auslandshandelskammer in China ausgewertet. Diese führt – je nach Einordnungsmerkmal – eine Minderheit von mindestens 300 deutschen Dienstleistern. Produzierende Firmen überwiegen im Verzeichnis. Zieht man von der Minderheit der Dienstleister die Tochterniederlassungen von Großfirmen (wie etwa das Siemens-Verkaufsbüro) und ebenfalls die registrierten Filialen international tätiger Dienstleister (z. B. McKinsey, TBWA etc.) ab, oder auch Großfirmen aus dem Lebensmittel- und Telekombereich, so bleiben davon 246 Firmen, die eine aktuelle Website haben. Mit diesen Firmen haben wir – nach einem aufwändigen Rechercheprozess nach Aktualität der Angaben, Ansprechpartnern und E-Mail-Adressen – im Mai 2008 Kontakt aufgenommen und sie per E-Mail gebeten, uns entweder einen kurzen Online-Fragebogen zu beantworten oder mit uns ein telefonisches Interview zu ihrem China-Engagement durchzuführen. Insgesamt haben wir mit 42 Vertretern von Firmen, die in China tätig sind, Kontakt gehabt. Die große Mehrheit hat den Online-Fragebogen ausgefüllt. Die Zahl der antwortenden Unternehmen ist nicht sehr zufriedenstellend, das Material reicht aber aus, um Tendenzen anzugeben

Dienstleister machen von den in China tätigen, bei der Auslandshandelskammer registrierten Firmen maximal ein Fünftel aus (die Registrierung ist freiwillig, entsprechend sind nicht alle Firmen erfasst). Die dominierende Branche ist die der Consultants. Deren hohe Anzahl wird durch mehrere Faktoren bedingt: zum einen sind es klassische Management- und Strategieconsultants, die, wie überall, in ausländischen und chinesischen Firmen zur Optimierung von Geschäftsprozessen herangezogen werden. Zum anderen gibt es eine große Zahl von „Enablern", die für deutsche Firmen die Zusammenarbeit mit den chinesischen Partnern vorbereiten und begleiten, Kontakte herstellen und Marktstudien erstellen. Schließlich verbergen sich hinter dem Consulting-Label auch spezialisierte technische Dienstleistungen, wie sie auch Ingenieurbüros erbringen. Ein weiterer Grund für die hohe Zahl der Consultants ist, dass es relativ einfach ist, mit einem Standard-Businessplan als Consultant von der chinesischen Regierung anerkannt zu werden, was bei Vorlage von anderen Geschäftsmodellen schwieriger ist. Vier Branchen machen gut die Hälfte der in China tätigen Dienstleister aus: Consulting (26 %), Transport und Logistik (12 %), Architekten (9 %) und IT-Services (7 %). Umweltbezogene Dienstleistungen, von Abfallbeseitigung bis ökologische Stadtplanung, werden nur von 3 % der Firmen explizit genannt (was nicht heißt, dass diese nicht auch von Architekten oder Ingenieurbüros erbracht werden). Allerdings sind die ökologisch ausgerichteten Dienstleister auch unter anderen Branchengruppen zu finden, zum Beispiel ist ein großer deutscher Ingenieurdienstleister Projektpartner in einem Siedlungsprojekt mit dezentraler Abwasserbehandlung und einer Wiederverwendung des Brauchwassers.

Abbildung 34: Verteilung Dienstleistungen in China

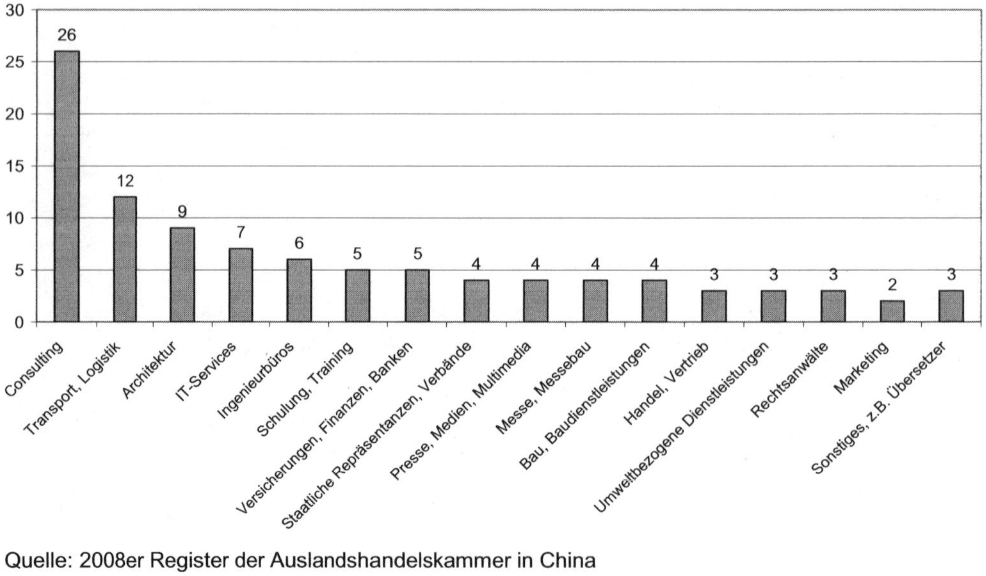

Quelle: 2008er Register der Auslandshandelskammer in China

Die im Mai / Juni 2008 42 Interviewten der in China tätigen Dienstleistungsfirmen geben ein gutes Bild der obigen Grundgesamtheit wieder. Die Mehrheit der befragten in China tätigen Dienstleister gibt an, dass ihr Unternehmen in China im Beratungsbereich aktiv ist, sei es in der klassischen Managementberatung, sei es als Beratung für Gründungs- und andere Unterstützungsleistungen für Firmen, die in China eine Geschäftstätigkeit aufnehmen wollen. Es sind unter den Befragten aber auch Anbieter von Finanz-, Versicherungs-,

IT-, Transport-, Logistik- und anderen hochwertigen Dienstleistungen vertreten, ebenso andere sehr spezialisierte Dienstleistungen wie Messe-, Ausstellungs- und Eventorganisation oder auch Landschaftsarchitektur. Knapp die Hälfte sind Kleinunternehmen (unter 10 Beschäftigte = 22 %) oder Firmen von 11 bis 100 Beschäftigte (26 %). Weiter 22 % sind im „mittleren" Bereich zwischen 100 und 500 Beschäftigte anzusiedeln. Die übrigen Firmen liegen mit der Beschäftigungszahl darüber, was bei global aufgestellten IT- oder Logistikdienstleistern durchaus üblich ist.

Nicht überraschend ist, dass die große Mehrheit für China einen einhundertprozentigen Dienstleistungsanteil angibt. Ein knappes Drittel (32 %) ist seit 4 Jahren oder kürzer in China, 43 % 5 bis 9 Jahre und die übrigen sind 10 Jahre oder länger in China vertreten. Der größte Teil der befragten Dienstleistungsfirmen (42 %) ist mit einer eigenständigen Tochterfirma in China vertreten. Durch eine „Repräsentanz" vertreten sind 33 %, ein Joint Venture haben 14 %, einen „Vertriebspartner" 3 %. Zudem wird noch genannt, dass der chinesische Markt von Hongkong aus bedient wird und dass ein Partner ein lokales Unternehmen besitzt. Bis auf eine Minderheit (22 %) haben alle Dienstleister mindestens einen deutschen Mitarbeiter in China. Dies ist ein Unterschied zu den Unternehmen der ökologischen Wirtschaft, mit denen wir auf der IFAT Shanghai im September 2008 ausführlich gesprochen haben. Diese haben nicht selten einen chinesischen Vertriebs- oder Lizenzpartner, der das Alltagsgeschäft betreibt. Auch wenn die Firmen des Wassersektors eine Tochterfirma haben, ist nicht immer ein deutscher Manager vor Ort, sondern kommt in Abständen eingeflogen.

China ist für einen beträchtlichen Teil der befragten dort tätigen Dienstleister (48 %) ein Schwerpunkt der Auslandstätigkeit. Der Anteil des China-Geschäfts am Jahresumsatz ist aber bei allen Befragten eher moderat. 42 % geben an, dass bis zu 10 % des Jahresumsatzes auf China entfallen. Weitere 35 % geben an, er liege in China zwischen 11 und 30 Prozent. Danach gibt es eine Lücke. Die übrigen 23 % der Untenehmen erzielen 50 % und mehr ihres Auslandsumsatzes in China (11 % geben an, den gesamten Auslandsumsatz in China zu machen). 21 % sehen China als das Land, in dem sie den meisten Umsatz machen. Dies ist unterschieden von den auf der IFAT Shanghai 2008 vertretenen Firmen des Wassersektors, die alle maximal 20 % ihres Umsatzes in China machen. Auch die in Deutschland auf der IFAT 2008 in München befragten Firmen, die in China tätig sind, sind da eher zurückhaltend: Von 13 machen 2 mehr als 20 % ihres Umsatzes in China.

Nur sehr wenige der in China tätigen Dienstleister (10 %) sind praktisch in allen Erdteilen vertreten. Am stärksten werden die Bereiche „West- / Nord- / Südeuropa" genannt (55 %), „Süd- / Ostasien" (53 %) und Südosteuropa" (45 %). Für das China-Geschäft in den nächsten zwei Jahren rechnen 21 % damit, dass es zu „beträchtlichen Steigerungen" des Umsatzes kommt, die Mehrheit (66 %) geht von „moderaten Steigerungen" aus und 13 % gibt an, dass es „in etwa gleich" bleibt.

Vergleicht man die in China tätigen Dienstleister (n = 42) mit den zur gleichen Zeit befragten Messeteilnehmern der IFAT 2008 in München (n = 56), die man unter „Umweltfirmen des Wasser- und Entsorgungsbereichs" zusammenfassen könnte, so ergeben sich insbesondere in Bezug auf die Präsens in West-, Nord- und Südeuropa Differenzen. Die Umweltfirmen sind stärker in diesem Bereich vertreten (sie gehören zu einer relativ jungen Branche, die erst seit den 90er Jahren sich internationalisiert hat). Die „reinen" Dienstleister in China hingegen sind häufiger in Südostasien und Nordamerika vertreten. Die Umweltfirmen sind deutlich stark im erweiterten Europa vertreten, was auch daran liegt, dass die neuen EU-Staaten wie Bulgarien und Rumänien einen hohen Infrastrukturbedarf haben, und die Ausgaben dafür durch EU-Mittel erheblich gestützt werden.

Abbildung 35: Regionales Engagement von in China tätigen Dienstleistern und Umweltfirmen

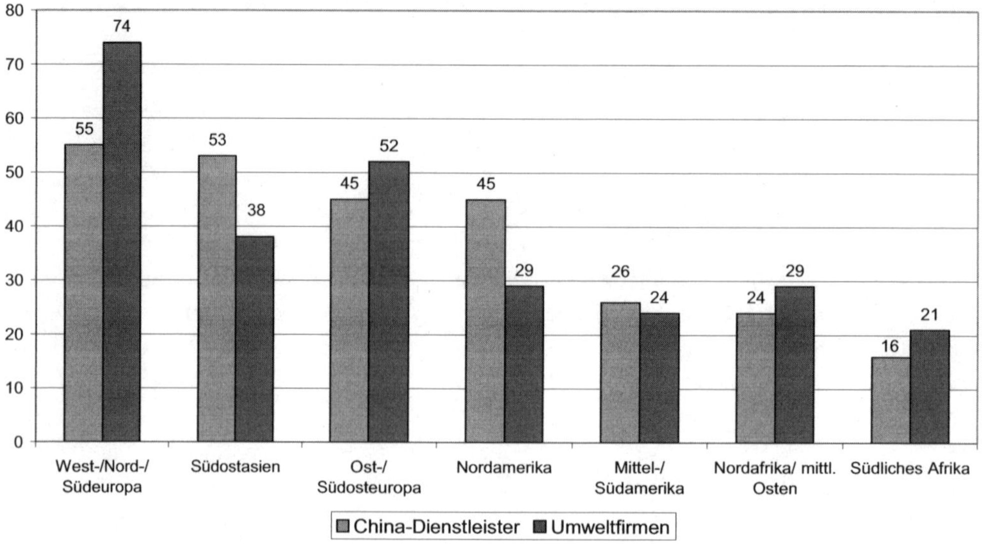

Quelle: eigene Darstellung

4.3.3.4 Befragung deutscher Firmen in China

Die Erfahrungen der beiden von uns besuchten IFAT-Wassermessen in Shanghai ähneln sich sehr. 2006 wurden 12 deutsche und 4 ausländische Unternehmen befragt, 2008 14 deutsche Unternehmen. Die auf beiden Messen vertretenen Unternehmen bildeten ein breites Spektrum von kleinen und mittleren Unternehmen bis hin zu Großkonzernen ab. So gut wie alle waren bereits auf dem chinesischen Markt aktiv, in der Minderheit als reine Exporteure ohne eigene Niederlassung, die mit örtlichen Vertretern bzw. einem örtlichen Vertriebsbüro zusammenarbeiten. 2006 war die überwiegende Mehrheit vor Ort mit einem eigenen Standort vertreten, meistens mit einer Tochtergesellschaft, einer so genannten Wholly Foreign Owned Enterprise (WFOE), was den Vorteil der Unabhängigkeit vom chinesischen Partner bietet. 2008 überwogen die Unternehmen mit einer Repräsentanz in China. Diese dient offiziell der Firmendarstellung und der Kontaktanbahnung und darf keine Geschäfte machen (was aber z. B. einen Ingenieurdienstleister nicht davon abhielt, seine in China im Repräsentanzbüro erbrachten Leistungen in Deutschland zu fakturieren).

Die Mehrzahl der 2006 und 2008 befragten deutschen Unternehmen in China waren Hersteller von Umwelttechnik im Abwasserbereich, die sich im Chinageschäft auf Produkte konzentrieren und darauf bezogene Dienstleistungen (z. B. Schulung, Beratung, Wartung, Reparatur) nur vereinzelt in das Angebot integrieren. Denn produktbezogene Dienstleistungen, etwa Schulungen, so die Erfahrung mehrerer Unternehmen, seien in China nur schwer vermarktbar, da die Kunden hierfür nicht extra bezahlen wollten.

Die 2006 in Shanghai vertretenen Firmen waren nur zum Teil auch 2008 dort vertreten. Dies lässt sich zum einen damit erklären, dass die Messen in China nicht auf ein spezielles Fachpublikum ausgerichtet sind, sondern jeder Interessierte kostenlosen Eintritt erhält, was dazu führt, dass sich viele interessierte Studierende einfinden (mögliche zukünftige Entscheider), aber relativ wenige wirkliche Entscheider aus Firmen und Behörden. Zum anderen sind Messen in China keine sehr effektive Form der Kontaktanbahnung, da wesentlich darauf gesetzt wird, dass das Produkt und das beigefügte Werbematerial für sich sprechen. Die „typisch chinesische" Form läuft weitgehend über informelle Kanäle und Bekanntschaften, oder eben über beharrliche Besuche vor Ort mit Face-to-Face-Kontakt.

Fasst man die Dienstleister beider IFAT-Shanghai-Samples (2006 und 2008) zusammen, so handelt es sich a) um bedeutende Wasserver- und -entsorger, die unterschiedlich stark im Chinageschäft engagiert sind. In einem Fall stand die Entwicklung noch ganz am Anfang und war durch temporäre Beratungs- und Schulungsaufträge geprägt, in zwei weiteren Fällen waren die Unternehmen bereits als Betreiber von mehreren Kläranlagen auf Grundlage von so genannten BOOT-Projekten (Build – Own – Operate – Transfer) mit chinesischen Partnern tätig. Ferner fanden sich b) spezialisierte Consultants, die deutsche Firmen betreuen, Beratungsdienstleistungen oder Projektplanung und -abwicklung und / oder Schulungen (z. B. zu Kunststoffschweißen) anbieten. Hier ist für den Wasserbereich etwa eine gemeinsame, 2008 gegründete Schulungsfirma des Wasserverbandes DWA, eines Wasserunternehmens, eines Ingenieurbüros und einer Trainingsfirma zu nennen (Sino-German Training Centre for Water & Environment). Diese Schulungsfirma bildet chinesische Manager des Umweltsektors fort, fördert Wissenstransfer, Kooperation und internationale Zusammenarbeit und bietet für chinesische Betreiber und Umweltfirmen eine Weiterqualifikation ihrer Mitarbeiter in einem Schulungszentrum an. Die Qualifikation wertet die Kenntnisse der Mitarbeiter auf und macht sie mit deutschen Standards, wie sie in der dualen Ausbildung für Umweltberufe vermittelt werden, vertraut. Schließlich sind c) Anbieter von „Hybridprodukten" (Kombination von Sach- und Dienstleistungen) vertreten, etwa der Anbieter von Steuerungssystemen für Windkraftanlagen, der den Lösungsanbietern zuzurechnen ist.[77]

---

[77] „Kennzeichnend für einen Lösungsanbieter ist, dass nicht mehr das Kernprodukt (etwa die Spezialmaschine, der Roboter oder die Software) sondern der Beitrag zum Geschäftserfolg des Geschäftspartners im Vordergrund der Verhandlungen steht und somit zur Absatzleistung wird. Dabei handelt es sich um höchst kundenindividuelle Leistungen mit einem hohen Integrationsgrad mit dem

4.3.4 Übergreifende Ergebnisse zu den Hemmnissen und Erfolgsfaktoren für das China-Geschäft

4.3.4.1 Gemeinsame China-Attraktionsmomente von Dienstleistern und Firmen der Wasserwirtschaft

Wir gruppieren im Weiteren die Argumente der beiden Samples (der Dienstleister aus dem Auslandshandelskammerregister und der Aussteller auf der IFAT Shanghai 2008) nach Pull-Faktoren, die zum Gang nach China geführt haben.

Die Chancen des Marktes bzw. die Expansionsmöglichkeiten in einem noch ungesättigten Markt, der die eigenen Produkte und Dienstleistungen nachfragt, sind der Hauptgrund für den Gang nach China.[78] Dazu gehören:

- „Unser Angebot ist in China nachgefragt“ und „die Möglichkeiten des chinesischen Marktes“, ebenso die Einschätzung, dass man „dort eine Nische besetzen kann“;
- „Das Geschäft läuft gut, in Europa schrumpft der Markt, hier ist er vorhanden“;
- „Die Umweltprobleme sind in China dringlich, das wird sich verstärken, etwa das Klärschlammproblem. Hier haben die Städte Nachholbedarf“;
- „Es ist ein riesiger Markt. Unsere Kunden sind schon da, der Markt expandiert, wir haben 40 % Weltmarktanteil“.

Der gute Ruf von „Made in Germany“ ist ein weiteres Hauptargument. Letzteres ist uns jetzt immer wieder von Ausstellern der Wasser- und Umweltmesse IFAT in Shanghai im September 2008 bestätigt worden. Die Austeller geben an, dass die Chinesen selbst so viele Beispiele von minderwertiger Qualität der eigenen Produkte aus ihrer Alltagserfahrung kennen, dass sie, wenn sie etwas Haltbares und präzise Gearbeitetes wollen, an Europa und speziell an Deutschland denken und in der Folge auch dazu bereit sind, einen Preis über dem Niveau der chinesischen Anbieter zu zahlen. Mehrere Hardwarehersteller berichteten, dass ihnen zunächst Kunden wegen der deutlich billigeren chinesischen Kopie abgesprungen sind, sie dann aber gemerkt haben, dass sie dadurch weitaus mehr Reparatur- und Ausfallzeiten haben, so dass sie als „Lernergebnis“ dann wieder zurückgekehrt sind.

Ein weiteres vielfach genanntes Argument der Befragten ist die Möglichkeit, eine Nische zu besetzen. Dies hat neben der Hemmung des Nachahmereffektes (Nachahmer machen mehr Geld in großen Märkten, wo der Skaleneffekt zum Tragen kommt) auch den Vorteil eines klar abgegrenzten, überschaubaren Kundenstamms. Ein gutes Beispiel ist der Fall eines Garten- und Landschaftsarchitekten, der sich auf Dachbegrünungen und später

Kunden. Die Realisierung solcher Leistungen erfordert sowohl die Verzahnung von Produkt und Dienstleistungen als auch eine Anpassung des Geschäftsmodells“ (Frombach et al. 2008: 59).

[78] Den China-Dienstleistern wurde eine Liste mit 12 Vorgaben zu Gründen nach China zu gehen vorgelegt. Dies waren Argumente, die uns in Gesprächen mit Firmen mit China-Engagement häufig begegnet waren.

auch auf Regenwasserverwendung spezialisiert hat. Seine Klienten sind in der Regel internationale Firmen, die Hotels, Verwaltungssitze etc. bauen und ihr Gebäude durch den Dachgarten aufwerten wollen. Hier ist – wie in fast allen Nischen – sehr spezielles Know-how gefragt, denn ohne dieses sind minderwertige Qualität und entsprechende Schäden (etwa am Gebäude durch durchsickernde Bewässerung) die Konsequenz. Dieses Know-how umfasst neben wirtschaftlichem, fachlichem und konzeptuellem Wissen Materialkenntnisse, arbeitsorganisatorische und Betriebserfahrung und vor allem Wissen um die optimale Kombination von Komponenten. Dies wird auch immer wieder von Firmen des Wasserbausektors als kompetetiver Vorteil genannt.

Der „Rat von Kollegen / befreundeten Unternehmern", der als Begründung bei den Firmen des Wassersektors in der Befragung von 2006 noch weit oben stand, hat bei den im Jahr 2008 befragten Dienstleistern mit Sitz in China wenig Bedeutung für die Länderauswahl. Generell lässt sich für alle in China tätigen Unternehmen des Wasser- und Dienstleistungssektors sagen, dass für sie beratende Instanzen wie die IHK, AHK oder bfai und andere halböffentliche oder private Beratungsinstitutionen, insgesamt relativ geringes Gewicht bei der Wahrnehmung der China-Option haben. Ihre Wirkung als „Verstärker" der Entscheidung, nach China zu gehen, ist eher begrenzt. Das heiß nicht, dass die von der Mehrheit eingeholten Informations- und Beratungsdienstleistungen in der Entscheidungsphase als nutzlos angesehen werden. Ihnen wird eine – wenn auch geringe – Hilfs- und Unterstützungsfunktion zugesprochen. Sie waren zwar nützlich, aber, wie es ein Befragter auf den Punkt bringt, „keine große Sache". Unsere Interviews mit IHKs und anderen halbstaatlichen Beratungsinstitutionen hatten ergeben, dass diese sich selbst in der Regel eine beträchtliche Bedeutung für die Auslandsentscheidung beimaßen. Dies – so auch das Ergebnis der 2006 durchgeführten Befragung der Wasserwirtschaft – steht in Diskrepanz zur eher geringen Bedeutung für die Unternehmen.

Bemerkenswert ist, dass ein jahrelang gültiges Standardargument der deutschen Industrie für den Gang nach China, die Nennung „Vergleichsweise kostengünstiges Personal" weder von den dort tätigen Firmen des Wasserbereichs noch von den „reinen" Dienstleistern als bedeutungsvoll angesehen wird. Das kann einerseits daran liegen, dass andere Länder China als das lohnkostengünstigste Land Asiens ersetzt haben und andererseits im Bereich hochwertiger Dienstleistungen das Argument niedriger Löhne keine große Rolle spielt. Vielmehr haben die nur in begrenzter Anzahl vorhandenen Chinesen mit Auslandserfahrungen, die etwa im westlichen Ausland studiert haben, Englisch oder Deutsch sprechen und in beiden Kulturen zuhause sind, eine erhebliche Verhandlungsmacht und bekommen für chinesische Verhältnisse Spitzengehälter. Gerade internationale Firmen haben große Schwierigkeiten, in China talentierte Mitarbeiter zu finden (Lane / Pollner 2008). Auch die „arbeitgeberfreundlichen rechtlichen Rahmenbedingungen" sind für die interviewten Dienstleister, die eher das Problem haben, ihr Personal zu halten als zu feuern, nicht sehr wichtig.

4.3.4.2 Hemmnisse und Beeinträchtigungen des Geschäfts

Was die hemmenden Faktoren des Chinageschäfts der befragten, in China tätigen Unternehmen des Dienstleistungs- und Wasserbereiches angeht, steht die mangelnde Verlässlichkeit der chinesischen Seite im Vordergrund. Nachdrücklich wird auf Unklarheiten bezüglich Kompetenz, Struktur, Strategie und Solidität chinesischer Partner selbst im Rahmen langjähriger Kooperationen sowie immer wieder auf die Gefahr der Verletzung gewerblicher Schutzrechte hingewiesen. Die Hälfte aller interviewten Aussteller auf der IFAT Shanghai hatte schon einmal ein Nachahmerproblem. Dies sehen einige als tendenziell bedrohlich an, die Mehrheit geht aber davon aus, dass die eigene Qualität des Angebots weiterhin der entscheidende Wettbewerbsvorteil sei. Die bereits in China tätigen „reinen" Dienstleister sahen sich überwiegend eher schwach von dem Nachahmerproblem bedroht. Eine Ausnahme sind zwei Beratungsunternehmen, die den Markteintritt deutscher Firnen unterstützen, ebenso ein Messeorganisator, ein Bildungsanbieter und ein Gesundheitsdienstleister.

Als weitere Probleme gelten Rechtsuntersicherheiten („Verträge sind nicht mehr als ein Fetzen Papier", ein Insolvenzrecht im westlichen Sinne gibt es nicht: Niedernhöfer 2006) und die unzureichende Ausbildung chinesischer Arbeitskräfte (die in einem Fall durch eigene umfangreiche Qualifizierungsmaßnahmen aufgefangen werden musste). Dass Unternehmen im Chinageschäft mit einer Vielzahl von Problemen konfrontiert werden, wird teilweise aber auch mit hausgemachten Versäumnissen (z. B. keine systematische vorbereitende Markterschließung) und unzureichenden Leistungen von Unterstützungsorganisationen (z. B. Kontaktbörsen ohne geeignete Teilnehmer) in Verbindung gebracht. Kritische Beurteilungen gab es insbesondere zur Qualität von solchen Beratern, die sich hauptsächlich auf ihre allgemeinen China-Erfahrungen stützen, spezielle Branchenkompetenzen aber nicht aufweisen können.

Die Hälfte der 2008 befragten IFAT Shanghai-Aussteller gibt an, dass ihre Arbeit unter Beeinträchtigungen zu leiden hat. Dies bezieht sich – lässt man Sprachschwierigkeiten und Unzulänglichkeiten der Infrastruktur außen vor – auf die einschränkende Rolle der Behörden und ihrer Bürokratie. Zum Beispiel gäbe es zwar eine Umweltgesetzgebung, aber deren „Umsetzung lässt zu wünschen übrig". Andere bemängeln die „Behördenwillkür" sei „schlimmer geworden", die Korruption sei eine Beeinträchtigung, zum Beispiel arbeite der Zoll „nur gegen Cash".

4.3.4.3 Erfolgsbedingungen für das China-Engagement

Obwohl etwa die Hälfte der IFAT 2008 – Aussteller in Shanghai noch nicht sagen kann, ob ihr Gang nach China insgesamt ein Erfolg war, setzen die Befragten überwiegend auf ein weiteres verstärktes Engagement, also den Ausbau des Geschäfts. Nur ein Befragter geht von einem Misserfolg aus. Zwei Risikovermeidungsstrategien werden genannt: a) die „stärkere Fokussierung auf technische Nischen" und b) eine vorsichtige Haltung bezüglich der Informationen, also „wenig Informationen preisgeben". Bei der ersten Strategie liegt der Schwerpunkt auf „hochwertigen technischen Nischen", d.h. auf Produkten und Dienstleistungen, die einen begrenzten Abnehmerkreis haben und sehr schwer zu imitieren sind. Die zweite Strategie ist gespeist aus vielen schlechten Erfahrungen – sei es den eigenen, sei es von anderen deutschen Firmen – mit den unterschiedlichen Strategien von Behörden und Geschäftspartnern, wesentliche Informationen zum eigenen Vorteil zu verwenden. Dies kann sowohl über die Einreichung von zu genehmigenden Plänen und detaillierten Konstruktionsinformationen geschehen oder aber auch, etwa bei Ingenieurdienstleistern, indem die Firma aufgefordert wird, ein detailliertes Angebot einzureichen, was dann von den chinesischen Konkurrenten, die etwas günstiger anbieten, genauso übernommen wird. Generell herrscht bei den Befragten mit China-Engagement ein großer Realismus bezüglich der Versuche der chinesischen Seite, Know-how abzuziehen und Produkte zu kopieren um so den ausländischen Wettbewerber aus dem Markt zu drängen.

Die Fähigkeit zur Adaption chinesischer Gepflogenheiten und kultureller Eigenarten (z. B. Akzeptanz pragmatischer „80 %-Lösungen") wird zu den grundlegenden Faktoren eines erfolgreichen Marktauftritts in China gezählt, was durch den Rückgriff auf einheimische Arbeitskräfte und einen hohen Anteil lokaler Beschaffung entscheidend gefördert werden könne. Vor dem Hintergrund dieser durchgängig thematisierten Vorrausetzungen zeichnen sich mit einer Preis- und einer Qualitätsstrategie zwei entgegen gesetzte Konzepte für ein erfolgreiches Chinageschäft ab. Vertreter der Preisstrategie gehen davon aus, dass in China Qualität keine Rolle spielt und eine Marktetablierung nur durch das Bestehen im Wettbewerb um den niedrigsten Preis gelingen kann. Auf der anderen Seite sehen Unternehmen, die komplexe Produkte und Dienstleistungen in Bereichen hohen Bedarfs und ohne gleichwertige chinesische Konkurrenz anbieten, gerade in der Betonung von Qualität und Kompetenz einen Wettbewerbsvorteil, der auch in die Durchsetzung vergleichsweise hoher Preise münden kann. Diese Unternehmen sehen sich deutlich weniger von Produktpiraterie bedroht als auf den Preiswettbewerb fokussierte Unternehmen, zum Beispiel weil in China hierfür das notwendige ingenieurtechnische (Erfahrungs-)Wissen nicht vorhanden sei.

4.3.4.4 Chancen und Potenziale für deutsche Unternehmen auf dem chinesischen Wassermarkt

Auf den ersten Blick sind die beeindruckenden Summen für den Investitionsbedarf im Wassersektor eine Möglichkeit für die deutsche Umweltindustrie, sich eine Scheibe vom großen Kuchen abzuschneiden. Diese hat in Investitionsgütern für den Wasserbereich wie Pumpen, Filtern, Armaturen, Rührwerken etc. eine relativ gute Stellung (der Anteil der deutschen Hersteller an den chinesischen Importen liegt 2007 bei der Mehrheit dieser Güter zwischen 20 und 30 %, fast alle Positionen haben im Vergleich um Vorjahr zweistellige Wachstumsraten: Abele [2008b]: 2 f.). Nach Einschätzung des Bauministeriums dürfte sich Chinas gesamter Investitionsbedarf im Wassersektor innerhalb des elften

Fünfjahresplans (2006 bis 2010) auf rund 1.000 Milliarden RMB (knapp 96 Mrd. Euro) belaufen. Davon entfällt jeweils ungefähr ein Drittel auf Wasserqualität, Wasserversorgung[79] und Abwasserentsorgung. Andere Quellen sprechen davon, dass von insgesamt 1.300 Milliarden RMB für Umweltinvestitionen etwa 640 Milliarden RMB in den Wasserbereich fließen dürften (vgl. Abele 2008b: 1). Beiden Summen gemeinsam ist, dass der Staat maximal die Hälfte bereitstellen will und der Rest über Public Private Partnerships eingebracht werden soll.

Für die Investitionsgüter im Wasserbereich gilt nach Einschätzung der von uns befragten Experten, dass die „Karten in China schon verteilt sind", es sich also kaum noch lohnen würde, jetzt in den Markt einzusteigen. Zwar werde im wachsenden Markt der Hardwareelemente wie Pumpen, Filter etc. weiterhin in China Importbedarf bestehen. Zudem werde bei steigenden Umweltauflagen und -kontrollen und Gefahr von möglichen Haftungszahlungen der Industrie die verlässliche und qualitativ hochwertige deutsche Technologie eine gute Marktchance haben. Gleichwohl würden bei starker internationaler Konkurrenz und einer aufholenden chinesischen Investitionsgüterindustrie im Umweltbereich die Margen tendenziell fallen. Diese können auch arbeitsintensive Aufträge im Anlagen-, Wasserleitungs- und Kanalbau weitaus preisgünstiger anbieten, so dass deutsche Anbieter eine schwache Position haben[80].

In Bezug auf Umwelt-Dienstleistungen durch Consultants und beratende Ingenieurbüros ist die Meinung der von uns befragten Experten, dass zwar weiterhin viel fachlich-technisches und organisatorisches Wissen von außen benötigt werde. Um die Umweltinvestitionen effizient und ökonomisch wirksam zu steuern, werde es gleichwohl noch einige Zeit dauern, bis in China erkannt werden würde, dass solche spezialisierten Dienstleistungen ihren Preis hätten. Hier wäre zum Beispiel Beratung zur Einführung eines Wasser-Ressourcen-Managements ein lohnender Bereich. Gute Chancen für deutsche Umweltindustrie und Dienstleistungen werden vor allem in zwei Bereichen gesehen, bei denen deutsches Erfahrungswissen mobilisiert werden kann:

Zum einen, wie mit dem Problem der zunehmenden Schlammberge, für deren Beseitigung bei der Konzeption der Kläranlagen kaum Vorsorge getroffen worden ist, umzu-

---

[79] Für die Süd-Nord-Wasserumleitung sind bereits 320 Milliarden RMB veranschlagt (Abele 2008b: 1).

[80] An den geplanten Maßnahmen für Abwasserreinigung und Wasserschutz kann man am Beispiel der stark industrialisierten Provinz Tianjin an den geplanten Investitionssummen zukünftige Bedarfe absehen, die wenig technisches Spezialwissen benötigen, das nur ausländische oder eben deutsche Experten liefern könnten. An erster Stelle steht die „Verbesserung der Qualität von Flüssen mit Wasserqualität von mehr als Klasse 5" (4.190 Mio. RMB). An zweiter Stelle steht der „Bau von Wasserrecyclinganlagen" (3.230 Mio. RMB). Es folgen der „Schutz von Flüssen mit Wasserqualität Klasse 1" (2.620 Mio. RMB). Danach kommen „Abwasserleitungsneubau" (1.860 Mio. RMB). „Kläranlagen- und Kanalisationsbau in Industrieparks" schlagen mit 1.180 Mio. RMB zu Buche. Für „Kläranlagenmodernisierung" werden 680 Mio. RMB veranschlagt, 40 Mio. RMB für „Online-Monitoring" und schließlich für „Kläranlagen- und Abwassersammlerneubau" 20 Mio. RMB (Abele 2008a: 35).

gehen ist. Die Deponieentsorgung funktioniert nicht mehr, da diese voll sind und es wegen des hohen Wassergehalts des Schlamms (ca. 80 %) zu Standfestigkeitsproblemen kommt. Alternativen wie Verklappung im Meer, die Deponie in Kiesgruben, Steinbrüchen u.ä. oder gar die unkontrollierte Entsorgung durch Privatunternehmen sind nicht weiterführend. Für die Probleme der Schlammbehandlung gibt es neben der Lösung der Verbrennung (z. B. in Zementwerken) noch die der Weiterbehandlung zur Produktion von Biogas. Für Trocknungs- und Verbrennungslösungen ist der Bedarf hoch. Bei der Vergärung könnten einige bereits in China tätigen deutschen Hersteller grundsätzlich Lösungen anbieten. Diese sind aber in der Regel hauptsächlich im Bereich landwirtschaftlicher Abfälle (Gülle, pflanzliche Reste und Abfälle) tätig. „Lösungen der Klärschlammverfaulung (mit eventueller Gasnutzung) scheint die Regierung bislang eher zurückhaltend gegenüber zu stehen. Entsprechende Projekte erfordern ein hohes Maß an Arbeitssicherheit“ (Abele 2008a: 39).

Die Einrichtung und der eigenständige Betrieb ganzer Anlagen wird in Zukunft von den Chinesen – aus den oben erwähnten Gründen des Public Private Partnership - verstärkt nachgefragt werden. Unsere Gesprächspartner gingen aber davon aus, dass es relativ wenig Möglichkeiten dafür gäbe, eine spezifisch „deutsche“ Lösung, die anderen Wettbewerbern weit voraus ist, in China erfolgreich zu vermarkten. Das liegt zum einen daran, dass es bei der Abwasserbehandlung keine bahnbrechenden neuen Technologien gibt, die deutschen Unternehmen einen kompetitiven Vorteil bringen würden, der eine Hochpreisstrategie rechtfertigen würde (die kostspielige, relativ neue „Membrantechnologie“ ist nicht unbedingt für die robusten chinesischen Standardanforderungen geeignet, sie ist außerdem kopierbar). Bei der IFAT 2008 in München haben wir insgesamt keine sehr hohe Innovationsdynamik feststellen können. Die Hälfte der von uns Befragten ging davon aus, dass die Angebotsstruktur im Grunde in den letzten 5 Jahren weitgehend so geblieben sei. Bei der Schilderung neu dazu gekommener Produkte berichteten 34 % der Befragten von inkrementellen Verbesserungen (etwa neue Größen), von der Weiterentwicklungen bestehender Geräte oder der Spezifizierung der Geräte / Anlagen für einen bestimmten Kundenkreis. Nur 16 % berichten von gänzlich neu entwickelten Produkten, zum Beispiel die Entwicklung spezieller Softwarelösungen, etwa für die Kanalplanung. Diese neuen Produkte sind vom Markt akzeptiert worden und haben sich durchgesetzt.

Es ist zum anderen zu bedenken, dass elaborierte Lösungen und deutsches Know-how aus dem „Ecosan“-Bereich (ecological sanitation), die mit Kreislaufansätzen bzw. der Wiederverwendung von Brauchwasser arbeiten, neue Steuerungskonzepte einer sozial-ökologischen Regulation entwickeln[81] oder kleinere natürliche Pflanzenklärungslösungen (Biofiltration) anbieten, in China allerhöchstens für Nischen geeignet sind. Ansonsten haben sie aber in China weder eine (über die wissenschaftliche Community hinausgehen-

[81] Z.B. im netWORKS-Projekt (BMBF 2006: 24), dem Projekt der TU Darmstadt „Semizentrale Grauwasserbehandlung zur innerstädtischen Wasserwiederverwendung in Megacities“ (www.iwar.bauing.tu-darmstadt.de / projekte / semizentral / projekt_chi, vgl. auch Rakelmann 2002).

de) breite Akzeptanz noch stellen sie eine Alternative für die entstandene klassische großsystemische Lösung in der Siedlungswasserwirtschaft dar.

Gegen die Durchsetzungsmöglichkeiten von alternativen Modellen sprechen Akzeptanzprobleme, die auch mit dem Mentalitätsproblem eines wenig entwickelten Umweltbewusstseins zu tun haben (Klein 2004: 135 f.). Dazu trägt die Erbschaft der kommunistischen Ära bei, denn die kommunistische Ideologie sah die Natur als Objekt menschlicher Ausbeutung und Beherrschung an (Shapiro 2001). Trotzdem Rücksicht auf die Umwelt allgemein als wichtig angesehen wurde, wurde 2005 eine Minderheit chinesischer Großfirmen nach einer WWF-Umfrage (n = 182 Firmen) als „almost hostile to environmental issues“ beschrieben. 57 % der WWF-Befragten gehen davon aus, dass „viele“ oder „sehr viele“ chinesische Firmen für geringere Umweltstandards eintreten und 39 % meinen, dass „viele“ oder „sehr viele“ Firmen die Umweltstandards verletzen (Peng et al. 2005: 3 und 28) Zudem hat ein aus unabhängigen Umweltbewegungen und Initiativen bestehender organisierter Gegenpol, der die Leistungsfähigkeit alternativer Methoden propagieren könnte, relativ schwache Ausgangsbedingungen, denn ihre Haupttätigkeit ist das Aufdecken und Skandalisieren von Missständen. Es gibt in China ein starkes, aus der zentral- und obrigkeitsstaatlichen Tradition herrührendes Misstrauen gegen Umweltinitiativen. 2005 gab es 51.000 Beschwerden gegen Verschmutzung, denen eher selten nachgegangen wurde. Es gibt laut Wei in China 2.800 Umweltschutzgruppen, von denen nur ein kleiner Teil (n = 70) sich offiziell hat registrieren lassen (Wei 2008: 163 f.). Obwohl die registrierten Gruppen als Dialogpartner anerkannt sind, haben auch die unregistrierten Gruppen Erfolge. So etwa die aus lokalen Bürgermeistern zusammengesetzte Gruppe „Council for Saving the Mother River Campaign“, die gegen die enorme Verschmutzung des Qing-shui-Flusses im mittleren Westen durch Schwermetalle produzierende Fabriken protestierte und die untätige lokale SEPA zum Handeln zwang.

Was die Betreibermodelle angeht, so gibt es, wie erwähnt, insgesamt in China ein positives Klima für solche Lösungen. Zu den klassischen BOT-Lösungen, bei denen ein externes Unternehmen mit dem Betrieb beauftragt wird und die Anlage von diesem nach einem längeren Zeitraum wieder an den Eigentümer zurück gegeben wird, gibt es DBO-Projekte (Design – Build – Operate), bei denen Design und Komponenten von lokalen Versorgern vorgegeben werden und die ausländischen Partner Bau und Betrieb vornehmen. Auch zeitlich begrenzte Joint Venture-Modelle („time bound divesture“) werden als Operationsmodi diskutiert. Seit kurzem haben internationale Infrastrukturfonds Chinas Abwasserbereich entdeckt. Diese Fonds kaufen sich Technologieanbieter und Betreiber auf dem internationalen Markt, was kleineren Technologieanbietern Chancen gibt, die bisher wegen mangelnder Finanzierungsmöglichkeiten außen vor geblieben sind.

Faktisch sind die deutschen Firmen im Betreiberbereich bisher kaum vertreten. Die Ausnahme ist Berlinwasser, deren internationale Tochterfirma schon seit langem in China tätig ist. Das erste Engagement beim Bau eines Wasserwerks war ein Versuch. Klare Vorstellungen, wie sich das Investment auf dem neuen Markt entwickeln würde, gab es damals noch nicht (vgl. Kausch 2007: 20 f.). Nach dem erfolgreichen Bau und Betreiben eines Wasserwerks Ende der 1990er Jahre in der Stadt Xi´an (das sie dann aber wieder an den chinesischen Partner zurückgeben mussten, weil durch eine Gesetzesänderung 2004 die ihnen zuvor garantierte feste Rendite abgeschafft wurde), betreiben sie seit 2003 zwei Kläranlagen in zwei chinesischen Provinzstädten. Die Anlage in Nanchang ist ein BOT-Projekt, bei dem sie ihre Erfahrungen auch in den Bau einbringen konnten, die Anlage in Hefei ist ein TOT-Projekt. Bei Letzterem hat Berlinwasser eine bestehende Anlage gekauft und betreibt sie, um sie dann nach einem festgelegten Zeitraum zurückzugeben. Zudem gibt Berlinwasser in zwei weiteren Abwasserprojekten technische Unterstützung.

BOT-Modelle – so die Erfahrung von Berlinwasser – sind am Anfang sehr betreuungsintensiv, denn der (deutsche) Betreiber muss Experten nach China schicken um Personal zu schulen und einen Austausch anzuregen. Zudem ist es üblich, das Betriebspersonal (erste und zweite Managementebene) aus China nach Deutschland eingeladen wird, um die „Betreiberphilosophie" zu verstehen und zu verinnerlichen. Diese Schulung und Fortbildung ist anfangs sehr kostenintensiv, sie nimmt aber im Laufe der Jahre ab, sodass die Betreibermodelle ohne aufwendige Steuerung aus Deutschland eigenständig laufen können. Training ist in China nicht weit verbreitet, da gute und versierte Ausbilder enorme Kosten verursachen.

Über die bessere Position der französischen Anbieter im Markt kann nur spekuliert werden. Veolia Environment hatte nach eigenen Angaben im März 2008 23 Verträge mit Kommunen. Ebenfalls sehr engagiert ist „Sino-French Water Development", ein Joint Venture zwischen Suez und New World Development aus Hongkong (Abele 2008b: 2). Eine Rolle spielte wahrscheinlich die stärkere politische Absicherung des China-Geschäfts in den Zeiten der Chirac-Regierung (Kynge 2006: 90). Ein weiterer Grund könnte in der Differenz der jeweiligen Ingenieurstraditionen in Deutschland und Frankreich liegen. Frankreich hat forschungsintensive, staatlich geförderte verwissenschaftlichte Spitzentechnologie, während sich das deutsche Spezialisierungsmuster eher auf einen erfahrungsgestützten Technisierungs- und Innovationsstil stützt. Französische Ingenieure haben systematische, wissenschaftliche Kompetenzen für die Konzipierung großtechnischer Systeme, während deutsche Ingenieure ihre Stärken in der schrittweisen Verbesserung komplexer, technologisch ausgereifter Investitionsgüter haben (Heidenreich 1999). Man könnte annehmen, dass den chinesischen Technikern und Ingenieuren der französische Stil näher liegt.

Generell ist die Übernahme des Betriebs nicht ohne Risiko für den Betreiber. Neben technischen Problemen, wie dem des ausreichenden Einleitungsvolumens und des schwankenden Verschmutzungsgrades (Abwässer und Regenwasser werden in China in städtischen Kanalisationssystemen zusammengeführt, was zu schwankenden Verdünnungseffekten führt), ist das Hauptproblem die Abwasserpreisgestaltung. Trotz stark gestiegener Wasser- und Abwasserpreise, arbeiten die Wasserwerke in der Regel mit Verlusten (Wang 2007: 215). Die Abwasserpreise müssten für einen kostendeckenden und erst recht für einen Gewinn bringenden Betrieb erheblich erhöht werden, was allerdings in einem Land, in dem Ver- und Entsorgungsleistungen durch „politische Preise" staatlich festgelegt werden, sehr schwierig durchzusetzen ist (ein Beispiel ist der „politische" Benzinpreis, der bei den hohen Ölpreissteigerungen des Vorjahres eingefroren wurde und dem staatlichen Unternehmen Sinopec Millionenverluste bescherte). Ähnliche Probleme gibt es im Abfallbereich. Das Ziel der chinesischen Behörden ist es, das Aufkommen aller Abfallarten zu reduzieren und das Konzept der Kreislaufwirtschaft einzuführen. Dies ist schwer durchzusetzen, da es keine aufkommensabhängige Abfallgebühr gibt.[82]

Wie die obigen Beispiele der Gebührenerhebung zeigen, ist es schwierig unter instabilen Rahmenbedingungen gute Geschäfte zu machen. Schwierig ist es deshalb, weil der Garant der Stabilität, der chinesische Staat, anderen Logiken folgt als denen des Rechtsstaates im Kapitalismus, zu dessen Prinzipien Vertragstreue, regelgeleitetes Handeln und Vergabetransparenz gehören. Schwierig wird es zudem, mit Verhandlungspartnern auf lokaler oder regionaler Ebene zu Übereinkünften zu kommen, deren Gegenstand sich in einer rechtlichen Grauzone befindet oder der Politik der Zentralregierung gegenübersteht. Dazu gehört, dass im Wasserbereich immer Behörden die Auftraggeber sind, die jede Entscheidung mit Verweis auf eine andere Instanz hinauszögern können und über deren wirkliche Entscheider und verschlungene Entscheidungswege sich schwer „von außen" etwas herausfinden lässt. Auch wenn es nicht zu weichen oder harten Formen der (weit verbreiteten) Korruption kommt, bringt das Herausfinden des „richtigen" Ansprechpartners und das Fehlen eines kalkulierbaren Zeitrahmens hohe Transaktionskosten mit sich. Sobald es nicht nur um Sachkriterien geht, sondern auch um einen guten Kontakt, eine gute Atmosphäre, ein gutes persönliches Verhältnis ist der Aufbau dieses Verhältnisses per se ein Risiko, weil dann „interkulturelle Fähigkeiten" gefragt sind und die Klippen von unterschiedlichen Kommunikations-, Führungs- und Planungsstilen umschifft werden müssen (Bolten / Schröter 2001). Oft werden einheimische Vermittler mit einbezogen, die sich ihr Versprechen eines privilegierten Verhältnisses zu den „wirklich wichtigen Männern" etwas kosten lassen, was aber nicht grundsätzlich eine Erfolgsgarantie darstellt. Zu den festen Bestandteilen der „Folklore" unserer deutschen Gesprächspartner mit China-Verhandlungserfahrungen gehört es, Geschichten über die chinesische Spezialität des Nachverhandelns und der zusätzlichen Preisdrückerei zu erzählen.

4.3.5 Schlussfolgerungen

Die bisherige Diskussion über die Möglichkeiten der deutschen Umwelttechnik und der damit verbundenen Dienstleistungen in Deutschland war sehr stark von der Angebotsseite bestimmt. Sie lebt von der Potenzialität. Das Argument, man habe ja schließlich ausgereifte und qualitativ hochwertige Produkte und Dienstleistungen anzubieten, da wären die Kunden doch gut bedient, wenn sie auf das Weltbeste zugreifen würden, steht auf wackeligen Füßen. Es vernachlässigt den Preis und vor allem andere, eher weiche Entscheidungs-

[82] „Das Aufkommen von Abfällen ist weit höher als derzeit geordnet entsorgt werden kann. Etwa 50 % der Siedlungsabfälle werden zwischengelagert und unkontrolliert abgelagert. In der Peripherie der Städte entstanden rasch unkontrollierte Abfallablagerungen. Nur wenige Kommunen haben Systeme zur Getrennthaltung und Verwertung eingeführt. Lediglich 3 % des Siedlungsabfallaufkommens werden verbrannt und 5 % kompostiert" (Bundesumweltamt 2007: 82).

größen, die mit Traditionen, Kulturen und Bedürfnissen zu tun haben. Es ist vielfach beklagt worden, dass das Argument der guten Technik und der hohen Qualität eine typisch deutsche Spezialität sei, die das Marktumfeld zu wenig berücksichtigt.

Im rauen chinesischen Marktumfeld haben nur die Unternehmen eine Chance, die einen langen Atem haben bzw. zunächst einmal bereit sind, für mehrere Jahre beträchtliche Summen zu investieren, bevor sie möglicherweise Gewinne machen. Dies ist ein hartes Selektionskriterium, denn es begünstigt große oder sehr kapitalstarke Unternehmen, die es sich leisten können, die nächsten Jahre vorzufinanzieren. Langfristig haben hochpreisige deutsche Unternehmen als Anbieter für die chinesischen Kunden dann eine Chance, wenn sie eine Nische besetzen, in der sie ein Alleinstellungsmerkmal haben oder mit anderen Anbietern ein ähnliches Preisniveau halten können. Für kleinere Umwelt-Dienstleister, die weitgehend reine Dienstleistungen anbieten – also typischerweise für Consultants, beratende Ingenieure, Planer, Architekten und Anbieter von Software und spezifischem Know-how in Überwachungs-, Mess- und Regeltechnik – besteht die einzige Chance im Markt erfolgreich zu sein darin, dem chinesischen Kunden den ökonomischen und ökologischen Nutzen ihrer Leistung vor Augen zu halten, indem sie eingesparte Ressourcen und Optimierungsleistungen der bisherigen Produktionsweise betonen. Den Kunden muss verdeutlicht werden, dass es intelligente Wege gibt, die Aufwendungen für Energie, Wasser, Reinigung etc. zu verringern und dass es dafür Spezialisten gibt, die ihr Geld wert sind. Sie können Wege zum integrierten Umweltschutz, der immer eine technische und organisatorische Seite hat, aufzeigen und gerade mit der Kombination von technischem Know-how und dem Wissen um betriebliche Abläufe und deren Rationalisierung für den Kunden ersichtlichen Mehrwert schaffen.

Julika Weiß, Bernd Hirschl

5 Unterstützungsangebote und Fördermöglichkeiten für die Internationalisierung

Dienstleistungsunternehmen werden bei ihrem Gang ins Ausland von einer Reihe von spezifischen Problemen behindert: Sie müssen aufgrund der Immaterialität der Leistung, der fehlenden Lagerbarkeit und der Notwendigkeit der Einbeziehung des Kunden in den Erstellungsprozess mit spezifischen Problemen im Rahmen des Internationalisierungsprozesses zurechtkommen. So müssen viele Dienstleistungen vor Ort erbracht werden. Außerdem ist die Qualität der Dienstleistung für den Kunden vor der Leistungserbringung schwer zu beurteilen, da die Leistung in der Regel individuell erstellt wird. Dies erhöht das Kaufrisiko und erfordert ein Vertrauensverhältnis zwischen Kunde und Dienstleister. Aufgrund dieser Spezifika sind bei der Internationalisierung von Dienstleistungen die so genannten weichen Erfolgsfaktoren wie Netzwerke, Kontakte vor Ort, Marktkenntnisse, qualifizierte und motivierte MitarbeiterInnen, die nicht nur über Fachwissen, sondern auch über interkulturelle Kompetenz und Sprachkenntnisse verfügen sollten, besonders wichtig. Entsprechend dieser spezifischen Hemmnisse benötigen Dienstleistungsunternehmen bei ihrer Internationalisierung angepasste Unterstützungsangebote.

In diesem Kapitel werden zuerst die zentralen Institutionen im Bereich der Außenwirtschaftsförderung in Deutschland und die wichtigsten Unterstützungsangebote, aufgeteilt in die Bereiche Beratung und Information sowie Finanzierung, dargestellt. Als spezifisches Förderinstrument für eine einzelne Branche wird die Exportinitiative erneuerbare Energien vorgestellt und ihr Zusatznutzen – vor dem Hintergrund der Bewertung der Exportinitiative aus Unternehmenssicht – diskutiert. Im zweiten Teil des Kapitels wird zunächst die Nutzung des vorhandenen Instrumentariums und dessen Bewertung seitens der Unternehmen analysiert. Diese Ergebnisse beruhen auf empirischen Erhebungen mit Dienstleistungsunternehmen aus dem Bereich erneuerbare Energien. Auf dieser Grundlage sowie unter Berücksichtigung der spezifischen Anforderungen der Dienstleistungsunternehmen werden abschließend Empfehlungen für eine Erweiterung und Anpassung der Unterstützungsangebote an die spezifischen Bedürfnisse von Dienstleistungsunternehmen der Umweltbranche abgeleitet.

Die Unternehmen durchlaufen bei ihrer Internationalisierung (idealtypisch) mehrere Phasen, in denen sie unterschiedlichen Unterstützungsbedarf benötigen. Im Folgenden werden zur Einteilung der Angebote vereinfachend 3 Phasen unterschieden

– In der ersten Phase überprüft das Unternehmen zunächst seine Exportfähigkeit auf der Basis einer Betrachtung der Chancen und Risiken einer Internationalisierung sowie der Stärken und Schwächen des Unternehmens (*Situationsanalyse und -prognose*). Dabei sind insbesondere Informationen zur Vorgehensweise bei der Internationalisie-

rung, zur Branche und globalen Rahmenbedingungen von Interesse sowie gezielte Beratungsdienstleistungen für die Situationsanalyse und die ersten Schritte.
- Ergibt sich aus dieser Analyse eine Entscheidung für das Auslandsgeschäft, so folgt die *strategische Marketingplanung*. Diese umfasst idealtypisch die Festlegung von Zielen der Internationalisierung und die Auswahl eines oder mehrerer Ländermärkte sowie der Strategien des Markteintritts und der Marktbearbeitung für diese Länder. In dieser Phase ist eine umfangreiche Beschaffung und Analyse von Informationen zu den in Frage kommenden Ländermärkten notwendig.
- Zuletzt erfolgt die Planung der konkreten Umsetzung (*Strategieimplementierung*) und daran anschließend das Auslandsgeschäft selbst. In dieser Phase fällt die Suche nach geeigneten Geschäfts- und Kooperationspartnern, die Frage nach der Finanzierung des Auslandsgeschäfts sowie Detailfragen zu den einzelnen Ländermärkten.

Die Unterstützungsangebote, die sich an die Unternehmen in den unterschiedlichen Phasen des Auslandsgeschäfts richten, lassen sich außerdem einteilen in Beratungs- und Informationsangebote sowie finanzielle Unterstützung zu deren Nutzung auf der einen Seite und Finanzierungsinstrumenten für das Auslandsgeschäft auf der anderen Seite.

Die zentralen Institutionen, die im Bereich Außenwirtschaftsförderung aktiv sind, werden nachfolgend zuerst dargestellt. Anschließend erfolgt eine Auswertung der Angebote aufgeteilt in Beratungs- und Informationsangebote und Finanzierungsinstrumente sowie nach den 3 Phasen des Auslandsgeschäfts. Die Darstellung konzentriert sich im Wesentlichen auf bundesweite Angebote. Die Programme der Exportinitiative erneuerbare Energien werden in einem eigenen Abschnitt dargestellt und entsprechend bei den vorherigen Betrachtungen ausgeklammert.

5.1 Zentrale Anbieter der Außenwirtschaftsförderung

Die zentralen Anbieter von Unterstützung für Unternehmen bei ihrer Internationalisierung sind die Institutionen der *Außenwirtschaftsförderung des Bundes und der Wirtschaft*. Auf Bundesebene arbeiten die zentralen Einrichtungen des Staats und der Wirtschaft eng zusammen. Eine gemeinsame, zentrale Informationsstelle für erste Fragen zur Internationalisierung sowie den Unterstützungsangeboten der diversen zentralen Anbieter der deutschen Außenwirtschaftsförderung bietet das Außenwirtschaftsportal „ixpos“.

Die *zentralen Einrichtungen der Wirtschaft*, die sich mit Fragen der Außenwirtschaftsförderung befassen, sind die Industrie- und Handelskammern (IHK), deren Dachorganisation, der Deutsche Industrie- und Handelskammertag (DIHK), sowie die Auslandshandelskammern (AHK). Daneben vertreten eine Vielzahl an weiteren Wirtschafts- und Branchenverbänden bzw. Kammern sowie Ländervereine die Außenwirtschaftsinteressen der deutschen Wirtschaft und unterstützen Unternehmen bei Export- und Außenhandelsaktivitäten. Im Rahmen seiner Angebote für KMU unterstützt das Rationalisierungs- und Innovationszentrum der Deutschen Wirtschaft (RKW) diese auch bei deren Auslandsgeschäft. Und nicht zuletzt gibt es freie Unternehmensberater, die sich auf Fragen der Internationalisierung von Unternehmen spezialisiert haben.

Die *Angebote des Bundes* koordiniert als zentrale Institution der Außenwirtschaftsförderung das Wirtschaftsministerium (BMWi). Zur Unterstützung der Unternehmen wurde die Serviceeinrichtung Germany Trade and Invest (gtai) eingerichtet. Außerdem bestehen zahlreiche Förderprogramme, beispielsweise zur Auslandsmessebeteiligung oder Vermarktungshilfe. Diese werden insbesondere über das Bundesamt für Wirtschaft und Ausfuhrkontrollen (BAFA) angeboten. Jedoch leisten neben dem BMWi auch weitere Bundesministerien im Rahmen ihrer Aufgabengebiete Unterstützung beim Auslandsgeschäft. Einrichtungen des Außenministeriums (Auswärtiges Amt, Auslandsvertretungen) unterstützen deutsche Unternehmen bei ihrem Gang ins Ausland durch die Bereitstellung von Länderinformationen und die Unterstützung bei der Kontaktaufnahme. Unternehmen, die in Entwicklungs- und Schwellenländern aktiv werden, können sich an die Einrichtungen des Bundesministeriums für wirtschaftliche Zusammenarbeit (im Umwelttechnikbereich insbesondere die Gesellschaft für technische Zusammenarbeit gtz) wenden. Das Umweltbundesamt betreibt ein Portal, das sich speziell an Unternehmen aus dem Umweltschutzbereich richtet und diese auch bei ihrem Auslandsgeschäft unterstützen soll.

Die *Bundesländer* unterstützen ihre auslandsorientierte Wirtschaft ebenfalls in Zusammenarbeit mit den Außenwirtschaftsinstitutionen des Bundes mit landeseigenen Förder-, Finanzierungs-, Beratungs- und Garantiemöglichkeiten. Auch die *Europäische Union* legt Programme zur Außenwirtschaftsförderung auf.

Spezielle *Finanzierungsangebote und Angebote zur Risikoabsicherung* werden von Finanzierungsinstitutionen des Bundes wie der Kreditanstalt für Wiederaufbau (KfW) und der Deutschen Investitions- und Entwicklungsgesellschaft (DEG) angeboten. Die Bankenwirtschaft ist insbesondere durch die Ausfuhr-Kreditgesellschaft (AKA) aber auch zahlreichen Geschäftsbanken und Versicherungsunternehmen an der Finanzierung von Auslandsaktivitäten der Unternehmen beteiligt. Finanzielle Unterstützung für Projekte im Bereich Umwelt und Entwicklungszusammenarbeit bieten außerdem EU-Programme und diverse Stiftungen. Hinzu kommen *öffentliche Ausschreibungen* der Weltbank und der Entwicklungsbanken, der Vereinten Nationen sowie der EU und weiterer öffentlicher Einrichtungen.

5.2 Angebote im Bereich Information und Beratung

5.2.1 Angebote für die Situationsanalyse: Erstberatung und -information

Im Rahmen der Analyse der eigenen Situation und der Frage, ob und ggf. wie eine Internationalisierung des Unternehmens aussehen könnte, finden die Unternehmen vielfältige Informationsmöglichkeiten – insbesondere im Internet – und Beratungsangebote.

Informationen und Ratschläge zur Vorgehensweise bei der Internationalisierung und weiteren Ansprechpartnern finden sich auf dem zentralen Außenwirtschaftsportal *ixpos* (www.ixpos.de). Konkrete Ratschläge für das Auslandsgeschäft finden sich außerdem in *Broschüren und Leitfäden*. Gezielt an Dienstleister bzw. KMU richten sich folgende Ratgeber, die im Internet kostenlos erhältlich sind:

- „Weltweit aktiv – Ratgeber für kleine und mittlere Unternehmen" des BMWi (BMWi 2007b)
- „Exportratgeber für unternehmensnahe Dienstleister in Bayern" des bayrischen Industrie- und Handelskammertags (BIHK 2006)
- Unternehmen können sich auch mit Hilfe von *Tools im Internet* auf die Internationalisierung vorbereiten und ihre Exportfähigkeit analysieren:
- Das BMWi stellt KMU den *eTrainer „Export-Vorbereitung"* zur Verfügung, der Informationstexte, Übungen und Lernkontrollen enthält und dadurch KMU bei den ersten wichtigen Schritten des Export-Vorhabens unterstützen soll. Zusätzlich zum e-Trainer werden Begleitbroschüren angeboten, die die einzelnen Themenbereiche wie „Kooperation" im Detail erläutern und Hinweise auf die Geschäftspraxis liefern (www.existenzgruender.de).
- Der vom RKW in Zusammenarbeit mit zahlreichen weiteren Experten entwickelte kostenlose *Online-Test „Kompetenz-Check international"* ermöglicht durch Fragen in acht Themenbereichen (Unternehmensstrategie, Wettbewerb im Zielmarkt, Kunden im Zielmarkt, Marketing, Finanzen und Controlling, Personal und operative Abwicklung, Recht und Haftung sowie Kooperation im Auslandsgeschäft) den Stand der Vorbereitungen für das Auslandsgeschäft zu bewerten, Stärken und Schwächen zu erkennen und geeignete Maßnahmen zu planen. Zusätzlich wird er mit Angeboten der Außenwirtschaftsförderung verlinkt und zeigt damit weiterführenden Lösungswege auf (www.rkw.de).

Persönliche Unterstützung bei der Analyse der eigenen Exportfähigkeit und für allgemeine Fragen zur Internationalisierung liefern als erste Ansprechpartner die lokalen *Industrie- und Handelskammern (IHKn)* sowie die *Handwerkskammern (HWKn)*. Die IHKn (www.ihk.de) beraten ihren Mitgliedsunternehmen in außenwirtschaftlichen Fragen (Fördermöglichkeiten, Märkte), ggf. in Zusammenarbeit mit den AHKn. Sie führen zu diesem Thema auch Veranstaltungen und Seminare durch. Der Zentralverband des deutschen Handwerks (ZDH) (www.zdh.de) und die deutschen Handwerkskammern unterhalten ebenfalls Beratungsstellen zum Thema Außenwirtschaft.

Als erste Anlaufstelle für KMU kann auch das *Rationalisierungs- und Innovationszentrum der Deutschen Wirtschaft RKW* (www.rkw.de) dienen, das gezielt KMU zu Fragen der Außenwirtschaft berät und bei der Suche nach Unterstützungsangeboten und Ansprechpartnern hilft.

Ebenfalls erste Ansprechpartner für Fragen zum Außenhandel, insbesondere auch Informationen zur jeweiligen Branche, sind die diversen *Branchenverbände*, die im Bereich erneuerbare Energien beispielsweise zum Bundesverband erneuerbarer Energien zusammengeschlossen sind (www.bee-ev.de). Für die Umwelt-Dienstleistungsunternehmen können beispielsweise der Verband Unabhängig Beratender Ingenieure und Consultants e.V. (VUBIC) (www.vubic.de), die Bundesarchitektenkammer oder der

Bundesverband des Deutschen Groß- und Außenhandels (BGA) (www.bga.de) wichtige Ansprechpartner sein. Internationale Konjunkturanalysen, Branchenportraits- und berichte sowie Merkblätter mit Zahlen und Fakten sind teilweise über ixpos sowie von Fach – und Branchenverbänden verfügbar.

Umfangreiche *Beratung in Kombination mit einer Begleitung bei den weiteren Schritten* bieten einige Programme an, die jedoch nur für spezielle Regionen oder Zielgruppen existieren. So erhalten beispielsweise KMU aus den neuen Bundesländern im Rahmen des *Vermarktungshilfe-Programms des Bundes* bei ihrem Gang ins Ausland Unterstützung. Sie können im Rahmen dieses Programms an Vermarktungshilfeprojekten teilnehmen, in denen die Unternehmen durch die Vermittlung von Export-Know-how, Geschäftspartnern und spezifische Marktinformationen über das Zielland unterstützt werden und beim Aufbau der betrieblichen Absatzorganisation beraten und betreut werden. Ein zweites Angebot des Programms sind Lieferantenforen, die der Kontaktaufnahme mit potentiellen Kunden dienen (www.bmwi.de).

Spezielle Programme zur Beratung und weiteren Begleitung von KMU bei ihrer Internationalisierung wurden außerdem in einzelnen Bundesländern entwickelt:

- Ein sehr erfolgreiches Programm wird in Bayern unter dem Namen *„Fit für Auslandsmärkte – Go International"* als Gemeinschaftsprojekt der bayerischen IHKs und Handwerkskammern mit dem Außenwirtschaftszentrum Bayern durchgeführt (www.go-international.de). Hier werden mittelständische bayerische Unternehmen, die bisher nicht oder nur beschränkt im Auslandsgeschäft tätig waren, bei der Erschließung von neuen Absatzwegen und -märkten unterstützt *(Grzesik/ Thomsen 2007)*. Die teilnehmenden Unternehmen werden von ehemaligen Managern und Unternehmern („Senior Experts") begleitet, die über eine langjährige Berufserfahrung im Auslandsgeschäft verfügen. Im Rahmen des Programms wird ein individueller Internationalisierungsplan entwickelt. Anschließend kann die Umsetzung der darin genannten Internationalisierungsmaßnahmen finanziell gefördert werden (beispielsweise die Teilnahme an Messen, Geschäftspartnersuche, Erstellung von Werbeunterlagen, Übersetzungsleistungen, Rechtsberatung).
- Unterstützung bei der Erstellung eines strategischen Gesamtkonzeptes bietet das Land Berlin in seinem Programm *„Neue Märkte erschließen"* für Berliner KMU. Diesen werden ebenfalls auf diesem Konzept aufbauende Umsetzungsmaßnahmen finanziert (z. B. Beratungs- und Schulungsleistungen für Fach- und Führungskräfte, Teilnahme an Messen, Kooperationsbörsen oder die Einstellung eines Außenwirtschaftsassistenten). Mit der Programmdurchführung ist die Investitionsbank Berlin (IBB) betraut worden (www.ibb.de / NME).

5.2.2 Angebote im Rahmen der Strategieplanung: IInformationen zu Zielländern

Während im Rahmen der ersten Phase insbesondere das Internet und lokale Akteure wie die IHKs zentrale Ansprechpartner für die Unternehmen sind, werden im Rahmen der

Strategieplanung Informationen zu den Ländermärkten von zentraler Bedeutung, die eher von bundesweit oder in den jeweiligen Zielländern agierenden Institutionen angeboten werden. Im Rahmen der Strategieplanung sind jedoch auch Beratungsleistungen gefragt, die den Unternehmen bei der Zielsetzung und der Wahl geeigneter Zielmärkte helfen. Die Ansprechpartner hierfür sind im Wesentlichen bereits im Rahmen der Ausführungen zu Beratungsangeboten bei der Situationsanalyse benannt worden. Zusätzlich bieten die IHKn durch ihre Länderspezialisten eine individuelle Beratung zu einzelnen Ländermärkten per Telefon oder persönlich. Spezifische Fragen werden dann in Zusammenarbeit mit den anderen Kammern im In- und Ausland beantwortet, die branchenspezifische Kenntnisse über die ausländischen Märkte besitzen.

Die zentrale Anlaufstelle für *Länderinformationen* ist die *Germany Trade and Invest* (seit Anfang 2009 der Zusammenschluss der Bundesagentur für Außenwirtschaft und der Invest in Germany GmbH), die im Auftrag der Bundesregierung Außenwirtschaftsinformationen beschafft, systematisiert und verbreitet. Das Grundangebot ist kostenlos, Spezialthemen sind kostenpflichtig. Tiefgründige länderspezifische Informationen, beispielsweise zu kulturellen Aspekten und handelsspezifischen Fragen, können bei der gtai in einer Datenbank recherchiert werden (www.gtai.de).

Die *Europäische Union* bietet ebenfalls Informationen zu EU- und Nicht-EU-Ländern. Die Marktzugangsdatenbank (Market Access Database MADB, http: / / mkaccdb.eu.int.) enthält Informationen über die Ausfuhr- und Investitionsbedingungen in zahlreichen Nicht-EU-Ländern. Recherchiert werden können Handelshemmnisse nach Sektor und Land, Einfuhrverfahren, Informationen über Zölle und Steuern, Berichte über Marktzugangsbedingungen sowie ausgewählte Unternehmensberichte zu Barrieren. Informationen zu Ländermärkten und Rahmenbedingungen im europäischen Binnenmarkt bietet das Enterprise Europe Network (www.enterprise-europe-network.ec.europa.eu). Aufgabe der 300 lokalen Verbindungsstellen ist es, Unternehmen bei Fragen zu Gesetzen und Rechtsvorschriften und zu europäischen Förderprogrammen und Ausschreibungen zu helfen.

Informationen zu den jeweiligen Ländermärkten bieten auch *diplomatische Vertretungen der ausländischen Staaten* sowie *Niederlassungen ausländischer Banken* in der Bundesrepublik Deutschland. In Entwicklungs- und Schwellenländern können Informationen zu den Ländermärkten sowie zu Marktpotenzialen über die deutsche Gesellschaft für Technische Zusammenarbeit (*GTZ*) GmbH (www.gtz.de) bezogen werden. Zu den jeweiligen Regionen sind Informationen auch bei den *Ländervereinen* erhältlich, die regionsspezifische Serviceangebote und Dienstleistungen für Unternehmen anbieten. Sie sind von den Spitzenverbänden der Wirtschaft gegründet, beispielsweise der Asien-Pazifik-Ausschuss, die Lateinamerika-Initiative oder die Südliches-Afrika-Initiative der Deutschen Wirtschaft, oder unabhängige Vereine, zum Beispiel den Nah- und Mittel-Ost Verein e.V. (www.numov.org).

Sowohl über die gtai als auch Länderspezialisten der IHKn und AHKn können *spezifische Informationen zu einzelnen Ländermärkten* sowie umfangreichere *Länderanalysen* durchgeführt werden. Dies sind dann jedoch keine kostenlosen Dienstleistungen mehr. Eine weitere Anlaufstelle für die Recherche spezieller Daten zu einzelnen Ländermärkten ist das Statistische Bundesamt (www.destasis.de). Dieses bietet mittels des Infoservice International auch Beratung bei der Suche nach internationalen Statistiken aus verschiedenen Quellen (UN, WTO, OECD etc.) und Zugang auf weltweite Daten der Bereiche Wirtschaft, Außenhandel, Energie etc. Speziell zu Fragen zum Umweltrechsystem sowie den jeweiligen Umweltstandards kann der Verein zur Förderung des Internationalen Transfers von Umwelttechnologie e.V. (ITUT, www.itut-ev.org) weiterhelfen.

Umfangreiche *Brancheninformationen* stehen für einzelne Branchen und Länder bei der gtai zur Verfügung, die Branchendetails, Marktentwicklung- und bedarf (Exporte und Importe), Wachstumszahlen der Branche (Prognosen), ausgewählte Infrastrukturprojekte im Land, die Produktion und Branchenstruktur (Bauunternehmen), aber auch Hinweise zu Ausschreibungen und der Geschäftspraxis beinhalten. So bietet die gtai beispielsweise eine Länderbroschüre „Energiewirtschaft in Kanada – Zahlen und Fakten". Standardisierte Informationsmaterialien bieten teilweise auch die Branchen- und Fachverbände in Form von länderspezifischen Leitfäden an.

5.2.3 Angebote für die Phase der Strategieimplementierung

Im Rahmen der Strategieimplementierung und des eigentlichen Auslandsgeschäfts sind insbesondere die Knüpfung von Kontakten zu möglichen Partnern im In- und Ausland sowie Entscheidungsträgern und potentiellen Kunden im Zielland wichtig. Außerdem spielen verstärkt Fragen der Finanzierung und spezifische Fragen zu Recht und Zoll eine wichtige Rolle. Unterstützungsangebote helfen den Unternehmen außerdem bei der Umsetzung ihrer Marketingmaßnahmen. In dieser Phase werden auch Finanzierungsinstrumente wichtig, die im nächsten Kapitel dargestellt werden.

5.2.3.1 Kooperationsförderung

Potentielle Partner können die Unternehmen im In- und Ausland durch die Nutzung von Datenbanken sowie durch die Vermittlung diverser Institutionen erhalten. Aus diesen können sich dann Kooperationen in Form von Netzwerken und Firmenpools etablieren, die teilweise ebenfalls gefördert werden. Auch die Teilnahme an Kontaktveranstaltungen oder Delegationsreisen sowie Messeauftritte dienen der Kontaktanbahnung.

Zentrale Anlaufstelle bei der *Suche nach Geschäftskontakten* ist das e-trade-center (www.e-trade-center.de), die internationale Geschäftskontakt-Börse. Ausländischen und deutschen Firmen wird die Möglichkeit geboten, konkrete Wünsche nach Geschäftskontakten kostenlos auf der Plattform zu veröffentlichen oder nach geeigneten Partnern in der Datenbank zu recherchieren. Interessierte Unternehmen können den potenziellen Geschäftspartner direkt ansprechen. Der dort eingetragene Geschäftskontaktwunsch ist kostenlos online abrufbar. Neben der Suche nach Geschäftspartnern können KMU bei der *gtai* auch kostenlos nach Adressen von Auskunfts- und Kontaktstellen in verschiedenen Ländern recherchieren.

Weitere Datenbanken, in denen nach potentiellen Geschäftspartnern gesucht werden kann, sind *GENIOS – German Business Information* (www.genios.de) oder "*Cleaner Production Germany* – Das Portal zum Umwelttechnologietransfer“ des Umweltbundesamts, das allerdings nur deutschen Unternehmen die Möglichkeit zur Selbstdarstellung bietet (www.cleaner-production.de).

Die individuelle *Ermittlung von Partnerunternehmen* im Ausland bietet die gtai als kostenpflichtige Dienstleistung an. Auch die AHKn bieten unterschiedliche Unterstützungsangebote bei der Suche nach Geschäftspartnern: So werden Werbebotschaften des Unternehmens an vorselektierte, potenzielle Geschäftspartner verschickt, Geschäftspartner vermittelt, in Datenbanken recherchiert oder Adressen recherchiert. Diese Dienstleistungen sind allerdings alle kostenpflichtig.

Bei der Suche nach geeigneten Partnern im Zielland helfen auch die Auslandsvertretungen, die gtz, die Ländervereine sowie einige Branchenverbände. Innerhalb der EU unterstützt das Enterprise Europe Network, in dem zahlreiche deutsche Kammern vertreten sind, die Suche nach Partnern (www.enterprise-europe-network.ec.europa.eu).

Zur *Kooperationsförderung technischer Dienstleister und innovativer Unternehmen* existiert ein Programm des *BMWi*. Diverse Projektträger erschließen im Rahmen des Programms Kooperationsmöglichkeiten unter anderem für deutsche Dienstleister und führen die jeweiligen Partner zusammen. Ihr Tätigkeitsfeld erstreckt sich auf die Identifizierung der jeweils geeigneten Kooperationsfelder, die Erfassung von kooperationswilligen Partnern, die Organisation von Kooperationsplattformen und das Coaching der Kooperationspartner im jeweiligen Zielland (www.bmwi.de).

Die *IHKs* unterstützen Unternehmen darin, so genannte *Firmenpools* zu bilden, die dann durch die Kammern bei ihrer Internationalisierung unterstützt werden. Firmenpools sind branchenspezifische oder branchenübergreifende Interessengemeinschaften, bei denen sich mehrere Unternehmen zusammenschließen und vernetzt in einen neuen Markt eintreten. Das Knüpfen von Kontakten und die Vorbereitung von Geschäftsbesuchen werden für die KMU dann im gewünschten Land vorbereitet. Der Vorteil für die Unternehmen liegt darin, dass sie die Kosten teilen können.

Der Kontaktvermittlung – insbesondere auch zu deutschen Partnern – dienen diverse *Informations- und Kontaktveranstaltungen (IuK)*. Die Germany Trade and Invest (gtai) organisiert im Auftrag des BMWi Symposien, Unternehmertreffen und Kooperationsbörsen. Zu den Unternehmertreffen in Deutschland werden Wirtschaftsdelegationen aus den Zielländern eingeladen. Bilaterale und interregionale Kooperationsbörsen und Wirtschaftskonferenzen in Deutschland und ausgewählten Ländern werden auch von anderen Institutionen der Außenwirtschaft (z. B. DIHK) organisiert. Auch der Verein zur Förderung des Internationalen Transfers von Umwelttechnologie e.V. (ITUT) (www.itut-ev.org) organisiert branchen- und regionalspezifischen Informationsveranstaltungen und Konferenzen.

Geschäfts- oder Delegationsreisen ins Ausland werden von unterschiedlichen Institutionen der Außenwirtschaftsförderung, teilweise auch in Zusammenarbeit, organisiert. Sie sollen den deutschen Unternehmen individuelle Kontakte zu Entscheidungsträgern aus

Wirtschaft, Administration und Politik in den Zielmärkten vermitteln. Die Delegationsreisen sind teilweise branchenspezifisch, teilweise aber auch branchenübergreifend. Hauptbestandteile der Geschäftsreisen sind individuell vereinbarte Geschäftskontakte sowie zentrale Seminarveranstaltungen, zu denen die entsprechende Zielgruppe sowie weitere relevante Vertreter des Landes eingeladen werden. Insbesondere die AHKn bietet mit ihren Geschäftsreiseprogrammen deutschen Unternehmen die Möglichkeit, sich vor Ort über Zielmärkte zu informieren und Partner kennen zu lernen.

Die *Beteiligung deutscher Unternehmen an Messen* im In- und insbesondere Ausland wird ebenfalls als Möglichkeit zur Kontaktanbahnung mit potentiellen Partnern, aber auch zur Marktbeobachtung und -erschließung betrachtet. Das Auslandsmesseprogramm des Bundes organisiert auf ausgewählten internationalen Messen deutsche Gemeinschaftsstände, an denen sich Unternehmen mit einer individuellen Präsentation beteiligen können (www.auma.de). Dadurch haben die Unternehmen mit vergleichsweise geringem organisatorischem und finanziellem Aufwand die Möglichkeit, an diesen Messen teilzunehmen. Speziell gefördert wird außerdem die Teilnahme junger innovativer Unternehmen an internationalen Leitmessen in Deutschland.

Auch die IHKn organisieren Gemeinschaftsbeteiligungen und sie informieren und beraten zu Auslandsmessen. Informationen zu Messen bietet auch der Ausstellungs- und Messeausschuss der deutschen Wirtschaft e.V. (AUMA). Messebeteiligungen werden teilweise auch durch Programme der Bundesländer gefördert, beispielsweise in Rheinland-Pfalz („Wir öffnen Märkte 2009“ und Messeförderungsprogramm) und Baden-Württemberg (Förderung von Gruppenbeteiligungen auf Auslandsmessen).

5.2.3.2 Recht und Zoll

Im Rahmen der Implementierung gewinnen auch Fragen zu Recht und Zoll an Bedeutung. Die allgemeinen Länderinformationen enthalten in der Regel erste Informationen zu diesen Themen. Weitere Informationen bietet die gtai-Reihe „Recht kompakt“, in der den Unternehmen Basisinformationen zu Rechtsthemen (UN-Kaufrecht, Vertriebsrecht, Handelsrecht, Steuerrecht und Immobilienrecht) sowie von Rechtsanwälten ausgearbeitete Dokumente zum geltenden Recht in anderen Ländern kostenfrei zur Verfügung gestellt werden. Mehrere Datenbanken der gtai bieten Informationen zum Themengebiet „Recht“. Dort sind länderspezifische Gesetzestexte in der Landessprache abrufbar. Unternehmen können sich über eine Datenbank, die Adressen, Angaben zu Fachgebieten und Korrespondenzsprachen von Rechts- und Patentanwälten aus fast allen Ländern der Welt umfasst, Anwälte im Ausland suchen. Vertiefte juristische Informationen zu einzelnen Ländern sind bei der gtai kostenpflichtig erhältlich.

Die AHKn erteilen Rechtsauskunft bei Partnerverträgen, Firmengründung, Besteuerung / Finanzierung und Streitfällen und vermitteln wenn nötig Fachanwälte als Rechtsbeistand vor lokalen Gerichten. Auch bei Inkassoverfahren bieten sie Unterstützung an. Das Enterprise Europe Network unterstützt Unternehmen ebenfalls bei Fragen zu Gesetzen und Rechtsvorschriften.

5.2.3.3 Unterstützung beim Markteintritt

Im Rahmen des Markteinstiegs erhalten die Unternehmen ebenfalls Unterstützung durch unterschiedliche Institutionen. Die *Auslandshandelskammern* beraten und betreuen Unternehmen auch während der Implementierungsphase in Form von Produkt- und Absatzberatung und Projektberatung und -begleitung. Einzelne AHKs haben spezielle Angebote z. B. zur Markteintrittsbegleitung (Japan) oder Geschäftspräsenz (USA / Atlanta). Ebenfalls Unterstützung bieten die deutschen Industrie- und Handelszentren (DIHZ) (www.germancentre.com) beim Aufbau eines Standortes im Zielmarkt. Bei der Import- und Exportabwicklung können KMU außerdem Hilfe von *IHKn* erhalten.

Die *deutsche Gesellschaft für Technische Zusammenarbeit* (www.gtz.de) führt zusammen mit der Wirtschaft Entwicklungszusammenarbeitsprojekte durch, sog. Public Private Partnerships (PPP). Aufgrund der langjährigen Erfahrung der gtz in den entsprechenden Ländern unterstützen diese die Unternehmen beim Knüpfen von Kontakten, bei der Konzeption und der Finanzierung sowie der Koordination der Maßnahme(n) und bei der Vernetzung mit anderen wichtigen Entscheidungsträgern. Dadurch wird der Markteintritt erleichtert.

Unterstützung beim Export von Umwelttechnologien- und DL sowie bei CDM-Projekte deutscher Unternehmen in Schwellen- und Entwicklungsländern bietet die BMU-Servicestelle „*Umwelttechnologieexport und CDM-Vorhaben*“ (www.bmu.de) an. Neben allgemeinen Informationen zu nationalen und internationalen Projekten hilft die Servicestelle im Einzelfall bei der Kontaktaufnahme ins Ausland sowie bei Problemen mit der Abwicklung von Projekten.

5.3 Finanzierungsinstrumente in der Außenwirtschaftsförderung

Geschäfte im Ausland sind in der Regel risikoreicher als Inlandsgeschäfte und benötigen deshalb besondere Finanzierungsinstrumente und Absicherungen. Insbesondere die Finanzierung und Absicherung des Auslandsgeschäfts von KMU wird staatlich bzw. von Seiten der Bundesländer gefördert. Daneben bestehen spezielle Möglichkeiten der Finanzierung für Projekte in Entwicklungsländern: Projekte aus dem Umweltschutzbereich werden in diesen Ländern aufgrund ihres Beitrags zu einer nachhaltigen Entwicklung häufig von Institutionen der Entwicklungszusammenarbeit sowie von Stiftungen aus den Bereichen Umwelt und Entwicklung gefördert.

Im Folgenden werden zunächst zentrale Finanzierungsinstrumente und die zentralen Institutionen der Finanzierung des Auslandsgeschäfts vorgestellt. Anschließend wird genauer auf die Instrumente zur Risikoabsicherung und die Fördermöglichkeiten für Projekte in Entwicklungsländern eingegangen. Einen Überblick über alle Förderprogramme von Bund und Ländern bietet die Förderdatenbank (www.förderdatenbank.de). Die Finanzierungsinstrumente der EU speziell für KMU können ebenfalls über eine Online-Datenbank recherchiert werden (http: / / ec.europa.eu / enterprise / sme / funding_de.htm). Allerdings fördert die EU die Unternehmen insbesondere mit indirekten Finanzierungsinstrumenten, die über regionale Institutionen verteilt werden. Direkte Unterstützung kann im Rahmen von Förderprogrammen (insbesondere Forschungs- sowie Demonstrationsvorhaben) beantragt werden.

5.3.1 Finanzierung des Auslandsgeschäfts

Kurzfristige Exportkredite[83] bieten dem Exporteur die Möglichkeit, die Zeit vom Abschluss des Kaufvertrages bis zum Eingang der Erlöse finanziell zu überbrücken. Sie werden in der Regel von Hausbanken vergeben. Als Sicherheiten dienen die exportierte Ware beziehungsweise die entstehenden Forderungen gegen den ausländischen Importeur. Das Risiko kann für den Exporteur verringert werden, indem die Forderungen an eine Factoring-Gesellschaft verkauft werden, die sich anschließend gegen eine Gebühr um die Mahnungen kümmert. Auch wenn der Kunde nicht bezahlt, wird ein Großteil der Forderungen an den Exporteur ausbezahlt. Die wichtigsten Finanzierungsformen des Auslandsgeschäfts sind Besteller- und Lieferantenkredite sowie die Forfaitierung (vgl. BMWi 2007b):

– Bei Bestellerkrediten räumt die finanzierende Bank dem ausländischen Käufer (Besteller) oder dessen Hausbank einen Kredit ein, der direkt an den Exporteur ausgezahlt wird. Bestellerkredite sind an Lieferungen und Leistungen inländischer Exporteure gebunden und werden auch "gebundene Finanzkredite" genannt. Häufig werden sie unter Deckung einer staatlichen Kreditversicherung vergeben. Eine besondere Form der Bestellerkredite sind CIRR-Kredite (Commercial Interest Reference Rate). Hierbei handelt es sich um einen Referenzzinssatz der OECD für staatlich geförderte Exporte in Entwicklungsländer. CIRR-Kredite können in Deutschland von der AKA und der KfW vergeben werden.
– Als Lieferantenkredit bezeichnet man einen Kredit, den ein Lieferant seinem Kunden durch Gewährung eines Zahlungsziels einräumt. Damit dies nicht zu Lasten der eigenen Liquidität geht, können Exporteure ihrerseits Exporteurskredite bei Banken aufnehmen. Somit erhält der Exporteur zeitnah zu seinen Leistungen Zahlungen, die seine Bilanz entlasten.
– Daneben gibt es Forfaitierungen, bei denen ein Finanzierungsinstitut (Forfaiteur) längerfristige Forderungen aus Warenlieferungen oder Dienstleistungen aufkauft. Bei Zahlungsausfall des Schuldners (Importeur) kann der Forfaiteur keine Regressforderungen an den Exporteur richten. Die Finanzierungsform „Forfaitierung" eignet sich insbesondere als Finanzierungsmöglichkeit einzelner mittel- bis langfristiger Exportforderungen, die jedoch in jedem Fall durch Sicherheiten unterlegt sein müssen.

[83] Hinsichtlich des Finanzierungszeitraumes unterscheidet man zwischen kurzfristiger sowie mittel- und langfristiger Exportfinanzierung. Bei der kurzfristigen Exportfinanzierung sind die Zahlungsziele in der Regel kürzer als ein Jahr. Von mittel- und langfristiger Finanzierung spricht man bei Zahlungszielen ab einem Jahr.

Mittel- und langfristige Exportgeschäfte werden häufig mit Rahmen- und Avalkrediten (Bürgschaftskredit), Mezzaninfinanzierungen oder Beteiligungen finanziert. Kleinere Projekte mit einem Finanzvolumen von unter 15 Mio. Euro werden vorwiegend mittels der Instrumente zur Unternehmensfinanzierung (eigene Mittel, direkte und indirekte Beteiligungsfinanzierung, Kredite und Wertpapiere) finanziert, da eine Projektfinanzierung sich aufgrund der Transaktionskosten erst bei größeren Summen lohnt (dena 2007). Auslandsprojekte werden aufgrund der Möglichkeit, das Risiko unter mehreren Partnern aufzuteilen, in zunehmendem Maße mittels Projektfinanzierungen realisiert.

5.3.2 Zentrale Institutionen der Exportfinanzierung

Die wichtigsten deutschen Kreditgeber im Exportgeschäft sind neben den Hausbanken die Kreditanstalt für Wiederaufbau (KfW) und die Ausfuhrkredit-Gesellschaft (AKA). Informationen zu den unterschiedlichen Finanzierungsformen sind sowohl bei den Hausbanken als auch bei der AKA und der KfW erhältlich. Erste Informationen bietet auch das Außenhandelsportal ixpos.

Die *KfW Bankengruppe* bietet Unternehmen insbesondere im Rahmen der KfW IPEX-Bank GmbH Kredite und Finanzierungslösungen für das Auslandsgeschäft. Außerdem können Investitionen im Ausland über das Mittelstandsprogramm oder das ERP-Exportfinanzierungsprogramm zusätzlich gefördert werden.

Die *KfW IPEX-Bank GmbH* vergibt Projekt- und Unternehmensfinanzierungen sowie Handels- und Exportfinanzierungen im In- und Ausland. Sie finanziert Lieferungen und Leistungen deutscher und europäischer Groß- und mittelständischer Unternehmen für internationale Märkte, unter anderem im Bereich Energie und Umwelt (BMWi 2007b). Wenn nötig, werden die Exportkredite auch von Export Credit Agencies (ECAs) abgesichert, mit denen die Bank zusammenarbeitet. Außerdem bietet die Bank weitere Risikoabsicherungen an. Ziel der Bank ist es, die deutsche und europäische Industrie durch spezielle Finanzierungen im In- und Ausland zu unterstützen. Die Bank bietet ein breites Spektrum an Finanzierungsprodukten an, z. B. hermesgedeckte Exportfinanzierungen, Unternehmenskredite und Forfaitierungen. Auch die KfW IPEX-Bank bietet ihren Kunden Beratung sowie individuelle Finanzierungsangebote an.

Die KfW Mittelstandsbank bietet Finanzierungs- und Krisenberatung insbesondere für KMU an. Die *KfW-Mittelstandsprogramme* fördern Investitionsvorhaben von KMU, auch im Ausland. Speziell für die Außenwirtschaft gibt es zwei Programme:

– Im Rahmen des Programms *Unternehmerkredit – Ausland* werden neben KMU auch ausländische Tochtergesellschaften deutscher Unternehmen und Joint Ventures mit maßgeblicher deutscher Beteiligung im Ausland mit langfristigen zinsgünstigen Darlehen mit festen oder variablen Zinssätzen und tilgungsfreien Anlaufjahren beim Gang ins Ausland unterstützt.

– Über das Programm „Unternehmerkapital – *KfW-Kapital für Arbeit und Investitionen*" können Unternehmen, die schon länger als 5 Jahre am Markt sind, langfristige Nachrangdarlehen[84] bekommen. Besonders gefördert werden in dem Programm Investitionen im Ausland sowie Investitionen von KMU. Dabei werden Kredite zu günstigen Konditionen mit einem festen Zinssatz gewährt. Mitfinanziert werden bis zu 100 % der förderfähigen Investitionskosten im Ausland.

Das *KfW-ERP-Exportfinanzierungsprogramm* vergibt Kredite zur Finanzierung des Exports von Investitionsgütern und damit verbundenen Leistungen in Entwicklungsländer. Dabei handelt es sich um öffentlich unterstützte Exportkredite. Das Programm wird über die KfW IPEX-Bank GmbH abgewickelt. Es werden liefergebundenen Finanzkredite vergeben, die an die jeweiligen Besteller direkt (Bestellerkredite) oder an eine Bank im Bestellerland ausgereicht werden (Bank-zu-Bank-Kredite). Bedingung ist die Gewährung einer Exportkreditgarantie des Bundes.

Die *AKA Ausfuhrkredit-Gesellschaft mbH* ist ein Konsortialinstitut von 22 deutschen Banken für die Finanzierung und Abwicklung von Außenhandelsgeschäften. Sie unterstützt die deutsche und europäische Exportwirtschaft durch ein Angebot von Finanzierungen und Refinanzierungen und übernimmt Risiken und Dienstleistungen im Zusammenhang mit kurz-, mittel- und langfristigen Exportgeschäften sowie sonstigen internationalen Geschäften. Die AKA hat mit zahlreichen ausländischen Banken weltweit Grund- und Rahmenverträge abgeschlossen, wodurch Bestellerkredite einfacher und schneller zur Verfügung gestellt werden können.

5.3.3 Risikoabsicherung

Die Bundesregierung hat ein breit gefächertes Instrumentarium von Verträgen, Garantien und Bürgschaften zur Abfederung von politischen und wirtschaftlichen Risiken geschaffen (siehe www.agaportal.de). Sie bietet drei zentrale Instrumente zur Risikoabsicherung an: Exportkreditgarantien, Investitionsgarantien für Direktinvestitionen im Ausland und Garantien und Bürgschaften für ungebundene Finanzkredite.

1. Die staatliche Exportkreditversicherung (Hermes-Deckung), auch Exportkreditgarantie genannt, schützt Unternehmen vor dem Risiko des politisch und wirtschaftlich bedingten Zahlungsausfalls bei Ausfuhrgeschäften, insbesondere in schwierigen Märkten. Die staatliche Exportkreditversicherung deckt das „Fabrikationsrisiko"85 sowie die „Uneinbringlichkeit" der Forderung, nachdem die Ware ordnungsgemäß geliefert wurde. Die staatliche Exportkreditversicherung bietet speziell auf KMU zugeschnittene Absicherungsmöglichkeiten an (BMWi 2007b).

---

[84] Der Darlehensgeber tritt dabei im Rang hinter die Forderungen aller übrigen Fremdkapitalgeber zurück, die Darlehen haben somit eine eigenkapitalnahe Funktion (KfW 2008).

[85] Das Risiko, dass der Versand der gefertigten Ware nicht erfolgt, da politische Ereignisse dies verhindern oder der Kunde insolvent geworden ist.

2. Direktinvestitionen in Entwicklungs-, Schwellen- und Reformländern werden von der Bundesregierung durch die Übernahme von *Investitionsschutzgarantien* abgesichert. Diese Garantien stehen allen Unternehmen mit Sitz in Deutschland zur Verfügung, wenn die förderwürdig sind. Die Gewährleistung kann sowohl für die Investition selbst als auch für Erträge aus der Investition übernommen werden. Auch hier werden Investitionen mit positiven Umweltauswirkungen bevorzugt berücksichtigt.
3. Als dritte Form der Absicherung werden *Garantien für ungebundene Finanzkredite (UFK)* vergeben, die von deutschen Unternehmen oder Kreditinstituten zur Finanzierung eines förderungswürdigen Vorhabens im Ausland eingesetzt werden. Förderungswürdig sind Projekte, die im besonderen staatlichen Interesse liegen, zur wirtschaftlichen Entwicklung des Empfängerlandes beitragen und nicht an deutsche Lieferungen und Leistungen gebunden sind. Die Projekte müssen umweltverträglich und wirtschaftlich tragfähig sein.

Exporte aus dem Bereich der *erneuerbaren Energien-* und Energietechnologien werden vom Bund als besonders förderungswürdig angesehen, haben aber spezifische Probleme bei der Risikoabsicherung. Deshalb existieren für EE-Projekte bei den Exportkredit- und Investitionsschutzgarantien besondere Bedingungen (vgl. www.agaportal.de):

- Die Laufzeiten wurden aufgrund der hohen Investitionskosten und der langsamen Refinanzierung für diese Projekte auf bis zu 15 Jahre verlängert.
- Lieferungen und Leistungen aus dem Ausland, die im EE-Bereich häufig vor Ort in Anspruch genommen oder aus Drittländern zugeliefert werden, können bis zu einer Höhe von 30 % des Auftragswerts in die Absicherung einbezogen werden.
- Forderungen können auch in Währung der Bestellerländer gedeckt werden, da viele EE-Projekte ihre Einnahmen in Lokalwährung generieren.

Neben der staatlichen Exportkreditversicherung bieten auch die *privaten Versicherungen* Exportpolicen an, zum Teil speziell für kleine Unternehmen. Abgesichert werden politische und wirtschaftliche Risiken bei Warenlieferungen und Dienstleistungen im In- und Ausland.

5.3.4 Projektfinanzierung im Rahmen der Entwicklungszusammenarbeit

Im Bereich der Entwicklungszusammenarbeit bestehen spezifische Möglichkeiten der Projektfinanzierung durch öffentliche Institutionen sowie Möglichkeiten zur Projektförderung durch Stiftungen und andere Institutionen. Die internationalen und nationalen Entwicklungsbanken schreiben häufig direkt Projekte aus.

Die *Deutsche Investitions- und Entwicklungsgesellschaft (DEG)*, die zur KfW-Bankengruppe gehört, finanziert Investitionen privater Unternehmen in Entwicklungs- und Schwellenländern, wenn diese umwelt- und sozialverträglich sowie entwicklungspolitisch sinnvoll sind. Die DEG bietet neben Finanzierungsangeboten auch Beratung bei der Projektstrukturierung und Betreuung während der Projektlaufzeit an.

Im Programm „*Public Private Partnership* – Entwicklungspartnerschaften mit der Wirtschaft“ unterstützen Durchführungsorganisationen (GTZ, KfW Entwicklungsbank,

InWent gGmbH, DED, SEQUA gGmbH, DEG) mit öffentlichen Geldern das Engagement der Privatwirtschaft in Entwicklungs- und Transformationsländern. Ziel seitens der Entwicklungszusammenarbeit ist es, auf diese Weise zusätzliche private Mittel zugunsten entwicklungspolitischer Zielsetzungen zu mobilisieren. Unternehmen profitieren dabei von den Kontakten, der Erfahrung und dem weltweiten Experten-Netz der Durchführungsorganisationen. Eine besondere Form des PPP-Programmes der DEG ist die PPP-Studienfazilität (Studien-Mitfinanzierung), welches der Projektvorbereitung dient. Die DEG fördert aus Mitteln des BMZ die Vorbereitung entwicklungspolitisch sinnvollen Engagements der Privatwirtschaft bei Erwerb, Errichtung und Betrieb von Infrastrukturvorhaben, einschließlich Finanzierungsstruktur, in Entwicklungs- und Schwellenländern.

Finanzielle Unterstützung für EE-Projekte in Schwellen- und Entwicklungsländern leisten mehrere Stiftungen und Institutionen aus dem Umwelt- und Entwicklungsbereich, z. B.:

- Deutsche Stiftung Umwelt (DBU)
- Stiftung für Energie, Umwelt und Soziales (EUS)
- Stiftung Nord-Süd-Brücken
- Norddeutsche Stiftung für Umwelt und Entwicklung
- Global Village Energy Partnership (GVEP)

5.4 Branchenförderung: Die Exportinitiative erneuerbare Energien

Der Deutsche Bundestag hat 2002 die Exportinitiative erneuerbare Energien ins Leben gerufen. Begründet wurde die Einrichtung der Initiative mit der Notwendigkeit des Exports von Technologien und Dienstleistungen zur Nutzung erneuerbarer Energien (u. a. in Entwicklungs- und Schwellenländer), um den Klimaschutz weltweit voranzutreiben (Deutscher Bundestag 2002). Allgemeine Ziele und Aufgaben der Exportinitiative sind die Vermittlung von Know-how und Partnern, die programmatische Bündelung und Vernetzung bestehender Aktivitäten, die Förderung eines geregelten Informationsflusses im Hinblick auf Daten zu Marktchancen, die Verzahnung und Abstimmung mit der Industrie, sowie die Vernetzung der auf diesem Gebiet tätigen Initiativen (VDI/VDE/IT 2007).

Die Exportinitiative wird vom Bundeswirtschaftsministerium koordiniert. Als zentrale Instrumente sind zum einen die in für den EE-Bereich durch die Exportinitiative koordinierten, traditionellen Exportförderinstrumente wie das BMWi-Auslandsmesseprogramm, gtai-Kontaktveranstaltungen und das AHK-Geschäftsreiseprogramm zu nennen, zum anderen speziell entwickelte Maßnahmen wie das Marketingpaket „renewables made in Germany“ sowie Leuchtturmprojekte in anderen Ländern. Mit den Maßnahmen möchte die Exportinitiative die zentralen Exporthemmnisse in Deutschland (insbesondere Finanzierung, Risikoabsicherung, Information über Auslandsmärkte und Koordinierung der Interessen im Inland) und die wichtigsten Exporthemmnisse im Ausland (v. a. rechtliche und administrative Rahmenbedingungen, Kontaktaufbau zu Kunden und Partnern vor Ort, mangelnde Bekanntheit von Produkten und Einsatzmöglichkeiten) reduzieren (vgl. dena 2007). In den folgenden beiden Tabellen ist dargestellt, welche Exporthemmnisse durch die jeweiligen Maßnahmen adressiert werden.

Tabelle 23: Angebote der Exportinitiative und deren Adressierung von Exporthemmnissen in Deutschland

Programme der Exportinitiative		**Exporthemmnisse in Deutschland**			
Arbeitslinie	**Aktivität**	**Finanzierung**	**Risikoabsicherung**	**Informationen über Auslandsmärkte**	**Koordinierung der Interessen im Inland**
Vernetzung	Netzwerkbildung in Deutschland	+	+	+	++
	Kommunikation in Deutschland				+
Auslandsmarktinformationen	Länderprofile	+	+	++	
	Publikationen der dena-Schriftenreihe	++	+	++	
	Exportforum+ Fachveranstaltungen	++	++	++	
	Länderinformationen der gtai		+	++	
Auslandsmarketing	Technologieausstellung				
	Export-Marketingpaket				
	Imagefilm				
Auslandsmarkterschließung	BMWi Messeprogramm			+	
	AHK Geschäftsreise-programm	+	+	++	
	gtai-IuK-Veranstaltungen	+	+	++	
	dena-Solardachprogramm	+	+	+	

Hemmnis wird direkt (++) bzw. indirekt (+) in seinen Auswirkungen adressiert

Quelle: dena (2007)

Neben den in den Tabellen genannten Elementen sind auch der Klimaschutzfond sowie ein von der gtz speziell entwickeltes Programm zur Unterstützung von EE-Projekten in Entwicklungsländern sowie das B2B-Energy-Portal Maßnahmen, die zur Exportinitiative gehören.

Tabelle 24: Angebote der Exportinitiative und deren Adressierung von Exporthemmnissen im Ausland

Programme der Exportinitiative		Exporthemmnisse im Ausland			
Arbeitslinie	**Aktivität**	**Rechtl. und administrative Rahmenbedingungen**	**Kontaktaufbau zu Kunden und Partner vor Ort**	**Mangelnde Bekanntheit von Produkten**	**Mangelnde Bekanntheit Einsatzmöglichkeiten**
Vernetzung	Netzwerkbildung in Deutschland	+			
	Kommunikation in Deutschland	+	+		
Auslandsmarktinformationen	Länderprofile		+		
	Publikationen der dena-Schriftenreihe		+	+	+
	Exportforum und Fachveranstaltungen	+	+	+	+
	Länderinformationen der gtai		+		
Auslands-marketing	Technologie-ausstellung	++	+	++	++
	Export-Marketingpaket	++	++	++	++
	Imagefilm	+	+	++	++
Auslandsmarkterschließung	BMWi Messe-programm	++	++	++	++
	AHK Geschäftsreiseprogramm	++	++	++	++
	gtai-IuK-Veranstaltungen	+	++	++	++
	dena-Solardachprogramm	+	++	++	++

Hemmnis wird direkt (++) bzw. indirekt (+) in seinen Auswirkungen adressiert

Quelle: dena (2007)

Eine Evaluation der Exportinitiative aus dem Jahr 2007 (VDI/VDE/IT 2007) kommt insgesamt zu dem Schluss, dass die Angebote noch zu wenig auf unterschiedliche Gruppen und Probleme eingehen:

– So sollte es bspw. sowohl Basisprogramme für Einsteiger als auch spezifische Unterstützungsangebote für schon stärker internationalisierte Unternehmen geben.
– Die Zielmärkte sollten kategorisiert und priorisiert werden, um Aktivitäten zu bündeln.
– Kritisiert wird in der Evaluation, dass zu wenig auf die zentralen Exporthindernisse, insbesondere im Bereich Finanzierung und Risikoabsicherung, eingegangen wird.

– Die Organisation (Außendarstellung, Koordination der Angebote) sollte verbessert werden.

Von den im Rahmen der Evaluation der Exportinitiative befragten Unternehmen gaben 74 % an, dass ihnen deren Angebote bekannt seien, die Angebote werden jedoch nur von 53 % genutzt (VDI/VDE/IT 2007). Angesichts der Tatsache, dass die Unternehmen alle der Kundendatei der dena entstammen, verwundert die geringe Bekanntheit der Exportinitiative. Außerdem werden Dienstleistungsunternehmen weniger angesprochen.

Die befragten EE-Unternehmen nutzen besonders häufig das Geschäftsreiseprogramm, die Länderprofile, Exporthandbücher, Newsletter und das Marketingpaket. Selten in Anspruch genommen werden hingegen Online-Forum, B2B-Protal und das Solardachprogramm (VDI/VDE/IT 2007). Dienstleistungsunternehmen nutzen im Vergleich zu Herstellern besonders häufig den Newsletter, Fachveranstaltungen und Informationsmaterial zu Finanzierungsfragen (vgl. Abbildung 36). Dagegen interessieren sich reine Hersteller stärker für Marketingunterlagen mit Produktbeschreibungen und schriftliche Auslandsinformationen.

Abbildung 36: Nutzung von Produkten der Exportinitiative

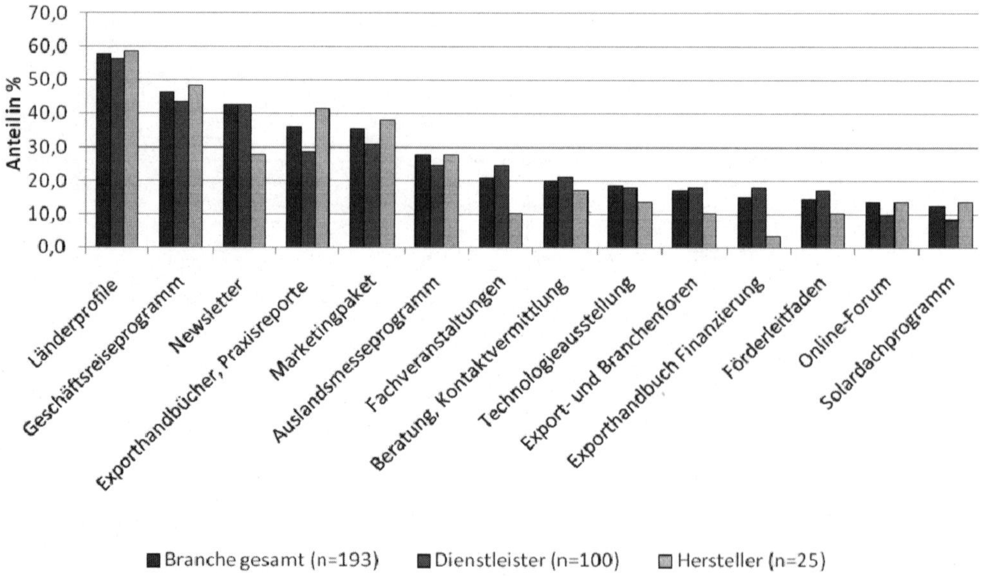

Quelle: Auswertung der Daten einer Unternehmensbefragung, vgl. dena (2007) für EXPEED

Von der Exportinitiative erneuerbare Energien wünschen sich EE-Unternehmen vor allem detailliertere Informationen zum Markt und dem internationalen Wettbewerb sowie Beratung bei rechtlichen Fragen – letzteres geben vor allem Dienstleister an (vgl. Abbildung 37). Die im Rahmen der Evaluation der Exportinitiative befragten EE-Unternehmen würden sich von dieser außerdem eine Orientierungshilfe für Finanzierungsfragen wünschen (VDI/VDE/IT 2007).

Abbildung 37: Wunsch nach zusätzlichen Angeboten der Exportinitiative

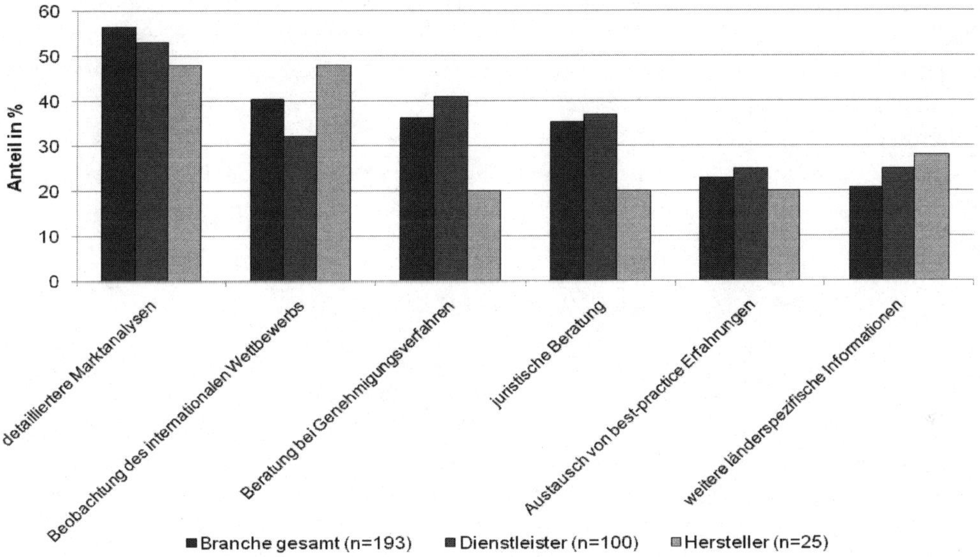

Quelle: Auswertung der Daten einer Unternehmensbefragung, vgl. dena (2007) für EXPEED

Die Angebote der Exportinitiative erneuerbare Energien finden sich zum großen Teil in den Strukturen und Angeboten der allgemeinen Außenwirtschaftsförderung auf Bundesebene wieder. Der Zusatznutzen liegt hier vor allem in der branchenspezifischen Ausgestaltung der Angebote sowie der gemeinsamen Information und Kommunikation zu allen Angeboten im Bereich erneuerbare Energien. Einige Angebote sind dagegen sehr viel umfangreicher oder existieren sonst im Bereich der bundesweiten Außenwirtschaftsförderung in der Form nicht. Dies gilt beispielsweise für die branchenweiten Marketingmaßnahmen („renewables made in Germany“), die Leuchtturmprojekte (Solardachprogramm) und das gtz-Projektentwicklungsprogramm. Spezifisch für die EE-Branche wurden auch Publikationsreihen entwickelt, allerdings gibt es auch für andere Branchen Informationen zur Internationalisierung von Unternehmen sowie einzelnen Ländern. Allerdings fokussiert die Exportinitiative mit ihren Angeboten die Phase der Markterschließung. Unternehmen mit geringer Internationalisierungserfahrung werden dagegen durch die Exportinitiative weniger adressiert. Sie bietet darüber hinaus keine eigenen Beratungsangebote an, insbesondere keine Einstiegsberatung, bei der eine erste, kundenorientierte Zuordnung der Anfrage oder des Bedürfnisses auf die vorhandenen Angebote aller Institutionen erfolgt. Damit eignet sich die Exportinitiative nur bedingt als erste Anlaufstelle für internationalisierungswillige Unternehmen, und der oftmals kritisierte „Förderdschungel" bleibt als Hemmnis gegenwärtig noch bestehen.

Die Angebote der Exportinitiative führen bisher bei den Unternehmen vor allem zu besseren Informationen über Auslandsmärkte, zum Kontaktaufbau mit Kunden und Geschäftspartnern sowie zur Erleichterung der Geschäftsanbahnung im Ausland. Weniger tragen sie dagegen zu einer Verbesserung der Information über Finanzierungs- und Förderungsmöglichkeiten, der Risikoabsicherung, des Zugangs zu Finanzierungsinstrumenten und qualifizierten Mitarbeitern, der Unterstützung bei Genehmigungsverfahren sowie der Abstimmung von Lieferkapazitäten und Auftragslage bei (VDI/VDE/IT 2007). Damit werden zentrale Exporthemmnisse bisher erst wenig durch die Exportinitiative adressiert.

5.5 Nutzung und Bewertung der bestehenden Unterstützungsangebote durch die Unternehmen

Die Dienstleistungsunternehmen aus dem Bereich erneuerbare Energien, die im Rahmen des Projekts EXPEED befragt wurden, nahmen am häufigsten die Unterstützungsangebote der Außenhandelskammern, der Industrie- und Handelskammern, der dena bzw. Exportinitiative sowie der Branchenverbände in Anspruch. Daneben nutzen einzelne Unternehmen Angebote des BMWi, der gtz oder von Netzwerken. Unterstützung bei der Finanzierung erhielten Unternehmen vereinzelt von der KfW, der EU, der DBU oder in Form von Hermes-Bürgschaften. Allerdings nutzten von den 86 befragten Unternehmen nur 22 Unternehmen bei ihrer Internationalisierung Unterstützungsangebote oder Fördermittel. Dies sind nur 31 % der Unternehmen mit Auslandserfahrung, die meisten nehmen also bisher keine Hilfe in Anspruch. Rund die Hälfte der Unternehmen gibt als Grund hierfür an, dass sie keine Hilfe bei der Internationalisierung benötige, da sie bereits über eigene Netzwerke bzw. interne Informationsbeschaffungsmechanismen verfügen oder sowieso nur tätig werden, wenn die Projekte vollständig durch Kunden finanziert werden und dadurch das Risiko gering ist. Weitere Gründe, die zur Nicht-Inanspruchnahme der Angebote führen sind:

- Unkenntnis über die Existenz der Förderprogramme
- Beantragung zu aufwändig
- viele Formalismen einzuhalten und ausgedehnte Berichterstattung nötig
- Angebote nicht spezifisch genug oder nicht für Dienstleistungsunternehmen geeignet
- keine hilfreichen Auskünfte in staatlichen Ämtern
- Fehlen einer zentralen Anlaufstelle
- Exportinitiative und Branchenverbände orientieren sich vor allem an mittleren und größeren Unternehmen (und wenig an den Kleinstunternehmen)

In der Erhebung unter Unternehmen der Wasserwirtschaft (vgl. Kapitel 3.2) wurde ebenfalls nach der Nutzung unterschiedlicher Informations- und Beratungsangebote gefragt, wobei neben den Angeboten der diversen Institutionen und Verbände auch informelle Quellen wie Geschäftspartner und Kollegen berücksichtigt wurden. Die Ergebnisse zeigen, dass zwar die meisten international aktiven Unternehmen der Wasserwirtschaft die Angebote der IHK und AHK sowie die Informationen öffentlicher Einrichtungen (Landes- und Bundesministerien, KfW, etc.) nutzen, dass als besonders hilfreich jedoch eher die Angaben von Geschäftspartnern und befreundeten Unternehmen wahrgenommen werden, wohingegen den Informationen von offizieller Seite eher misstraut wird (vgl. Liesenfeld/ Paul 2006).

Auf dem abschließenden Workshop im Rahmen des Projekts EXPEED wurde seitens der Unternehmen als zentraler Kritikpunkt genannt, dass gerade die kleinen Unternehmen häufig durch die bestehenden Angebote nicht erreicht werden oder die Angebote nicht für diese passen. So würden die Branchenverbände meist von den Interessen der großen Unternehmen gelenkt, kleine Unternehmen hätten teilweise Schwierigkeiten bei der Finanzierung von Eigenbeteiligungen und die Teilnahme z. B. an Geschäftsreisen würde die Unternehmen häufig zeitlich überfordern. Seitens der Anbieter von Unterstützungsangeboten wurde geäußert, dass teilweise bereits die Adressen der kleinen Unternehmen nicht vorlägen und deren Recherche einen großen Aufwand darstelle, weswegen diese häufig weniger angesprochen würden.

5.6 Fazit und Empfehlungen

Insgesamt gibt es ein sehr vielfältiges Angebot an Instrumenten der Außenwirtschaftsförderung, das sich an Unternehmen in den verschiedenen Phasen der Internationalisierung richtet. Das Angebot ist dabei auf eine Vielzahl an Institutionen der Wirtschaft, des Bundes, der Bundesländer, der EU sowie weiterer Anbieter verteilt. Entsprechend ist es für Unternehmen nicht einfach, einen Überblick zu gewinnen und das jeweils geeignete Instrument und die passenden Ansprechpartner und Anlaufstellen zu finden. Das Angebot wird im Gegenteil oftmals als *„Förderdschungel*" wahrgenommen. Dies stellt insbesondere für kleine Dienstleistungsunternehmen, in denen sich keine eigene Abteilung mit Fragen der Außenwirtschaft befasst, eine Hürde für die Nutzung von Angeboten dar und trägt insgesamt dazu bei, dass Angebote unbekannt sind oder nicht gefunden werden.

Ein wichtiges Angebot wäre deshalb eine *kompetente Erstberatung* zu möglichen weiteren Ansprechpartnern und Unterstützungsangeboten. Diese könnte beispielsweise bundesweit (oder regional) in Form einer Telefonberatung eingerichtet werden. Idealerweise sollte diese auch branchenspezifische Kompetenzen aufweisen, einerseits um spezifische Angebote zu berücksichtigen und andererseits um die branchentypischen Probleme und „best-practises" zu kennen. Bei der Einführung einer solchen Beratungsdienstleistung wäre wichtig, dass das Angebot beispielsweise durch eine gute Verlinkung auf den Seiten der zentralen Anbieter entsprechend bekannt gemacht wird, so dass nicht bereits die Suche nach diesem Angebot mit hohem Aufwand verbunden ist.

Ein Modell zur Förderung der Internationalisierung von Unternehmen aus einzelnen *Branchen* ist die Exportinitiative erneuerbare Energien. Die Angebote der Exportinitiative finden sich zum großen Teil in den Strukturen und Angeboten der allgemeinen Außenwirtschaftsförderung auf Bundesebene wieder. Der Zusatznutzen liegt hier vor allem in der branchenspezifischen Ausgestaltung der Angebote sowie der gemeinsamen Information und Kommunikation zu allen Angeboten im Bereich erneuerbare Energien. Einige Angebote sind außerdem sehr viel umfangreicher oder existieren sonst im Bereich der bundesweiten Außenwirtschaftsförderung in der Form nicht. Allerdings adressiert die Exportinitiative nur einige der zentralen Hemmnisse der Branche, insbesondere eignet sie sich aufgrund des Fehlens entsprechender Ansprechpartner nicht als erste Anlaufstelle, weshalb auch die EE-Unternehmen sich zusätzlich über die Vielzahl an weiteren Angeboten informieren müssen. Angesichts der Vielzahl an Unternehmen, die noch wenig internationale Erfahrung aufweisen wäre die Möglichkeit der Erstinformation auch hier eine wichtige zusätzliche Leistung. Alternativ zu einem Angebotsbündel unter gemeinsamem Label könnten auch die Branchenverbände, die – zumindest im Bereich erneuerbare Energien – bisher noch wenig im Bereich der Außenwirtschaftsförderung aktiv sind, oder professionelle Dienstleister branchenspezifische Informationen anbieten, Angebote koordinieren und Beratung leisten.

Aus Sicht der Unternehmen greifen die Unterstützungsangebote insgesamt noch zu wenig die *spezifischen Probleme von Dienstleistungsunternehmen* auf. Speziell für Dienstleistungsunternehmen gibt es keine eigenständigen Unterstützungs- und Fördermöglichkeiten. So würden gerade Dienstleister häufig darunter leiden, dass viele Dienstleistungen, z. B. produktunabhängige Beratung, im Ausland nicht als eigenständige Leistung anerkannt würden. Deshalb wären flankierende Maßnahmen wünschenswert, die zu einer Sensibilisierung für Dienstleistungen auch bei potentiellen Auftraggebern führen. Dies müsste auch Aufgabe branchenspezifischer Aktivitäten und Angebote wie des Portals „Cleaner Production Germany“ und der Exportinitiativen für erneuerbare Energien und Energieeffizienz sein. Bisher stehen jedoch bei der Exportinitiative erneuerbare Energien bei vielen Angeboten die Technologie – und damit die Herstellungsunternehmen – im Vordergrund. Auch wenn das Portal „Cleaner Production Germany“ für Umwelttechnologien und -dienstleistungen werben möchte, so fokussieren die Beiträge dennoch vorwiegend auf Technologien.

Die Unterstützung der Internationalisierung von KMU ist ein Schwerpunkt der Außenwirtschaftsförderung. Dennoch adressieren nur wenige Angebote ein zentrales Hemmnis der KMU, das bei den sehr *kleinen Unternehmen* besonders ausgeprägt ist: Die fehlende strategische Planung aufgrund Zeitmangel und fehlendem Wissen seitens des Managements – häufig verbunden mit einer fehlenden Sensibilisierung für die Möglichkeiten einer Internationalisierung. Hier setzen einige Programme an, die für KMU Beratung und Begleitung bei der Internationalisierung bieten, wie z. B. das „Senior Experts“-Programm „Go international“ in Bayern. Diese werden jedoch bisher nur regional begrenzt angeboten. Deshalb wäre eine bessere Vernetzung zwischen den Bundesländern bei ihren außenwirtschaftlichen Aktivitäten wünschenswert, so dass diese erfolgreichen Programme mehr Verbreitung finden könnten.

Den kleinen Unternehmen fehlt außerdem vielfach die personelle Kapazität (qualitativ und quantitativ) um die gesamte Breite an Recherchen und Aufgaben, die im Rahmen einer Internationalisierung zu leisten sind, selbst zu erbringen. Deshalb sind sie in besonderem Maße auf *externe Dienstleistungen und aufbereitete Informationen* wie

Rechtsberatung, Übersetzungsdienstleistungen, Informationsbeschaffung zu den Ländermärkten, Partnersuche, etc. angewiesen. Wichtige Unterstützungsangebote in diesem Zusammenhang sind beispielsweise Datenbanken, in denen nach kompetenten Beratern bzw. Ansprechpartnern gesucht werden kann, sowie Internetportale, die entsprechende Informationen gut aufbereitet und übersichtlich anbieten.

Ein weiterer Ansatz, um die Internationalisierung deutscher Dienstleister im Ausland zu fördern, ist die gezielte Förderung von Auslandsaktivitäten, die in besonderem Maße eine Multiplikatorwirkung entfalten können. Ein Beispiel für ein erfolgreiches Angebot zur Förderung von „*Leuchtturmprojekten*" ist das Solardachprogramm der Exportinitiative erneuerbare Energien. Ähnliche Programme könnte beispielsweise für die energetische Sanierung öffentlicher Gebäude im Ausland (inklusive erneuerbarer Energien) geschaffen werden, wobei im Rahmen der Außendarstellung entsprechender Leuchtturmprojekte nicht nur die Technologien, sondern auch die Leistungen und Kompetenzen der beteiligten Dienstleistungsunternehmen hervorgehoben werden sollten. Ebenfalls Multiplikatorwirkungen könnte die gezielte Förderung von *Bildungsmaßnahmen* in zukünftigen Märkten erzeugen.

Bernd Hirschl, Julika Weiß

6 Fazit, Ausblick und Empfehlungen

Dieses Buch befasst sich mit den vielfältigen Facetten, den Herausforderungen, Potenzialen und Problemen der Internationalisierung von Dienstleistungen in Umweltmärkten. Mit diesem Themenfokus wird *Neuland* nicht nur *in der wissenschaftlichen Auseinandersetzung* mit Umwelt-Dienstleistungen betreten, sondern es wird auch ein *blinder Fleck in der bisherigen öffentlichen und politischen Debatte* beleuchtet. Denn nach Meinung der Autorinnen und Autoren war die bisherige Diskussion um die unzweifelhaft großen Zukunftspotenziale von Umweltmärkten stark auf die Technologien, die „Hardware", verengt. Dabei bieten viele Umwelt-Dienstleistungen ebenso große Internationalisierungschancen. Und vielmehr noch – einzelne dieser Dienstleistungen sind sogar Türöffner und Markteintrittsvehikel für weitere Exporte von Dienstleistungen und Hardware.

Diese und weitere Zusammenhänge wurden im vorliegenden Buch in *zwei verschiedenen Handlungsfeldern bzw. „Leitmärkten"* eingehender untersucht. Hierbei handelte es sich zum einen um die *Erneuerbaren Energien* als einen neuen und in Zukunft zentralen Bereich im übergreifenden Energiemarkt. Zum zweiten wurde der Wassermarkt, genauer die Teilmärkte der *Wasserver- und der -entsorgung* betrachtet. Die Versorgung mit Energie und Wasser sind zentrale Herausforderungen der Zukunft. Gleichzeitig wird im Transfer von Wissen und Technologie ein wichtiger Schlüssel zur Überwindung von globaler Energie- und Wasserknappheit gesehen. Auch daraus leitet sich die hohe Bedeutung der wissenschaftlichen Auseinandersetzung mit beiden Handlungsfeldern und dem Untersuchungsfokus des Buches ab.

6.1 Datenlage, „Blinde Flecken" und Rahmenbedingungen

Die Handlungsfelder „Energie" und „Wasser" zeigen jedoch auch bereits ein grundsätzliches Problem in der wissenschaftlichen und politischen Befassung mit Umweltmärkten und in der Folge auch mit Umwelt-Dienstleistungen auf. Im einen Fall – „Wasser" – handelt es sich um einen traditionellen Versorgungssektor, der seit langem auch in offiziellen Statistiken zu den Umweltmärkten zählt. Allerdings handelt es sich hier um eine pauschale bzw. sektorale Zuschreibung, die nicht zwingend etwas mit einer tatsächlichen Umweltfreundlichkeit (oder sozialen Verträglichkeit) der inkludierten Technologien und Dienstleistungen zu tun haben muss. Im zweiten Fall, den Erneuerbaren Energien, handelt es sich zwar unzweifelhaft um einen Umweltmarkt (auch hier kann jedoch keine pauschale Zuschreibung der Umweltfreundlichkeit gegeben werden, wie das Beispiel Biomasse zeigt), die Energieversorgung zählt jedoch per offizieller Definition nicht dazu. Erneuerbare Energien werden daher lediglich in gesonderten „sektoralen" Umweltmarkt-Studien berücksichtigt. Aus diesem Grund sind Daten aus Statistiken, aber auch solche aus speziellen, umfassenderen Studien selten gut miteinander vergleichbar, denn *Definitionsbasis* und *Datengrundlage* sind oftmals nicht kompatibel.

Diese grundsätzliche Problematik für die Umweltmärkte wird, wie in Kapitel 1 ausführlich dargelegt, in Bezug auf die Datenqualität bei der Betrachtung von Umwelt-Dienstleistungen noch verschärft: Denn auch für die Dienstleistungen gelten viele Abgrenzungs- und Zuordnungsprobleme. Das Problem der Datenqualität spitzt sich schließlich zu, wenn man die Frage des Exports von Umwelt-Dienstleistungen behandelt, da es hierzu nur sehr eingeschränkte und kaum belastbare Daten gibt.

Der Blick auf die (wenigen) erfassten Umwelt-Dienstleistungen der offiziellen Statistik zeigt bereits, dass diese ein *überdurchschnittliches Wachstum* aufweisen und somit gegenwärtig an Bedeutung gewinnen. Trotz ihres bisher eher geringen Anteils an der Wertschöpfung weisen sie bereits heute eine hohe Beschäftigungswirkung auf. Anders ausgedrückt: Während die Umwelt-Technologien höhere Umsätze generieren, führen die Dienstleistungen zu mehr Beschäftigung. Diese Beschäftigung findet in einer vergleichsweise hohen Anzahl überwiegend kleiner Unternehmen statt. Laut den offiziellen Statistiken stellen Dienstleister mindestens die Hälfte aller Unternehmen in den Umweltmärkten. Überwiegend angebotene Dienstleistungen sind Planung und Beratung, gefolgt von Anlagenbetrieb und Handel. Für Deutschland weisen spezifische Sektorstudien für den Umweltmarkt einen Anteil von *über einer Million Beschäftigten* allein im Bereich Dienstleistungen aus. Auch in Bezug auf den Export zeichnen sich Umwelt-Dienstleistungen durch besonders hohe Wachstumsraten aus, haben aber im Vergleich zu den Herstellern niedrigere Exportquoten.

Aufgrund der großen Heterogenität der verschiedenen Umweltmärkte gibt es kaum übergreifende, spezifische *Rahmenbedingungen.* Auf den internationalen Märkten profitieren die Umwelt-Dienstleister - ebenso wie andere Dienstleistungsunternehmen - von internationalen Abkommen wie der EU-Dienstleistungsrichtlinie und Regelungen im Rahmen des GATS. In Deutschland gibt es eine Vielzahl an öffentlichen Maßnahmen, die für die Entwicklung von Umwelt-Technologien und -Dienstleistungen förderlich sind. Hierzu zählt eine Vielzahl an regulativen Maßnahmen unter anderem in den Bereichen erneuerbare Energien, Wasser- oder Kreislaufwirtschaft. Diese werden, zusammen mit F&E-Aktivitäten, beispielsweise im so genannten Masterplan Umwelttechnologie aufgeführt, in dem für die Entwicklung der Umweltmärkte ehrgeizige Ziele formuliert sind. Dennoch existieren gerade für Dienstleistungen bisher keine spezifischen Fördermaßnahmen.

Dass die Internationalisierung von Umwelt-Dienstleistungen nicht per se umweltfreundlich und sozial verträglich ist, stellt nicht nur ein definitorisches, sondern – mit Blick auf den internationalen Handel – ein viel existenzielleres und real existierendes Problem dar. Im Kapitel 2 wurde daher explizit auf diese Problematik und ihre *internationalen handelspolitischen Bezüge und Entwicklungen* hingewiesen. Gerade bei der Liberalisierung und Privatisierung von Versorgungssektoren – wie den Energie- und Wassermärkten - sind neben den erhofften *„triple-win"-Potenzialen* auch erhebliche *sozial-ökologische*

Risiken gegeben, wie einzelne Beispiele aus der Vergangenheit bereits gezeigt haben. Dass die durchaus vorhandenen sozial-ökologischen Potenziale (z.B. in Bezug auf eine effizientere Versorgungsleistung) in nachhaltiger Weise erschlossen werden können, sollte bei der Entwicklung von politischen Konzepten und Maßnahmen, die den internationalen Handel mit „Umweltgütern- und -Dienstleistungen" fördern, weitestgehend sichergestellt werden. Dies ist, wie in Kapitel 2 dargestellt, bereits auf konzeptioneller Ebene mit der Einführung entsprechender *Nachhaltigkeitsuntersuchungen* – zum Beispiel durch so genannte Sustainable Impact Assessments (SIA) der Europäischen Kommission – der Fall. Allerdings mangelt es hier noch an methodischer Klarheit der Untersuchung und an Verbindlichkeit der Berücksichtigung ihrer Ergebnisse im politischen Prozess. Wichtige Aspekte für die Durchführung solcher Untersuchungen sind unter anderem der (rechtzeitige) Zeitpunkt der Durchführung, die Unabhängigkeit und Anerkennung der Gutachter, die Berücksichtigung aller wesentlichen Nachhaltigkeitseffekte sowie ein möglichst partizipativer Prozess.

6.2 Ergebnisse aus den Empiriefeldern

6.2.1 Erneuerbare Energien

Obwohl der Bereich der erneuerbaren Energien statistisch aufgrund seines vergleichsweise jungen Alters noch nicht besonders detailliert erfasst ist, gibt es wohl kaum einen Markt, über den so viele spezifische Studien erstellt werden.[86] Gleichzeitig gibt es mit einer spezifischen Exportinitiative der Bundesregierung ein Bündel an Fördermaßnahmen, das teilweise über das Maß des üblichen Förderkatalogs für andere Technologien und Dienstleistungen hinausgeht. Dennoch war auch hier zu konstatieren, dass erstens kaum Daten und Wissen über die Rolle und Bedeutung von Dienstleistungen in diesem Bereich vorliegen, und dass zweitens keine spezifische instrumentelle Adressierung erfolgt.

Wie die Analyse der verschiedenen Teilmärkte der Erneuerbaren Energien gezeigt hat, spielen Dienstleistungen hier aber eine sehr bedeutende Rolle. So handelt es sich bei einem Großteil der Unternehmen – weit mehr als die Hälfte – um Dienstleister, und diese weisen eine hohe Beschäftigungswirkung auf. Außerdem zeigen die Ergebnisse von Unternehmensbefragungen, dass insbesondere die Dienstleistungen am Anfang der Wertschöpfungskette (z.B. Standortgutachten, Planung, Projektierung) von großer ökonomischer Bedeutung sind, da durch sie die Märkte im Ausland auch für andere deutsche Unternehmen erschlossen werden können. Dadurch ermöglichen diese Pioniere weiteren Dienstleistern und Herstellern direkt oder indirekt den Weg ins Ausland. Dies bestätigt die eingangs aufgestellte These, dass die Internationalisierung von Dienstleistungen durchaus auch den Export von Technologien nach sich ziehen kann.

[86] Vgl. beispielhaft die Internetseiten des BMU unter www.erneuerbare-energien.de.

Obwohl es sich überwiegend um kleine Unternehmen – oft mit weniger als 10 Mitarbeitern – handelt, sind zahlreiche Dienstleistungsunternehmen der Branche bereits international aktiv. Für viele Dienstleistungen werden außerdem in den nächsten Jahren hohe Exportpotenziale gesehen. Dies gilt insbesondere für die Dienstleistungen im Rahmen der Planung und Errichtung sowie für die spezifischen Dienstleistungen während des Betriebs, die eine hohe Exporteignung aufweisen. Dennoch sind die Auslandsumsätze der Unternehmen bisher insgesamt eher gering.

Angesichts schnell wachsender Märkte im Ausland und teilweise stagnierendem Marktwachstum im Inland nimmt in den nächsten Jahren die Notwendigkeit zur internationalen Ausrichtung zu. Hierfür fehlt vielen – insbesondere den kleinen - Unternehmen bisher die Sensibilisierung und/oder das Know-how. Insgesamt ist hierbei eine Aufteilung der Unternehmen zu beobachten. Während einige ihren Gang ins Ausland strategisch planen, ist bei anderen Unternehmen die Internationalisierung eine eher „zufällige" Folge von externen Faktoren. Strategisch agieren vorwiegend größere Unternehmen aus Branchen, in denen die Exportquoten bereits vergleichsweise hoch sind. Diese Unternehmen zeichnen sich dann auch durch eher kapitalintensive Markteintrittsstrategien und teilweise durch die Bearbeitung außereuropäischer Märkte aus. Häufig nur auf Anfragen und teilweise aus ideellen Gründen werden dagegen eher kleine Unternehmen tätig, insbesondere aus Teilmärkten, in denen die Internationalisierung insgesamt noch wenig ausgeprägt ist. Bei diesen Unternehmen erfolgt die Ländermarktauswahl dann meist nicht strukturiert sondern eher zufällig: Es werden Märkte bearbeitet, für welche die Unternehmen angefragt werden oder zu denen anderweitig ein (persönlicher) Bezug besteht. Unternehmen, die neben den Dienstleistungen noch Technologien anbieten, haben bei der Internationalisierung Vorteile.

Chancen des Auslandsgeschäfts stellen für die Unternehmen der erneuerbaren Energien-Branche vor allem die ökonomische Situation der Auslandsmärkte sowie die dortige rechtliche und politische Situation dar. Ein Grund für attraktive Bedingungen im Ausland ist dabei die große Anzahl an Ländern, die ihren Anteil erneuerbarer Energien ausbauen wollen. Als interne Erfolgsfaktoren für das Auslandsgeschäft benennen die befragten Unternehmen vor allem „weiche Erfolgsfaktoren". Wichtig ist hierbei, vor Ort präsent zu sein und über gute Beziehungen im Zielland zu verfügen. Weitere zentrale Erfolgsfaktoren sind das Know-how, Fachwissen und die Erfahrung der MitarbeiterInnen, eine hohe Qualität und Zuverlässigkeit der Leistungen sowie die Einbindung in Netzwerke und Kooperationen. Dagegen ist der gute Ruf Deutschlands und deutscher Produkte für die Dienstleistungsunternehmen nach Rückmeldung der Befragten offenbar kein gewichtiger Erfolgsfaktor.

Den Erfolgsfaktoren und Chancen stehen vor allem externe Hemmnisse und Risiken gegenüber: Insbesondere wird die Attraktivität der Auslandsmärkte häufig durch die dortige rechtlich-politische oder ökonomische Situation verringert. Als zentrale Barrieren sehen die Unternehmen dabei Probleme mit Genehmigungsverfahren und allgemein mit der Bürokratie. Internationale Konkurrenz schränkt das Auslandsgeschäft dagegen bisher nur in geringem Maß ein, wobei die Mitwettbewerber häufig ebenfalls aus Deutschland oder Drittländern kommen. Als unternehmensinternes Hemmnis wurde häufig die Finanzierung des Auslandsgeschäfts angegeben. Dies gilt vor allem für die kleinen Unternehmen (bis 50 MA). Zusätzlich hemmend wirkt sich in einigen Teilbereichen der erneuerbaren Energien die nach wie vor hohe Inlandsnachfrage aus, die insbesondere bei den kleinen Unternehmen jegliche Kapazitäten bindet und die Motivation für den strategischen Aufbau des internationalen Engagements verhindert.

6.2.2 Wasserwirtschaft

Der Wasserwirtschaftssektor in Deutschland ist ebenfalls durch eine Vielzahl kleiner und mittlerer Unternehmen geprägt, was insbesondere auf die Kleinteiligkeit der Wasserver- und -entsorgung in Deutschland zurückzuführen ist. So handelt es sich bei den Unternehmen der Wasserwirtschaftsbranche in der Regel um KMU – zu rund der Hälfte sogar Kleinstunternehmen mit maximal 10 Mitarbeitern. Ein Großteil der befragten Unternehmen definiert sich als Dienstleister, wohingegen die Hersteller nur einen kleinen Anteil an Unternehmen ausmachen. Zentrale Dienstleistungsbereiche sind die Bauwirtschaft, Wasserver- und -entsorgung, Dienstleistungen von Anlagenbauern und weitere Dienstleistungen, die häufig von Ingenieurbüros angeboten werden. Dabei bieten viele Unternehmen in der Wasserwirtschaft kombinierte Lösungen aus Technologien und Dienstleistungen an.

Weltweit besteht eine hohe Nachfrage nach intelligenten Lösungen für die bestehenden Probleme bei der Wasserver- und -entsorgung, z.B. fehlender Zugang zu Trinkwasser, unzulängliche Abwasserentsorgung oder Konflikte um Wasser. Dabei sind häufig weniger high-tech-Produkte als viel mehr angepasste Konzepte gefragt, so dass für den internationalen Erfolg der deutschen Wasserwirtschaft Dienstleister eine zentrale Rolle spielen müssen. Bisher ist jedoch nur ein kleiner Teil der Unternehmen der Wasserwirtschaft – insbesondere die Industrie und große Unternehmen – im Ausland tätig. Diese bearbeiten vorwiegend den EU-Raum (v.a. EU-15), einige Unternehmen sind aber auch in anderen Regionen tätig. Gerade die neuen EU-Länder werden als Zukunftsmärkte betrachtet.

Insgesamt sind seitens der deutschen Wasserwirtschaft attraktive Betätigungsfelder für internationale Märkte vorhanden, z.B. die Trinkwasserversorgung, Verlustminimierung oder Abwasserentsorgung. Viele Unternehmen planen dennoch auch in Zukunft kein Auslandsgeschäft, was sich zum einen mit der guten wirtschaftlichen Lage der Wasserbranche, zum anderen mit der starken Wettbewerbssituation in Deutschland begründen lässt. Allerdings ist seit 2006 eine deutliche Ausweitung der internationalen Aktivitäten zu beobachten. Ein geeignetes Geschäftsmodell für die Internationalisierung stellen (neue) Partnerschaften zwischen deutschen Unternehmen dar. Ein zentrales Problem für die Unternehmen besteht in der Finanzierung des Auslandsgeschäfts. Dies gilt insbesondere für Schwellen- und Entwicklungsländer, in denen die Finanzierung teilweise über internationale Entwicklungsinstitutionen erfolgt. Hier sind zusätzlich neue Konzepte zur Finanzierung der Wasserver- und -entsorgung gefragt. Auf den internationalen Märkten sind die KMU außerdem mit der Konkurrenz durch Großkonzerne – insbesondere aus Frankreich – konfrontiert.

Im Rahmen der empirisch basierten Untersuchungen zu den internationalen Aktivitäten der Wasserbranche wurden insbesondere die Zielmärkte China und Bulgarien näher analysiert. *Der chinesische Markt* bietet dabei aufgrund des derzeitigen Transformationsprozesses, der zunehmenden ökologischen Ausrichtung, dem enormen Bedarf im Wassersektor sowie der Öffnung und Internationalisierung des chinesischen Markts große Chancen für deutsche Dienstleister. Aufgrund dieser Marktchancen, der großen Nachfrage, dem guten Ruf von Produkten „made in Germany" sowie der Möglichkeit, frühzeitig neue Nischen zu besetzen, entsteht eine hohe Marktattraktivität. Potenzielle Betätigungsfelder sind beispielsweise die Beseitigung der bestehenden Klärschlammmengen oder die Einrichtung und der Betrieb von Abwasserbehandlungsanlagen. Diesen Chancen stehen jedoch ebenfalls große Hemmnisse entgegen. Bemängelt wird seitens der Unternehmen insbesondere die geringe Verlässlichkeit chinesischer Partner und Behörden, die zu einem ungewollten Know-how-Transfer v.a. bei Technologien führt. Aber auch die Rechtsunsicherheit bei Verträgen, die mangelnde Ausbildung der Arbeitskräfte, die Bürokratie und Behörden (Willkür, Korruption) werden als wichtige Hemmnisse benannt. Deshalb sind bisher nur wenige Unternehmen der Wasserwirtschaft und wenige Dienstleister (auch aus anderen Branchen) in China tätig.

Seitens der Wasserwirtschaft zeigen bisher drei Gruppen von Dienstleistern Interesse am chinesischen Markt: Wasserver- und -entsorger, Consultants (Beratung, Projektplanung, Schulung, etc.) und Anbieter von Hybridprodukten aus Technologien und Dienstleistungen. Erfolgsstrategien für den chinesischen Markt sind aus Sicht dieser Unternehmen die Fokussierung auf hochwertige technologische Nischen, die Beschränkung der Informationsweitergabe an chinesische Partner sowie die Anpassung an die kulturellen Gegebenheiten in China. Einen zentralen Erfolgsfaktor stellt dabei ein passender chinesischer Partner dar.

Die Ergebnisse eines anderen Projektes weisen *Bulgarien* als neues EU-Mitglied als einen grundsätzlich interessanten Markt für Unternehmen der Wasserwirtschaft aus. Zentraler Grund hierfür sind die durch den Beitritt entstandenen Anforderungen an den Wassersektor und dessen Regulierung. Diese Erkenntnis gilt prinzipiell auch für die anderen jüngeren Mitgliedstaaten und auch Beitrittskandidaten. Aufgrund der Rahmenbedingungen in Bulgarien sind deutsche Unternehmen jedoch auch dort mit großen Hemmnissen konfrontiert. Insbesondere Korruption, Intransparenz sowie die Dominanz staatlicher bzw. kommunaler Institutionen, zwischen denen die Kompetenzen oft nicht geregelt sind, stellen ein Problem für die Wasserwirtschaftsunternehmen dar. Wie die Analysen und praktischen Erfahrungen aus dem Projekt gezeigt haben, stellt eine erfolgreiche Strategie zur Reduktion dieser Hemmnisse das capacity building im Zielmarkt dar, das der Vorbereitung von Dienstleistungsexporten dienen kann. Außerdem ist die große Bedeutung politischer Institutionen bei der Internationalisierung im Wasserbereich zu berücksichtigen, um in Bulgarien erfolgreich tätig zu werden.

Sowohl China als auch Südosteuropa sind also grundsätzlich sehr attraktive und wachsende Märkte, auf denen jeweils große Hemmnisse und Risiken bestehen. Dennoch unterscheiden sich die in den Projekten identifizierten *Internationalisierungsstrategien* für beide Länder deutlich voneinander: Während in China aufgrund des Problems des unfreiwilligen Know-how-Transfers die Konzentration auf Nischen und die Informationsrückhaltung empfohlen wird, steht in Bulgarien das capacity building im Vordergrund. Grundsätzlich konnte als geeignete Strategie eine Partnerschaft zwischen deutschen Unternehmen, sowie in China mit geeigneten chinesischen Partnern, identifiziert werden.

6.3 Gesamtfazit, Ausblick und Empfehlungen

Insgesamt kann damit mit Blick auf die eingangs formulierten Thesen folgendes festgestellt werden: Erstens zeigten die Ergebnisse der verschiedenen Analysen und Befragungen tatsächlich nicht nur eine mangelhafte Datenlage und tiefe Wissenslücken, sondern auch eine deutliche Unterrepräsentierung des Themas Umwelt-Dienstleistungen in den öffentlichen und politischen Debatten. Dabei bedingen und verstärken sich die genannten Aspekte gegenseitig, wie die Autorinnen und Autoren im Rahmen der Projektbearbeitung selbst erleben konnten, da entsprechende Daten- und Wissenslücken das Ignorieren des Themas in der politischen und administrativen Arena fördern. Erst allmählich setzt sich die Erkenntnis der allgemeinen Bedeutung und der Exportpotenziale von Umwelt-Dienstleistungen durch, wie beispielsweise in den aufeinander aufbauenden Studien zu Umweltmärkten von bzw. für BMU und UBA nachvollzogen werden kann. Die Projekte, die das in diesem Buch zusammengefasste Wissen generiert haben, konnten mit ihren Veröffentlichungen und praxisnahen Veranstaltungen einen Beitrag dazu leisten.

Gerade für den Export von Umwelt-Dienstleistungen, der gegenwärtig in den offiziellen Statistiken nahezu völlig ausgeblendet, aber auch in vielen spezifischen Studien randständig bleibt, konnten signifikante Potenziale nachgewiesen werden. In einer gesonderten Befragung aus dem Bereich der Erneuerbaren Energien konnte zudem neben den direkten Exportpotenzialen auch eine ökonomisch bedeutsame Multiplikatorwirkung dieser Dienstleistungsexporte nachgewiesen werden, wenn diese in der Folge andere Dienstleistungen und Technologien nach sich ziehen. Dies steht der allgemein verbreiteten Ansicht, dass Dienstleistungen – wenn überhaupt – primär den Herstellern bzw. den Technologien (begleitend) ins Ausland folgen, diametral entgegen. Hieraus resultiert aus Sicht der Autorinnen und Autoren zum einen ein politischer Handlungsbedarf, in dem die Möglichkeiten einer expliziten Förderung von Umwelt-Dienstleistungen stärker in den Blick genommen werden. Zum anderen sehen wir hier noch weiteren Forschungsbedarf, um die Bedingungen der oben beschriebenen Potenziale und der Multiplikatorwirkung, die Umwelt-Dienstleistungen im Export entfalten können, ihre gezielte Erschließung und Steigerung sowie die Spezifität der Ausprägung in verschiedenen Branchen mit statisch belastbaren Daten belegen zu können.

Trotz der hohen und ökonomisch bedeutsamen Exportpotenziale von Umwelt-Dienstleistungen und -Dienstleistern bleibt die Internationalisierung nach wie vor eine große Herausforderung. Dies liegt nicht nur an den schwierigen Bedingungen in Zielmärkten wie China oder Bulgarien. Dies liegt auch an der Tatsache, dass es sich bei den Dienstleistern in aller Regel um (sehr) kleine Unternehmen handelt. Wenn von

Dienstleistern die Rede ist, sollte also nicht nur zwischen Großunternehmen und KMU unterschieden werden, sondern es sollte explizit die besondere Situation von Klein- und Kleinstunternehmen (KU) in den Fokus gerückt werden. Zu den spezifischen Problemen dieser KU zählen unter anderem die Finanzierung ihrer Auslandsaktivitäten und das Risiko der Dienstleistungserbringung im Ausland, insbesondere in den hier beispielhaft untersuchten Ländern mit unsicheren politischen und administrativen Rahmenbedingungen.

Hieraus leitet sich auch die Notwendigkeit für spezifische Ansätze zur Förderung und Unterstützung der Internationalisierung von Dienstleistern, insbesondere im Umweltbereich, ab (vgl. Kapitel 5). Trotz einer Vielzahl von guten und vielfältigen Angeboten zur Unterstützung bei der Internationalisierung werden diese gerade von den in der Regel kleinen Dienstleistern kaum wahrgenommen. Für die Dienstleister, die durchaus internationalisierungswillig sind, aber finanzielle und personalbezogene Kapazitätsprobleme haben, wären eine Reihe von Unterstützungsmaßnahmen denkbar, um die als „Förderdschungel“ wahrgenommene Vielfalt von Angeboten besser zugänglich zu machen. Hierzu zählt eine kompetente Erstberatung zu möglichen weiteren Ansprechpartnern und Unterstützungsangeboten. Dies gilt auch für die vergleichsweise gut ausgestattete Exportinitiative Erneuerbare Energien. Auch die Gründung weiterer, vergleichbarer branchen- oder sektorspezifischer Exportinitiativen sollte erwogen werden, da viele Probleme, Herausforderungen und Lösungen branchenspezifisch sind (beispielsweise Marktinformationen und Netzwerke).

Da es bisher noch keine spezifischen Unterstützungsangebote für Dienstleistungsunternehmen gibt, wäre ein derart ausgerichtetes Maßnahmenbündel zu erwägen, wenn man die Dienstleistungen konsequent fördern will. Als eine erfolgreiche Unterstützungsmaßnahme hat sich beispielsweise das in Bayern praktizierte „Senior Experts“-Programm „Go international“ erwiesen, bei dem Dienstleister bei ihren Internationalisierungsplanungen strategisch von erfahrenen Mentoren begleitet werden. Eine bundesweite Verbreitung eines solchen Ansatzes wäre wünschenswert. Darüber hinaus benötigen Dienstleister häufig spezifisch aufbereitete Informationen über Ländermärkte. Diese sind gegenwärtig primär auf den Export von Technologien ausgerichtet und nicht auf die besondere Situation und Herausforderung von Dienstleistern, die nicht nur mit besonderen Regulierungen, sondern auch „vor Ort“ mit spezifischen Problemen konfrontiert sind. Viele weitere Unterstützungsleistungen, wie z.B. Rechtsberatung, Übersetzungsdienstleistungen, dienstleistungsspezifische Informationsbeschaffung zu den Ländermärkten, Hilfe bei der Partnersuche, könnten darüber hinaus die Internationalisierung erleichtern. Eine weitere Möglichkeit, die Auslandsaktivitäten deutscher Dienstleister zu steigern, könnte die Förderung von „Leuchtturmprojekten“ im Ausland sein, bei denen deutsche Anbieter sich präsentieren, aber auch erste Erfahrungen sammeln können. Ähnliche Multiplikatorwirkung kann – auf längere Sicht - die gezielte Förderung von Bildungsmaßnahmen in zukünftigen Märkten erzeugen.

Die Ergebnisse der Untersuchungen, die im Rahmen dieses Buches vorgestellt wurden, haben die hohe Bedeutung von Dienstleistungen in Umweltmärkten bestätigt. Sie stehen damit in Teilen der bisher vorherrschenden Meinung über die per se geringen

Internationalisierungspotenziale von Dienstleistungen entgegen. Aus den Ergebnissen leiten sich damit Aufgaben für Politik und Verwaltung ab, damit diese Potenziale gezielter – und nicht nur als Zufallsprodukt einer auf Technologien ausgerichteten Förderung – erschlossen werden können. Dabei muss sichergestellt werden, dass dies in nachhaltiger Weise erfolgt, d.h. es ist auf sozial-ökologische Wirkungen bei der Internationalisierung von Umwelt-Dienstleistungen zu achten. Die Projektergebnisse und das vorliegende Buch können, so hoffen die Autorinnen und Autoren, einen Beitrag auf dem Weg zu einer stärkeren Förderung von Umwelt-Dienstleistungen unter Berücksichtigung von Nachhaltigkeitskriterien anstoßen. Die Ergebnisse liefern erste gesicherte Hinweise für ausgewählte Handlungsfelder – und damit erst den Auftakt für eine tiefer gehende empirische Befassung mit dem Thema Exportpotenziale von Umwelt-Dienstleistungen. Das Thema sollte insbesondere in allen Bereichen der amtlichen Statistik – national und international – verstärkt behandelt werden, ebenso jedoch im Rahmen von allgemeinen Studien zu Umweltmärkten.

7 Literatur

Abele, C. (2008a): Wassertechnik und Wassermanagement in Nordchina, bfai Spezial, Bundesagentur für Außenwirtschaft, Köln.

Abele, C. (2008b): Chinas Wassermarkt braucht Technologie, Länderinformation der bfai-Datenbank vom 14.4.2008, Köln.

Adlung, R., Roy, M. (2005): Turning Hills into Mountains? Current Commitments under the GATS and Prospects for Change; WTO Staff Working Paper No. ERSD-2005-01, http://ssrn.com (20.5.2009).

Ahmad, B., Alessandrini, S. et al. (2007): Sustainability Impact Assessment of the Euro-Mediterranean Free Trade Area. Final Report of the SIA-EMFTA Project. Revised November 2007; http://trade.ec.europa.eu (22.5.2009).

Alajääskö, P. (2007): Unternehmensbezogene Dienstleistungen in der EU-27: Aufschwung durch Auslagerung und Liberalisierung (eurostat: Statistik kurz gefasst 74 / 2007); http://epp.eurostat.ec.europa.eu (2.5.2009).

Andrew, D. (2000): Services Trade Liberalisation: Assessing the Environmental Effects, in The Environmental Effects of Free Trade; Papers Presented at the North American Symposium on Assessing the Linkage s between Trade and Environment, Montreal, Commission for Environmental Cooperation.

Auswärtiges Amt (2008): China. Stand: November 2008, Berlin (www.auswaertiges-amt.de).

Becker, B., Grundmann, T. et al. [Statistisches Bundesamt Deutschland] (2006): Die Erhebungen nach dem neuen Umweltstatistikgestz von 2005. In: Destatis (Hrsg.): Wirtschaft und Statistik 5 / 2006; S. 552 ff.

Becker, P. (2006): Die EU-Dienstleistungsrichtlinie – Neue Wege europäischer Gesetzgebung; Stiftung Wissenschaft und Politik: SWP-Aktuell 54.

BEE [Bundesverband Erneuerbare Energien] (2006): Hauptanforderungen an ein energiewirtschaftliches Gesamtkonzept. Pressemitteilung zum Energiegipfel, 03.04.2006, www.bee-ev.de (6.11.2006).

Benz, A. (1998): Politikverflechtung ohne Politikverflechtungsfalle. Koordination und Strukturdynamik im europäischen Mehrebenensystem. In: Politische Vierteljahresschrift 39: 558-589.

Benz, A., Lütz, S., Schimank, U., Simonis, G. (2007): Handbuch Governance. Theoretische Grundlagen und empirische Anwendungsfelder. Wiesbaden: VS-Verlag.

Berndt, R., Altobelli, C., Fantapié, Sander, M. [2003]: Internationales Marketing-Management, 2. Auflage; Springer-Verlag; Berlin, Heidelberg

bfai [Bundesagentur für Außenwirtschaft] (2003): VR China – Wassermanagement und Wassertechnik – Ausgangslage, Institutionen, Ver- und Entsorgung, Privatisierung.

Pressemitteilung der AHK China zur bfai-Marktstudie Wassermanagement und Wassertechnik – Asien / Pazifik vom 03.09.2003, Köln.

bfai [Bundesagentur für Außenwirtschaft] (2008): VR China. Wirtschaftsdaten kompakt, November 2008, Köln.

Biermann, F., Bauer, S. (Hrsg.) (2005): A World Environment Organization: Solution or Threat for Effective International Environmental Governance? Aldershot: Ashgate.

BIHK [Bayerischer Industrie- und Handelskammertag] (2006): Exportratgeber für unternehmensnahe Dienstleister in Bayern; 2. Auflage.

BioKraftQuG (2006): Gesetz zur Einführung einer Biokraftstoffquote durch Änderung des Bundesimmissionsschutzgesetzes und zur Änderung energie- und stromsteuerrechtlicher Vorschriften (Biokraftstoffquotengesetz); www.bmelv.de .

Bisset, R., Flint, D. et al. (2003): Sustainability Impact Assessment of Proposed WTO Negotiations: Environmental Services, with particular reference to water and waste management; Impact Assessment Research Centre, University of Manchester Report prepared for the European Commission (Sustainability Impact Assessment of Proposed WTO Negotiations), Manchester, www.sia-trade.org (15.5.2009).

BMBF (Bundesministerium für Bildung und Forschung) (2006): Nachhaltige Ver- und Entsorgung. Impulse aus der sozial-ökologischen Forschung, Bonn.

BMF [Bundesministerium der Finanzen] (2009): Ökosteuer / Ökologische Steuerreform. www.bundesfinanzministerium.de (20. 3. 2009).

BMU (2006): erneuerbare Energien – Arbeitsplatzeffekte; Wirkungen des Ausbaus der erneuerbaren Energien auf den deutschen Arbeitsmarkt unter besonderer Berücksichtigung des Außenhandels; Bundesministerium für Umwelt, Naturschutz und Reaktorsicherheit Berlin.

BMU [Bundesministerium für Umwelt, Naturschutz und Reaktorsicherheit] (2009): Auf einen Blick: Das neue Wärmegesetz; www.erneuerbare-energien.de (09.6.2009).

BMU [Bundesministerium für Umwelt, Naturschutz und Reaktorsicherheit] (2008): National ETAP Roadmap Germany: Innovationen forcieren – Umwelt schützen; http://ec.europa.eu/environment/etap/ (09.6.2009).

BMU [Bundesministerium für Umwelt, Naturschutz und Reaktorsicherheit] (2007a): Die Europäische Wasserrahmenrichtlinie und ihre Umsetzung in Deutschland. www.bmu.de (27. 3. 2009).

BMU [Bundesministerium für Umwelt, Naturschutz und Reaktorsicherheit] (2007b): Erfahrungsbericht 2007 zum Erneuerbare-Energien-Gesetz (EEG-Erfahrungsbericht). Beschlossen vom Bundeskabinett am 7. November 2007; Berlin, www.erneuerbare-energien.de (10.11.2008).

BMU [Bundesministerium für Umwelt, Naturschutz und Reaktorsicherheit] (2007c): erneuerbare Energien in Zahlen – nationale und internationale Entwicklung. Stand: Juni 2007; Reihe Umweltpolitik, www.erneuerbare-energien.de (01.10.2007).

BMU [Bundesministerium für Umwelt, Naturschutz und Reaktorsicherheit] (2007d): Hintergrundpapier: Das Integrierte Energie- und Klimaprogramm der Bundesregierung; www.bmu.de

BMU [Bundesministerium für Umwelt, Naturschutz und Reaktorsicherheit] (2007e): Kurzinfo Abfallwirtschaft. www.bmu.de (25. 3. 2009).

BMU [Bundesministerium für Umwelt, Naturschutz und Reaktorsicherheit] (2008a): erneuerbare Energien in Zahlen – Nationale und internationale Entwicklung; Berlin, www.erneuerbare-energien.de (12.12.2008).

BMU [Bundesministerium für Umwelt, Naturschutz und Reaktorsicherheit] (2008b): Ökologische Industriepolitik – Nachhaltige Politik für Innovation, Wachstum und Beschäftigung; www.bmu.de / .

BMU [Bundesministerium für Umwelt, Naturschutz und Reaktorsicherheit] (2009a): erneuerbare Energien: Fragen und Antworten zum Wärmegesetz. www.erneuerbare-energien.de (24. 3. 2009).

BMU [Bundesministerium fürUmwelt, Naturschutz und Reaktorsicherheit] (2009b): GreenTech made in Germany 2.0 – Umwelttechnologie-Atlas für Deutschland; Berlin.

BMU [Bundesministerium für Umwelt, Naturschutz und Reaktorsicherheit] (2009c): Neues Denken – Neue Energie. Roadmap Energiepolitik 2020; Berlin, www.erneuerbare-energien.de (20.03.2009).

BMU [Bundesministerium für Umwelt, Naturschutz und Reaktorsicherheit] (2009d): Positive Zukunft für exportorientierte deutsche Wasserwirtschaft, Astrid Klug bei German Water Partnership. Pressemitteilung Nr. 131 / 09, 07.05.2009, www.bmu.de (7.5.2009).

BMU / Roland Berger [Bundesministerium für Umwelt, Naturschutz und Reaktorsicherheit, Roland Berger Strategy Consultants GmbH] (2007): GreenTech made in Germany – Umwelttechnologieatlas für Deutschland; München.

BMU / BMBF [Bundesministerium für Umwelt, Naturschutz und Reaktorsicherheit, Bundesministerium für Bildung und Forschung] (2008): Masterplan Umwelttechnologien; www.bmu.de

BMU / UBA [Bundesministerium für Umwelt, Naturschutz und Reaktorsicherheit / Umweltbundesamt] (2009): Umweltwirtschaftsbericht 2009; www.bmu.de.

BMWi [Bundesministerium für Wirtschaft und Technologie] (2007a): Nationaler Energieeffizienz-Aktionsplan (EEAP) der Bundesrepublik Deutschland gemäß EU-Richtlinie über Endenergieeffizienz und Energiedienstleistungen (2006 / 32 / EG); www.bmwi.de

BMWi [Bundesministerium für Wirtschaft und Technologie] (2007b): Weltweit Aktiv – Ratgeber für kleine und mittlere Unternehmen; Berlin, Juli 2007

BMWi, [Bundesministerium für Wirtschaft und Technologien] (2007c): Sachstand Umsetzung der EU-Dienstleistungsrichtlinie (RL 2006 / 123 / EG); Berlin.

BMWi [Bundesministerium für Wirtschaft und Technologie] (2009): Stand der Welthandelsrunde (Doha Development Agenda – DDA), Stand: 2. April 2009; www.bmwi.de (15.5.2009).

Bolten, J.; Schröter, D. (2001): Netzwerke interkulturellen Handelns. Theoretische und praktische Perspektiven der interkulturellen Kommunikationsforschung, Sternenfels.

Bossche, P. van den (2005): The Law and Policy of the World Trade Organization; Cambridge.

Bruns, J. (2003): Internationales Marketing, 3. Aufl., Kiehl; Ludwigshafen (Rhein)

BSW [Bundesverband Solarwirtschaft] (2007): Statistische Zahlen der deutschen Solarwirtschaft. Stand: Juni 2007; Berlin, www.solarwirtschaft.de (17.6.2007).

Bühler, T. (2007): Statusbericht Ausbildung für erneuerbare Energien – Ergebnisse und Empfehlungen. Vortrag auf der Fachtagung "Ausbildung für erneuerbare Energien – Fachkräftemangel als Wachstumsbremnse?" am 4. September 2007 in Berlin.

Bundesregierung (2007): Eckpunkte für ein integriertes Energie- und Klimaprogramm; www.bmu.de (8.12.2007).

Bundesumweltamt (2007): Potenzialanalyse der deutschen Entsorgungswirtschaft. Forschungsbericht 206 31 303, Berlin.

Dalton, G. (2001): Private sector finance for water sector infrastructure: what does Cochabamba tell us about using this instrument? Water Issues Study Group, School of Oriental and African Studies, University of London, Occasional Paper No 37, London.

Dena [Deutsche Energie-Agentur] (2007): Bericht der Deutschen Energie-Agentur GmbH (dena) über die Exportinitiative erneuerbare Energien für das Jahr 2005. Deutscher Bundestag, Drucksache 16 / 5016.

Destatis [Statistisches Bundesamt Deutschland] (2007a): Fachserie 19 Reihe 3.3, Umwelt: Umsatz mit Waren, Bau- und Dienstleistungen, die ausschließlich dem Umweltschutz dienen; https://www-ec.destatis.de

Destatis [Statistisches Bundesamt Deutschland] (2007b): Umweltökonomie: Umsatz mit Waren, Bau und Dienstleistungen sowie Beschäftigte für den Umweltschutz – Gesamtübersicht nach Wirtschaftszweigen und Leistungsarten 2006. www.destatis.de (27. 3. 2008).

Destatis [Statistisches Bundesamt Deutschland] (2008a): Fachserie 19 Reihe 3.3, Umwelt: Umsatz mit Waren, Bau- und Dienstleistungen, die ausschließlich dem Umweltschutz dienen; https://www-ec.destatis.de.

Destatis [Statistisches Bundesamt Deutschland] (2008b): Klassifikation der Wirtschaftszweige mit Erläuterungen 2008; www.destatis.de

Deutscher Bundestag (2002): Bundestags-Antrag 14 / 8278 zur deutschen Exportinitiative erneuerbare Energien; www.exportinitiative.de/media/14-8278.pdf

DEWI [German Wind Energy Institute] (2007): Status 30.06.2007 – DEWI, BWE und VDMA Pressekonferenz am 25.07.2007. www.dewi.de (29.10.2007).

DGB [Deutscher Gewerkschaftsbund] (2003): Die Verhandlungen über das internationale Dienstleistungsabkommen (GATS) – Chancen und Risiken für Wirtschaft und Beschäftigung in Deutschland. Stellungnahme des DGB zur Anhörung des Deutschen Bundestages am 7. April 2003 (Auszüge). www.einblick.dgb.de (22.5.2009).

DHI [Deutsches Handwerksinstitut] (2007): Internationalisierung handwerklicher Dienstleistungen, Konzeptentwicklung und Praxisbeispiele. www.dhi.zdh.de / .

Dieckhaus, B (2005): Kurzschluss. Privatisierung der Energieversorgung im Süden und die Rolle von Weltbank, Transnationalen Konzernen und GATS; Weltwirtschaft, Ökologie und Entwicklung e.V. (Hrsg.): WEED-Arbeitspapier, 5.9.2005, Bonn, Berlin.

DIHK [Deutscher Industrie- und Handelskammertag] (2006a): Going International – Erfolgsfaktoren im Auslandsgeschäft, Erfahrungen, Lösungen und Perspektiven; Sonderauswertung 2006 für den Dienstleistungssektor; [Deutscher Industrie- und Handelskammertag]: www.dihk.de

DIHK [Deutscher Industrie- und Handelskammertag] (2006b): Going International. Erfolgsfaktoren im Auslandsgeschäft. Erfahrungen, Lösungen und Perspektiven. Sonderauswertung 2006 für den Dienstleistungssektor; Berlin, www.dihk.de (23.9.2007).

Döhrn, R., Milton, A. R. et al. (2007): Liberalisierung des internationalen Dienstleistungshandels in der WTO. Chancen und Risiken für Deutschland; Bundesministerium für Wirtschaft und Technologie (Hrsg.): Forschungsbericht Nr. 562, www.bmwi.de (4.4.2007).

European Commission (2004): SIA Methodology: Consultation Paper. Sustainability Impact Assessment (SIA) Methodology: Towards an upgrade in 2004. Brussels, 12 February 2004; Directorate-General for Trade, http://trade.ec.europa.eu (22.5.2009).

EC [The European Communities and their Member States] (2000): Communication from the European Communities and their Member States – GATS 2000: Sector Proposals; WTO Council for Trade in Services, Special Session (00-5624), S / CSS / W / 32, 22 December 2000; http://trade.ec.europa.eu (20.5.2009).

EC [The European Communities and their Member States] (2001): Communication from the European Communities and their Member States on GATS 2000 Energy Services; WTO Council for Trade in Services, S / CSS / W / 60, 23 March 2001 (01-1425); http://docsonline.wto.org (20.5.2009).

Economy, E. C. (2004): The River Runs Black: The Environmental Challenge to China´s Future. Council of Foreign Relations, Ithaca.

Edler, D., Blazejczak, J. (2006): Aktualisierung der Beschäftigungszahlen im Umweltschutz in Deutschland für das Jahr 2004, UBA-Texte 17 / 06; [DIW]: www.umweltdaten.de

EEG [Bundestag Deutschland] (2004): Gesetz für den Vorrang Erneuerbarer Energien (Erneuerbare-Energien-Gesetz – EEG) vom 21.7.2004; www.bgbl.de

EEG [Bundestag Deutschland] (2008): Gesetz zur Neuregelung des Rechts der Erneuerbaren Energien im Strombereich und zur Änderung damit zusammenhängender Vorschriften vom 25. Oktober 2008: EEG 2009; www.bgbl.de

EEG [Erneuerbare-Energien-Gesetz] (2000): Gesetz für den Vorrang Erneuerbarer Energien (Erneuerbare-Energien-Gesetz) vom 29. März 2000 (BGBl. I S. 305); http://bundesrecht.juris.de.

Egerer, M., Wackerbauer, J. (2006): Strukturveränderungen in der deutschen Wasserwirtschaft und Wasserindustrie 1995 – 2005, München (Endbericht).

EG-Richtlinie [Europäisches Parlament und Europäischer Rat] (2006): Richtlinie 2006 / 32 / EG über Endenergieeffizienz und Energiedienstleistungen und zur Aufhebung der Richtlinie 93 / 76 / EWG; http://eur-lex.europa.eu .

Eickelpasch, A. (2008): Fortschritte bei der Exportorientierung von Dienstleistungsunternehmen. In: Wochenbericht des DIW Berlin, Nr. 2008: 339-346.

Erd, R; Rebstock, M. (2008): Abschlussbericht zur Vorstudie des Forschungsprojekts Probleme der Rechtsdurchsetzung des Urheber-, Marken- und Patentrechts in China und deren Auswirkungen auf die Marktstrategie deutscher Unternehmen. Forschungsbericht der Fachhochschule Darmstadt, Darmstadt.

Eurostat (2008): Revised European Strategy for Environmental Accounting; 68th meeting of the Statistical Programme Committee, Luxemburg.

Evans, P. C. (2002) Liberalizing Global Trade in Energy Services. AEI Press. Washington.

FoEI [friends of the earth international] (2004): Stop the gats! WTO's general agreement on trade and services will undermine social and environmental sustainability – summary; position paper, august 2003 (amended december 2004), www.foeeurope.org (20.5.2008).

Frank, B. (2007): Internationalisierung von Dienstleistungen – Die EU-Dienstleistungsrichtlinie. In: WSI-Mitteilungen, Nr. 1 / 2007: 30-35.

Freitag, M.; Husen, C. van et al. (2007): Entwicklung und Management internationaler Dienstleistungen – Studie zum Dienstleistungsexport deutscher Unternehmen; www.services-made-in-germany.de.

Frombach, R.; Bienzeisler, B.; Musold, E.; Kawohl, J.; Lorenz, U.; Kordowich, Ph. (2008): Fokusgruppe Veränderung / Organisation. In: VDI Technologiezentrum (Hg.): Hybride Wertschöpfung. Statusbericht aktueller Förderungsvorhaben, Berlin: 59-73.

Fuchs, P., Tuerk, E. (2003): Das Allgemeine Abkommen über den Handel mit Dienstleistungen (General Agreement on Trade in Services – GATS) und die derzeitigen GATS-Verhandlungen; Umweltbundesamt (Hrsg.): UBA-Texte 19 / 03, Berlin.

Fürst, D. (2005): Netzwerke. In: ARL (Hrsg.): Handbuch der Raumordnung, 4. Auflage, Hannover: 710 – 712.

Gebhardt, E. (2006): Dienstleistungsrichtlinie auf gutem Weg. In: ifo Schnelldienst, Nr. 6 / 2006: 3-5.

Gehrke, B., Schmoch, U., Krawczyl, O., Legler, H. (2002): Umwelt und Wirtschaft – Dritter Bericht zur Umweltwirtschaft in Niedersachsen. Forschungsbericht des Niedersächsischen Instituts für Wirtschaftsforschung (NIW), Nr. 30, Hannover.

German Water Partnership. Excellence in Water Technology & Water Management. Booklet on Capicities, Organistional Structures and Actors: 107.

Gersch, M. (2006): Unternehmerisches Handeln – das Beispiel flexibilitätsbedingter Unternehmungskrisen in frühen Marktphasen. Habilitationsschrift, Ruhr-Universität Bochum.

Global Status Report (2007): Washington International Renewable Energy Conference: Renewables 2007, www.ren21.net (01.02.2009).

Grzesik, T., Thomsen, K. (2007): Förderprojekt "Fit für Auslandsmärkte – Go International". Außenwirtschaftszentrum Bayern; Tagung: Umwelt-Dienstleistungen – Win-Win-Potenziale und Exportchancen für deutsche Unternehmen, 22. und 23. November 2007, Berlin.

Hall, D., Hoedmann, O. (2006): Aquafed – another pressure group for private water.; Public Services International Research Unit, University of Greenwich, www.psiru.org (22.5.2009).

Heidenreich, M. (1999): Berufskonstruktion und Professionalisierung. Erträge der soziologischen Forschung. In: Apel, H. J. et al. (Hg.): Professionalisierung pädagogischer Berufe im historischen Prozess, Bad Heilbrunn / Obb.: 35-58.

Helm, C.; Simonis, U. E. (2001): Verteilungsgerechtigkeit in der Internationalen Umweltpolitik. Theoretische Fundierung und exemplarische Formulierung. In: Leggewie, Münch (Hrsg.): Politik im 21. Jahrhundert. Frankfurt a.M.: Suhrkamp: 211-227.

Helmholtz Zentrum für Umweltforschung. Pressemitteilung (1.7.2008): Brasilianische Delegation für Kooperationsprojekt „Wasser“ zu Besuch in Deutschland.

Henzelmann, T. (2007): Klimawandel als Chance für Umwelt-Dienstleistungen; Umwelt-Dienstleistungen – Umweltforum Berlin, 22. 11. 2007, www.umwelt-dienstleistungen.de.

Hirschfeld, J., König, C., Haum, R., Bachurova, A. (2009): Sustainability Impacts of Liberalising Trade in Services: Assessment Methodologies and Policy Responses. In: Ekins, P., Voituriez, T. (2009): Trade, Globalization and Sustainability Impact Assessment - A Critical Look at Methods and Outcomes. London.

Hirschfeld, J., König, C. et al. (2007): Sustainability Impact Assessment Methodologies for Specific Service Sectors. Final Report of the SIAMETHOD Sub-project on Services; Paris, Berlin.

Hirschl, B., Liesenfeld, J., Paul, G. (2006): Export von Umwelt-Dienstleistungen. In: Tagungsband der VI. Dienstleistungstagung des BMBF am 30. / 31.03.2006, Frankfurt: Campus Verlag: 165-176.

Hirschl, B., Hoffmann, E. et al. (2002): Markt- und Kostenentwicklung erneuerbarer Energien. 2 Jahre EEG – Bilanz und Ausblick; Beiträge zur Umweltgestaltung, Band A 151; Berlin.

Hirschl, B.; Weiß, J.[Hrsg.] (2009): Dienstleistungen im Bereich erneuerbarer Energien - Wirtschaftliche Bedeutung, Exportpotenziale und Internationalisierungsstrategien; Ökom-Verlag, München.

Hubacek, K., Sun, L. (2005): Economic and Societal Changes in China and their Effect on Water Use. A Scenario Analysis. In: Journal of Industrial Ecology, 9(1-2), pp. 187-200.

IBRD / World Bank (2004). Water Resources Sector Strategy. Strategic Directions for World Bank Engagement, Washington D.C.: The International Bank for Reconstruction and Development / The World Bank, http://wwwwds.worldbank.org/servlet/WDSContentServer/WDSP/IB/2004/06/01/000090341_20040601150257/Rendered/PDF/28114.pdf, 22.08.2007.

IBRD / World Bank (2006): Global Economic Prospects. Managing the Next Wave of Globalization, Washington D.C.: The International Bank for Reconstruction and Development / The World Bank.

IDCED (2006), IDCED-Expertentraining – erfolgreicher Know-how-Transfer im Bereich Wasserwirtschaft in die neuen EU-Länder, Magdeburg: International Dialogue Centre Environment and Development (IDCED). Ein Projekt gefördert von der Deutschen Bundesstiftung Umwelt, http://www.idced.net.

Interwies, E., Kraemer, A. R. (2001): Ökonomische Anforderungen der EU-Wasserrahmenrichtlinie. Analyse der relevanten Regelungen und erste Schritte zur Umsetzung. Endbericht an das Umweltbundesamt (UBA) In Abstimmung mit dem Bundesministerium für Umwelt, Naturschutz und Reaktorsicherheit (BMU) und dem Expertengremium "Umweltökonomie" der Länderarbeitsgemeinschaft Wasser (LAWA).

Jänicke, J. (Hrsg.) (2006): Environmental Governance in Global Perspective. New Approaches to Ecological and Political Modernisation. Freie Universität Berlin. Department of Political and Social Sciences. Berlin: FFU Report 01-2006.

Jestadt, T., Philippeit, B. (2001): Auftragsvergabe in der Energie- und Wasserwirtschaft. Praktischer Umgang mit Ausschreibungen. Wirtschafts- und Verlagsgesellschaft Gas und Wasser mbH. Bonn.

Kabst, R., Schwens, C. et al. (2008): Wachstum und Internationalisierung junger Technologie-Unternehmen. Nanotechnologie, Mikrosystemtechnik, Biotechnologie, erneuerbare Energien; [Justus-Liebig-Universität]: Gießen.

Kausch, U. (2007): Berlinwasser – Das lösen wir chinesisch. In: China-Pioniere – Unternehmer berichten von ihren Erfolgen im Reich der Mitte, Frankfurt am Main: 20-32.

Keegan, W. J.; Schlegelmilch, B. B., Stöttinger, Barbara [2002]: Globales Marketing-Management, Oldenbourg, München [u. a.]

KfW Bankengruppe [2008]: Mittelstand – auch kleine Unternehmen – erfolgreich im Ausland!, Frankfurt am Main, November 2008

Kirkpatrick, C., George, C. et al. (2006): Sustainability Impact Assessment of Proposed WTO Negotiations. Final Global Overview Trade SIA of the Doha Development Agenda. Final Report; Impact Assessment Research Centre, Institute for Development Policy and Management, University of Manchester, Final Report: July 2006, http://trade.ec.europa.eu (22.5.2009).

Klein: (2004): Umweltschutz in China, Frankfurt am Main.

Knill, C. (2003): Europäische Umweltpolitik. Steuerungsprobleme und Regulierungsmuster im Mehrebenensystem. Opladen: Leske + Budrich.

KOM [Kommission der europäischen Gemeinschaften] (2004): Stimulation von Technologien für nachhaltige Entwicklung: Ein Aktionsplan für Umwelttechnologie in der Europäischen Union (ETAP); http://ec.europa.eu/environment/etap.

KOM [Kommission der Europäischen Gemeinschaften] (2006): Monitoring-Bericht Mai 2006 der EU Kommission über Bulgarien SEK (2006) 595. Arbeitsunterlage der Kommission.

Krajewski, M. (2004): Environmental Services of General Interest in the WTO: no love at first sight. In: Journal of European Environmental and Planning Law, Nr. 2: 103-115.

Kratzat, M., Lehr, U. et al. (2007): erneuerbare Energien: Bruttobeschäftigung 2006. Teilbericht zum Abschlussbericht des Vorhabens "Wirkungen des Ausbaus der erneuerbaren Energien auf den deutschen Arbeitsmarkt – Follow up"; Stuttgart.

Krätzig, T. (2008): Wasserverlustmanagement. Nutzen für unsere internationalen Kunden. Vortrag auf der Tagung von German Water Partnership e.V und der WILO SE am 23.09.08: Internationales Projektgeschäft – Von der Vision zur Umsetzung.

KrW- / AbfG (2008): Gesetz zur Förderung der Kreislaufwirtschaft und Sicherung der umweltverträglichen Beseitigung von Abfällen (Kreislaufwirtschafts- und Abfallgesetz – KrW- / AbfG) vom 27. September 1994, zuletzt geändert durch Artikel 5 des Gesetzes vom 22. Dezember 2008; http://bundesrecht.juris.de.

Kutschker, M., Schmid: [2004]: Internationales Management, 4., bearb. Aufl., Oldenbourg; München [u. a.]

Kynge, J. (2006): China Shakes the World. The Rise of a Hungry Nation, London.

Lane, K., Pollner, F. (2008): How to address China´s growing talent shortage. In: The McKinsey Quarterly, July 2008, pp. 1-4.

Legler, H., Krawczyk, O., Rammer, Ch., Löhlein, H., Frietsch, R. (2006): Zur technologischen Leistungsfähigkeit der deutschen Umweltwirtschaft im internationalen Vergleich. Studien zum deutschen Innovationssystem, Nr. 20, Berlin.

Legler, H., Krawczyk, O., Rammer, Ch., Löhlein, H., Frietsch, R. (2006): Wirtschaftsfaktor Umweltschutz: Leistungsfähigkeit der deutschen Umwelt- und Klimaschutzwirtschaft im internationalen Vergleich; Umweltbundesamt: UBA-Texte 16 / 06, Berlin.

Lehmbruch, G. (2000): Parteienwettbewerb im Bundesstaat. Regelsysteme und Spannungslagen im Institutionengefüge der Bundesrepublik Deutschland. 3. Auflage. Wiesbaden: Westdeutscher Verlag

Liesenfeld, J. (2007): Perspektiven des Dienstleistungsexports für die deutsche Wasserwirtschaft. Vortrag für die Tagung Umwelt-Dienstleistungen: Win-Win-Potenziale und Exportchancen für Unternehmen, 22. / 23.November 2007, Berlin.

Liesenfeld, J.: Perspektiven des Dienstleistungsexports in der Wasserwirtschaft. Vortrag auf der Tagung: Umwelt-Dienstleitungen. Win-Win-Potenziale und Exportchancen für deutsche Unternehmen. 22.11.07. Berlin.

Liesenfeld, J.; Krätzig, T. (2008): Knappes Gut Wasser – Wasserversorgung als Dienstleistung. In: Gatermann, I.; Fleck M. (Herg.). Technologie und Dienstleistung. Beiträge der 7. Dienstleistungstagung des BMBF. Frankfurt: Campus Verlag. S. 517-525.

Liesenfeld, J., Paul, G. [unter Mitarbeit von Wilfried Konrad und Thomas Schweer] (2006): Dienstleistungsexport der deutschen Wasserwirtschaft. Ergebnisse der Unternehmensbefragung (Langfassung); [RISP / SOFI]: Duisburg, Göttingen, www.sofi-goettingen.de (25.5.2009).

Lu, X., Chen, S., Lu, J. (2006): On Hindrances and Potential Countermeasures in Environmental Legislation Enforcement in Our Country. In: Environmental Protection, No.5 / 2006, pp. 20-26.

Mayrand, K., Paquin, M. (2007): Environmental Assessment of Services Trade Liberalisation: Literature Review; Centre, Unisféra International Montreal, http://unisfera.org (15.5.2009).

Meffert, H., Bolz, J. (1994): Internationales Marketing-Management, 2., völlig überarbeitete Aufl., Kohlhammer; Stuttgart [u. a.]

Meierjohann, R. (2007): Verschmutzung der chinesischen Gewässer. Ist das Problem mit dem Bau von Kläranlagen gelöst? Präsentation auf dem 3. Internationalen Forum Wasserwirtschaft und Abfall der DWA in Braunschweig am 27. / 28. Februar 2007.

Meissner, G. (1995): Strategisches Internationales Marketing, 2., überarbeitete Auflage, Oldenbourg Verlag; München, Wien

Mietrasch, U.: Der Internationale Wassermarkt aus Sicht der Gelsenwasser AG. Vortag im Rahmen des Projektes „ProWaDi" am 04.09.07 im BEW.

Ministry of Environment and Water (2005): National Report on Water Management at River-Basin Level in the Republic of Bulgaria. Review of the implementation of the requirements of articles 5 and 6 from the Water Framework Directive 2000 / 60 / EC. (www.moew.government.bg) am 26.02.2007.

Ministry of Environment and Water (2006): Operational Programme "Environment 2007 – 2013". Sofia. (www.moew.government.bg).

Moberg, D. (2004): Plunder and Profit. The IMF and World Bank continue to push privatization, in spite of its massive failures. In These Times, Features, March 4, 2004, www.inthesetimes.com (22.5.2009).

Muro, M., Hartje, V., Klaphake, A., Scheumann, W., Fisahn, A., Ober, I., Pile, K.(2006): Pilothafte Ermittlung und Analyse von Zielgruppen für die Information und Anhörung der Öffentlichkeit nach Art. 14 EG Wasserrahmenrichtlinie in einer Flussgebietseinheit, Dessau: Umweltbundesamt. Texte 27 / 06, www.landschaftsoekonomie.tu-berlin.de, 20.11.2007.

Muro, M., Hartje, V. et al. (2006): Pilothafte Ermittlung und Analyse von Zielgruppen für die Information und Anhörung der Öffentlichkeit nach Art. 14 EG Wasserrahmenrichtlinie in einer Flussgebietseinheit; [Umweltbundesamt. Texte 27 / 06]: Dessau, www.landschaftsoekonomie.tu-berlin.de/, 20.11.2007.

Naughton, B. (2007): The Chinese Economy. Transition and Growth, Cambridge / Mass., London.

Nerb, G. (2006): Mögliche Auswirkungen der geplanten EU-Dienstleistungsrichtlinie auf die Wirtschaft Deutschlands. In: Wirtschaftspolitische Blätter, Nr. 3 / 2006: 19-24.

Niedernhöfer, D. (2006): Mit Taktik den Drachen bezwingen. In: Handelsblatt, Nr. 53, 13.03.2006: 23.

Nöcker, R. [2001]: Internationalisierung als Wettbewerbsstrategie, Kovac, Hamburg

OECD Secretariat (2000): Environmental Goods and Services: An Assessment of the Environmental, Economic and Developmental Benefits of Further Global Trade Liberalisation; WTO, Committee on Trade and Environment WT/CTE/W/172, 20 October 2000, (00-4366), Paris, www.wtocenter.org.tw (22.5.2009).

OECD / Eurostat [Organization for Economic Co-operation and Development / Statistical Office of the European Communities] (1999): Environmental Goods and Services Industry: Manual for Data Collection and Analysis; Paris.

OECD / eurostat (1999): The environmental goods & services industry – Manual for data collection and analysis; http://unstats.un.org.

Organization for Security and Co-operation in Europe 2007, Water Management Policy in Bulgaria. Implementation of the Water Framework Directive. Cross boundary cooperation, Prague: osce. Fifteenth OSCE Economic and Environmental Forum – Part 2: Key challenges to ensure environmental security and sustainable development in the OSCE area: Land degradation, soil contamination and water management Prague, 21 – 23 May 2007. Session II Water – transboundary co-operation and Session III – Good Governance in managing natural resources, www.osce.org, 21.11.2007, S.1-12.

O'Sullivan, M., Edler, Dietmar et al. (2009): Bruttobeschäftigung durch erneuerbare Energien in Deutschland 2008 – eine erste Abschätzung; www.erneuerbare-energien.de (20.03.2009).

Paul, G., Stegbauer, C. (2006): Soziale Marktwirtschaft, Mitbestimmung und Tarifpolitik aus der Sicht der Arbeitgeber in Deutschland, Gütersloh.

Peng, L., Long, B., Pamlin, D. (2005): Chinese companies in the 21st century. Helping or destroying the planet? Corporate social responsibility and beyond. A survey by WWF´s Trade and Investment Programme, WWF International, Gland (CH).

Pinsent, M. (2007): Water Yearbook 2007-2008; London, www.nedwater.eu (22.5.2009).

Porter, M.E. (1999): Wettbewerbsstrategie. 10.Auflage. Frankfurt / Main.

PricewaterhouseCoopers (2004): Sustainability Impact Assessment (SIA) of the negotiations of the trade agreement between the European Community and the Countries of the Cooperation Council for the Arab States of the Gulf (GCC); Report for the European Commission, 30 May 2004, http://trade.ec.europa.eu (20.5.2009).

PricewaterhouseCoopers (2007): Sustainability Impact Assessment (SIA) of the EU-ACP Economic Partnership Agreements. Agro-industry in West Africa Tourism services in the Caribbean Fisheries in the Pacific. Final Report 27 July 2005 (revised 8 June 2007); Paris, www.sia-acp.org (20.5.2009).

Priller, E. (2006): Zivilgesellschaftliches Engagement in Europa. Gemeinsamkeiten und Unterschiede. In Alber, J.; Merkel, W. (Hrsg.): Europas Osterweiterung: Das Ende der Vertiefung? Berlin: WZB-Jahrbuch 2005: edition sigma, S.135-158.

Public Citizen (2004): Top 10 Reasons to Oppose Water Privatization; Washington, www.citizen.org (22.5.2009).

Rakelmann, U. (2002): Alternative Sanitärkonzepte in Ballungsräumen, Workshop-Paper auf der IFAT 2002, 12. Europäisches Wasser-, Abwasser- und Abfallsymposium am 14.05.2002, München.

Rappa, M.: Business Models on the web, http://digitalenterprise.org/models/models.html.

Rollenhagen, Klaus (2008): Persönliches Interview am 16.09.2008.

Ruhl, V., Lütter, F. et al. (2008): Standortgutachten Photovoltaik in Deutschland – Endbericht.; [EuPD Research; ifo Institut für Wirtschaftsforschung]: Bonn; München.

Sawhney, A., Chanda, R. (2003): Trade in Environmental Services: Opportunities and Constraints; Indian Council for Research on International Economic Relations (ed.), Working Paper No. 102, New Delhi, www.icrier.org (20.5.2009).

Scharpf, F. W. (2000): Notes Towards a Theory of Multilevel Governance (MPIfG Discussion Paper 00 / 5). Köln: Max-Plank-Institut für Gesellschaftsforschung.

Scherer, R. (2005): Good Governance – Erfolgsfaktoren und Stolpersteine, www.oear.at.

Schüller, M. (2000): Reform und Öffnung: Der chinesische Weg zur Marktwirtschaft. In: Herrmann-Pillath, C.; Lackner, M. (Hg.): Länderbericht China. Politik, Wirtschaft und Gesellschaft im chinesischen Kulturraum, Bonn: 278-301.

Schüller, M. (2005): VR China. In: Ostasiatischer Verein e.V. (Hg.): Wirtschaftshandbuch Asien / Pazifik 2005 / 2006, Hamburg: 117-149.

Shapiro, J. (2001): Mao´s War Against Nature, Cambridge.

Sichtmann et al. (2007b): Mit Dienstleistungen ins Ausland. Eine Erfolgsfaktorenanalyse bei kleinen und mittleren Industrieunternehmen; [DIHK; FU Berlin].

Sichtmann, C., Griese, I. et al. (2007a): Mit Dienstleistungen ins Ausland. Eine Erfolgsfaktorenanalyse bei kleinen und mittleren Industrieunternehmen; Berlin.

Sieren, F. (2006): Der China-Code. Wie das boomende Reich der Mitte Deutschland verändert, Berlin.

Simonis, G. (2005): Weltumweltpolitik: Erweiterung von staatlicher Handlungsfähigkeit durch Global Governance?. In: Behrens (Hrsg.): Globalisierung als politische Herausforderung. Global Governance zwischen Utopie und Realität. Wiesbaden: VS-Verlag: 313-345.

Skarpelis-Sperk: (2006): Eine radikale Abkürzung auf dem Weg in ein marktradikales Europa. In: Bsirske, Frank / Deppe, Frank et al. (Hrsg.): Die EU-Dienstleistungsrichtlinie – Ein Anschlag auf das europäische Sozialmodell; Hamburg; S. 10-45.

Song, X. (2000): Der chinesische Wirtschaftsraum als Faktor in der Weltwirtschaft. In: Herrmann-Pillath, C.; Lackner, M. (Hg.): Länderbericht China. Politik, Wirtschaft und Gesellschaft im chinesischen Kulturraum, Bonn: 302-324.

Sprenger, R.-U. (2007a): Die amtliche Umweltstatistik in der Sackgasse? Umweltökonomische Erhebungen auf dem Weg zu einem Drei-Säulen-Konzept. In: Ökologisches Wirtschaften, Nr. 1 / 2007: 43-46.

Sprenger, R.-U. (2007b): Die volkswirtschaftliche Bedeutung von Dienstleistungen im Umweltmarkt; Beitrag zur Tagung "Umwelt-Dienstleistungen – Win-Win-

Potenziale und Exportchancen für deutsche Unternehmen", 22. – 23. November 2007, Umweltforum Berlin, Berlin, www.umwelt-dienstleistungen.de (26.5.2009).

Sprenger, R.-U., Rave, T. et al. (2002): Umweltorientierte Dienstleistungen als wachsender Beschäftigungssektor, UBA-Berichte 2 / 02.

Sprenger, R.-U., Rave, T. et al. (2003): Beschäftigungspotenziale einer dauerhaft umweltgerechten Entwicklung, UBA-Texte 39 / 03; [Ifo-Institut].

Staiß, F. (2007): Jahrbuch erneuerbare Energien 2007; Stiftung Energieforschung Baden-Württemberg (Hrsg.), Radebeul.

Statisches Bundesamt: Außenhandelsstatistik von Apparaten zum Reinigen und Filtrieren von Wasser. Statistikzeitraum 2003-2008.

Steenblik, R., Drouet, D. et al. (2005): Synergies between trade in environmental services and trade in environmental goods. OECD Trade and Environment Working Paper No. 2005-01.

Timmers, P. (1998): Business Models for Electronic Markets. In: Electronic Markets. 8. Jg. Heft 2, S 3-8.

UBA [Umweltbundesamt] (2004): Hintergrundpapier "Quantifizierung der Effekte der Ökologischen Steuerreform auf Umwelt, Beschäftigung und Innovation" – Ein Forschungsprojekt im Auftrag des Umweltbundesamtes; www.umweltdaten.de.

UBA [Umweltbundesamt] (2008): Produkte: EbP-Richtlinie und EBPG. www.umweltbundesamt.de (27.3.2009).

UNCTAD [United Nations Conference on Trade and Development, Trade and Development Board, Commission on Trade in Goods and Services, and Commodities] (2003): Environmental goods and services in trade and sustainable development. Note by the UNCTAD secretariat, TD / B / COM.1 / EM.21 / 2, 5 May 2003 (Expert Meeting on Definitions and Dimensions of Environmental Goods and Services in Trade and Development, Geneva, 9-11 July 2003, Item 3 of the provisional agenda); www.unctad.org (12.3.2007).

UNEP [United Nations Environment Programme] (2008): UNEP Background Paper on Green Jobs; www.unep.org.

United Nations (2000): United Nations Millennium Declaration. Resolution adopted by the General Assembly, Fifty-fifth session, Agenda item 60 (b), A / RES / 55 / 2, 18 September 2000; Assembly, General, www.un.org (12.3.2007).

VanGrasstek, C. (2003): United States Energy Trade Poicy: The Consequences of a pivotal Year. In: UNCTAD (Hrsg.): Energy and Environmental Services: Negotiating Objectives and Development Priorities; New York and Geneva; S. 186-225.

VDI / VDE / Innovation+Technik GmbH (2007): Stand und Bewertung der Exportförderung sowie Evaluierung der Exportinitiative erneuerbare Energien. Endbericht. Teil I – Einleitung und Branchen- und Exportanalyse; www.bmwi.de (7.2.2008).

VDI / VDE / Innovation+Technik GmbH (2007): Stand und Bewertung der Exportförderung sowie Evaluierung der Exportinitiative erneuerbare Energien – Endbericht, Teil II: Evaluation; www.bmwi.de.

Waltenberger, D. (2008): Exportpotenziale von Dienstleistungen im Bereich erneuerbarer Energien. Als Zielmarkt soll China betrachtet werden, Diplomarbeit im Bereich Wirtschaftsingenieurwesen an der Fachhochschule für Wirtschaft und Technik Berlin, Berlin.

Wang, J., Cao, D., Ge, C., Yang, J. (2000): A Macroeconomic Analysis of Industrial Pollution in China. In: Chinese Environmental Perspectives, 2(1), pp. 20-33.

Wang, X. (2007): Water Governance in China. The Failure of a Top-Down Approach. In: Mitra, B.; Okonski, K.; Satyanand, M. (Eds.): Keeping the Water Flowing. Understanding the Role of Institutions, Incentives, Economics and Entrepreneurship in Ensuring Access and Optimising Utilisation of Water, New Delhi, pp. 201-221.

Wansleben, M. (2006): Kein Anlass zur Freude. In: ifo Schnelldienst, Nr. 6 / 2006: 6-8.

Wei, L. (2008): Environmental Argumentation and Political Sensibility: The Case of China. In: Edmondson, R.; Rau, H. (Eds.): Environmental Argument and Cultural Difference. Locations, Fractures and Deliberations, Frankfurt am Main, pp. 153-176.

Weidner, H., Jänicke, M. (Hrsg.) (2002): Capacity Building in National Environmental Policy. A Comparative Study of 17 Countries. Berlin u.a.: Springer.

Weltbank (2005): Project performance assessment report. Bulgaria Water Companies restructuring and modernization project Loan 3739-BUL. Report No.: 31977. 7.

Wingrich, H. (1999): Der globale Trend (II). Trinkwasserversorgung – heute und morgen. wwt – Wasserwirtschaft Wassertechnik mit Abwassertechnik 2. 1999: 46-48.

Wolf: (2007): Wasserprivatisierung durch Multi-Level-Governance? Bolivianische Wasserpolitik und der Einfluss interner wie externer Akteure. In Brunnengräber, A.; Walk, H. (Hrsg.): Multi-Level-Governance. Klima-, Umwelt- und Sozialpolitik in einer interdependenten Welt, Baden-Baden: Nomos, S 279-302.

WTO [World Trade Organisation, Ministerial Conference] (2001): Ministerial Declaration, Adopted on 14 November 2001, WT / MIN(01) / DEC / 1, 20 November 2001, (01-5859); Ministerial Conference, Fourth Session, Doha, 9 – 14 November 2001, www.wto.org.

WTO [World Trade Organization] (2000a): Communication from the European Communities and their member states 1 / 2, GATS 2000: Environmental Services; www.wto.org.

WTO [World Trade Organisation] (2000b): Environmental (sustainability) assessments of trade liberalization Agreements at the national level, Item 2 of the work programme, WT / CTE / W / 171, 20 October 2000 (00-4357), Note by the Secretariat; Committee on Trade and Environment, http://docsonline.wto.org (22.5.2009).

WTO [World Trade Organisation] (2002): Discussion Paper on the environmental effects of services trade liberalization. Items 6 and 9, WT / CTE / W / 218, 3 October 2002 (02-5320), Note by the Secretariat; Committee on Trade and Environment, http://docsonline.wto.org (22.5.2009).

WTO [World Trade Organisation] (2003): Report to the 5th Session of the WTO Ministerial Conference in Cancún on Paragraphs 32 and 33 of the Doha Ministerial Declaration, WT / CTE / 8 (03-3739); Committee on Trade and Environment, www.unctad.org (22.5.2009).

WTO [World Trade Organisation] (2008): List of environmental reviews, Addendum, WT / CTE / W / 245 / Add.1, 28 October 2008 (08-5237), Note by the Secretariat; Committee on Trade and Environment, http://docsonline.wto.org (22.5.2009).

WTO [World Trade Organization] (1999): The Legal Texts – The Results of the Uruguay Round of Multilateral Trade Negotiations.

WTO [World Trade Organization] (2009a): Services trade, www.wto.org (25. 3. 2009).

WTO [World Trade Organization] (2009b): Services: Sector by sector – Environmental services, www.wto.org (27. 3. 2009).

Yin, R. K. (1994): Case study research: design and methods, 2nd ed., Sage Publications, Thousand Oaks, California

Zimmerle, B. (2005): Es geht nicht nur um Dienstleistungen – Der Griff nach der Ressource Wasser; Brot für die Welt, Menschenrecht Wasser, Hintergrundmaterialien 14, Stuttgart, www.menschenrechtwasser.de (22.5.2009).

8 Anhang

8.1 Abkürzungsverzeichnis

AA	Auswärtiges Amt
AHK	Deutsche Auslandshandelskammer
AKA	Ausfuhrkredit-Gesellschaft
ASP	Ausschuss für das Statistische Programm
BIP	Bruttoinlandsprodukt
BMBF	Bundesministerium für Bildung und Forschung
BMELV	Bundesministerium für Ernährung, Landwirtschaft und Verbraucherschutz
BMU	Bundesministerium für Umwelt, Naturschutz und Reaktorsicherheit
BMVBS	Bundesministerium für Verkehr, Bau und Stadtentwicklung
BMWi	Bundesministerium für Wirtschaft und Technologie
BOT	Build – Operate – Transfer
CDM	Clean Developement Mechanism
CSC	Committee on Specific Commitments
CTE	Komitee für Handel und Umwelt (Commitee on Trade and Evironment)
CTESS	Komitee für Handel und Umwelt in Sondersitzungen (Committee on trade and environment meeting in special session)
DBU	Deutsche Bundesstiftung Umwelt
DEMEA	Deutsche Materialeffizienzagentur
dena	Deutsche Energie-Agentur GmbH
DIHK	Deutscher Industrie- und Handelskammertag
DIHZ	Deutsche Industrie- und Handelszentren
DIW	Deutsches Institut für Wirtschaftsforschung
DL	Dienstleistungen
DLR	Deutsches Zentrum für Luft- und Raumfahrt e.V.
DVGW	Deutsche Vereinigung des Gas- und Wasserfaches e.V.
DWA	Deutsche Vereinigung für Wasserwirtschaft, Abwasser und Abfall e.V.
EBPG	Energiebetriebene-Produkte-Gesetz
EBRD	European Bank for Reconstruction and Development
EE	erneuerbare Energien
EEAP	Energieeffizienz-Aktionsplan
EEG	Erneuerbare-Energien-Gesetz (Gesetz für den Vorrang Erneuerbarer Energien)
EEWärmeG	Erneuerbare-Energien-Wärmegesetz (Gesetz zur Förderung

	Erneuerbarer Energien im Wärmebereich)
EG	Europäische Gemeinschaft
EMFTA	Euro-Mediterrane Freihandelszone
EMIT	GATT Group on Environmental Measures and International Trade
EnEV	Energieeinsparverordnung
ETAP	EU-Aktionsplan für Umwelttechnologie (Environmental Technologies Action Plan)
EU	Europäische Union
EuGH	Europäischer Gerichtshof
EUS	Stiftung für Energie, Umwelt und Soziales
EXPEED	BMBF-Verbundprojekt „Exportpotenziale von Dienstleistungen im Bereich Erneuerbare Energien“
F&E	Forschung und Entwicklung
FÖJ	Freiwilliges ökologisches Jahr
GATS	Allgemeines Abkommen über den Handel mit Dienstleistungen (General Agreement on Trade in Services)
GATT	Allgemeines Zoll- und Handelsabkommen (General Agreement on Tariffs and Trade)
GCC	Cooperation Council for the Arab States of the Gulf
GMO	Genetically Modified Organisms
GVEP	Global Village Energy Partnership
GWP	German Water Partnership (Deutsche Innovationsplattform Wasser)
IDPM	Institute for Development Policy and Management
IEKP	Integriertes Energie- und Klimaprogramm (auch: IKEP)
IEPZ	International Environmental Protection Zone
IFAT	Internationale Fachmesse für Wasser, Abwasser, Abfall und Recycling
Ifo Institut	Ifo Institut für Wirtschaftsforschung e.V.
IHK	Industrie- und Handelskammer
IÖW	Institut für ökologische Wirtschaftsforschung
IT	Informationstechnologie
ITUT	Verein zur Förderung des Internationalen Transfers von Umwelttechnologie e.V.
IWAS	Internationale Wasserforschungsallianz Sachsen
IWF	Internationaler Währungsfonds
Ixpos	Zentrales Außenwirtschaftsportal
KfW	Kreditanstalt für Wiederaufbau
KMU	Kleine und mittlere Unternehmen
KrW- / AbfG	Kreislaufwirtschafts- und Abfallgesetz
KWKG	Kraft-Wärme-Kopplungsgesetz
MAP	Marktanreizprogramm Erneuerbarer Energien
MEA	Multilateral Environmental Agreements
MFN	Most-Favored-Nation (Meistbegünstigungsprinzip)

NT	National Treatment (Inländerbehandlung)
NTBs	Non Tariff Barriers (Zollfremde Handelshemmnisse)
OECD	Organisation for Economic Co-operation and Development
ÖPNV	Öffentlicher Personennahverkehr
ÖSPV	Öffentlicher Straßenpersonennahverkehr
PPP	Public Private Partnerships
ProWaDi	Umweltwirtschaft und Dienstleistungsexport
RMB	Renmimbi (chin. Währung)
SEPA	State Environmental Protection Administration
SIA	Sustainability Impact Assessment
TOT	Tranfer – Operate – Transfer
TRIPS	Agreement on Trade-Related Aspects of Intellectual Property Rights (Übereinkommen über handelsbezogene Aspekte der Rechte am geistigen Eigentum)
TVE	Township and Village Enterprises
UBA	Umweltbundesamt
UNEP	United Nations Environment Programme
UStatG	Umweltstatistikgesetz
UVP	Umweltverträglichkeitsprüfung
VDMA	Verband Deutscher Maschinen- und Anlagenbau e.V.
WFOE	Wholly Foreign Owned Enterprise
WHG	Wasserhaushaltsgesetz
WiK	Wirtschaftsdirektionen Wasser und Kanalisation
Wirtschafts-abschnitt I	Verkehr und Nachrichtenübermittlung, Grundstücks- und Wohnungswesen, Vermietung beweglicher Sachen
Wirtschafts-abschnitt K	Erbringung von sonstigen wirtschaftlichen Dienstleistungen
WRRL	Wasserrahmenrichtlinie
WTO	World Trade Organisation (Welthandelsorganisation)
ZEW	Zentrum für Europäische Wirtschaftsforschung

8.2 Autorinnen- und Autorenverzeichnis

Dr. Bernd Hirschl (Herausgeber und Autor): Dr. phil, Dipl.-Ing.-Oec., Leiter des Forschungsfelds Nachhaltige Energiewirtschaft und Klimaschutz am Institut für ökologische Wirtschaftsforschung (IÖW), Leiter des Verbundprojekts EXPEED und Koordinator der BMBF-Fokusgruppe Umwelt-Dienstleistungen

Dr. Julika Weiß (Herausgeberin und Autorin): Dipl.-Ing., wissenschaftliche Mitarbeiterin im Forschungsfeld Nachhaltige Energiewirtschaft und Klimaschutz am Institut für ökologische Wirtschaftsforschung (IÖW), Koordinatorin von EXPEED

Dr. Wilfried Konrad (Herausgeber und Autor): Dipl.-Soz., wissenschaftlicher Mitarbeiter im Forschungsfeld Ökologische Produktpolitik am Institut für ökologische Wirtschaftsforschung (IÖW), Büro Heidelberg, Mitarbeit im Projekt EXPEED und „Chancen kleiner und mittlerer Dienstleister im Umweltsektor in China“

Prof. Dr. Martin Benkenstein: Direktor des Instituts für Marketing und Dienstleistungsforschung an der Universität Rostock, Partner im Verbundprojekt EXPEED

Dr. Jesko Hirschfeld: Dipl.-Volkswirt, wissenschaftlicher Mitarbeiter des Forschungsfelds Umweltökonomie und –Politik am Institut für ökologische Wirtschaftsforschung (IÖW)

Joachim Liesenfeld: Dipl.-Soz.-Wiss., Rhein-Ruhr-Institut für Sozialforschung und Politikberatung e.V. RISP an der Universität Duisburg-Essen, Leiter des BMBF-Verbundprojekts ProWaDi

Anna Neumann: Dipl.-Ing., wissenschaftliche Mitarbeiterin im Forschungsfeld Nachhaltige Energiewirtschaft und Klimaschutz am Institut für ökologische Wirtschaftsforschung (IÖW), Mitarbeit im Verbundprojekt EXPEED

Dr. Gerd Paul: Dipl.-Soz., wissenschaftlicher Mitarbeiter am Soziologischen Forschungsinstitut e.V. SOFI an der Georg-August-Universität Göttingen, Leiter des BMBF-Verbundprojekts „Chancen kleiner und mittlerer Dienstleister im Umweltsektor in China“

Sarah Rieseberg: MA Environment, Politics and Globalization, Forschungsfeld Nachhaltige Energiewirtschaft und Klimaschutz am Institut für ökologische Wirtschaftsforschung (IÖW), Mitarbeit im Verbundprojekt EXPEED

Madlen Thom: Dipl.-Kffr., Wissenschaftliche Mitarbeiterin am Institut für Marketing und Dienstleistungsforschung an der Universität Rostock, Mitarbeit im Verbundprojekt EXPEED

Nachhaltigkeit

A–Z →

I wie industrieller Umweltschutz

Greening of Industry – wie begegnen Unternehmen den ökologischen Folgen der Produktion? Wie halten sie Schritt mit immer neuen Anforderungen an den betrieblichen Umweltschutz? Christian Schulz untersucht die Rolle der industriebezogenen Umweltdienstleister. Das Ergebnis zeigt: Sie sind wichtige Agenten des Wandels im industriellen Produktionssystems.

Christian Schulz
Agenten des Wandels?
Unternehmensbezogene Umweltdienstleister im industriellen Produktionssystem
Hochschulschriften zur Nachhaltigkeit Band 21
oekom verlag, München 2005, 284 Seiten, 27,50 EUR,
ISBN 978-3-936581-64-5

G wie gutes Gewissen, gute Gewinne

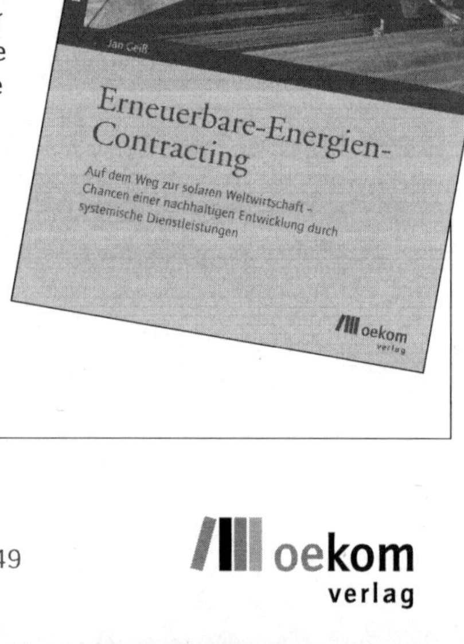

Contracting ist keine neue Fun-Sportart – hinter dem Begriff verbirgt sich eine Idee, die so alt ist wie die Dampfmaschine: Um Kosten zu senken, übernehmen spezialisierte Dienstleistungsunternehmen Aufgaben der Energieversorgung. Im Erneuerbare-Energien-Contracting ist diese Idee weiterentwickelt. Das brandneue Instrument kann helfen, erneuerbare gegenüber konventiollen Energien durchzusetzen.

Jan Geiß
Erneuerbare-Energien-Contracting
Auf dem Weg zur solaren Weltwirtschaft – Chancen einer nachhaltigen Entwicklung durch systemische Dienstleistungen
Hochschulschriften zur Nachhaltigkeit Band 26
oekom verlag, München 2006, 460 Seiten, 49,80 EUR,
ISBN 978-3-86581-026-7

Erhältlich bei
www.oekom.de | kontakt@oekom.de | Fax +49/(0)89/54 41 84-49

oekom verlag